"十四五"普通高等教育本科系列教材

"十二五"普通高等教育本科国家级规划教材

U0168935

热力发电厂（第六版）

主编　张燕平　叶　涛
参编　陈爱萍　邱丽霞
主审　武学素　胡念苏

中国电力出版社
CHINA ELECTRIC POWER PRESS

内 容 提 要

本书阐述动力循环的基本原理和热经济性分析的基本方法及其在发电厂中的应用，着重介绍国内 600MW 及以上大型机组以及热力系统。内容包括：热力发电厂动力循环及其热经济性，发电厂的回热加热系统，热电厂的热经济性及其供热系统，发电厂的热力系统，电厂中的泵与风机，火电厂输煤、供水及空气冷却系统，火电厂的除尘、脱硫脱硝和除灰渣系统，火电厂主厂房布置。另外，对核电厂的基本原理、结构和典型热力系统也作了适当的介绍。书中附有典型计算例题及思考题。

本书可作为普通高等学校本科能源与动力工程专业"热力发电厂"课程教材，也可供高职高专电力技术类专业"热力发电厂"课程选用，还可供有关专业师生和工程技术人员参考。

图书在版编目（CIP）数据

热力发电厂/张燕平，叶涛主编. —6 版. —北京：中国电力出版社，2020.9（2021.8 重印）
"十四五"普通高等教育本科规划教材　"十二五"普通高等教育本科国家级规划教材
ISBN 978 - 7 - 5198 - 3739 - 6

Ⅰ.①热…　Ⅱ.①张…　②叶…　Ⅲ.①热电厂—高等学校—教材　Ⅳ.①TM621

中国版本图书馆 CIP 数据核字（2019）第 205683 号

出版发行：中国电力出版社
地　　址：北京市东城区北京站西街 19 号（邮政编码 100005）
网　　址：http：//www. cepp. sgcc. com. cn
责任编辑：吴玉贤（610173118@qq. com）
责任校对：黄　蓓　常燕昆
装帧设计：张俊霞
责任印制：吴　迪

印　　刷：北京天宇星印刷厂
版　　次：2004 年 8 月第一版　2020 年 9 月第六版
印　　次：2021 年 8 月北京第二十四次印刷
开　　本：787 毫米×1092 毫米　16 开本
印　　张：21　插页 2 张
字　　数：525 千字
定　　价：56.00 元

前　言

　　"十三五"期间，我国电力行业继续保持平稳的发展，新增发电装机容量连续五年超过 1 亿 kW，2018 年我国发电装机总量已达到 18.99 亿 kW。在发电装机总量快速增长的同时，电源结构不断优化，清洁能源占比逐年提高，水电、风电、太阳能发电装机容量均位居世界第一，电力工业装备和技术水平已跻身世界大国行列。火电建设继续向着大容量、高参数、节水环保型方向发展，2018 年在运的 1000MW 级超超临界压力机组超过 100 台。世界首台 1000MW 级超超临界压力空冷机组也已在宁夏投运；国内首台 1000MW 二次再热发电机组，同时也是目前世界上最大的二次再热机组也于 2015 年投运。2018 年我国 6000kW 及以上电厂供电标准煤耗率已降到 308g/kWh。核电也在稳步建设中，2018 年在运核电机组已达 37 台，总装机容量 4466 万 kW，全球最大的核电机组、发电功率 1750MW 的首台 EPR 三代机组——台山核电 1 号机组在 2018 年成功并网发电。

　　为了及时反映我国电力工业的最新成就、新技术和新工艺，编者对本书进行了适当的修订。本次修订保留了原书的基本构架，结合近年来电力工业的发展和高校教学改革的成果，对部分章节的内容进行了调整和更新，并增加了太阳能热发电系统的介绍，根据最新电力规范修改了相关章节的内容。

　　本书注重使读者在学习中对热力发电厂有一个切实的整体概念，在讲述基本动力循环以及理论分析方法的基础上，更注重与实际发电厂系统相联系，取材以 600、1000MW 机组及其热力系统为主，同时对燃气-蒸汽联合循环、燃煤联合循环、核能发电、火电厂脱硫脱硝的主要方法和系统进行了介绍。

　　华中科技大学张燕平修订了绪论、第二、四章并对全书进行统稿；华中科技大学叶涛修订了第五、八章；南京工程学院陈爱萍修订了第一、七章；山西大学邱丽霞修订了第三、六章。本书由西安交通大学武学素、武汉大学胡念苏主审。本书配多媒体课件，请关注微信公众号：中国电力教材服务。

　　由于编者水平所限，书中疏漏之处在所难免，恳请读者批评指正。

编　者

2020 年 8 月

第五版前言

"十二五"期间，我国电力行业企业继续加大结构调整力度，基建新增装机连续 5 年超过 9000 万 kW，2015 年我国装机总量已达到 15.08 亿 kW。与此同时，我国的电源结构也发生了重大的变化，水电、核电、风电、太阳能、生物质能都已经进入世界前列或实现"零"的突破，火电建设继续向着大容量、高参数、节水环保型方向发展，2015 年在运行的 1000MW 级超超临界压力机组超过 80 台。世界首台 1000MW 级超超临界压力空冷机组也已在宁夏投运；国内首台 1000MW 二次再热发电机组，同时也是目前世界上最大的二次再热机组于 2015 年投运。核电也在稳妥地建设中，2015 年在运行的核电机组已达 30 台，总装机容量 2831 万 kW；在建的核电机组 24 台，总装机容量 2672 万 kW。2014 年我国 6000kW 及以上电厂供电标准煤耗率已降到 318g/kWh，全国发电厂平均厂用电率已降至 5%。

为了及时反映我国电力工业发展的新成就、新技术和新工艺，编者对本书进行了适当修订。

本次修订保留了原书的基本构架，结合近年来电力工业的发展和高校教学改革的成果，对部分章节的内容进行了调整和更新。

本书注重使读者在学习中对热力发电厂有一个切实的整体概念，在讲述基本动力循环以及理论分析方法的基础上，更注重与实际的发电厂热力系统相联系。取材以 300、600MW 机组及热力系统为主，对 1000MW 级超超临界压力机组也进行了介绍，同时对燃气－蒸汽联合循环、燃煤联合循环、核能发电、火电厂中脱硫脱硝的主要方法和系统的主要方法和系统的内容进行了介绍。

根据主审老师的建议，增加 600MW 超临界压力机组，尤其是 1000MW 级超超临界压力机组的介绍，增加了核能发电的内容，并将第五章火电厂中的泵与风机的重点放在具体应用上，为突出火电厂环境保护的重要性，适当介绍了火电厂中脱硫脱硝的主要方法和系统。希望此次再版能为学生提供最新的资讯，对学习和今后的工作有所帮助。

华中科技大学张燕平，修订了绪论、第二、四章，并对全书进行统稿；华中科技大学叶涛修订了第五、八章；南京工程学院陈爱萍修订了第一、七章；山西大学邱丽霞修订了第三、六章。本书由西安交通大学武学素、武汉大学胡念苏主审，对主审老师提出的意见和建议，编者在此深表谢意。本书配有多媒体课件（请关注微信公众号"中国电力教材服务"）。

在修订过程中，编者参考了大量的文献、资料、论文及统计报告，列于书后参考文献中，在此对参考文献的作者表示衷心的感谢。

编　者

2016 年 6 月

目　录

绪　　论

一、改革开放 40 年的中国电力工业

改革开放 40 年来，作为国民经济重要的基础产业，电力工业走过了一条辉煌的改革发展之路，实现了历史性的大跨越。

1978 年底，全国电力装机总量只有 5712 万 kW，年发电量仅 2566 亿 kWh。截至 2018 年底，我国装机总量已达到 18.99 亿 kW，发电量达到 6.99 万亿 kWh，分别为 1978 年的 33 倍和 27 倍。人均装机容量达 1.36kW。

40 年来中国电力工业发展之快，创造了世界电力发展史上的奇迹：我国电力装机容量 1987 年突破 1 亿 kW，2005 年达到 5 亿 kW，2011 年突破 10 亿 kW，2015 年突破 15 亿 kW。1990 年底，我国发电装机容量仅为美国的 20.3%；至 2007 年底，我国发电装机容量已达到美国的 68% 左右，差距大大缩小。2007 年底，我国发电装机容量已大致相当于世界前 10 位电力大国中日本、德国、加拿大、法国和英国 5 个国家发电装机容量的总和。

在电力总量快速增长的同时，电能质量也明显提高。一方面是电力结构不断优化，电力工业装备和技术水平已跻身世界大国行列。改革开放初期，中国只有为数不多的 200MW 火电机组。2009 年，300MW 及以上大型火电机组比重达到 69%，600MW 及以上清洁高效机组已成为新建项目的主力机型，并逐步向世界最先进水平的百万千瓦级超超临界压力机组发展。截至 2018 年底，全国已有超过 100 台百万千瓦超超临界压力机组投运。大机组的广泛应用使我国火电的发电效率大大提高。2018 年火电装机容量为 11.44 亿 kW，水电、核电、风电占能源生产总量的比例也在逐年提高。到 2018 年末，我国水电装机容量达到 3.522 6 亿 kW，位居世界第一；核电装机容量达 0.446 6 亿 kW，风电装机容量为 1.842 6 亿 kW，居世界第一位，仅 2018 年就新增 2026 万 kW；太阳能发电装机容量为 1.746 3 亿 kW，居世界第一。

另一方面，在电力节能环保方面取得的进展：2018 年，我国 6000kW 及以上电厂供电标准煤耗率已降到 308g/kWh，全国电网输电线路损失率为 6.21%。供电标准煤耗率比"十五"期末的 370g/kWh 下降了 62g/kWh，与发达国家的差距大大缩小。截至 2017 年底，已投运火电厂烟气脱硫机组容量约 9.2 亿 kW，占全国现役燃煤机组容量的 93.9%，已投运火电厂烟气脱硝机组容量约 9.6 亿 kW，占全国现役火电机组容量的 87.3%。电力 SO_2 排放总量由 2007 年的 1200 万 t 降至 2016 年的 177 万 t；烟尘排放总量从 2007 年的 350 万 t 降至 2016 年的 35 万 t。火电行业节能减排相关法规、标准也日趋完善，常规火电烟气减排已步入正轨。

中国电网的发展也创造了世界电力史上的奇迹，总规模已居世界首位。1978 年，我国 35kV 及以上输电线路长度仅为 23 万 km，变电设备容量为 1.26 亿 kVA。截至 2018 年底，全国电网 220kV 及以上输电线路回路长度、公用变设备容量分别为 72.55 万 km、43 亿 kVA，分别比 2017 年增长 7.0% 和 6.0%。

　　40 年来，我国电力装备制造业也取得长足进步：①超超临界压力机组技术应用达到国际先进水平。1000MW 超超临界机组的台数已超过 100 台，并于 2015 年 9 月投产了国内首台二次再热发电机组，该机组同时也是目前世界上最大的二次再热机组，2018 年供电煤耗率 264.78g/kWh，这也是全球煤电机组的最好水平。②大型空冷发电机组的开发应用居国际领先地位，2014 年新疆农六师煤电有限公司 1100MW 超超临界空冷机组工程正式投产，该机组是世界上单机容量最大、参数最高的空冷机组。机组实际供电标准煤耗率 296g/kWh，百万千瓦水耗 $0.06m^3/s$，均创造了目前国内直接空冷机组的最好水平。该机组的顺利投产，将对我国同类型机组的设计和运行起到良好的示范作用。③我国已成为世界上大型循环流化床锅炉应用最多的国家。④以三峡工程为代表的大型水电机组的制造能力和水平迅速崛起，水电站控制自动化水平、大坝建设等重大技术取得重要突破，已达到世界先进水平。⑤核电已经从最初的完全靠技术引进，到目前已经掌握了 1000MW 及以上功率压水堆核电机组的设计和建造技术。世界上首台使用 AP1000 技术的核电站——三门核电 1 号机于 2018 年成功并网发电。全球最大的核电机组、发电功率 1750MW 的首台 EPR 三代机组——台山核电 1 号机组也于 2018 年成功并网发电。三门核电站和台山核电站将为中国核电企业走出去起到示范和支撑作用。⑥可再生能源发电技术也发展迅速，技术开发取得实质进展，产业建设初现规模。

　　2012 年以来，我国的清洁能源发电设备容量增长迅速，电源结构不断优化，清洁能源发电量比重逐年提高，从 2012 年的 21.27% 上升至 2018 年的 29.61%，火电发电量占比从 78.72% 下降至 70.39%。火电设备容量保持低位增长，2015—2018 年的增速分别为 7.85%、5.51%、4.3% 和 3%。

　　改革开放以来，我国能源电力取得了举世瞩目的发展成就，发电装机容量、用电量、电网规模均位列世界第一。中国人均装机虽然突破 1kW，但与发达国家相比还存在较大差距。我国能源安全、电力供应、环境污染以及温室气体排放等问题十分突出，长期来看，以化石能源为主的传统能源发展方式难以为继，必须走清洁低碳发展之路，实施"两个替代"，在能源开发上实施清洁替代，以水能、太阳能、风能等清洁能源替代化石能源；在能源消费上实施电能替代，提高电能在终端能源消费中的比重。

　　"十三五"电力规划明确指出，为保障国民经济发展需求，能源和电力需求仍将刚性增长，考虑产业转移、结构调整和绿色低碳发展，预计到 2020 年，我国全社会用电量将达到 8 万亿 kWh，并将进一步加大清洁能源开发力度，能源开发重心进一步西移、北移。

　　二、热力发电技术发展的主要方向

　　当前，世界范围内正以发展清洁能源和智能电网为契机，推动新一轮的能源变革。要解决这些突出的矛盾和问题，必须深入贯彻科学发展观，加快转变电力发展方式，推动能源生产和利用方式变革。为此，要大力实施"一特四大"战略，加快建设坚强智能电网，全面优化电源布局和结构，把确保电力安全作为发展的基本前提，以科技创新支撑和引领发展方式转变，实现电力行业发展质量、发展能力和经济效益的全面提升。

　　就火电而言，继续实行大电厂、大机组、高参数、环保节水的技术路线，采用超临界、超超临界压力机组及循环流化床技术，整体煤气化发电技术，增大热电联产（包括热、电、冷、气多联产）、燃气 - 蒸汽联合循环及分布式能源系统在电源中的比例等，以提高火力发电厂效率、降低发电成本、减少环境污染。

（1）全国新建燃煤发电项目原则上要采用 600MW 及以上超超临界压力机组，平均供电煤耗率低于 300g 标准煤/kWh（以下简称 g/kWh），到 2020 年，现役燃煤发电机组改造后平均供电煤耗低于 310g/kWh。

按照《国务院关于印发大气污染防治行动计划的通知》和环境保护部、国家发展和改革委员会等 6 部委《关于印发〈京津冀及周边地区落实大气污染防治行动计划实施细则〉的通知》要求，京津冀、长三角等区域除热电联产外，禁止审批新建燃煤发电项目。

（2）"十三五"规划已将"对燃煤机组全面实施超低排放和节能改造"作为 100 个重点建设工程之一。

全面实施燃煤电厂超低排放和节能改造。环境保护部、国家发展和改革委员会、能源局于 2015 年 12 月发布了"全面实施燃煤电厂超低排放和节能改造工作方案"，目标：到 2020 年，全国所有具备改造条件的燃煤电厂力争实现超低排放（即在基准氧含量 6％条件下，烟尘、二氧化硫、氮氧化物排放浓度分别不高于 10、35、50mg/m³）。全国有条件的新建燃煤发电机组达到超低排放水平。加快现役燃煤发电机组超低排放改造步伐。

具备条件的燃煤机组要实施超低排放改造。在确保供电安全前提下，将东部地区（北京、天津、河北、辽宁、上海、江苏、浙江、福建、山东、广东、海南等 11 省市）原计划 2020 年前完成的超低排放改造任务提前至 2017 年前总体完成，要求 30 万 kW 及以上公用燃煤发电机组、10 万 kW 及以上自备燃煤发电机组（暂不含 W 形火焰锅炉和循环流化床锅炉）实施超低排放改造。

将对东部地区的要求逐步扩展至全国有条件地区，要求 30 万 kW 及以上燃煤发电机组（暂不含 W 形火焰锅炉和循环流化床锅炉）实施超低排放改造。其中，中部地区 8 省在 2018 年前基本完成；西部地区 12 省区市及新疆生产建设兵团在 2020 年前完成。力争 2020 年前完成改造 5.8 亿 kW。

不具备改造条件的机组要实施达标排放治理。燃煤机组必须安装高效脱硫脱硝除尘设施，推动实施烟气脱硝全工况运行。各地要加大执法监管力度，推动企业进行限期治理，一厂一策，逐一明确时间表和路线图，做到稳定达标，改造机组容量约 1.1 亿 kW。

（3）大力开展洁净煤燃烧技术研究。"煤炭清洁高效利用技术"是"十三五"规划建设的 100 个重点建设工程之一。大力开展洁净煤燃烧技术研究，是煤炭清洁高效利用技术的关键。

目前世界上技术比较成熟的洁净煤燃烧技术有常压循环流化床锅炉（CFBC）、增压流化床锅炉联合循环（PFBC - CC）以及整体煤气化联合循环（IGCC）三种。燃煤联合循环发电机组与常规机组加脱硫脱硝装置相比，效率更高，至少可提高 3％～6％；环保性能更好，只是常规机组排放量的 1/10～1/5。

目前，国内已具备设计制造 100MW 等级 CFBC 锅炉的能力，现正向 300MW 等级锅炉发展。波兰 Lagisza 电厂 460MW 超临界压力 CFB 锅炉是美国福斯特·惠勒（FW）公司制造的世界首台 CFB 锅炉。该机组于 2009 年 6 月正式移交商业运行，各项参数基本达到设计值。锅炉燃用燃煤发热量为 18～23MJ/kg，硫分为 0.6％～1.4％，灰分为 10％～25％，其煤耗率比常规汽包锅炉低 5％，机组效率可达到 42.7％。

PFBC - CC 的发展方向是提高汽轮机进口的蒸汽参数和燃气轮机进口的燃气温度，开发大容量（300MW 以上）、第二代（燃气轮机进口带补燃）的 PFBC - CC 机组。

IGCC 是一项面向 21 世纪、高效清洁的燃煤联合循环发电技术，目前世界上有 4 台 250～300MW 级的 IGCC 机组投入运行，最高效率达 45%，SO_2、NO_x 及粉尘排放都非常低，技术已基本成熟。我国于 2012 年建成首台 250MW IGCC 示范工程，发电效率达 48%。

推动洁净煤发电的示范工程，预留碳捕获系统（Carbon capture system，CCS）场地，在消化吸收国外技术的基础上，加快国产化的研制步伐，逐步开发低碳经济。

2007 年 12 月 11 日，中国华电集团公司与英国益可环境金融集团公司、德意志银行在京签署 "CDM 全面战略合作框架协议暨超超临界项目碳减排条款书"。这是我国电力行业二氧化碳减排第一笔超超临界购碳协议，也是二氧化碳减排出售单笔之最。

（4）开展以大型燃气轮机为核心的联合循环发电技术，联合循环机组具有提高能源利用效率，保护环境和改善电网调峰性能等多重效益。

天然气产量的增加和环境保护的压力，使燃气轮机发展非常迅速，燃气轮机进口前的初温有了较大提高，当初温为 1260～1300℃时，简单循环效率达 36%～40%，联合循环效率达 55%～58%；当初温提高到 1430℃时，简单循环效率大于或等于 40%，联合循环效率可大于或等于 60%。有资料表明，目前全世界新增火电容量中，燃气轮机及其联合循环机组占到了 50% 以上，美国在最近 10 年新增容量为 113GW，其中燃气轮机电站就占 44%，德国更是占到了 2/3 左右。

我国燃汽轮机发电的总装机容量仅占全国总装机容量的 2%～8%，且单机容量偏小。今后需发展单机容量 300MW 级的燃气发电机组，提高其在总装机容量中的比重，对于改善电网运行状况，为电网提供更加灵活的备用电源，增大调峰的灵活性，减少 CO_2、SO_2 的排放都具有重大的意义。

（5）发展储能与分布式能源建设。目前，分布式能源发电已成为世界电力发展的新方向，它的大规模应用将对能源，尤其是电力系统的产业结构调整和技术进步产生深刻的影响，改变能源的生产方式、供给方式和消费方式，给能源产业注入新的活力。中国的电力工业正处在快速发展阶段，具备实现跨越式发展的有利条件，在大力发展集中供电的同时，如果能抓住机遇，加快发展分布式发电，可以建立一种分布式能源发电与集中供电互相补充、互相支持的新型电力工业体系。不仅可以提高电力系统的效率，而且可以提供更普遍、更可靠、质量更高的电力服务，更好地促进经济和社会的可持续发展。"十三五"规划中把发展储能与分布式能源建设列为重点建设工程之一，按照"自发自用，余量上网、电网调节"的原则发展。

（6）积极稳妥地进行核能发电的建设。截至 2017 年底，全球共有可运营核电机组 448 台，其中美国作为最大的核电发展国家，拥有 100 台核电机组，发电量占其电力来源的 20%，而排名第二的法国拥有 58 台机组，核电占比达到 76.9%，是全球对核电依赖最大的国家。中国核电在运机组 37 台，装机容量已达世界第四，2018 年核电占国内电力来源比例达 4.2%。"十三五"期间，我国将继续推进核电机组的建设，计划核电运行装机容量达到 5800 万 kW，在建达到 3000 万 kW 以上。

（7）积极发展太阳能热发电技术。太阳能热发电技术具有安全性高、使用寿命长、蓄热能力强且环境兼容性好，易与现有电厂集成等优点。截至 2018 年，全球已有太阳能热发电装机 6069MW，西班牙和美国的光热发电装机容量遥遥领先，分别为 2362MW 和 1832MW，中国的光热发电起步较晚，装机容量刚突破 200MW。目前，我国正处于大力开展太阳能热利用相关技术研究和示范应用的关键阶段，国家发展改革委、国家能源局发布的《电力发展"十三五"规划》明确提出要积极推进光热发电试点示范工程。

三、热力发电厂的类型、基本要求及本课程的任务

（一）热力发电厂的类型

（1）按能源利用情况可分为化石燃料发电厂、原子能发电厂（核电站）、新能源（地热、太阳能等）发电厂。

（2）按能量供应情况可分为只供电的凝汽式发电厂和同时供应电能与热能的热电厂。

（3）按原动机类型可分为汽轮机发电厂、燃气轮机发电厂、内燃机发电厂和燃气 - 蒸汽联合循环发电厂。

（4）按进入汽轮机的蒸汽初参数分为中低压（3.43MPa 及以下）电厂、高压（8.83MPa）电厂、超高压（12.75MPa）电厂、亚临界压力（16.18MPa）电厂、超临界压力（23.54MPa）电厂和超超临界压力（28MPa 或主、再热蒸汽温度超过 593℃）的电厂。

（5）按电厂位置特点分为坑口（路口、港口）发电厂、负荷中心发电厂。

（6）按电厂承担电网负荷的性质分为基本负荷发电厂、中间负荷（腰荷）发电厂、调峰发电厂。

（7）按机炉组合分为非单元机组发电厂和单元机组发电厂。

（8）按服务规模分为区域性发电厂、企业自备发电厂、移动式（如列车）发电厂和未并入电网的孤立发电厂。

（二）对热力发电厂的基本要求

努力提高发电厂的安全可靠性、可用率；提高发电厂的经济性，节约用地，缩短建设周期，降低工程造价，降低煤耗、水耗和厂用电率，以节约能源；考虑技术的先进性和适用性，提高机械化、自动化水平和劳动生产率；严格执行《中华人民共和国环境保护法》，符合劳动安全与工业卫生的有关规定；便于施工，便于运行、检修和扩建。

（三）本课程的任务和作用

在已修工程热力学、汽轮机原理和锅炉原理等课程的基础上，本课程以热力发电厂整体为研究对象，着重研究汽轮机发电厂的热功转换理论基础及其热力设备和系统，在安全、经济、满发的前提下，分析其经济效益，热经济性的定性分析以熵方法为主，定量计算为常规热平衡法。

通过本课程的学习，使学生了解现代大型热力发电厂的组成。掌握和运用热功转换基本理论，能正确进行热经济性分析，在保证电力安全生产的前提下，学会分析其经济、社会效益。明确本课程是以热力发电厂整体为研究对象，以整个地区能量供应系统的效益为目标的一门政策性强、综合性强并与电厂生产实际紧密联系的专业课程。通过本门课程的学习使学生在这方面的能力得到一次训练，也为学生将来从事电厂实际工作和科研工作打下必要的基础。

第一章　热力发电厂动力循环及其热经济性

第一节　热力发电厂热经济性的评价方法

一、评价热力发电厂热经济性的主要方法

凝汽式发电厂生产电能的过程是一个能量转换的过程，即燃料的化学能通过锅炉转换成蒸汽的热能，蒸汽在汽轮机中膨胀做功，将蒸汽的热能转变成机械能，通过发电机最终将机械能转换成电能。在整个能量转换过程的不同阶段存在着数量不等、原因不同的各种损失，使热能不能全部有效利用。发电厂热经济性是通过能量转换过程中能量的利用程度或损失大小来衡量或评价的。要提高发电厂的热经济性，就要研究发电厂能量转换及利用过程中的各项损失产生的部位、大小、原因及其相互关系，以便找出减少这些热损失的方法和相应的措施。

评价发电厂热经济性的方法主要有两种：以热力学第一定律为基础的热量法（热效率法），以热力学第二定律为基础的熵方法（做功能力损失法）或㶲方法。

热量法以燃料化学能从数量上被利用的程度来评价电厂的热经济性，一般用于电厂热经济性定量分析。

熵方法或㶲方法是以燃料化学能的做功能力被利用的程度来评价电厂热经济性的，一般用于电厂热经济性定性分析。

二、热量法

热量法以热力学第一定律为理论基础，以热效率或热损失率的大小来衡量电厂或热力设备的热经济性。

热效率反映了热力设备将输入能量转换成有效利用能量的程度，在发电厂整个能量转换过程的不同阶段，采用各种效率来反映不同阶段的能量的有效利用程度，用能量损失率来反映各阶段能量损失的大小。

根据能量平衡关系得

$$输入总能量 \rightarrow \boxed{热力设备} \rightarrow 有效利用能量$$
$$\downarrow 损失能量$$

热效率 η 的通用表达式为

$$\eta = \frac{有效利用能量}{输入总能量} \times 100\% = \left(1 - \frac{损失能量}{输入总能量}\right) \times 100\%$$

下面以图 1-1 所示的凝汽式发电厂为例，阐述凝汽式发电厂的各种热损失和热效率。

（一）锅炉设备的热损失与锅炉效率

锅炉设备中的热损失主要包括排烟热损失、散热损失、未完全燃烧热损失、排污热损失等。其中排烟热损失占总损失的 $40\% \sim 50\%$。

锅炉效率 η_b 表示锅炉设备的热负荷与输入燃料的热量之比，其表达式为

$$\eta_{\mathrm{b}} = \frac{Q_{\mathrm{b}}}{Q_{\mathrm{cp}}} = \frac{Q_{\mathrm{b}}}{BQ_{\mathrm{net}}} = \frac{D_{\mathrm{b}}^{\cdot}(h_{\mathrm{b}} - h_{\mathrm{fw}})}{BQ_{\mathrm{net}}} = 1 - \frac{\Delta Q_{\mathrm{b}}}{Q_{\mathrm{cp}}} \tag{1-1}$$

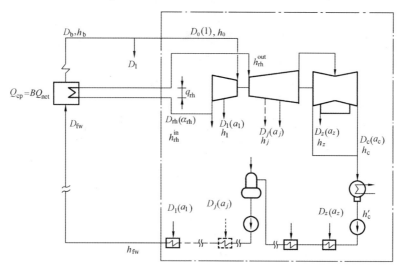

图 1-1 凝汽式发电厂热力系统图

锅炉热损失率为

$$\zeta_{\mathrm{b}} = \frac{\Delta Q_{\mathrm{b}}}{Q_{\mathrm{cp}}} = \frac{Q_{\mathrm{cp}} - Q_{\mathrm{b}}}{Q_{\mathrm{cp}}} = 1 - \frac{Q_{\mathrm{b}}}{Q_{\mathrm{cp}}} = 1 - \eta_{\mathrm{b}} \tag{1-2}$$

上两式中　　Q_{b}——锅炉热负荷，kJ/h；

$\qquad\quad Q_{\mathrm{cp}}$——全厂热耗量，kJ/h；

$\qquad\quad B$——锅炉煤耗量，kg/h；

$\qquad\quad Q_{\mathrm{net}}$——煤的低位发热量，kJ/kg；

$\qquad\quad D_{\mathrm{b}}$——锅炉过热蒸汽流量，kg/h；

$\qquad\quad h_{\mathrm{b}}$——锅炉过热器出口蒸汽比焓，kJ/kg；

$\qquad\quad h_{\mathrm{fw}}$——锅炉给水比焓，kJ/kg；

$\qquad\quad \Delta Q_{\mathrm{b}}$——锅炉热损失，kJ/h；

　　对再热机组　　　　　　$Q_{\mathrm{b}} = D_{\mathrm{b}}\ (h_{\mathrm{b}} - h_{\mathrm{fw}})\ + D_{\mathrm{rh}} q_{\mathrm{rh}}$

式中　　　D_{rh}——锅炉再热蒸汽流量，kg/h；

$\qquad\quad q_{\mathrm{rh}}$——1kg 再热蒸汽的吸热量，$q_{\mathrm{rh}} = h_{\mathrm{rh}}^{\mathrm{out}} - h_{\mathrm{rh}}^{\mathrm{in}}$，kJ/kg。

　　锅炉效率反映了锅炉设备运行经济性的完善程度，其影响因素很多，如锅炉的参数、容量、结构特性、燃烧方式及燃料的种类等。大型锅炉效率一般在 0.90~0.94 范围内。

　　(二) 管道热损失与管道效率

　　在工质流过主蒸汽管道时，会有一部分热损失。管道效率用汽轮机的热耗量 Q_0 与锅炉设备热负荷 Q_{b} 之比表示，其表达式为

$$\eta_{\mathrm{p}} = \frac{Q_0}{Q_{\mathrm{b}}} = 1 - \frac{\Delta Q_{\mathrm{p}}}{Q_{\mathrm{b}}} \tag{1-3}$$

　　管道热损失率 ζ_{p} 为

$$\zeta_{\mathrm{p}} = \frac{\Delta Q_{\mathrm{p}}}{Q_{\mathrm{cp}}} = \frac{\Delta Q_{\mathrm{p}}}{Q_{\mathrm{b}}} \cdot \frac{Q_{\mathrm{b}}}{Q_{\mathrm{cp}}} = \frac{Q_{\mathrm{b}}}{Q_{\mathrm{cp}}}\Big(1 - \frac{Q_0}{Q_{\mathrm{b}}}\Big) = \eta_{\mathrm{b}}(1 - \eta_{\mathrm{p}}) \tag{1-4}$$

式中 ΔQ_p——管道热损失。

管道的效率反映了管道设施保温的完善程度和工质损失热量的大小。管道的效率一般为 $0.98\sim0.99$。

(三) 汽轮机的冷源损失与汽轮机绝对内效率

在汽轮机中，冷源损失包括两部分，即理想情况下（汽轮机无内部损失）汽轮机排汽在凝汽器中的放热量；蒸汽在汽轮机中实际膨胀过程中存在着进汽节流、排汽及内部（包括漏汽、摩擦、湿汽等）损失，使蒸汽做功减少而导致的冷源损失。

汽轮机的绝对内效率 η_i 表示汽轮机实际内功率与汽轮机热耗之比（即单位时间所做的实际内功与耗用的热量之比），其表达式为

$$\eta_i = \frac{W_i}{Q_0} = \frac{1-\Delta Q_c}{Q_0} = \frac{W_i}{W_a}\cdot\frac{W_a}{Q_0} = \eta_{ri}\eta_t \tag{1-5}$$

其中
$$\eta_{ri} = \frac{W_i}{W_a} \tag{1-6}$$

$$\eta_t = \frac{W_a}{Q_0} \tag{1-7}$$

式中 W_i——汽轮机汽耗为 D_0 时实际内功率，kJ/h；

Q_0——汽轮机汽耗为 D_0 时的热耗，kJ/h；

ΔQ_c——汽轮机冷源热损失，kJ/h；

W_a——汽轮机汽耗为 D_0 时理想内功率，kJ/h；

η_{ri}——汽轮机相对内效率；

η_t——循环的理想热效率。

汽轮机冷源热损失率 ζ_c 为

$$\zeta_c = \frac{\Delta Q_c}{Q_{cp}} = \frac{\Delta Q_c}{Q_0}\cdot\frac{Q_0}{Q_b}\cdot\frac{Q_b}{Q_{cp}} = \frac{Q_b}{Q_{cp}}\cdot\frac{Q_0}{Q_b}\left(1-\frac{W_i}{Q_0}\right) = \eta_b\eta_p(1-\eta_i) \tag{1-8}$$

式（1-5）是相对于新蒸汽为 D_0 时的表达式。当新蒸汽为 1kg 时用汽轮机实际比内功和汽轮机比热耗表示，则汽轮机的绝对内效率的表达式为

$$\eta_i = \frac{w_i}{q_0} = 1-\frac{\Delta q_c}{q_0} \tag{1-9}$$

其中
$$w_i = \frac{W_i}{D_0}, \quad q_0 = \frac{Q_0}{D_0}, \quad \Delta q_c = \frac{\Delta Q_c}{D_0}$$

另外，η_i 计算表达式常用汽轮机汽水参数来表示上面表达式中的 Q_0、W_i、q_0、w_i。η_i 计算表达式计算时不计系统中工质的损失，新汽流量 D_0 与给水流量 D_{fw} 相等。以图 1-1 为例，以汽轮机的汽水参数所表示的 Q_0、W_i、q_0、w_i 及 η_i 如下所述。

1. 汽轮机汽耗为 D_0 时的实际内功

汽轮机实际做功 W_i 有三种表示法。

(1) W_i 以汽轮机凝汽流和各级回热汽流的内功之和表示，则实际内功为

$W_i = D_1(h_0-h_1) + D_2(h_0-h_2) + \cdots + D_z(h_0-h_z+q_{rh}) + D_c(h_0-h_c+q_{rh})$

$$= \sum_{j=1}^{z}D_j\Delta h_j + D_c\Delta h_c \quad \text{kJ/h} \tag{1-10}$$

式中 D_c——汽轮机凝汽量，kg/h；

Δh_j——抽汽在汽轮机中的实际焓降，再热前其值为 $\Delta h_j = h_0 - h_j$，再热后其值为 $\Delta h_j = h_0 - h_j + q_{rh}$，kJ/kg；

Δh_c——凝汽在汽轮机中的实际焓降，kJ/kg。

（2）W_i 以输入、输出汽轮机的能量之差来表示，则实际内功为

$$W_i = D_0 h_0 + D_{rh} q_{rh} - \sum_{j=1}^{z} D_j h_j - D_c h_c \quad \text{kJ/h} \tag{1-11}$$

其中

$$D_0 = D_1 + D_2 + \cdots + D_z + D_c = \sum_{j=1}^{z} D_j + D_c \quad \text{kg/h} \tag{1-12}$$

$$D_{rh} = D_0 - D_1 - D_2 = \sum_{j=3}^{z} D_j + D_c$$

将式（1-12）代入式（1-11），整理得

$$W_i = D_1(h_0 - h_1) + D_2(h_0 - h_2) + \cdots + D_z(h_0 - h_z + q_{rh}) + D_c(h_0 - h_c + q_{rh})$$

$$= \sum_{j=1}^{z} D_j \Delta h_j + D_c \Delta h_c \quad \text{kJ/h} \tag{1-13}$$

从式（1-10）和式（1-13）可以看出，两种方法所得出的结果是一致的。

汽轮机组的实际比内功表达式为

$$w_i = \frac{W_i}{D_0}$$

$$w_i = h_0 + \alpha_{rh} q_{rh} - \sum_{j=1}^{z} \alpha_j h_j - \alpha_c h_c = \sum_{j=1}^{z} \alpha_j \Delta h_j + \alpha_c \Delta h_c \quad \text{kJ/kg} \tag{1-14}$$

其中

$$\alpha_j = \frac{D_j}{D_0}$$

（3）用反平衡法求 W_i、w_i

$$W_i = Q_0 - \Delta Q_c, \quad w_i = q_0 - \Delta q_c$$

其中

$$\Delta Q_c = D_c(h_c - h'_c), \quad \Delta q_c = \alpha_c(h_c - h'_c)$$

2. 汽轮机汽耗为 D_0 时机组热耗（循环吸热量）

$$Q_0 = D_0 h_0 + D_{rh} q_{rh} - D_{fw} h_{fw}$$

无工质损失时

$$D_0 = D_{fw}, Q_0 = D_0(h_0 - h_{fw}) + D_{rh} q_{rh} \quad \text{kJ/h} \tag{1-15}$$

1kg 新蒸汽的热耗（比热耗、热耗率）为

$$q_0 = h_0 + \alpha_{rh} q_{rh} - h_{fw} = (h_0 - h_{fw}) + \alpha_{rh} q_{rh} \quad \text{kJ/kg} \tag{1-16}$$

根据能量平衡

$$h_{fw} = \alpha_c h'_c + \sum_{j=1}^{z} \alpha_j h_j \quad \text{kJ/kg} \tag{1-17}$$

将式（1-17）代入式（1-15），机组热耗可写成

$$Q_0 = D_0 \left(h_0 - \alpha_c h'_c - \sum_{j=1}^{z} \alpha_j h_j \right) + D_{rh} q_{rh}$$

$$= \sum_{j=1}^{z} D_j \Delta h_j + D_c(h_0 - h'_c + q_{rh}) \quad \text{kJ/h} \tag{1-18}$$

热耗率 q_0 可写成

$$q_0 = h_0 + \alpha_{rh} q_{rh} - h_{fw}$$

$$= h_0 + \alpha_{rh} q_{rh} - (\alpha_c h'_c + \sum_{j=1}^{z} \alpha_j h_j)$$

$$= \sum_{j=1}^{z} \alpha_j \Delta h_j + \alpha_c (h_0 - h'_c + q_{rh}) \quad \text{kJ/kg} \tag{1-19}$$

以上各式中　D_0、D_j、D_c、D_{fw}——汽轮机新蒸汽、各级抽汽、排汽、锅炉给水的流量，kg/h；

h_0、h_j、h_c、h_{fw}、h'_c——新蒸汽、抽汽、实际排汽、锅炉给水、凝结水的比焓，kJ/kg；

α_j、α_{rh}、α_c——汽轮机进汽为 1kg 时抽汽、再热蒸汽、凝汽的份额；

D_{rh}——再热蒸汽量，kg/h；

Δq_c——1kg 新蒸汽热功转换时的冷源损失，kJ/kg。

3. 凝汽式汽轮机的绝对内效率 η_i

$$\eta_i = \frac{W_i}{Q_0}$$

$$= \frac{\sum_{j=1}^{z} D_j \Delta h_j + D_c \Delta h_c}{D_0 (h_0 - h_{fw}) + D_{rh} q_{rh}}$$

$$= \frac{\sum_{j=1}^{z} D_j \Delta h_j + D_c \Delta h_c}{\sum_{j=1}^{z} D_j \Delta h_j + D_c (h_0 - h'_c + q_{rh})} \tag{1-20}$$

用比内功和比热量来表示时，η_i 的表达式为

$$\eta_i = \frac{w_i}{q_0}$$

$$= \frac{\sum_{j=1}^{z} \alpha_j \Delta h_j + \alpha_c \Delta h_c}{(h_0 - h_{fw}) + \alpha_{rh} q_{rh}}$$

$$= \frac{\sum_{j=1}^{z} \alpha_j \Delta h_j + \alpha_c \Delta h_c}{\sum_{j=1}^{z} \alpha_j \Delta h_j + \alpha_c (h_0 - h'_c + q_{rh})} \tag{1-21}$$

在式（1-20）和式（1-21）中：若无再热蒸汽，则 $q_{rh}=0$，即为回热循环汽轮机绝对内效率；若 $q_{rh}=0$，$\sum \alpha_j = 0$，既无回热，也无再热，即为朗肯循环汽轮机的绝对内效率。

现代大型汽轮机组的绝对内效率已达到 $0.45 \sim 0.47$。

扣去给水泵消耗的功率 W_p（kJ/h），可得汽轮机的净内效率 η_i^n，其表达式为

$$\eta_i^n = \frac{W_i - W_p}{Q_0} \tag{1-22}$$

（四）汽轮机的机械损失及机械效率

汽轮机输出给发电机轴端的功率与汽轮机内功率之比称为机械效率 η_m，其表达式为

$$\eta_m = \frac{3600P_{ax}}{W_i} = 1 - \frac{\Delta Q_m}{W_i} \qquad (1-23)$$

式中 P_{ax}——发电机输入功率，kW；

ΔQ_m——机械损失，kJ/h。

汽轮机机械损失热损失率 ζ_m 为

$$\zeta_m = \frac{\Delta Q_m}{Q_{cp}} = \eta_b \eta_p \eta_i (1 - \eta_m) \qquad (1-24)$$

汽轮机机械效率反映了汽轮机支持轴承、推力轴承与轴和推力盘之间的机械摩擦耗功，以及拖动主油泵、调速系统耗功量的大小。机械效率一般为 $0.965 \sim 0.990$。

（五）发电机效率及发电机能量损失

发电机的输出功率 P_e 与轴端输入功率 P_{ax} 之比称为发电机效率 η_g，其表达式为

$$\eta_g = \frac{P_e}{P_{ax}} = 1 - \frac{\Delta Q_g}{3600P_{ax}} \qquad (1-25)$$

式中 ΔQ_g——发电机损失，kJ/h。

发电机能量损失率 ζ_g 为

$$\zeta_g = \frac{\Delta Q_g}{Q_{cp}} = \eta_b \eta_p \eta_i \eta_m (1 - \eta_g) \qquad (1-26)$$

发电机效率反映了发电机轴与支持轴承的摩擦耗功，以及发电机内冷却介质的摩擦和铜损（线圈发热）、铁损（铁芯涡流发热等）造成的功率消耗。

大中型发电机效率一般为 $0.950 \sim 0.989$。

（六）全厂总能量损失及总效率

对整个发电厂的生产过程而言，将上述各项损失综合考虑以后，得出凝汽式发电厂的总效率 η_{cp} 的表达式为

$$\eta_{cp} = \eta_b \eta_p \eta_i \eta_m \eta_g \qquad (1-27)$$

如以发电厂为研究对象，全厂总效率表示发电厂输出的有效能量（电能）与输入总能量（燃料的化学能）之比，其表达式为

$$\eta_{cp} = \frac{3600P_e}{BQ_{net}} = \frac{3600P_e}{Q_{cp}} \qquad (1-28)$$

发电厂总能量损失率 ζ_{cp} 为

$$\zeta_{cp} = \frac{\Delta Q_j}{Q_{cp}} = \sum \zeta_j \qquad (1-29)$$

其中
$$\Delta Q_j = \Delta Q_b + \Delta Q_p + \Delta Q_c + \Delta Q_m + \Delta Q_g \qquad (1-30)$$

$$Q_{cp} = 3600P_e + \Delta Q_b + \Delta Q_p + \Delta Q_c + \Delta Q_m + \Delta Q_g \qquad (1-31)$$

根据式（1-31）的计算结果可绘制相应的热流图。图 1-2 所示为凝汽式发电厂的热流图，该机组有三级回热抽汽。

发电厂的各项损失与发电厂的蒸汽参数和设备容量有关，其数据见表 1-1。

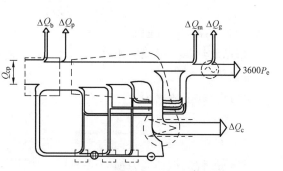

图 1-2 凝汽式发电厂能量转换过程的
热量利用和热量损失（热流图）

表 1 - 1　　　　　　　　　　　火力发电厂的各项损失　　　　　　　　　　（％）

项　目	电　厂　初　参　数					
	中参数	高参数	超高参数	超临界参数	超超临界参数	超超临界参数（二次再热）
锅炉热损失	11.0	10.0	9.0	8.0	6.0	5.35
管道热损失	1.0	1.0	0.5	0.5	0.5	0.5
汽轮机的冷源损失	61.5	57.5	52.5	50.5	47.5	45.21
汽轮机的机械损失	1.0	0.5	0.5	0.5	0.5	0.5
发电机损失	1.0	0.5	0.5	0.5	0.5	0.5
总能量损失	75.5	69.5	63.0	60.0	55.0	52.06
全厂效率	24.5	30.5	37.0	40.0	45.0	47.94

三、熵方法

熵方法以热力学第二定律为理论基础，着重研究各种动力过程中做功能力的变化。实际的动力过程都是不可逆过程，必然引起系统的熵增（熵产），引起做功能力的损失。熵方法通过熵产的计算来确定做功能力损失，并以此作为评价电厂热力设备的热经济性指标。

在温度为 T_{en} 的环境里，某一热力过程或设备中的熵产 Δs 引起的做功能力损失 I 为

$$I = T_{en}\Delta s \quad kJ/kg \tag{1-32}$$

热力发电厂的全部能量转换过程是由一系列不可逆过程组成的，各设备或过程的做功能力损失之和即为发电厂的总损失，即总损失 I_{cp} 为

$$I_{cp} = \sum I \quad kJ/kg \tag{1-33}$$

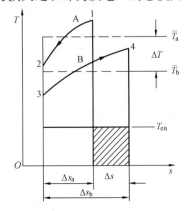

图 1 - 3　有温差换热过程的 T-s 图

（一）典型不可逆过程的做功能力损失

在发电厂能量转换的各种不可逆过程中，存在温差换热、工质节流及工质膨胀（或压缩）三种典型的不可逆过程。

1. 有温差换热过程的做功能力损失

如图 1 - 3 所示，工质 A 经过 1 - 2 过程被冷却，其平均放热温度为 $\bar{T}_a$，放热量为 dq，其熵减少了 Δs_a；工质 B 经过 3 - 4 过程被加热，其平均吸热温度为 $\bar{T}_b$，其熵增加了 Δs_b。它们的平均换热温差为 ΔT。

根据放热量与吸热量相等的能量平衡方法，有如下关系：

$$dq = \bar{T}_a\Delta s_a = \bar{T}_b\Delta s_b \tag{1-34}$$

换热过程的熵增为

$$\Delta s = \Delta s_b - \Delta s_a = \frac{dq}{\bar{T}_b} - \frac{dq}{\bar{T}_a} = dq\frac{\Delta T}{\bar{T}_a\bar{T}_b} \quad kJ/(kg \cdot K) \tag{1-35}$$

换热过程的做功能力损失见图 1 - 3 中阴影部分面积，其表达式为

$$I = T_{en}\Delta s = T_{en}\frac{\Delta T dq}{\bar{T}_a\bar{T}_b} = T_{en}\frac{\Delta T}{\Delta T + \bar{T}_b} \cdot \frac{dq}{\bar{T}_b} \quad kJ/kg \tag{1-36}$$

由式（1 - 36）可知：环境温度 T_{en} 一定时，换热温度差越大，熵增和做功能力损失也越

大。$\mathrm{d}q$ 越大，因 ΔT 引起的做功能力损失也越大。若 ΔT 一定，工质 B 的平均温度 $\overline{T}_\mathrm{b}$ 越高，做功能力损失就越小，即高温换热的做功能力损失较低温换热时小。

2. 工质节流过程的做功能力损失

根据热力学第一定律可知

$$\mathrm{d}q = \mathrm{d}h - v\mathrm{d}p \qquad (1-37)$$

如图 1-4 所示，蒸汽在汽轮机进汽调节机构中的节流过程，节流前后工质焓不变，即 $\mathrm{d}h = 0$，表达式为

$$\mathrm{d}s = -\frac{v}{T}\mathrm{d}p \qquad (1-38)$$

节流过程的熵产 Δs_p 为

$$\Delta s_\mathrm{p} = -\int_0^1 \frac{v}{T}\mathrm{d}p = s_1 - s_0 \qquad (1-39)$$

做功能力损失如图 1-4 中阴影部分面积 5-6-7-8-5 所示，其表达式为

$$I_\mathrm{p} = T_\mathrm{en}\Delta s_\mathrm{p} = -T_\mathrm{en}\int_0^1 \frac{v}{T}\mathrm{d}p = T_\mathrm{en}(s_1 - s_0) \quad \mathrm{kJ/kg} \qquad (1-40)$$

式中　v、T——工质的比体积和温度，$\mathrm{m^3/kg}$，K；

$\quad\quad\quad\mathrm{d}p$——工质的压降，MPa。

3. 工质膨胀做功（或压缩）过程的做功能力损失

蒸汽在汽轮机中不可逆热膨胀、水在水泵中被不可逆绝热压缩等都属于有摩阻的绝热过程，膨胀时其做功能力损失如图 1-5 中阴影部分面积 5-6-7-8-5 所示，其表达式为

$$I_\mathrm{t} = T_\mathrm{en}\Delta s_\mathrm{tu} = T_\mathrm{en}(s_5 - s_8) \quad \mathrm{kJ/kg} \qquad (1-41)$$

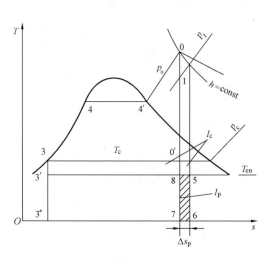
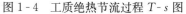
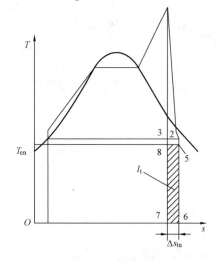

图 1-4　工质绝热节流过程 $T\text{-}s$ 图　　　　　　图 1-5　工质膨胀做功过程 $T\text{-}s$ 图

（二）凝汽式发电厂各种损失及全厂总效率 η_cp

1. 锅炉的做功能力损失

以燃料的化学能（生产 1kg 蒸汽需要燃料提供的热量）q' 为基准，T_g 为燃料燃烧时烟气的温度。锅炉设备的做功能力损失由三部分组成：①锅炉的散热引起的做功能力损失 $I_\mathrm{b}^{\mathrm{I}}$，见图 1-6 中面积 6-7-3″-6″-6；②化学能转变为热能引起的做功能力损失 $I_\mathrm{b}^{\mathrm{II}}$，见图 1-6 中

$3'-8'-8''-3''-3'$ 的面积；③工质温差传热引起的做功能力损失 $I_b^{Ⅲ}$，见图 1-6 中 $8'-0'-0''-8''-8'$。

（1）锅炉的散热损失 Δq

$$\Delta q = q'(1-\eta_b)$$

锅炉散热引起的做功能力损失 $I_b^{Ⅰ}$

$$I_b^{Ⅰ} = q'(1-\eta_b) \quad \text{kJ/kg}$$

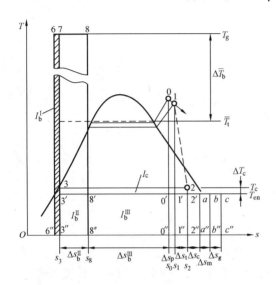 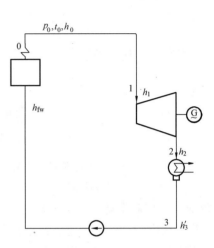

图 1-6　纯凝汽式发电厂热力系统及做功能力损失分布

（2）化学能转变为热能引起的熵产 $\Delta s_b^{Ⅱ}$

$$\Delta s_b^{Ⅱ} = \frac{q_0}{T_g} = \frac{h_0 - h_3'}{T_g} = s_{8'} - s_{3'} \quad \text{kJ/(kg · K)}$$

化学能转变为热能引起的做功能力损失 $I_b^{Ⅱ}$

$$I_b^{Ⅱ} = T_{en}\Delta s_b^{Ⅱ} = T_{en}\frac{q_0}{T_g} \quad \text{kJ/kg}$$

（3）工质温差传热引起的熵产 $\Delta s_b^{Ⅲ}$

$$\Delta s_b^{Ⅲ} = s_0 - s_3 - \frac{q_0}{T_g} = s_{0'} - s_{8'} \quad \text{kJ/(kg · K)}$$

工质温差传热引起的做功能力损失 $I_b^{Ⅲ}$

$$I_b^{Ⅲ} = T_{en}\Delta s_b^{Ⅲ} = T_{en}(s_{0'} - s_{8'})$$

锅炉中总的做功能力损失为

$$\begin{aligned} I_b &= I_b^{Ⅰ} + I_b^{Ⅱ} + I_b^{Ⅲ} \\ &= (1-\eta_b)q' + T_{en}(s_{8'} - s_{3'}) + T_{en}(s_{0'} - s_{8'}) \quad \text{kJ/kg} \end{aligned} \quad (1-42)$$

2. 主蒸汽管道的做功能力损失

蒸汽流过主蒸汽管道时，既有沿程压力损失，又有沿程散热损失，因压损而引起的做功能力损失见图 1-6 中面积 $0'-1'-1''-0''-0'$，其表达式为

$$I_p = T_{en}(s_1 - s_0) = T_{en}\Delta s_p \quad \text{kJ/kg} \quad (1-43)$$

3. 汽轮机内部做功能力损失

汽轮机中由于蒸汽膨胀过程有摩阻使熵增加而产生的做功能力损失见图 1-6 中面积 $1'$-$2'$-$2''$-$1''$-$1'$，其表达式为

$$I_t = T_{en}(s_2 - s_1) = T_{en}\Delta s_t \quad \text{kJ/kg} \tag{1-44}$$

4. 凝汽器中的做功能力损失

$$I_c = (T_c - T_{en})(s_2 - s_3) = T_{en}\Delta s_c \quad \text{kJ/kg} \tag{1-45}$$

5. 汽轮机的机械摩擦损失产生的做功能力损失

$$I_m = (h_1 - h_2)(1 - \eta_m) = T_{en}\Delta s_m \quad \text{kJ/kg} \tag{1-46}$$

6. 发电机的做功能力损失

$$I_g = (h_1 - h_2)(1 - \eta_g)\eta_m = T_{en}\Delta s_g \quad \text{kJ/kg} \tag{1-47}$$

7. 凝汽式发电厂的做功能力损失及全厂效率

每生产 1kg 蒸汽凝汽式发电厂做功能力损失

$$I_{cp} = I_b + I_p + I_t + I_c + I_m + I_g \tag{1-48}$$

$$q' = 3600P_e + I_{cp} = 3600P_e + I_b + I_p + I_t + I_c + I_m + I_g \quad \text{kJ/kg} \tag{1-49}$$

全厂效率

$$\eta_{cp} = 1 - \frac{I_{cp}}{q} \tag{1-50}$$

根据式（1-50）的计算结果，可绘制相应的能流图。图 1-7 为反映凝汽式发电厂各项做功能力的能流图，该机组有三级回热抽汽，图中 I_r 为回热加热过程中的做功能力损失，$I_p^1(\Delta t)$，$I_p^2(\Delta p)$ 分别为主蒸汽管道中因散热和压降造成的做功能力损失。

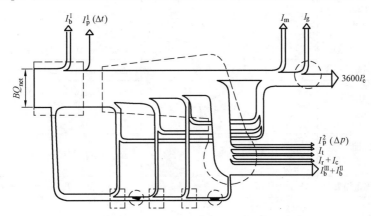

图 1-7　凝汽式发电厂的能流图

四、㶲方法

由㶲平衡式可求得热力设备的㶲损通式为

$$\Delta e = (e_{in} + e_q) - (e_{out} + w) = T_{en}\Delta s \quad \text{kJ/kg} \tag{1-51}$$

其中

$$e_q = q_0\eta_c = q_0\left(1 - \frac{T_{en}}{T_g}\right)$$

式中　e_q——进入设备的热流比㶲，kJ/kg；

　e_{in}、e_{out}——流入、流出设备的比㶲，kJ/kg；

　　　w——实际比内功，kJ/kg。

实际电厂的总㶲损为

$$\sum \Delta e = \Delta e_b + \Delta e_p + \Delta e_t + \Delta e_c + \Delta e_{pu} + \Delta e_m + \Delta e_g \quad \text{kJ/kg} \tag{1-52}$$

电厂生产 1kg 蒸汽所消耗燃料的㶲值为

$$e_{max} = q' \quad \text{kJ/kg} \tag{1-53}$$

全厂㶲效率

$$\eta_{cp}^e = 1 - \frac{\sum \Delta e}{e_{max}} = 1 - \sum \xi_j^e \tag{1-54}$$

　　发电厂各热力设备㶲损的大小和熵方法所计算的做功能力损失相等。以图 1-6 为例，发电厂各热力设备的㶲损大小也可以用图 1-6 中的面积表示。发电厂各热力设备的㶲损见表 1-2。表中 η_c 为在热源温度 T_g 和冷源温度 T_{en} 之间的卡诺循环效率；ξ_j^e 为各热力设备的㶲损失率。

表 1-2　　　　　　　　　　　　　纯凝汽式电厂的㶲损及可用能利用

编号	名　　称	㶲损所示面积 （图 1-6 T-s 图）	㶲损 Δe_j 计算公式 （kJ/kg）
1	锅炉的总㶲损	6-7-3″-6″-6+3′-0′-0″-3″-3′	$\Delta e_b = \Delta e_b^{\mathrm{I}} + \Delta e_b^{\mathrm{II}} + \Delta e_b^{\mathrm{III}}$
(1)	锅炉散热损失	6-7-3″-6″-6	$\Delta e_b^{\mathrm{I}} = q'(1-\eta_b)$
(2)	燃料化学能转换成 热能的㶲损	3′-8′-8″-3″-3′	$\Delta e_b^{\mathrm{II}} = T_{en}\Delta s_b^{\mathrm{II}} = T_{en}\dfrac{h_0 - h_3'}{T_g} = q'\eta_b(1-\eta_c)$
(3)	锅炉中有温差 换热的㶲损	8′-0′-0″-8″-8′	$\Delta e_b^{\mathrm{III}} = T_{en}\Delta s_b^{\mathrm{III}} = T_{en}\left[(s_0 - s_3) - \dfrac{h_0 - h_3'}{T_g}\right]$
2	主蒸汽管道中节流㶲损	0′-1′-1″-0″-0′	$\Delta e_p = T_{en}\Delta s_p, \quad \Delta s_p = s_1 - s_0$
3	汽轮机不可逆膨胀㶲损	1′-2′-2″-1″-1′	$\Delta e_t = T_{en}\Delta s_t, \quad \Delta s_t = s_2 - s_1$
4	凝汽器有温差换 热的㶲损	3-2-2′-3′-3（或 2′-a-a″-2″-2′）	$\Delta e_c = T_{en}\Delta s_c$ $\Delta s_c = \dfrac{h_2 - h_3'}{T_{en}} - (s_2 - s_3)$
5	汽轮机机械传动 中的损失	a-b-$b″$-$a″$-a	$\Delta e_m = \Delta Q_m = T_{en}\Delta s_m = (h_1 - h_2)(1-\eta_m)$
6	发电机内能量损失	b-c-$c″$-$b″$-b	$\Delta e_g = \Delta Q_g = T_{en}\Delta s_g = (h_1 - h_2)(1-\eta_g)\eta_m$
	发电厂总㶲损	6-7-3″-6″-6+3-2-2″-3″-3+ a-c-$c″$-$a″$-a	$\sum \Delta e_j = \Delta e_b + \Delta e_p + \Delta e_t + \Delta e_c + \Delta e_m + \Delta e_g$
	凝汽式电厂的㶲效率	$\eta_{cp}^e = 1 - \dfrac{\sum \Delta e_j}{q'} = 1 - \sum \xi_j^e$	

　　热量法、熵方法及㶲方法从不同的角度分析了发电厂的热经济性。热量法以热力学第一定律为基础，从数量上计算各设备及全厂的热效率；熵方法和㶲方法均以热力学第一、第二定律为基础，揭示了热功转换过程中由于不可逆性而产生的做功能力的损失。熵方法计算做功能力损失，㶲方法计算做功能力，两种方法分别从热功过程的两个方面说明了热功转换过程的可能性、方向性和条件性。

这三种热经济性分析法所计算出的全厂热效率是相同的，但对损失的分布三种分析法得出两种完全不同的结果。从图 1-2 热流图可知，热量法认为，发电厂中，凝汽器中的热损失最大，而锅炉的热损失却很小。从图 1-7 能流图可知，熵方法、㶲方法认为，发电厂中，锅炉的做功能力损失最大，而凝汽器中做功能力损失却很小，这是因为锅炉的传热温差很大而引起的做功能力损失很大的缘故。凝汽器中虽然热量损失大，但其品位很低，所以做功能力损失很小。

热量法只表明能量转换的结果，不能揭示能量损失的本质原因。熵方法或㶲方法不仅表明能量转换的结果，而且能揭示能量损失的部位、数量及其损失的原因。热量法和熵方法（㶲方法）从不同的角度丰富了对同一事物不同侧面的认识。

本书用热量法定量评价发电厂的热经济性，用熵方法定性分析发电厂的热经济性。

第二节　凝汽式发电厂的主要热经济性指标

发电厂的热经济性是用热经济性指标来衡量的。火力发电厂及其热力设备广泛采用热量法来计算发电厂的热经济性指标。主要热经济性指标有能耗量（汽耗量、热耗量、煤耗量）和能耗率（汽耗率、热耗率、煤耗率）以及效率。

一、汽轮发电机组的汽耗量和汽耗率

1. 汽轮发电机组的汽耗量 D_0

在汽轮发电机组中，热能转变为电能的热平衡方程式为

$$D_0 w_i \eta_m \eta_g = 3600 P_e \tag{1-55}$$

根据式（1-14）可知，汽轮机的实际内功 $w_i = \sum_{j=1}^{z} \alpha_j \Delta h_j + \alpha_c \Delta h_c$。将式（1-14）代入式（1-55）得

$$D_0 \left(\sum_{1}^{z} \alpha_j \Delta h_j + \alpha_c \Delta h_c \right) \eta_m \eta_g = 3600 P_e \tag{1-56}$$

将 $\alpha_c = 1 - \sum_{1}^{z} \alpha_j$ 代入式（1-56）得

$$D_0 = \frac{3600 P_e}{(h_0 - h_c + q_{rh})(1 - \sum_{j=1}^{z} \alpha_j Y_j) \eta_m \eta_g} = D_{c0}\beta \quad \text{kg/h} \tag{1-57}$$

$$D_{c0} = \frac{3600 P_e}{w_{ic} \eta_m \eta_g}$$

上两式中　Y_j——抽汽做功不足系数，它表示因回热抽汽而做功不足部分占应做功量的份额；

　　　　　D_{c0}——纯凝汽循环汽耗量；

　　　　　β——回热抽汽做功不足汽耗增加系数，$\beta = 1/(1 - \sum_{j=1}^{z} \alpha_j Y_j)$；

　　　　　w_{ic}——凝汽汽流内功，$w_{ic} = h_0 - h_c + q_{rh}$。

抽汽在再热前　　　　　$$Y_j = \frac{h_j - h_c + q_{rh}}{h_0 - h_c + q_{rh}} \tag{1-58}$$

抽汽在再热后　　　　　$$Y_j = \frac{h_j - h_c}{h_0 - h_c + q_{rh}} \tag{1-59}$$

2. 汽轮发电机组的汽耗率 d

汽轮发电机组每生产 1kWh 的电能所需要的蒸汽量，称为汽轮发电机组的汽耗率，用符号 d 表示，其表达式为

$$d = \frac{D_0}{P_e} = \frac{3600}{w_i \eta_m \eta_g} = \frac{3600}{(h_0 - h_c + q_{rh})(1 - \sum\limits_{j=1}^{z} \alpha_j Y_j) \eta_m \eta_g} \quad \text{kg/kWh} \quad (1\text{-}60)$$

对于非再热机组，$q_{rh} = 0$，式（1-57）、式（1-60）即变为回热循环时的汽耗量、汽耗率；若 $\sum \alpha_j = 0$，即为纯凝汽式机组（无回热、再热）的汽耗量、汽耗率。从式（1-60）可以看出，回热机组汽耗率高于纯凝汽式（朗肯循环）机组的汽耗率。

二、汽轮发电机组的热耗量和热耗率

1. 热耗量 Q_0

$$Q_0 = D_0(h_0 - h_{fw}) + D_{rh} q_{rh} \quad \text{kJ/h} \quad (1\text{-}61)$$

2. 热耗率 q

$$q = \frac{Q_0}{P_e} = d[(h_0 - h_{fw}) + \alpha_{rh} q_{rh}] \quad \text{kJ/kWh} \quad (1\text{-}62)$$

根据汽轮发电机组能量平衡

$$Q_0 \eta_i \eta_m \eta_g = W_i \eta_m \eta_g = 3600 P_e \quad (1\text{-}63)$$

得

$$q = \frac{3600}{\eta_i \eta_m \eta_g} = \frac{3600}{\eta_e} \quad \text{kJ/kWh} \quad (1\text{-}64)$$

式中　η_e——汽轮发电机组绝对电效率。

从式（1-64）可知，热耗率 q 的大小与 η_i、η_m 和 η_g 有关。η_m、η_g 的数值在 0.93～0.99 范围内，且变化不大，因此热耗率 q 的大小主要取决于 η_i，或者说 η_i 的大小主要取决于 q。所以热耗率 q 反映了发电厂的热经济性，是发电厂重要的热经济性指标之一。

三、发电厂的热耗量和热耗率

1. 发电厂的热耗量 Q_{cp}

根据能量平衡，发电厂热耗量 Q_{cp} 表达式为

$$Q_{cp} = BQ_{net} = \frac{Q_b}{\eta_b} = \frac{Q_0}{\eta_b \eta_p} = \frac{3600 P_e}{\eta_{cp}} \quad \text{kJ/h} \quad (1\text{-}65)$$

2. 发电厂的热耗率 q_{cp}

$$q_{cp} = \frac{Q_{cp}}{P_e} = \frac{q}{\eta_b \eta_p} = \frac{3600}{\eta_{cp}} \quad \text{kJ/kWh} \quad (1\text{-}66)$$

四、发电厂的煤耗量、煤耗率及标准煤耗率

1. 发电厂的煤耗量 B_{cp}

$$B_{cp} = \frac{Q_{cp}}{Q_{net}} = \frac{3600 P_e}{\eta_{cp} Q_{net}} \quad \text{kg/h} \quad (1\text{-}67)$$

2. 发电厂的煤耗率 b_{cp}

$$b_{cp} = \frac{B_{cp}}{P_e} = \frac{q_{cp}}{Q_{net}} = \frac{3600}{\eta_{cp} Q_{net}} \quad \text{kg/kWh} \quad (1\text{-}68)$$

3. 发电厂的标准煤耗率 b_{cp}^s

取标准煤的低位发热量 $Q_{net}^s = 29\,270\text{kJ/kg}$，可得发电厂标准煤耗率 b_{cp}^s 为

$$b_{cp}^s = \frac{3600}{\eta_{cp} Q_{net}^s} = \frac{3600}{29\,270\eta_{cp}} = \frac{0.123}{\eta_{cp}} \quad \text{kg 标准煤/kWh} \qquad (1-69)$$

五、全厂供电标准煤耗率

全厂净效率 η_{cp}^n 即扣除厂用电功率 P_{ap} 的电厂效率，又称供电效率，计算式为

$$\eta_{cp}^n = \frac{3600(P_e - P_{ap})}{Q_{cp}} = \eta_{cp}(1 - \zeta_{ap}) \qquad (1-70)$$

式中　ζ_{ap}——厂用电率，$\zeta_{ap} = \dfrac{P_{ap}}{P_e}$。

全厂供电标准煤耗率 b_{cp}^n 的计算式为

$$b_{cp}^n = \frac{0.123}{\eta_{cp}^n} = \frac{0.123}{\eta_{cp}(1 - \zeta_{ap})} \quad \text{kg 标准煤/kWh} \qquad (1-71)$$

从上述表达式可知，能耗率中热耗率 q 和煤耗率 b 与热效率之间是一一对应关系，它们是通用的热经济性指标。而汽耗率 d 不直接与热效率有关，主要取决于汽轮机实际比内功 w_i 的大小，因此，d 不能单独用作热经济指标。只有当 q_0 一定时，d 才能反映电厂热经济性。表 1-3 为国产汽轮发电机组的热经济性指标。

表 1-3　　　　　　　　　　国产汽轮发电机组的热经济性指标

额定功率 P_e (MW)	η_{ri}	η_i	η_m	η_g	η_e	d (kg/kWh)	q (kJ/kWh)
0.75～6	0.76～0.82	<0.30	0.965～0.986	0.930～0.960	<0.27～0.284	>4.9	>13 333
12～25	0.82～0.85	0.31～0.33	0.986～0.990	0.965～0.975	0.29～0.32	4.7～4.1	12 414～11 250
50～100	0.85～0.87	0.37～0.40	约 0.99	0.980～0.985	0.36～0.39	3.9～3.5	10 000～9231
125～200	0.86～0.89	0.43～0.45	约 0.99	约 0.99	0.421～0.441	3.1～2.9	8612～8238
300～600	0.88～0.90	0.45～0.48	约 0.99	约 0.99	0.441～0.47	3.2～2.8	8219～7579
1000	0.90～0.925	0.489～0.498	约 0.99	约 0.989	0.478～0.49	2.9～2.7	7347～7383
1000 (二次再热)	0.9～0.92	0.518～0.522	约 0.99	约 0.989	0.507～0.511	2.63～2.53	7042～7094

根据能耗率能全面反映发电厂热经济性这一特点，从 20 世纪 60 年代起，国外开始研究耗差分析法，20 世纪 70 年代开始应用此法控制发电厂的能耗率。它把对能耗率有影响的关键可控参数连续进行监督分析，将监控参数的实际值与基准值（设计值）进行比较，由两者差值算出机组能耗率的影响，从而及时指导机组的运行或维修，有利于运行人员进行综合调整，使机组在最佳状况下运行。"耗差分析法"比我国目前多数发电厂采用的"运行小指标法"（将热经济性指标分解成若干运行小指标进行独立考核评比）更为先进。同时，"耗差分析法"的可控参数基准值还随负荷以及环境温度而变化，因此，这种考核方法更能反映电厂在各种情况下的热经济性。

第三节　发电厂的动力循环

在火力发电厂中，燃料的化学能转变为热机的机械能，进而转换为电能，该过程是通过

蒸汽动力循环来实现的。能量转换过程的效果主要取决于循环过程的完善程度。因此，研究和分析蒸汽动力循环对提高火电厂的经济性是非常重要的。

一、朗肯循环及其热经济性

蒸汽动力循环都是以朗肯循环为基础的，因此，我们从研究朗肯循环入手来研究发电厂的热经济性。图 1-8 所示为朗肯循环的热力系统。

工质循环经历了四个热力过程。如图 1-9 所示，4-5-6-1 是工质在锅炉中定压加热、汽化、过热的过程；1-2 是蒸汽在汽轮机中等熵膨胀做功过程；2-3 是排汽在凝汽器中定压放热的过程；3-4 是凝结水在水泵中等熵压缩的过程。

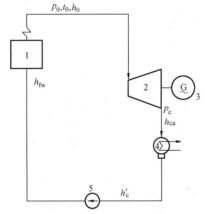

图 1-8　朗肯循环的热力系统　　　　图 1-9　朗肯循环的 T-s 图
1—锅炉；2—汽轮机；3—发电机；
4—凝汽器；5—水泵

朗肯循环热效率 η_t 表示 1kg 蒸汽在汽轮机中产生的理想功 w_a（比内功）与循环吸热量 q_0（比热量）之比，即

$$\eta_t = \frac{w_a}{q_0} = \frac{(h_0 - h_{ca}) - (h_{fw} - h'_c)}{h_0 - h_{fw}} \qquad (1-72)$$

式中　$h_{fw} - h'_c$——给水泵耗功。

当初压 p_0 小于 10MPa 时，泵功忽略不计，则热效率的表达式为

$$\eta_t = \frac{h_0 - h_{ca}}{h_0 - h_{fw}} \qquad (1-73)$$

朗肯循环热效率以吸热过程和放热过程的平均温度表示，其表达式为

$$\eta_t = \frac{w_a}{q_0} = 1 - \frac{q_c}{q_0} = 1 - \frac{T_c \Delta s}{\overline{T}_1 \Delta s} = 1 - \frac{T_c}{\overline{T}_1} \qquad (1-74)$$

式中　T_c——放热过程平均温度，K；

$\overline{T}_1$——吸热过程平均温度，K。

纯凝汽式发电厂（无回热、再热）的热经济性是很低的。根据热力学第一定律（热量法）可知，提高发电厂热经济性的途径是减少冷源损失；根据热力学第二定律（做功能力损失法），提高发电厂热经济性的途径是减少锅炉传热温差，提高锅炉的给水温度，从而降低温差传热而产生的不可逆传热损失。其方法是采用回热、再热、热电联产等来提高发电厂的热经济性。

二、回热循环及其热经济性

给水回热加热是指在汽轮机某些中间级抽出部分蒸汽，送入回热加热器对锅炉给水进行加热的过程，与之相应的热力循环叫回热循环。

图 1-10（a）、（b）所示分别为单级回热热力系统图和循环的 T-s 图。图中 1-7-8-9-5-6-1 称为回热循环。

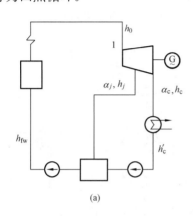
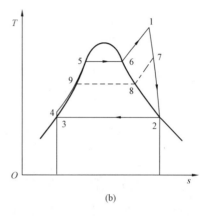

（a）　　　　　　　　　　　　　　　　　（b）

图 1-10　单级回热循环

（a）单级回热热力系统；（b）单级回热循环的 T-s 图

（一）给水回热加热的意义

给水回热加热的意义在于采用给水回热以后，一方面，回热使汽轮机进入凝汽器的凝汽量减少了，由热量法可知，汽轮机冷源损失降低了；另一方面，回热提高了锅炉给水温度，使工质在锅炉内的平均吸热温度提高，使锅炉的传热温差降低。同时，汽轮机抽汽加热给水的传热温差比水在锅炉中利用烟气所进行加热时的温差小得多，因而由熵分析法可知，做功能力损失减小了。

由于给水温度提高而使回热循环吸热过程的平均温度提高了，所以理想循环热效率也增加了。因此在朗肯循环基础上采用回热循环，提高了电厂的热经济性。

（二）给水回热加热的热经济性

给水回热加热的热经济性主要是用回热循环汽轮机绝对内效率来衡量。现以一级回热为例说明回热循环的热经济性。

假定进入汽轮机的蒸汽量为 1kg，抽出的回热抽汽为 α_j kg，通向凝汽器的凝汽量为 α_c kg，则 $\alpha_j + \alpha_c = 1$（见图 1-11），则根据式（1-21），单级回热汽轮机的绝对内效率为

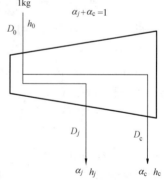

图 1-11　单级回热循环的
汽流分配

$$\eta_i = \frac{\alpha_j(h_0 - h_j) + \alpha_c(h_0 - h_c)}{\alpha_j(h_0 - h_j) + \alpha_c(h_0 - h'_c)} = \eta_i^R \frac{1 + A_r}{1 + A_r \eta_i^R} \tag{1-75}$$

$$\eta_i^R = \frac{\alpha_c(h_0 - h_c)}{\alpha_c(h_0 - h'_c)} \tag{1-75a}$$

$$A_r = \frac{\alpha_j(h_0 - h_j)}{\alpha_c(h_0 - h_c)} \tag{1-75b}$$

式中 η_i^R ——与回热式汽轮机的参数、容量相同的朗肯循环的汽轮机的绝对内效率;

A_r ——回热式汽轮机的动力系数,它表明抽汽流所做的内功占凝汽流所做内功的份额。

汽轮机有回热抽汽时, $A_r > 0$,由式(1-75)可得: $\eta_i > \eta_i^R$ 。

由此可知,在其他条件相同的情况下,采用给水回热加热,可使汽轮机组的绝对内效率提高,且回热抽汽动力系数越大,绝对内效率就越高。

对于多级无再热的回热循环,若忽略水泵耗功,则汽轮机绝对内效率为

$$\eta_i = \frac{\sum_{j=1}^{z} \alpha_j (h_0 - h_j) + \alpha_c (h_0 - h_c)}{\sum_{j=1}^{z} \alpha_j (h_0 - h_j) + \alpha_c (h_0 - h_c')} \qquad (1-76)$$

则

$$A_r = \frac{\sum_{j=1}^{z} \alpha_j (h_0 - h_j)}{\alpha_c (h_0 - h_c)}, \quad \eta_i^R = \frac{\alpha_c (h_0 - h_c)}{\alpha_c (h_0 - h_c')}, \quad \eta_i = \frac{1 + A_r}{1 + A_r \eta_i^R} \eta_i^R \qquad (1-77)$$

由 $\alpha_c + \sum_{j=1}^{z} \alpha_j = 1$ 可知,回热抽汽在汽轮机中的做功量 $\sum_{j=1}^{z} \alpha_j (h_0 - h_j)$ 越大,则凝汽做功 $\alpha_c (h_0 - h_c)$ 相对越低,冷源损失就越少,回热循环的绝对内效率就越高。

可见,具有回热抽汽的汽轮机,每 1kg 新蒸汽所做的总内功 w_i 由 z 级回热抽汽做的内功之和 $w_i^r = \sum_{j=1}^{z} \alpha_j (h_0 - h_j)$ 与凝汽流做的内功 $w_i^c = \alpha_c (h_0 - h_c)$ 所组成(对无再热机组),即 $w_i = w_i^r + w_i^c$ 。由于回热抽汽做功后没有冷源损失,在 w_i 恒定的可比条件下, w_i^r 越大, w_i^c 越小,冷源损失就越小, η_i 增加得就越多。我们用回热抽汽所做内功在总内功中的比例 $X_r = w_i^r / w_i$ 来表明回热循环对热经济性的影响程度, X_r 称为"回热抽汽做功比"。显然, X_r 越大, η_i 也越大。对于多级回热循环,压力较低的回热抽汽做功大于压力较高的回热抽汽做功。因此,尽可能利用低压回热抽汽,将会获得更好的效益。

再来看一个极端的例子,当 $w_i^c = 0$, $w_i^r = w_i$ 时,即 $X_r = 1$, $\eta_i = 1$,这就是具有回热抽汽的背压式供热汽轮机,其循环的热经济性是最高的。

所以,在蒸汽初、终参数相同的情况下,采用回热循环的机组热经济性比朗肯循环机组热经济性有显著提高。

(三)影响回热过程热经济性的因素

在采用回热循环的发电厂,影响回热过程热经济性的主要因素包括:多级回热给水总焓升(温升)在各加热器间的加热分配 Δh_{wj} 、锅炉最佳给水温度 t_{fw}^{op} 和给水回热加热级数 z 。三者紧密联系,互有影响,为便于讨论,下面逐个予以分析。

1. 多级回热给水总焓升(温升)在各加热器间的分配

现以 z 级理想回热循环的循环效率最大值求其最佳回热分配。所谓理想回热循环,即假定全部加热器为混合式加热器,加热器端差为零,不计新蒸汽、抽汽压损和泵功,忽略加热器散热损失,其系统如图 1-12 所示。

No.1 加热器的热平衡方程:

$$\alpha_1 q_1 = (1 - \alpha_1) \Delta h_{w1}$$

$$\alpha_1 = \frac{\Delta h_{w1}}{q_1 + \Delta h_{w1}}$$

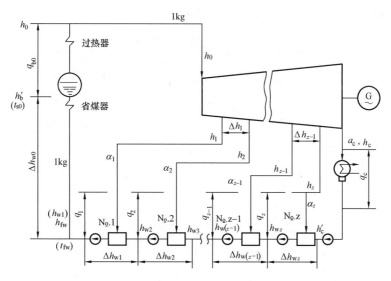

图 1-12 非再热机组全混合式加热器回热系统图

$$1 - \alpha_1 = \frac{q_1}{q_1 + \Delta h_{w1}}$$

№.2 加热器的热平衡方程：

$$\alpha_2 q_2 = (1 - \alpha_1 - \alpha_2)\Delta h_{w2}$$

$$\alpha_2 = (1 - \alpha_1)\frac{\Delta h_{w2}}{q_2 + \Delta h_{w2}} = \frac{q_1}{q_1 + \Delta h_{w1}} \cdot \frac{\Delta h_{w2}}{q_2 + \Delta h_{w2}}$$

$$1 - \alpha_1 - \alpha_2 = \frac{q_1}{q_1 + \Delta h_{w1}}\frac{q_2}{q_2 + \Delta h_{w2}}$$

依此类推，可得凝汽系数 α_c 为

$$\alpha_c = 1 - \sum_{j=1}^{z}\alpha_j = \prod_{j=1}^{z}\frac{q_j}{q_j + \Delta h_{wj}} \qquad (1-78)$$

回热循环汽轮机绝对内效率 η_i 为

$$\eta_i = 1 - \frac{\Delta q_c}{q_0}$$

$$= 1 - \frac{\alpha_c q_c}{h_0 - h_{fw}}$$

$$= 1 - \frac{q_c}{q_{b0} + \Delta h_{w0}}\prod_{j=1}^{z}\frac{q_j}{q_j + \Delta h_{wj}}$$

$$= 1 - \frac{q_1 q_2 \cdots q_z q_c}{(q_{b0} + \Delta h_{w0})(q_1 + \Delta h_{w1})(q_2 + \Delta h_{w2})\cdots(q_z + \Delta h_{wz})} \qquad (1-79)$$

其中：

$$\Delta h_{w0} = h_b' - h_{w1}, \quad \Delta h_{w1} = h_{w1} - h_{w2}, \quad \Delta h_{w2} = h_{w2} - h_{w3}, \quad \cdots, \quad \Delta h_{wz} = h_{wz} - h_c'$$

$$q_{b0} = h_0 - h_b', \quad q_1 = h_1 - h_{w1}, \quad \cdots, \quad q_z = h_z - h_{wz}$$

使 η_i 为最大的回热分配为最佳回热分配，即按照下列条件对 η_i 求极值：

$$\frac{\partial \eta_i}{\partial h_{w1}} = 0, \quad \frac{\partial \eta_i}{\partial h_{w2}} = 0, \quad \cdots, \quad \frac{\partial \eta_i}{\partial h_{wz}} = 0$$

当循环的蒸汽初终参数一定时，h_0、h_c、h'_c、h'_b、q_{b0}、q_c 均为常数。

求 $\dfrac{\partial \eta_i}{\partial h_{w1}}$ 时，$\dfrac{q_2 \cdots q_z q_c}{(q_2 + \Delta h_{w2}) \cdots (q_z + \Delta h_{wz})}$ 与 h_{w1} 无关，也为常数，且

$$\Delta h_{w0} = h'_b - h_{w1}, \quad \frac{\partial \Delta h_{w0}}{\partial h_{w1}} = -1$$

$$\Delta h_{w1} = h_{w1} - h_{w2}, \quad \frac{\partial \Delta h_{w1}}{\partial h_{w1}} = 1$$

$$q_1 = h_1 - h_{w1}, \quad \frac{\partial q_1}{\partial h_{w1}} = q'_1$$

则　　　　$$\frac{\partial \eta_i}{\partial h_{w1}} = \frac{\partial}{\partial h_{w1}} \left[\frac{q_1}{(q_{b0} + \Delta h_{w0})(q_1 + \Delta h_{w1})} \right] = 0$$

得　　　　$$(q_{b0} + \Delta h_{w0}) - (q_1 + \Delta h_{w1}) - (q_{b0} + \Delta h_{w0}) \Delta h_{w1} \frac{q'_1}{q_1} = 0$$

即　　　　$$\Delta h_{w1} = \frac{q_{b0} + \Delta h_{w0} - q_1}{1 + (q_{b0} + \Delta h_{w0}) \dfrac{q'_1}{q_1}} \quad \text{kJ/kg}$$

同理，由 $\dfrac{\partial \eta_i}{\partial h_{w2}} = 0$，$\dfrac{\partial}{\partial h_{w2}} \left[\dfrac{q_2}{(q_1 + \Delta h_{w1})(q_2 + \Delta h_{w2})} \right] = 0$

得　　　　$$(q_1 + \Delta h_{w1}) - (q_2 + \Delta h_{w2}) - (q_1 + \Delta h_{w1}) \Delta h_{w2} \frac{q'_2}{q_2} = 0$$

即

$$\Delta h_{w2} = \frac{q_1 + \Delta h_{w1} - q_2}{1 + (q_1 + \Delta h_{w1}) \dfrac{q'_2}{q_2}} \quad \text{kJ/kg}$$

故其通式为

$$\Delta h_{wj} = \frac{q_{j-1} + \Delta h_{w(j-1)} - q_j}{1 + \left[q_{j-1} + \Delta h_{w(j-1)} \right] \dfrac{q'_j}{q_j}} \quad \text{kJ/kg} \tag{1-80}$$

式（1-80）为理想回热循环的最佳回热分配的通式。应用式（1-80）及其衍生式时，应注意式中的 q_0 应理解为 q_{b0}。若进一步简化，忽略一些次要因素，即可得其他的更为近似的最佳回热分配通式。如若忽略 q_j 随 Δh_w 的变化，即 $q'_j = 0$，则式（1-80）简化为

$$\begin{aligned}
\Delta h_{wj} &= q_{j-1} + \Delta h_{w(j-1)} - q_j \\
&= \left[h_{j-1} - h_{w(j-1)} \right] + \left[h_{w(j-1)} - h_{wj} \right] - (h_j - h_{wj}) \\
&= h_{j-1} - h_j \\
&= \Delta h_{j-1} \quad \text{kJ/kg}
\end{aligned} \tag{1-81}$$

可见，这种回热分配方法是取每一级加热器的焓升等于前一级至本级的蒸汽在汽轮机中的焓降，简称焓降分配法，又称为雷日金法。

若给水回热加热为四级回热时，其图解法如图 1-13 所示。

若再忽略各级加热器间凝结放热量 q_j 的差异，即 $q_1 = q_2 = \cdots = q_z$，则式（1-81）可简化为

$$\Delta h_{wz} = \Delta h_{w(z-1)} = \cdots = \Delta h_{w2} = \Delta h_{w1} = \Delta h_{w0} = \frac{h'_b - h'_c}{z+1} \quad \text{kJ/kg} \tag{1-82}$$

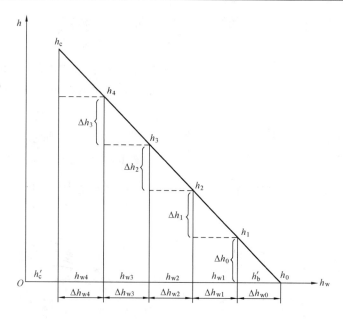

图 1-13　焓降分配法的图解

　　这种回热分配的原则是每一级加热器内水的焓升相等，简称平均分配法。由于此法简单易行，所以在汽轮机设计时较多采用。

　　将 $\Delta h_{wz} = \Delta h_{w(z-1)}$ 代入式（1-81），则有

$$\Delta h_{w1} = \Delta h_1, \Delta h_{w2} = \Delta h_2, \cdots, \Delta h_{w(z-1)} = \Delta h_{z-1}, \Delta h_{wz} = \Delta h_z$$

而

$$\Delta h_{w1} = \Delta h_{w2} = \cdots = \Delta h_{w(z-1)} = \Delta h_{wz}$$

故有

$$\Delta h_z = \Delta h_{z-1} = \cdots = \Delta h_2 = \Delta h_1 \qquad (1-83)$$

　　这种回热分配方法是取每一级加热器内水的焓升等于汽轮机各级组的焓降，简称等焓降分配法。

　　此外，依与上述相似的推导，可得另一种分配法，即"几何级数分配法"，其表达式为

$$\frac{T_{fw}}{T_2} = \cdots = \frac{T_{z-1}}{T_z} = \frac{T_z}{T_c} = m$$

即各加热器的绝对温度按几何级数进行分配，一般 $m = 1.01 \sim 1.04$。

　　2. 锅炉最佳给水温度 t_{fw}^{op}

　　回热循环汽轮机绝对内效率为最大值时对应的给水温度称为热力学上的最佳给水温度。从公式 $\eta_i = \dfrac{3600}{d\,(h_0 - h_{fw})\,\eta_m \eta_g}$ 可知，当 $q = d\,(h_0 - h_{fw})$ 为最小值时，η_i 有最大值。

　　以单级回热循环为例，随着给水温度的提高，一方面，与之相应的回热抽汽压力随之增加。这样，抽汽在汽轮机中做功减少，做功不足系数 Y_j 增加。当机组初、终参数和汽轮发电机组输出功率一定时，无回热无再热凝汽式汽轮机的汽耗量 $D_0^R = \dfrac{3600P_e}{(h_0 - h_c)\,\eta_m \eta_g}$，其值是一个常数。因此，$D_0 = D_0^R + Y_j D_j$ 随着给水温度的提高而增大，汽耗率 $d = D_0 / P_e$ 也会随着给水温度的提高而增加。另一方面，随着给水温度的提高，1kg 工质在锅炉中的吸热量 $q_0 = h_0 - h_{fw}$ 将会减少，汽轮发电机组热耗率 $q = d \cdot q_0$ 及汽轮机绝对内效率 η_i 受双重影响，反之

亦然。因此，在理论上存在着最佳的给水温度，在最佳给水温度下，回热循环汽轮机的绝对内效率最大。

做功能力法认为：随着给水温度的提高，一方面，工质在锅炉中的平均吸热温度 $\overline{T}_1$ 上升了，使传热温差 $\Delta \overline{T}_b$ 下降、I_b^{III} 减小；另一方面，回热加热器内换热温差 $\Delta \overline{T}_r$ 及对应的不可逆损失 I_r 增加了。提高给水温度使 I_b^{III} 减小而 I_r 增加的双重作用下，同样存在最佳给水温度。

单级回热时的 q、d、η_i 与给水温度 $t_{\text{fw}}^{\text{op}}$ 的关系如图 1-14（a）所示，横坐标 t_{fw} 的变化从凝汽器压力下的饱和水温度 t_c 变化到新蒸汽压力下的饱和水温度 t_{s0}。单级回热汽轮机的绝对内效率达到最大值时回热的给水温度为 $t_{\text{fw}}^{\text{op}}=\dfrac{t_{s0}-t_c}{2}$，此温度为回热的最佳给水温度。

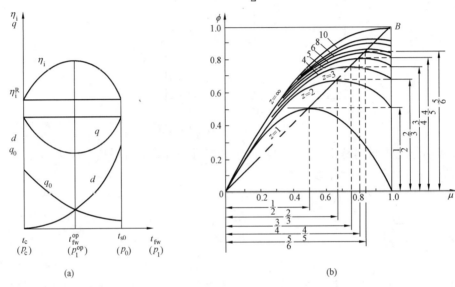

图 1-14　回热级数、给水温度（或最高抽汽压力）与回热经济性
(a) 单级回热；(b) 多级回热

图 1-14（b）为多级回热级数 z 与给水温度 t_{fw} 的关系。图中，纵坐标为 η_i 相对变化量，用符号 ϕ 表示，其计算式为 $\phi=\dfrac{\Delta\eta_i^z}{\Delta\eta_i^\infty}$；横坐标 μ 是 t_{fw} 的相对变化量，$\mu=\dfrac{t_{\text{fw}}-t_c}{t_{s0}-t_c}$。

多级抽汽回热循环的最佳给水温度与回热级数、回热加热在各级之间的分配有关。

若按平均分配法进行回热分配时，其最佳给水焓值为

$$h_{\text{fw}}^{\text{op}}=h_c'+z\Delta h_w=h_c'+\frac{h_b'-h_c'}{z+1}z \quad \text{kJ/kg} \tag{1-84}$$

若按焓降分配法，其最佳给水温度的焓值为

$$h_{\text{fw}}^{\text{op}}=h_c'+\sum_{j=1}^z \Delta h_{wj}=h_c'+(h_0-h_z) \quad \text{kJ/kg} \tag{1-85}$$

若按几何级数分配法，其最佳给水温度的焓值为

$$h_{\text{fw}}^{\text{op}}=\Delta h_{wz}(m^z+m^{z-1}+\cdots+m+1)+h_c'=\Delta h_{wz}\frac{m^{z+1}-1}{m-1}+h_c' \quad \text{kJ/kg} \tag{1-86}$$

上述 $h_{\text{fw}}^{\text{op}}$ 为热力学上的最佳给水温度的焓值。经济上的最佳给水温度值与整个装置的综合技术经济性有关。给水温度的提高，将使锅炉设备投资增加或使锅炉排烟温度升高，从而

降低了锅炉效率。例如，在提高给水温度时，若锅炉受热面不变，则省煤器吸热量减少，锅炉排烟热损失增加，使锅炉效率下降，有可能使整个电厂效率降低。若排烟温度和锅炉效率不变，则省煤器受热面必须增加，从而使设备投资增加。

因此，经济上最有利的给水温度的确定，应在保证系统简单、工作可靠、回热的收益足以补偿和超过设备费用的增加时，才是合理的。实际给水温度值 t_{fw} 要低于理论上的最佳值 t_{fw}^{op}，通常可以取为 $t_{fw} = (0.65 \sim 0.75) t_{fw}^{op}$。表 1-4 列出了国产凝汽式机组的初参数、容量、回热级数以及给水温度之间的关系。

表 1-4   国产凝汽式机组的初参数、容量、回热级数以及给水温度之间的关系

初　参　数		容　量	回热级数	给水温度	热效率相对增长
p_0 （MPa）	t_0/t_{rh} （℃/℃）	P_e （MW）	z	t_{fw} （℃）	$\Delta \eta_i = \dfrac{\eta_i - \eta_i^R}{\eta_i^R}$ （%）
3.34	435	6，12，25	3～5	145～175	8～9
8.83	535	50，100	6～7	205～225	11～13
12.75	535/535	200	8	220～250	14～15
13.24	550/550	125	7	220～250	—
16.18	535/535	300，600	8	250～280	15～16
24.22	538/566	600	8	280～290	比亚临界压力机组增加 2%
25.00	600/600	1000	8	294.1～298.5	比超临界压力机组增加 2.5%
31.00	600/610/610	1000	10	315～330	比一次再热机组增加 2%

3. 给水回热加热级数

当给水温度一定时，随着回热级数 z 的增加，附加冷源损失将减小，汽轮机绝对内效率 η_i 将增加。

根据㶲分析法可知，加热器中热交换过程因温差（Δt_r）而产生的㶲损 Δe_r 是随着级数 z 增加而减小。图 1-15 表示了当给水温度一定时，混合式加热器采用一级、二级和无穷级时㶲损 Δe_r 的变化。

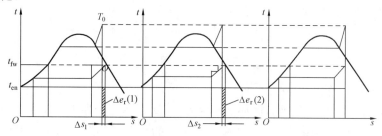

图 1-15　回热级数与回热过程的㶲损

由热量法可知，随着回热级数的增加，能更充分地利用较低压抽汽，从而使回热抽汽做功增加，动力系数 A_r 增加，因此，回热循环的效率也提高了。

根据平均分配法的简化条件，q、Δh_w 均为定值，则由式（1-79）可得

$$\eta_i = 1 - \left(\frac{q}{q + \Delta h_w} \right)^{z+1} = 1 - \frac{1}{\left(1 + \dfrac{\Delta h_w}{q} \right)^{z+1}} = 1 - \frac{1}{\left[1 + \dfrac{h_b' - h_c'}{(z+1)q} \right]^{z+1}} \quad (1-87)$$

令 $\dfrac{h'_b - h'_c}{q} = M$，当循环参数一定时，$M$ 也为定值，当 $z = \infty$ 时

$$\eta_t = 1 - \dfrac{1}{\mathrm{e}^M} \tag{1-88}$$

由式（1-88）可知，η_t 是 z 的递增函数，即随着 z 的增加，回热循环的热效率 η_t 不断提高，但 η_t 提高的幅度是递减的。如图 1-16 所示，图中 $\Delta\eta_t = \eta_t^z - \eta_t^R$，$\delta\eta_t = \Delta\eta_t^z - \Delta\eta_t^{z-1}$。

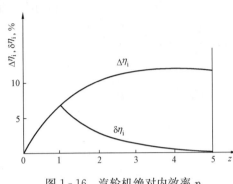

图 1-16　汽轮机绝对内效率 η_i
与回热级数 z 的关系

由图 1-14（b）和图 1-16 可知：

（1）当给水温度一定时，回热加热的级数 z 越多，循环热效率就越高。

（2）回热加热的级数越多，最佳给水温度和回热循环的效率就越高。

（3）随着加热级数的增多，回热循环效率的增加值逐渐减少。当抽汽段数多于 4～5 段时，再增加回热级数，回热循环效率的增加便有限，这是因为当级数增加时，给水在每级中的吸热量相对减少的缘故。

（4）在各曲线的最高点附近都有比较平坦的一段，它表明实际给水加热温度少许偏离于最佳给水温度时，对系统经济性的影响并不大，所以，力求把给水精确地加热到理论上最佳给水温度并没有很大的实际意义。

在选择回热加热级数时，应该考虑到每增加一级加热器就要增加设备投资费用，所增加的费用应当能从节约燃料的收益中得到补偿。同时还要尽量避免发电厂的热力系统过于复杂，以保证运行的可靠性。因此，小机组回热级数一般为 3～6 级，大机组回热级数一般为 7～10 级。

发电厂的热经济性除了与循环方式有关外，还取决于蒸汽的初、终参数。

三、蒸汽初参数对发电厂热经济性的影响

（一）提高初温对理想循环热效率 η_t 的影响

在蒸汽初压和排汽压力一定的情况下，如图 1-17 所示，将朗肯循环 1-2-3-4-5-6-1 的初温由 T_0 提高到 T'_0 时，则该循环吸热过程的平均温度将由 $\overline{T}_1$ 升高到 $\overline{T}'_1$。由 $\eta_t = 1 - \overline{T}_c/\overline{T}_1$ 可知，在 $\overline{T}_c$ 一定时，理想循环热效率 η_t 增加了。

此外，如将提高初温后的朗肯循环（初温为 T'_0）看作是由原朗肯循环 1-2-3-4-5-6-1（初温为 T_0）与一个附加循环 1-1'-2'-2-1 组成的复合循环来考虑时，很显然，附加循环的平均吸热温度大于朗肯循环的平均吸热温度，所以附加循环的热效率高于原朗肯循环的热效率。因此，复合循环的热效率也必然高于原朗肯循环的热效率。

（二）提高初温对汽轮机的绝对内效率 η_i 的影响

由图 1-17 可知，随着初温的提高，汽轮机的排汽湿度减小了，湿汽损失降低了；同时，初温的提高使进入汽轮机的容积流量增加，在其他条件不变时，汽轮机高压部分叶片高度增大，漏汽损失相对减小。所以，提高初温可以使汽轮机的相对内效率 η_{ri} 提高。因此，随着初温的提高，汽轮机的绝对内效率 η_i 是提高的。

（三）提高初压对理想循环热效率 η_t 的影响

在初温和排汽温度一定的情况下，随着 p_0 的增加，有一使循环热效率开始下降的压力，称为极限压力。在极限压力范围内，随着初压的升高，初焓 h_0 虽略有减小，但汽轮机中焓降增加了。因此，理想循环热效率提高了，如图 1-18 和图 1-19 所示。

当 p_0 提高到极限压力以后，随着 p_0 的增加，汽轮机中的理想焓降逐渐减少。因为当提高蒸汽的初压力时，水的汽化过程吸热量在整个吸热过程总的吸热量中所占的比例减少了，而把给水加热到沸腾温度时的吸热量相对地增加了，而水在这一段吸热过程的总温度低于其他阶段（汽化段、过热段）吸热过程的温度，当初压 p_0 提到一定的数值后，水及蒸汽的整个

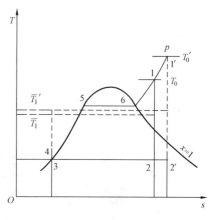

图 1-17　不同初温的朗肯循环 T-s 图

吸热过程的平均温度会降低。表 1-5 为 $t_0=400℃$，$p_c=0.004\text{MPa}$，$h'_c=120\text{kJ/kg}$ 情况下计算得到的初压力与循环热效率的关系。

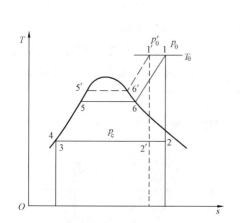

图 1-18　不同初压的朗肯循环 T-s 图

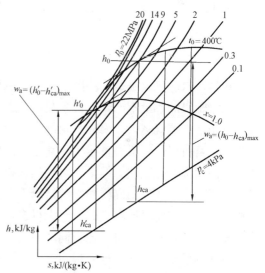

图 1-19　蒸汽初压与 η_t 的关系曲线

表 1-5　　　　　　　　p_0 与 η_t 的关系

p_0（MPa）	h_0（kJ/kg）	h_{ca}（kJ/kg）	$w_a=h_0-h_{ca}$（kJ/kg）	$q_0=h_0-h'_c$（kJ/kg）	$\eta_t=w_a/q_0$（%）	$\delta\eta_t$（%）
4.0	3211	2039	1172	3091	38.0	—
8.0	3128	1918	1220	3018	40.5	6.58
12.0	3057	1832	1225（最大）	2937	41.7	2.96
16.0	2956	1759	1197	2836	42.2	1.19
20.0	2839	1683	1156	2719	42.6（最高）	0.948
24.0	2654	1585	1069	2534	42.1	—

从表 1-5 可以看出，随着 p_0 的提高，η_t 将不断增加。当 p_0 达到 20MPa 时，η_t 最大，再提高 p_0 的值，η_t 将会下降。

提高蒸汽初压力使循环热效率开始下降的极限压力，在工程上没有实际意义。因为目前应用的初压力数值，还在极限压力范围以内，所以提高蒸汽初压力对循环热效率的影响在实际应用中可看作只有一个方向，即随着蒸汽初压的提高，循环热效率也提高，但是，提高的相对幅度却越来越小，见表 1-5。

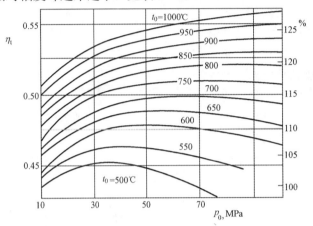

图 1-20　初压与 η_t 的关系曲线

图 1-20 所示为初压与 η_t 的关系曲线。从图 1-20 可知，随着初压 p_0 的增加，在极限压力范围内 η_t 是增加的，蒸汽的初温越高，理想循环热效率就越大，极限压力也就越高。

（四）提高蒸汽初压对汽轮机绝对内效率 η_i 的影响

在其他条件不变时，提高蒸汽的初压力，蒸汽的比体积减小，进入汽轮机的蒸汽容积流量减少，级内叶栅损失和级间漏汽损失相对增大。同时，从图 1-18 可知，随着初压的提高，汽轮机末级蒸汽湿度增加，从而导致汽轮机的相对内效率下降。

当汽轮机的容量不同时，提高蒸汽初压对汽轮机相对内效率影响的程度也不同。汽轮机容量越小，影响就越大。因为汽轮机的容量越小，汽轮机级的间隙相对数值较大，级间漏汽损失增大，所以汽轮机容量越小，其相对内效率随初压的提高而降低得越快。但是，对供热式机组，因有供热汽流存在，在发出同样功率的情况下，其进入汽轮机的蒸汽容积流量比凝汽式机组大得多，因而供热式汽轮机的蒸汽初参数可以比相同功率的凝汽式机组的蒸汽初参数要高一些。或者说在蒸汽初参数相同的情况下，供热式机组的容量可以比凝汽式机组的容量要小些。如采用高参数的汽轮机单机容量，凝汽式机组为 50MW，双抽汽式供热机组为 25MW，而背压为 3MPa 以上的供热式机组为 12MW。图 1-21 所示为 20MW 和 80MW 凝汽式汽轮机在不同的初温下，相对内效率与蒸汽初压力的关系曲线。

蒸汽初压 p_0 对汽轮机绝对内效率的影响取决于 η_t 和 η_{ri} 的大小。随着初压的提高，若理想循环热效率的增加大于汽轮机相对内效率的降低，那么，随着初压的提高，汽轮机绝对内效率是增加的，否则是下降的。

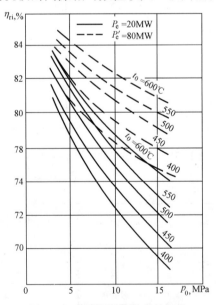

图 1-21　汽轮机相对内效率与蒸汽初压力的关系

（五）蒸汽初参数的选择

蒸汽初参数 p_0 和 t_0 对电厂热经济性的影响主要取决于对汽轮机绝对内效率的影响。随着蒸汽初参数的提高，汽轮机的绝对内效率 $\eta_i = \eta_t\eta_{ri}$ 即设备的热经济性可以有不同方向的变化。

对于大容量汽轮机，当蒸汽初参数提高时，相对内效率可能降低的数值不是很大，这时提高蒸汽初参数可以保证设备热经济性的提高。

对于小容量汽轮机，由于蒸汽容积流量小，当提高蒸汽初参数时，其相对内效率的降低会超过此时循环热效率的提高。在这种情况下，当蒸汽初参数提高时，设备的热经济性是降低的。所以这时提高蒸汽初参数反而有害，因为它不但使设备复杂，造价提高，而且还要消耗更多的燃料。

综上所述，为了使汽轮机组有较高的绝对内效率，在汽轮机组的进汽参数与容量的配合上，必然是"高参数必须是大容量"。

在实际应用中，汽轮机的蒸汽参数是采用配合选择的，称之为配合参数。所谓配合参数就是保证汽轮机排汽湿度不超过最大允许值所对应的蒸汽的初温度和初压力。

蒸汽初参数的合理选择是一项复杂的技术经济问题，因为蒸汽参数与电厂的热经济性、安全可靠性、动力设备制造成本、运行费用以及产品系列等因素有关，因此应按汽轮机、锅炉、给水泵、回热装置的成套设备等，统筹兼顾，综合考虑，进行全面的技术经济分析比较后才能加以确定。一般来说，提高蒸汽初参数而节省的燃料费用，应在规定的年限内能够补偿由于参数的提高所增加的设备投资费用。

（六）最有利蒸汽初压 p_0^{op}

在 t_0、p_c 和机组容量一定时，必然存在一个使 η_t 达最大值的初压 p_0，称为理论上最有利初压 p_0^{op}。随着机组容量的增大，初温的提高，以及回热完善程度越好，所对应的 p_0^{op} 就越高（见图 1-22）。

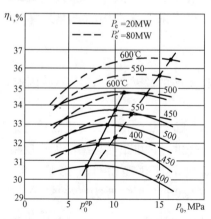 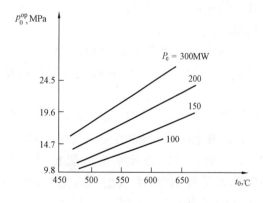

图 1-22　p_0^{op} 与 t_0 和机组容量的关系

（七）提高蒸汽初参数受到的限制

1. 提高蒸汽初温受到的限制

提高蒸汽初温受动力设备材料强度的限制。当初温度升高时，钢材的强度极限、屈服点及蠕变极限都会降低得很快，而且在高温下，由于金属发生氧化、腐蚀、结晶变化，动力设备零件强度大大降低。在非常高的温度下，即使高级合金钢或特殊合金钢也无法应用。此外，从设备造价角度看，合金钢，尤其是高级合金钢比普通碳钢贵得多。由此可知，进一步提高蒸汽初温度的可能性主要取决于冶金工业在生产新型耐热合金钢及降低其生产费用方面的进展。

从发电厂技术经济性和运行可靠性考虑，中低压机组的蒸汽温度大多选取 390～450℃，以便广泛采用碳素钢材；高压及其以上机组的蒸汽初温度一般选取 500～565℃，多数情况下为 535℃，这样可以避免采用价格昂贵的奥氏体钢材，而采用低合金元素的珠光体钢，珠光体钢耐温较低，可以在 550～570℃ 温度时使用。但奥氏体钢价高，膨胀系数大，导热差，所以，目前倾向于多用珠光体钢，而把蒸汽初温度限制在 550～570℃ 以下。如某大型汽轮机高压内缸工作温度较高，采用综合性能较好的珠光体热强钢 ZG15Cr1Mo1V，能在 570℃ 下长期工作。而国产超超临界压力 1000MW 汽轮机的转子采用无中心孔整锻转子，高、中压缸及转子锻件材料均为 10%CrMoWV 钢，其脆性转变温度（FATT）不大于 50℃，优于常规的 1CrMoV 和 12CrMoV 钢，同时又具有良好的高温蠕变强度。在东方汽轮机有限公司（东汽）研制的 600℃/620℃ 超超临界二次再热机组中，超高压和高中压转子主要选择 1Cr10Mo1NiWVNbN 和 FB2(13Cr9Mo2Co1NiVNbNB) 耐热钢，FB2 在 625℃10 万 h 外推持久强度极限为 100MPa，能满足 620℃ 超超临界二次再热机组超高压及高中压转子的强度设计要求，是适宜制造 620℃ 超超临界机组转子的材料。

2. 提高蒸汽初压受到的限制

提高蒸汽初压力主要受到汽轮机末级叶片容许最大湿度的限制，在其他条件不变时，对于无再热的机组，随着初压力的提高，蒸汽膨胀到终点的湿度是不断增加的。这一方面会影响设备的经济性，使汽轮机的相对内效率降低；另一方面会引起叶片的侵蚀，降低其使用寿命，危害设备的安全性。根据末级叶片金属材料的强度计算，一般凝汽式汽轮机的最大湿度不超过 0.12～0.14。对调节抽汽式汽轮机，最大容许的湿度可以提高到 0.14～0.15，这是因为调节抽汽式汽轮机的凝汽流量较少的缘故。对于大型机组，其排汽湿度常限制在 10% 以下。为了克服湿度的限制，可以采用蒸汽中间再热来降低汽轮机的排汽湿度。

（八）采用高参数大容量机组的意义

发展高参数大容量的火电机组是世界电力工业发展的趋势之一，主要原因有以下几方面。

（1）热经济性高，节约一次能源，降低发电成本。随着蒸汽初参数的提高和机组单机容量的增加，发电厂的热经济性是提高的。前面我们曾经讲过，机组热耗率的大小反映了发电厂的热经济性，现以热耗率来说明容量、参数对发电厂热经济性的影响。初参数为 8.8MPa/535℃ 的 100MW 机组，热耗率为 9377.8kJ/kWh；初参数为 12.75MPa/535℃ 的 200MW 机组，热耗率为 8472.5kJ/kWh；初参数为 16.67MPa/537℃ 的 600MW 机组，热耗率为 7619.77kJ/kWh；初参数为 25MPa/600℃ 的 1000MW 机组，热耗率为 7347～7383kJ/kWh。以上数据说明机组的容量和初参数越高，机组热耗率就越低，发电成本就越低，热经济性就越高。机组容量越大，火电厂的运行费用也就越低，如图 1-23 所示。

我国在"六五"计划前机组的单机容量比较小，主力机组长期停留在 50～100MW 的高压机组和 200MW 的超高压机组的水平上。由于我国大容量、高参数机组的比例比较少，从而使

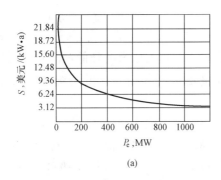
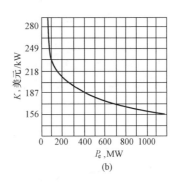

图 1-23　机组容量与年运行费用 S 和单位投资 K 的关系曲线

(a) P_e 与 S 的关系曲线；(b) P_e 与 K 的关系曲线

我国的平均供电标准煤耗率比较高，1990 年达 427g 标准煤/kWh，比世界先进水平高出 100g 标准煤/kWh 左右。进入 21 世纪以来，我国大力发展超临界、超超临界压力的 600、1000MW 机组，同时强制性关停了相当大的一批小容量火电机组，使我国的平均供电标准煤耗率逐年下降。近年来，全国陆续关停多台小火电机组。2018 年，全国供电标准煤耗率已降至 308g/kWh。目前，我国大型发电机组的供电标准煤耗水平已达到世界先进水平。1000MW 一次再热机组装机台数超过 100 台，供电标准煤耗率低至约 285g/kWh。

（2）节约投资、缩短工期以及减少土地占用面积。随着蒸汽初参数的提高，设备的投资相应要增加，但是，机组单机容量的增加使单位容量的投资减少，如图 1-23（b）所示。一般容量大一倍的火电机组每千瓦投资节约 10%～15%，钢材节约 20%～25%，建筑安装材料节约 25%～35%，建设工作量减少 30%～35%，所以使工期缩短。如我国安装容量为 4×300MW 的机组，合理建设工期需要 76 个月，而 2×600MW 的机组只需 56 个月，工期缩短 26%。实际建设工期往往还会提前。

随着机组容量的增加，每千瓦机组的占地是降低的。例如，电厂容量为 4×300MW 与电厂容量 2×600MW 相比，每千瓦机组占地由 0.30～0.35m² 降至 0.28～0.32m²。

（3）促进电力工业的发展，满足社会经济增长的要求。电力工业是国民经济的基础工业，也是先行的工业。随着国民经济的快速发展，电力负荷的增长速度比较快，需要快速发展电力工业来满足快速增长的电力负荷的需要。为此，要加快大容量机组的建设步伐。我国 1950—1981 年的 32 年期间，新增加机组 1536 台，总容量为 55 220MW，平均每台机组的容量为 36MW。目前我国的主力机组由原来的超高压 200MW 和亚临界压力 300MW 的机组发展到以超临界、超超临界压力为主的 600MW 和 1000MW 机组。

四、蒸汽终参数对发电厂热经济性影响

（一）降低终参数对发电厂热经济性的影响

在蒸汽初参数一定的情况下，降低蒸汽终参数 p_c 将使循环放热过程的平均温度降低，根据 $\eta_t = 1 - T_c / \overline{T}_1$ 可知，理想循环热效率将随着排汽压力 p_c 的降低而增加。降低排汽压力 p_c，使汽轮机比内功 w_i 增加，理想循环热效率增加。

在决定热经济性的三个主要蒸汽参数初压、初温和排汽压力中，排汽压力对机组热经济性的影响最大。经计算表明，在蒸汽初参数为 9.0MPa、490℃时，排汽温度每降低 10℃，热效率增加 3.5%；排汽压力从 0.006 MPa 降低到 0.004MPa，热效率增加 2.2%。由此可知，排汽压力越低，工质循环的热效率就越高。图 1-24 所示为 p_c 与 η_t 的关系曲线。

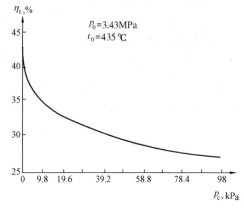

图 1-24　排汽压力与理想循环
热效率的关系曲线

排汽压力 p_c 降低，对汽轮机相对内效率不利。随着排汽压力的降低，汽轮机低压部分蒸汽湿度增大，影响叶片的寿命，同时湿汽损失增大，汽轮机相对内效率下降。但过分地降低排汽压力，则会使热经济性下降。因为随着排汽压力的降低，排汽比体积增大，在余速损失为一定的条件下，就得用更长的末级叶片或多个排汽口，从而使凝汽器尺寸增大，投资增加。若排汽面积一定，则排汽余速损失会增加。当 p_c 降至某一数值时，带来的理想比内功的增加等于余速损失增加时，p_c 达到极限背压，当 p_c 小于极限压力后，再降低 p_c 则会使机组热经济性下降。因此，在极限背压以上，随着排汽压力 p_c 的降低热经济性是提高的。

（二）降低蒸汽终参数的极限

实际情况下，汽轮机排汽的饱和温度必然大于以下两个极限：理论极限——排汽的饱和温度必须等于或大于自然水温，绝不可能低于这个温度；技术极限——冷却水在凝汽器内冷却汽轮机排汽的过程中，由于冷却蒸汽的凝汽器冷却面积不可能无穷大的缘故，排汽的饱和温度应在自然水（冷却水）水温的基础上加上冷却水温升和传热端差，如图 1-25 所示。计算式为

$$t_c = t_{c1} + \Delta t + \delta t \qquad (1-89)$$
$$\Delta t = t_{c2} - t_{c1}$$

式中　t_c——排汽饱和温度，℃；

　t_{c1}、t_{c2}——冷却水进、出口温度，℃；

　　Δt——冷却水在凝汽器中的温升，℃（一般为 6～12℃）；

　　δt——凝汽器传热端差，℃（一般为 3～10℃）。

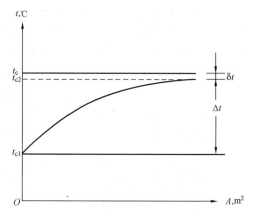

图 1-25　凝汽器中传热温度与
传热面积的关系曲线

由式（1-89）可见，汽轮机的排汽压力应对应于排汽饱和温度 t_c 所对应的压力，在运行中它的大小取决于冷却水的进口温度、冷却水量的大小和铜管的清洁度。

（三）凝汽器的最佳真空

在设计时，凝汽器内的最佳蒸汽压力（即最佳真空）是根据各种方案进行复杂的技术经济比较后确定的。制造厂提供的动力设备铭牌上的排汽压力，并不是为个别发电厂的具体条件而设计的，而具有较广泛的通用性。对具体的电厂来说，由于各地的自然条件和燃料价格等的不同，成批生产的通用设备的排汽压力并不一定是最经济的，这就要求根据电厂的具体情况来确定凝汽器的最佳真空。

凝汽器的最佳真空是以发电厂净燃料消耗量最小为原则的。如图 1-26 所示，在给定的凝汽器热负荷和冷却水的进口温度下，增加冷却水量，则凝汽器真空提高，使机组出力增加 ΔP_e，但同时输送冷却水的循环水泵的功率也增加了 ΔP_{pu}，则 $\Delta P_e - \Delta P_{pu}$ 之差为最大时的冷却水所对应的真空即为凝汽器的最佳真空。

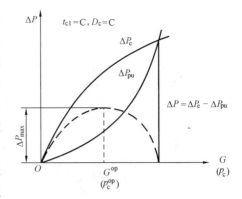

图 1-26 凝汽器的最佳真空

值得注意的是，在发电厂运行中，汽轮机末级通流截面的大小已定，这就限制了蒸汽的容积流量，当排汽压力降低至低于极限压力时，蒸汽膨胀就有一部分要在末级叶片以后进行，它并不能增加出力，只能增大余速损失，实际上是无益的。它进一步给我们指出了最佳真空的意义：在运行中凝汽器的真空并不一定是越高越好，只有在末级叶片极限压力以内这个说法才是正确的。为此，应根据负荷和季节的变化，及时调整循环水泵的运行台数或循环水量的多少，保持机组在最有利真空下运行，以获得良好的经济效益。

五、蒸汽中间再热循环及其热经济性

蒸汽中间再热就是将汽轮机高压部分做过功的蒸汽从汽轮机某一中间级引出，送到锅炉的再热器再加热，提高温度后，又引回汽轮机，在以后的级中继续膨胀做功，与之相对应的循环称为再热循环，如图 1-27 所示。

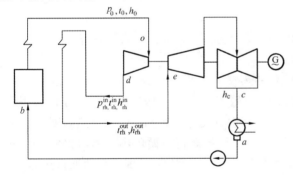

图 1-27 蒸汽中间再热循环

（一）蒸汽中间再热的目的

采用蒸汽中间再热是为了提高发电厂的热经济性和适应大机组发展的需要。随着初压的增加，汽轮机排汽湿度（$1-x_c$）增加了，为了使排汽湿度不超过允许的限度，可采用蒸汽中间再热。

采用中间再热，不仅减小了汽轮机排汽湿度，改善了汽轮机末几级叶片的工作条件，提高了汽轮机的相对内效率。同时，由于蒸汽再热，使 1kg 工质的焓降增大了，若汽轮发电机组输出功率不变，则可减少汽轮机总汽耗量。此外，中间再热的应用，能够采用更高的蒸汽初压，增大单机容量。

但是，采用中间再热将使汽轮机的结构、布置及运行方式复杂，金属消耗及造价增大，对调节系统要求高，使设备投资和维护费用增加，因此，通常只在 100MW 以上的汽轮机组上才采用蒸汽中间再热。

（二）蒸汽中间再热的经济性

1. 蒸汽中间再热对汽轮机相对内效率的影响

采用蒸汽中间再热后，图 1-28 所示汽轮机的排汽湿度（$1-x_c$）减小了，湿汽损失降低，从而使汽轮机相对内效率提高。

2. 蒸汽中间再热对理想循环热效率的影响

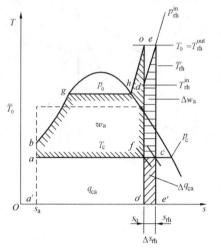

图 1-28　理想的一次再热循环 T-s 图

对于中间再热循环，为便于分析，将再热循环看作由基本循环（朗肯循环）o-d-f-a-b-g-h-o 和再热附加循环 d-e-c-f-d 所组成的复合循环，图 1-28 所示为理想的一次再热循环 T-s 图。

再热循环的理想循环热效率为

$$\eta_t^{rh} = \frac{q_0 \eta_t + q_\Delta \eta_\Delta}{q_0 + q_\Delta} = \frac{\eta_t + \dfrac{q_\Delta}{q_0}\eta_\Delta}{1 + \dfrac{q_\Delta}{q_0}} \qquad (1-90)$$

式中　η_t^{rh}——再热循环理想循环热效率；

　　　q_0——基本循环加入热量，kJ/kg；

　　　η_t——基本循环热效率；

　　　q_Δ——附加循环加入热量，kJ/kg；

　　　η_Δ——附加循环热效率。

若用 $\delta\eta$ 表示再热引起的效率相对变化，则

$$\delta\eta = \frac{\eta_t^{rh} - \eta_t}{\eta_t} = \frac{\eta_\Delta - \eta_t}{\eta_t\left(\dfrac{q_0}{q_\Delta} + 1\right)} \times 100\% \qquad (1-91)$$

从式 (1-91) 可知，只有当附加循环热效率 η_Δ 大于基本朗肯循环热效率 η_t 时，采用蒸汽中间再热后，热经济性是提高的，且基本循环热效率越低，再热加入的热量越大，再热所得到的热经济效益就越大。

要使 $\delta\eta$ 获得较大的正值，主要取决于再热参数（温度、压力）的合理选择。

（三）蒸汽中间再热参数

（1）提高再热后蒸汽温度可以提高再热循环的热效率。从图 1-28 看出，在其他参数不变的情况下，提高再热后的温度，可使再热附加循环热效率 η_Δ 提高（吸热平均温度提高），因而再热循环热效率必然提高，同时对汽轮机相对内效率也有良好的影响。所以再热温度的提高，对再热的经济效果总是有利的。再热温度每提高 10℃ 可提高再热循环热效率 0.2%～0.3%。但是，再热温度的提高，同样要受到高温金属材料的限制。用烟气再热时，一般取再热温度等于或接近于新蒸汽的温度，$t_{rh}^{out} = t_0 \pm (10\sim20)$℃。

（2）如图 1-29 所示，再热压力提高，过热线由 h-$1'$ 移向 h'-$1''$，一方面提高了附加循环热效率 η_Δ，另一方面又降低了附加循环加入的热量 q_Δ。η_Δ 的提高导致循环效率 η_t^{rh} 的提高，而 q_Δ 的降低又使 η_t^{rh} 降低。显然，由于这样两个矛盾着的因素同时起作用，结果必定存在一个最佳的再热压力，在这个压力下进行再热可使再热循环热效率 η_t^{rh} 达到最大值。当再热温度等于蒸汽初温度时，最佳再热压力为蒸汽初压力的 18%～26%。当再热前有回热抽汽时，取 18%～22%；再热前无回热抽汽时取 22%～26%。

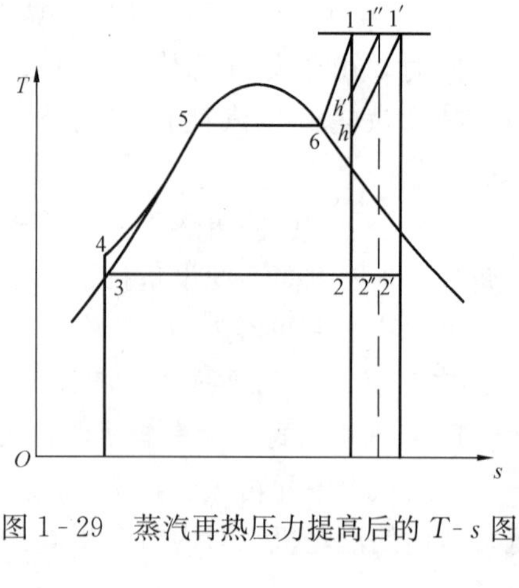

图 1-29　蒸汽再热压力提高后的 T-s 图

再热参数的选择是一项重要工作，在蒸汽初、终参数以及循环的其他参数已定时，应当这样来选择：首先选定合理的蒸汽再热后的温度，当采用烟气再热时一般选取再热后的蒸汽温度与初温度相同；其次，根据已选定的再热温度按实际热力系统计算并选出最佳再热压力；最后还要核对一下，蒸汽在汽轮机内的排汽湿度是否在允许范围内，并从汽轮机结构上的需要进行适当的调整，可以指出，这种调整使得再热压力偏离最佳值时对整个装置热经济性的影响并不大，一般再热压力偏离最佳值 10% 时，其热经济性相对降低只有 0.01%～0.02%。通常蒸汽再热前在汽轮机内的焓降约为总焓降的 30%。

对大型再热机组，当机组进汽参数由亚临界参数提高到超临界参数时，汽轮机相对内效率的提高非常明显，如图 1-30 所示。但当进汽参数在 25MPa/600℃/600℃ 的基础上再提高至 30MPa/600℃/600℃ 时，其相对内效率的变化仅为 0.5%，为了提高这一参数，所消耗的金属上的代价是否合理需要通过详细的技术经济评估；所以目前我国生产的超超临界压力 1000MW 机组大多为 25MPa/600℃/600℃ 左右。二次再热机组的参数则在 31MPa/620℃/620℃ 的范围内。

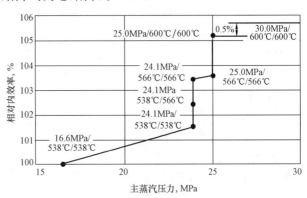

图 1-30　相对内效率与蒸汽参数的关系

合理地选择再热压力，还应考虑最高一级的回热抽汽压力、汽缸结构、中间再热管道的布置、材料消耗和投资费用、高中压缸功率分配以及轴向推力的平衡等问题，在理论计算的最佳值附近确定。表 1-6 为国产中间再热机组的再热参数。

表 1-6　　　　　　　　　　　　　　国产中间再热机组的再热参数

汽轮机型号	冷 段 参 数		热 段 参 数		p_{rh}^{in}/p_0 (%)	$\Delta p_{rh}^{in}/p_{rh}^{in}$ (%)
	压力（MPa）	温度（℃）	压力（MPa）	温度（℃）		
N200-12.75/535/535	2.47	312	2.16	535	19	12.6
N300-16.18/550/550	3.58	337	3.225	550	22	9.9
N600-16.67/537/537	3.71	316.2	3.34	537	22	10
N600-24.2/538/566	4.66	298.8	3.34	566	19.3	6.87
N1000-25/600/600	4.73	344.8	4.25	600	18.9	10
N1000-25/600/600	6.004	376.5	5.395	600	24	10
N1000-25/600/600	5.12	353.6	4.61	600	20.5	10
N1000-31/600/610/610	11.22/3.55	429.8/433.9	10.50/3.18	610/610	36.2/11.5	6.4/10.4

再热蒸汽在再热前后的管道和再热器中，因流动阻力造成的压力损失称为再热器的压损 Δp_{rh}。减小 Δp_{rh}，可以提高再热机组的热经济性，但须加大管径，增加金属消耗和投资费用。通常取 $\Delta p_{rh} = (8\sim12)\% p_{rh}^{in}$（$p_{rh}^{in}$ 为再热前蒸汽压力）。

表 1-6 中再热冷段与再热热段压力差值就是再热压损 Δp_{rh}。

（四）蒸汽中间再热的方法

蒸汽中间再热方法的选择取决于再热的目的，它与再热的参数（再热温度 t_{rh}^{in}、再热蒸汽管道压损 Δp_{rh}）有密切关系，影响机组的经济性和安全性。

　　根据加热介质的不同，再热方法有烟气中间再热、新蒸汽中间再热以及中间载热质中间再热等几种。

1. 烟气中间再热

　　如图 1-31 所示，在汽轮机中做过部分功的蒸汽，经冷段管道引至安装在锅炉烟道中的再热器中进行再加热，再热后的蒸汽经管道的热段送回汽轮机的中、低压缸中继续做功。这种再过热的方法，可使蒸汽温度加热到 550～600℃。因而在采用合理的中间再热压力时，有可能使总的热经济性相对提高 6%～8%，如图 1-32 所示。所以这种方法在电厂中得到广泛应用。但是，由于再热蒸汽管道往返于锅炉房和汽轮机房，因而带来了一些不利因素。首先是蒸汽在管道中流动产生压损，使再热的经济效益减少 1.0%～1.5%；其次是再热管道中储存有大量蒸汽，一旦汽轮机突然甩负荷，此时若不采取适当措施，就会引起汽轮机超速。为了保证机组的安全，在采用烟气再热的同时，汽轮机必须配置灵敏度和可靠性高的调节系统，并增设必要的旁路系统。

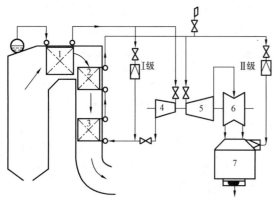

图 1-31　烟气再热系统

1—过热器；2—高温再热器；3—低温再热器；4—高压缸；5—中压缸；6—低压缸；7—凝汽器

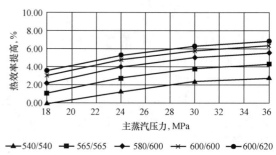

图 1-32　一次再热机组热效率相对提高值

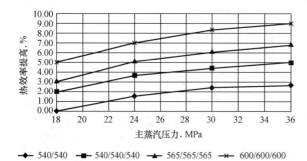

图 1-33　二次再热机组热效率相对提高值

　　火电厂再热机组一般都采用烟气一次再热，理论上对超临界、超超临界压力机组采用二次中间再热可以进一步提高机组的热效率，在相同蒸汽初参数下，可提高热效率 1.5%～2%，如图 1-33 所示。但是，因为采用二次再热，锅炉受热面、蒸汽管道的增加以及汽轮机的设备复杂性和材料价格而引起的电厂造价的增加，使热效率提高获得的受益将有相当长的时间用于抵冲增加的造价。

　　目前，国外已有数十台二次再热机组的运行业绩，这些机组多在 20 世纪 70～90 年代投运，其中采用超超临界参数的有 6 台。国外容量最大的二次再热机组是日本川越电厂的 1、2 号 700MW 机组，机组参数为 31MPa/566℃/566℃/566℃。1998 年投运的丹麦 NORD-JYLLAND 电厂 3 号 410MW 机组，参数为 29MPa/582℃/580℃/580℃，机组热效率高达 47%。国外二次再热机组的运行业绩表明，超超临界二次再热机组运行可靠、经济性较好，是可实现规模化商业应用的发电技术。

我国于 2015 年 9 月投产了国内首台二次再热发电机组，该机组同时也是目前世界上最大的二次再热机组，机组参数为 31MPa/600℃/610℃/610℃，机组发电效率达 47.82%。

2. 新蒸汽中间再热

新蒸汽中间再热是指利用汽轮机的新蒸汽或抽汽为热源来加热再热蒸汽。图 1-34 为在汽轮机中做过部分功的蒸汽引出至表面式加热器中，用新蒸汽进行再加热的系统。与烟气加热相比，再热后的汽温较低，比再热用的汽源温度还要低 10～40℃，相应的再热蒸汽压力也不高。所以用新汽进行再过热要比用烟汽再过热的效果差得多，在一般情况下，热经济性只能提高 3%～4%。因此新蒸汽再热的方法在火电厂里很少单独采用，多数情况是作为再热温度调节的一种手段，与烟气再热同时使用。蒸汽再热具有再热器简单、便宜，可以布置在汽轮机旁边，从而大大缩短了再热管道的长度，使再热管道中

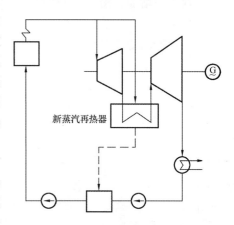

图 1-34 新蒸汽再热系统

的压损减小，再热汽温的调节比较方便等优点，所以新蒸汽再热在核电站中得到了广泛应用。核电站中汽轮机的主蒸汽是饱和蒸汽或微过热蒸汽，汽轮机高压缸的排汽湿度高达百分之十几，若直接进入低压缸，汽轮机将无法运行，必须通过去湿和再热来提高进入低压缸蒸汽的过热度。一般去湿再热器是采用蒸汽再热的方法。先经过抽汽再热，再采用新蒸汽再热。

3. 中间载热质中间再热

综合了烟气再热蒸汽（热经济性高）和蒸汽再热蒸汽（构造简单）的优点的一种再热方法是采用中间载热质的蒸汽再热方法，这种再热系统是一种有发展前途的中间再热系统，如图 1-35 所示。在该系统中，需要有两个热交换器：一个装在锅炉设备烟道中，用来加热中间载热质；另一个装在汽轮机附近用中间载热质对汽轮机的排汽再加热。该方法选用的中间载热质应当保证它具有许多必要的特征：高温下的化学稳定性；对金属设备没有侵蚀作用；无毒；其比热容要尽可

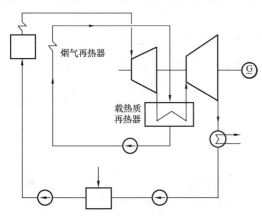

图 1-35 中间载热质再热系统

能大而比体积要尽量小等。

（五）再热对回热经济性及回热分配的影响

回热机组采用蒸汽中间再热，会使回热的热经济效果减弱，同时影响回热的最佳分配。

1. 再热对回热热经济性的影响

热量法认为，蒸汽中间再热使 1kg 蒸汽的做功增加，机组功率一定时，新蒸汽流量将减少（可减少 15%～18%），同时，再热使回热抽汽的温度和焓值都提高了，使回热抽汽量减少，回热抽汽做功减少，凝汽流做功相对增加，冷源损失增加，热效率较无再热机组稍低。图 1-36 和图 1-37 分别表示采用一级和多级回热有再热和无再热时热经济性的变化 $\Delta\eta_{i(r)}$ 的

差异。图中虚线表示无再热，实线表示采用再热。

做功能力法认为，再热使汽轮机中低压级膨胀过程线移向 h-s 图右上方，各级抽汽的焓和过热度增大，个别抽汽点的过热度要高达 $150\sim250℃$，使加热器的传热温差增加，不可逆传热损失增加。图 1-36 中随着抽汽压力的降低（反映在给水焓值的减少上），抽汽点逐渐由再热前移至再热后，曲线有一向下的拐点，此后的曲线向下的程度取决于抽汽过热度，即加热器的传热温差。

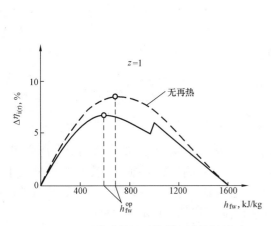

图 1-36　再热对单级回热热经济性的影响

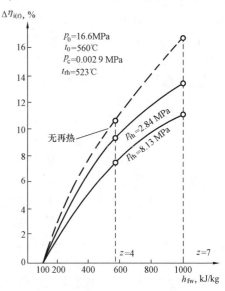

图 1-37　再热对多级回热热经济性的影响

因抽汽过热度引起传热温差增大而带来的热经济损失可用图解法进行分析。

图 1-38 表示从汽轮机中抽出的蒸汽加热给水的热交换过程。图中吸热过程 a-b 的平均吸热温度为 $\overline{T}_w$，饱和蒸汽放热过程 1-2 的平均放热温度 $\overline{T}_s$，其传热温差为 $\Delta\overline{T}_r$，做功能力损失（㶲损）为图 1-38 中 4-5-6-7-4 面积，即

$$I = \Delta e_r = T_{en}\frac{\overline{T}_s - \overline{T}_w}{\overline{T}_s\overline{T}_w}dq = T_{en}\Delta s_r$$

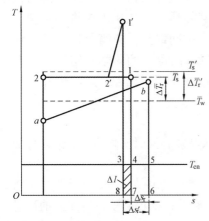

图 1-38　抽汽过热度对回热加热器换热的影响

对于相同的吸热过程 a-b，采用过热蒸汽对水进行加热，放热过程为图 1-38 中 $1'$-$2'$-2 的过程线，其放热过程平均温度为 $\overline{T}'_s$，其传热温差为 $\Delta\overline{T}'_r$。做功能力损失（㶲损）为图 1-38 中 3-5-6-8-3 的面积，即

$$I' = \Delta e'_r = T_{en}\Delta s'_r$$

由于过热度的存在，蒸汽的平均放热温度 $\overline{T}'_s$ 更高，从而使过热蒸汽换热比饱和蒸汽换热不可逆传热损失（㶲损）增加了 ΔI，即

$$\Delta I = I' - I = T_{en}(\Delta s'_r - \Delta s_r)$$

即图中 3-4-7-8-3 的面积。蒸汽的过热度越高，不可逆传热损失就越大。所以，再热增加了蒸汽过热度，

增加了不可逆传热损失，从而削弱了回热的热经济性。

2. 再热对回热分配的影响

再热对回热分配的影响主要反映在锅炉给水温度和再热后第一级抽汽压力的选择上。

目前在各级回热加热分配上，由于高压缸排汽过热度低，而下一级再热后的回热抽汽过热度高，一般是采用增大高压缸排汽的抽汽，使这一级加热器的给水焓升为相邻下一级给水焓升的1.3～1.6倍。其目的是减少给水加热过程的不可逆损失，从而提高回热经济效果。此外，采用蒸汽冷却器来利用蒸汽的过热度，提高给水温度，减少加热器端差，以达到降低热交换过程的不可逆性，削弱再热带来的不利影响。

尽管蒸汽中间再热对给水回热效果带来不利影响，但现代高参数大容量机组均同时采用蒸汽中间再热和给水回热加热，因为二者都可以提高热经济性，节省燃料。如果中间再热和给水回热配合参数选择合理，则热经济性会更高。

六、热电联产循环

（一）热电联产的概念

在发电厂中利用在汽轮机中做过功的蒸汽（可调节抽汽或背压排汽）的热量供给热用户，这种在同一动力设备中同时生产电能和热能的生产过程称为热电联产（联合能量生产），这种形式的发电厂称为热电厂。

热电联产的生产方式分为调节抽汽式汽轮机和背压式汽轮机两种方式，如图1-39所示。

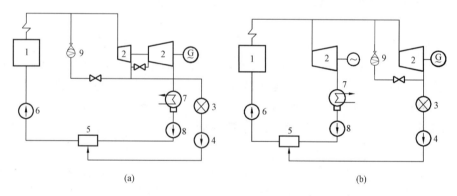

图1-39 热电联产的生产方式
(a) 调节抽汽式；(b) 背压式和凝汽式并列
1—锅炉；2—汽轮机；3—热用户；4—热网水回收水泵；5—加热器；
6—给水泵；7—凝汽器；8—凝结水泵；9—减温减压器

采用背压式汽轮机发电，又利用其排汽供热，是一种简单的联合能量生产形式。这种生产方式存在着电负荷随热负荷的变化而变化的缺点。因此，一般电厂不单独采用此方式。只在具有长期且稳定热负荷的情况下，采用背压式汽轮机发电才能发挥热电联产的优势。目前热电厂多采用的是调节抽汽式汽轮机或背压式和凝汽式汽轮机并列运行的生产系统。

（二）热电联产的热经济性

热电联产的热经济性用热量法进行分析。热量法是一种能量数量利用的分析法。热电联产由于利用了热功转换过程不可避免的冷源损失（循环的冷源损失q_{ca}和不可逆过程引起的附加冷源损失Δq_c），从而使热电联产中的电能生产（简称"热化发电"）的理想循环热效率η_t和实际循环热效率（汽轮机参与热电联产部分的）η_i都等于1。

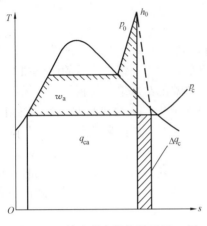

图 1-40　热电联产供热循环 $T\text{-}s$ 图

图 1-40 所示为热电联产供热循环 $T\text{-}s$ 图。

热电联产供热循环的吸热量

$$q_0 = w_a + q_{ca} \qquad (1\text{-}92)$$

实际循环的做功量

$$w_i = w_a - \Delta q_c \qquad (1\text{-}93)$$

实际循环的放热量

$$q'_c = q_{ca} + \Delta q_c \qquad (1\text{-}94)$$

热电联产供热循环的理想循环热效率

$$\eta_t = \frac{w_a + q_{ca}}{q_0} = 1$$

热电联产供热循环的实际循环热效率

$$\eta_i = \frac{w_i + q'_c}{q_0} = \frac{w_a - \Delta q_c + q_{ca} + \Delta q_c}{q_0} = \frac{w_a + q_{ca}}{q_0} = 1 \qquad (1\text{-}95)$$

虽然热功转换过程的不可逆损失在热电联产中被利用来供给热用户而没有损失掉，但却减少了做功量，把高质量能量变成低质量的能量来利用。所以为提高热电联产的热经济性，仍应力求使做功能力损失为最小。在满足热用户对参数要求的前提下，尽量增加热化发电量，减少不必要的节流损失，这样才能提高热电厂的热经济性。

（三）热电联产的优点

（1）节约燃料。为减少或避免热量在冷源中的损失，这些热损失的全部或部分用来供给热用户，并且高效率的大型锅炉代替了低效率的小型锅炉，从而节省大量燃料。用小型工业锅炉或采暖炉，其平均运行效率仅为 $50\% \sim 60\%$，这既浪费能源，又污染环境。而热电联产的锅炉效率一般为 $75\% \sim 90\%$，其热效率大大高于前者。大型火电厂的热效率只有 $38\% \sim 47\%$，而热电厂全厂热效率均大于 45%，热电联产节能效益是显而易见的。

（2）提高供热质量，改善劳动条件。热电联产的集中供热，使供热设备相对集中，供热设备的容量比较大，供热管网的规模比较大，因此，适应热用户负荷变化的能力比较强。压力工况和水力工况的波动随热负荷变化的影响比较小，从而提高了供热质量。同时，因供热设备的大型化，提高了热电厂的机械化和自动化的程度，改善了工人的劳动条件，减轻了劳动强度，因此，可以减少劳动力，节省运行费用。

（3）减轻环境污染。热电厂采用高效除尘器及其他减排措施，可减轻环境污染。

（4）减少了分散锅炉及其煤场、灰场所占用的土地，并减轻了城市运煤运灰的工作量。

（四）国内外热电联产的现状

在我国电力发展中，对于热电联产一直是高度重视的。尤其自改革开放以来我国的热电联产得到了很大发展。2004 年，全国单机 6MW 及以上热电联产机组容量仅为 48 230MW，占火电装机总容量的 14.6%，全国供热面积 21.63 亿 m^2。截至 2017 年，全国集中供热面积已达到 83.09 亿 m^3，再次创下历史新高。"十二五"期间，北方采暖地区大型城市建筑物采暖集中供热普及率平均达到 65%，其中热电联产在集中供热中的比例达到 50%。全国工业生产用热的 70% 以上由热电联产提供。从 1990 年以来，平均每年新增热电联产容量 2800MW

左右，年均增长速度达 11.9%，比火电装机的增长速度 9.8% 高 2%。热电联产有力地促进了发电能效水平的提高，节约了能源。据统计，中国 2002 年电厂的热效率为 40.36%，仅低于日本的 41%，远高于美国的 33.1%，这得益于热电联产机组的贡献。如果没有热电联产，按照凝汽发电计算，2002 年我国电厂的发电标准煤耗率为 356g/kWh，比先进国家的煤耗率约高出 60g/kWh，其相应的热效率只有 34.5%。然后，把我国热电联产机组中供热部分的热能利用计算进去，电厂整体的能源转换效率就达 40% 以上。初步测算，热电联产与纯凝汽相比，在我国每年节约的能源在 3000 万 t 标煤以上，相应也减少了 CO_2 和 SO_2 等排放，减少了对环境的污染；若采用小锅炉供应同等热量，热电联产节约的煤炭达到 4500 万 t 以上。总之，我国重视发展热电联产在提高能效、节约能源和减轻环境污染上取得了显著的成效。

2009 年，我国热电联产装机 1.45 亿 kW，容量只占火电容量的 15% 左右。"十二五"期间我国新增热电联产装机规模约 1.1 亿 kW。在政策推动下，热电联产迎来一轮建设热潮，到 2016 年，热电联产装机规模达到 3.56 亿 kW，已占火电装机容量的 32% 左右，我国热电联产装机量和供热量已位居世界前列。根据我国"十三五"发展纲要，"十三五"期间将由 3.5 亿 kW 火电装机改造为热电联产机组，发展前景广阔。

热电联产的特点是以热定电，这是电厂规模和机型选择的基本原则，根据热负荷大小和供热量的多少，热电联产机组应当实行大、中、小并举，在大城市热负荷量大且集中的地方，支持上 300、600MW 的大型供热机组，在城市供热方面发挥主力军作用；对于热负荷小和以生物质能、太阳能、垃圾等为燃料的热电联产，就可以是几百千瓦到几万千瓦的小机组，这些机组虽小，但由于是热电联产，其效率往往比 300、600MW 的凝汽式机组的效率还高。

我国《节约能源法》和《大气污染防治法》把热电联产作为节能和环保的有效措施，制定了《2010 年热电联产发展规划及 2020 年远景发展目标》。该规划提出：到 2020 年，全国热电联产总装机容量将达到 2 亿千瓦，其中城市集中供热和工业生产用热的热电联产装机容量都约为 1 亿千瓦。预计到 2020 年，热电联产将占全国发电总装机容量的 22%，在火电机组中的比例为 37% 左右。

从世界范围看，集中供热已有百余年历史，但由于社会、经济等原因，使各国发展热电联产与集中供热的水平很不平衡。俄罗斯在这方面处于领先地位，供热机组总容量占火电总装机容量的 40.5% 以上。尤其是城市供热，到 20 世纪 90 年代城市集中供热的热化率超过 70%，有的城市热化率达到 100%，莫斯科为 98%。以热电厂为主要热源的占 80%。供热的 300MW 机组采用了超临界参数。

此外，德国、北欧、东欧一些国家集中供热发展也很快，德国城市供热电站占 75%～80%，集中锅炉房占 20%，其余为工厂余热。英国、丹麦和荷兰等国家热电联产机组占同容量火电机组比例均已超过 60%。波兰在华沙市郊 30km 处建立的 4×1000MW 的核电站，采用苏联的压水反应堆，使华沙集中供热能力达 4.186 8×10^4GJ/h 以上。华沙总面积 500km^2，其中市区面积占 65%～70%。总建筑面积的 85% 已由热力网集中供热，热力网中有 4 座热电站和 1 座热水锅炉，此外还有 5 座增压站。华沙热电厂的最大供热距离（热水）为 15km，最大供热管道直径 1100mm，热力网管长 1100km。

在供热机组容量上也陆续投入大批再热式供热机组，背压机的单机最大容量已达

210MW，抽汽供热机组单机容量为 300～800MW，蒸汽初参数大多为亚临界、超临界、超超临界参数。例如 SIEMENS 公司的 800MW 超临界压力机组（25.2MPa/542℃/560℃），具有压力 0.45MPa、800t/h 的工业抽汽及供热网加热器的采暖抽汽能力，热效率达到 62%；ALSTOM 公司 415MW 超超临界压力 28.5MPa/580℃/580℃/580℃机组具有区域供热功能，供热时电厂的热效率比单纯发电的热效率提高了将近一倍，达到 90%以上。

此外，日本、美国、欧洲等国都制定了一系列支持热电联产的政策措施，如日本规定热电联产的上网电价高于火力发电、法国对热电联产投资给予 15% 的政策补贴、丹麦对热网投资给予 50% 的政策补贴等。

另外，国外还非常重视发挥分布式能源系统在热、电、冷联产中的作用。

（五）热电冷三联产

随着人民生活物质条件的改善，对生活质量的要求也越来越高，我国长江流域也逐步发展了生活小区的冬季供暖系统。这是顺应时代的进步、改善人民生活条件的积极措施。长江流域冬季采暖季节一般为 3 个月左右，对供暖管网而言，全年利用率只有 1/4，管网投资在整个供暖系统中的比例是较大的，为 1/3～1/2。若仅供热，则运行费用相当高，加重了用户的负担。若利用现有的供热管网在夏季对用户集中供冷，管网的利用时间可提高 4～6 个月左右，尤其是长江中下游的采暖过渡区采暖与制冷之和的热负荷利用小时数接近或等于哈尔滨的采暖热负荷利用小时数，扩大了热电厂的经济范围，既有效地降低了运行费用，又节省了维护费用，提高了热电厂的经济效益，而且使人民的生活质量有较大的提高，因而发展前景广阔。据分析，将已在汽轮机中做了一部分功的低品位蒸汽热能用以对外供热和制冷，其循环热效率可达 65% 以上，若采用燃气-蒸汽联合循环和溴化锂制冷机，其循环热效率可达 76%，热利用率达 85% 左右。

采用热电冷三联产还可以节省高品质的电能，降低成本。大型宾馆、医院、商场、高层楼宇及公用设施空调用电往往占其总电量的 60% 左右。每年夏季我国大部分地方都是用电高峰季节，往往造成电力供应紧张，若用低品位蒸汽热能制冷取代电力制冷，不仅节约用电，还可增加供电量，缓解供电压力。

下面以溴化锂吸收式制冷机为例，了解它是如何利用热能来制冷的。

供冷用的吸收式制冷机使用水和溴化锂组成的混合溶液，溶液的溶解度与温度有关，低温时溶解度大，高温时溶解度小。其中水起制冷剂的作用，溴化锂起吸收剂的作用。溴化锂溶液具有吸收水蒸气的能力，溴化锂浓度越高，这种能力就越强。利用这种特性取代蒸汽压缩过程，故称它为吸收式制冷，其工作原理如图 1-41 所示。系统中设有四个主要设备：发生器、冷凝器、蒸发器和吸收器。为了提高机组的热力系数，还设有溶液热交换器。此外，为了使装置能连续工作，使工质在各设备中进行循环，还装有屏蔽泵（发生器泵、吸收器泵和冷剂泵）以及相应的连接管道、阀门等。

（1）单效吸收式制冷机工作时，发生器与冷凝器的压力较高，通常装在一个筒体（称为高压筒）内，蒸发器和吸收器的压力较低，密封在另一筒体（称为低压筒）内。在发生器中，浓度较低的溴化锂溶液被加热介质加热，温度升高，并在一定的压力下沸腾，使水分离出来，称为冷剂蒸汽，溶液则被浓缩，这一过程称为发生过程。发生器中产生的冷剂蒸汽进入冷凝器，被冷凝器中的冷却水冷却而凝结成冷剂水，这一过程称为冷凝过程。冷凝过程中

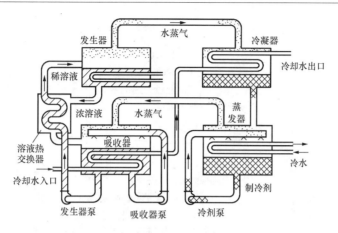

图 1-41　溴化锂吸收式制冷的原理

冷剂蒸汽的压力与冷却水温度等条件有关。冷剂水经节流装置节流，进入蒸发器的水盘。由于蒸发器的压力很低，冷剂水在吸取了蒸发器管内冷媒水的热量后立即蒸发，形成冷剂蒸汽，使冷媒水的温度降低（即制冷），该冷媒水即是作为对用户供冷用。为使蒸发器中冷剂水的蒸发过程不断地进行，必须将产生的冷剂蒸汽及时供给溴化锂溶液让其吸收，这就是吸收器的吸收过程。溴化锂浓溶液具有很强的吸收水蒸气的能力。由发生器出来的浓度高的溴化锂溶液，经热交换器进入吸收器，被吸收器管内的冷却水冷却，温度降低并具有吸收冷剂蒸汽的能力，溴化锂浓溶液吸收冷剂蒸汽后变成溴化锂稀溶液。吸收器内的溴化锂稀溶液由发生器泵送往发生器，这样制冷机就完成一个制冷循环。机组中溶液热交换器的作用在于回收热量，减少热损失，提高机组的热效率。由于吸收式制冷机在高真空下工作，为了抽出不凝结性气体，还必须设有抽气装置。综上所述，吸收式制冷机的工作过程包括两个部分：一部分是发生器中产生的冷剂蒸汽进入冷凝器中被凝结成冷剂水，经节流进入蒸发器，在低压下吸热蒸发，产生冷效应；另一部分是由发生器出来的浓度较高的溶液，经散热和冷却，在吸收器中吸收产生冷效应后的冷剂蒸汽，使制冷过程不断地进行。溶液吸收蒸汽后，浓度降低，由发生器泵输送，重新进入发生器。溶液工作部分的作用相当于压缩式制冷机中的压缩机。

（2）双效吸收式制冷机。如图 1-42 所示，双效吸收式制冷机的发生器分成高压、低压两部分。真空泵将机组抽至高真空后，由发生泵将吸收器内的稀溶液分别送至高低压发生器。在高压发生器内，由工作蒸汽将溴化锂稀溶液浓缩成浓溶液，同时产生高压冷剂蒸汽。后者进入低压发生器的换热管内以加热浓缩稀溶液，同时也产生冷剂蒸汽。

由高、低压发生器分别产生的冷剂水和冷剂蒸汽在冷凝器中被冷却水冷却和凝结后进入蒸发器，再由冷剂泵将它送到蒸发器内喷淋。在高真空下吸收管内冷水的热量低温沸腾，产生大量冷剂蒸汽，同时制取低温冷水，即对用户供冷用水。

高、低压发生器里的浓溶液分别进入吸收器，利用其很强大的吸收水蒸气的特点，吸收冷剂蒸汽后成为稀溶液，周而复始循环工作。

因为蒸汽的热量得到两次利用，蒸汽用量为单效式的 50%～60%，从而使冷凝器放出的热量也比单效吸收式少，冷却水量也减少 10% 左右，作为节能型机组，其使用量大大超过单效机组。

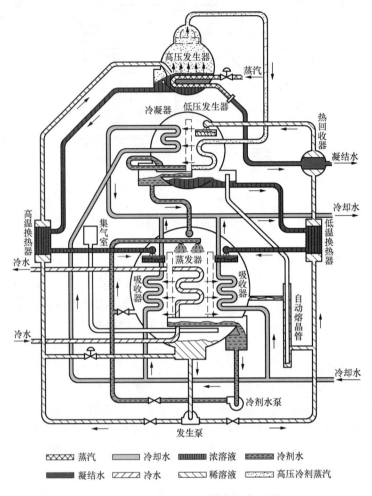

图 1-42　双效吸收式制冷机流程图

　　吸收式制冷机运行可靠。除几个小功率的真空泵、屏蔽泵消耗极少的电能外，基本上不需大的电力设施，又无转动部件，故振动小，噪声低；工质无臭、无味、无毒、无烧伤性，对人体无危害；溴化锂吸收式制冷机基本上以热交换器组合体为主，处于真空下工作，无爆炸危险；运行可靠、维护方便、易于实现自动化，可在 10%～100% 范围内自动调节制冷量，其供冷水温度可达 7℃，完全能满足高层建筑中央空调的要求。

　　另外，为了促进热电（冷）联产发展，并使能源得到高效利用，还要积极推进供热（冷）体制的改革，引入市场机制，实行用热（冷）商品化、货币化，谁采暖（冷）、谁交钱，用多少热（冷）、交多少钱，这也有利于树立节能意识。但同时要提供调节手段，使热力系统设计便于使用者根据其需求进行温度控制调节和计量核算。

　　（六）分布式能源系统

　　分布式能源系统是指分布在用户端的能源综合利用系统，以热电冷联产技术为基础，与大电网和天然气管网组网运行，向一定区域内的用户同时提供电力、蒸汽、热水和空调冷水（或风）等能源服务系统。

　　分布式能源以靠近用户、能源梯级利用、一次能源利用效率高、环境友好、有利于能源供应的安全可靠等特点，受到各国政府、企业界、能源科技工作者的广泛关注。分布式能源系统能源综合利用效率为 75%～90%，并且由于其贴近用户进行能量转换，避免了远距离送电带来的输变电损失以及输热损失。

21 世纪初，分布式能源系统在我国引起广泛重视，随着我国天然气在能源利用中比重的不断增加和天然气管网的建设，以及规划了不少引进 LNG 项目，还有风能、太阳能、生物能源发电的兴起，使容量在数千瓦到 5 万 kW 的分散在重要用户附近，向一定区域供应电力、热力和冷源的分布式能源系统也逐渐地增加。

特别是以天然气为燃料的分布式发电，实行热电冷联产，可以大幅度提高能源转换效率与减少能源输送损失。虽然在相当长的时间内，分布式供电系统还难以成为我国主要供电、供热形式，但可以预见，随着我国经济社会快速发展，城镇化的迅速推进和作为城镇主体形态的城市群空间格局的形成，以及人民生活水平的提高，建设资源节约型和环境友好型社会的思想深入人心和全面落实，分布式供电系统将会迅速发展，且会在上海、北京等沿海及内地的大城市群中首先兴起。上海是我国天然气分布式能源发展最早、配套政策最完善的城市。截至 2016 年，建成项目 43 个，总装机规模 150MW，居全国第一。

另外，目前中国大部分小型可再生能源发电分布在农村地区，包括小水电、光伏发电、沼气发电和秸秆发电等分散电源，近年来城市分散的光伏发电也开始应用，分布式可再生能源发电成为常规电力的有益补充，而且在许多偏远地区是唯一可采用的供电方式。随着资源意识、环保意识和科技意识的加强，大量的工业废水、养殖场废弃物和城市生活垃圾都可能成为分布式发电的燃料，既增加了能源资源量，也消除了环境污染，是发展循环经济的重要内容。农村分散可再生能源开发利用还将扩大农村就业，增加农民收入，为农村地区可持续发展开创一条新路。

西方发达国家的分布式能源系统从 20 世纪 70 年代末期开始发展，美国已经有 6000 多座分布式能源站。英国只有 5000 多万人口，但是分布式能源站就有 1000 多座。英国女王的白金汉宫、首相的唐宁街 10 号官邸，都采用了燃气轮机分布式能源站。丹麦多年来国内生产总值增长了近 3 倍，人均能耗却未增加，环境污染也未加剧。而我国在国内生产总值增长同样的情况下人均能耗却增加了 2 倍。这是因为丹麦积极发展热、电、冷联产，提倡科学用能，扶植分布式能源，靠提高能源利用效率支持国民经济的发展。据报道，目前丹麦没有一个火电厂不供热，也没有一个供热锅炉房不发电，将热、电、冷产品的分别生产，变为热、电、冷联产。

分布式能源发电是以"效益规模"为法则的第二代能源系统，它是工业文明时期以"规模效益"为法则的第一代能源系统的发展与补充，特别是以天然气为燃料的分布式发电，实行热电冷联产，可以大幅度提高能源转换效率与减少能源输送损失。为了促进分布式供电系统的发展，需要遵循"认真研究，积极试点，统一规划，有序推进"的原则。一是要做好统一规划。将分布式供电系统规划纳入统一的电力规划和城镇化发展规划中，并与新能源发电规划及配电网规划和天然气管网等规划统筹安排，协调发展，完成科学全面的符合中国实际的分布式能源解决方案。二是规范分布式供电系统接入电网的原则与技术条件。电网对于符合上网条件的分布式供电系统，应当允许其及时接入系统，并提供相应的配电装备。对于分布式系统多余的上网电能要优先吸取，进一步探索、研究、解决多个分布式能源电站发电的独立组网和并网方面的技术问题。三是分布式供电系统的电价由政府相关部门核定，并按照电源与电网互惠互利和能效优先的原则确定上网与下网的电价。四是要重视分布式供电系统中的动力和能源转换设备的开发与国产化供应，以适应分布式供电系统的发展的需要和尽可能地降低其造价成本，有效缩短分布式能源系统的投资成本收回周期。这些都是保证我国分布式供电系统顺利健康发展所应予考虑与重视的。

七、燃气－蒸汽联合循环

（一）燃气轮机简介

1. 燃气轮机的工作过程

燃气轮机是以气体作为工质，把燃料燃烧时释放出来的热量转变为有用功的动力机械。燃气轮机是一个整体，它由压气机、燃烧室和燃气透平等部件所组成。图 1 - 43 是最简单的燃气轮机及其工作过程。空气被压气机连续地吸入和压缩，压力升高，接着流入燃烧室，在燃烧室中，空气与燃料混合燃烧成为高温燃气，再流入透平膨胀做功，压力降低，最后排至大气。燃气轮机中所发出功率的 2/3 左右被用来带动压气机，其有效输出功率仅为燃气轮机所发功率的1/3左右。

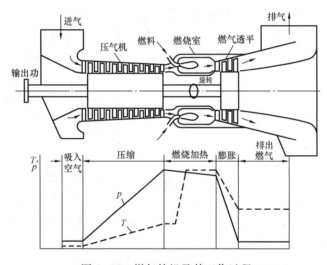

图 1 - 43　燃气轮机及其工作过程

为保证燃气轮机装置的正常工作，除上述三大部件外，还需要一些其他的附属系统和设备，如：燃料系统、润滑油系统、冷却水系统、冷却空气系统、启动系统、调节和保护系统等，此外还可根据需要安装一些热交换设备，如空气冷却器、空气预热器等。

2. 燃气轮机的特点

与汽轮机相比，燃气轮机采用空气而不用水蒸气作工质，所以可省去锅炉、凝汽器、给水处理等大型设备，因此，燃气轮机比汽轮机质量小、体积小、造价较低、安装周期短。所以，燃气轮机多用于移动式电站（火车、飞机、航天）。燃气轮机能快速启动，因此，燃气轮机通常用作调峰或备用机组。但是，燃气轮机单功率比较小，运行寿命比较短，对燃料要求较高，排气温度高，机组热效率比较低。

（二）燃气－蒸汽联合循环的特点

燃气－蒸汽联合循环由燃气轮机与汽轮机结合而成，是燃气轮机循环与蒸汽动力循环联合的热力循环。两个循环结合后，互相取长补短，燃气轮机循环的工质最高工作温度比蒸汽动力循环高得多，其工质放热温度（即排气温度）还很高，用燃气轮机排出较高温度的废热来加热蒸汽循环，将两者结合起来，就形成一种初始工作温度高而最终放热温度低的联合循环，大大地提高了循环热效率。图 1-44 所示为余热锅炉型联合循环的 T-s 图。

燃气-蒸汽联合循环具有下列主要特点：

（1）热经济性高。用燃气轮机和汽轮机组成联合循环发电，正确选择各项参数和热力系统，其热效率可高达 45%，如将燃气轮机初温再提高到 1100℃ 左右时，效率可达 50% 以上。图 1-45 所示为联合循环装置的效率曲线。

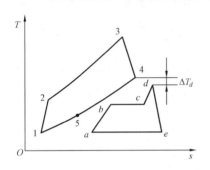

图 1-44　余热锅炉型联合循环的 T-s 图

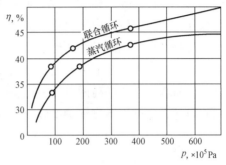

图 1-45　联合循环装置的效率曲线

（2）改造旧电厂。随着大容量再热机组的发展，源自中小机组发电厂的经济性比较低，锅炉多已陈旧不堪，但汽轮机却仍可使用。若能配置燃气轮机，改成燃气-蒸汽联合循环发电，不但能大幅度提高出力，而且能使热经济性大为提高。

（3）减轻公害。联合循环使燃气轮机排气的废热得到利用，减轻了对环境的热污染。同时减少了原锅炉烟气对环境的污染。煤气化燃气-蒸汽联合循环，可将煤气化为无公害的能源。

（4）适应建设坑口电站。燃气轮机不需要大量冷却水，所以建设燃气-蒸汽联合循环能适应缺水地区和坑口电站的需要。

（三）燃气-蒸汽联合循环的类型

根据燃气与蒸汽两部分组合方式的不同，联合循环基本类型有余热锅炉型、增压燃烧锅炉型和加热锅炉给水型等。

1. 余热锅炉型联合循环

将燃气轮机的排气通至余热锅炉（heat recovery steam generator，HRSG）中，加热锅炉中的水生产出蒸汽至汽轮机中做功，其系统如图 1-46 所示。这种联合循环方式的特点是以燃气轮机为主，汽轮机为辅。余热锅炉的容量和蒸汽参数取决于燃气轮机排气参数，不能单独运行，蒸汽循环出力较低。一般汽轮机功率为燃气轮机功率的 30% ～50%。由于燃气轮机需燃用油、气轻质

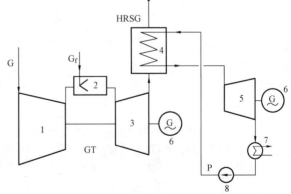

图 1-46　余热锅炉型燃气-蒸汽联合循环
1—压气机；2—燃烧室；3—燃气轮机；4—余热锅炉；5—汽轮机；6—发电机；7—凝汽器；8—水泵

燃料，而余热锅炉结构简单，造价较低，故这种系统适用于旧的小容量蒸汽动力装置的改造，这种循环的热效率可达 40% 以上。

2. 增压燃烧锅炉型联合循环

该循环的特点是把燃气轮机的燃烧室与锅炉合为一体，形成在压力下燃烧的锅炉，即增压锅炉（PB），如图 1-47 所示。这时燃气轮机的压气机供给锅炉一定压力的空气，锅炉内气体侧的传热系数大大提高，因而增压锅炉的体积比常压锅炉要小得多，这是它的一个显著优点。为使最后排至大气的烟气温度降至较低的数值，减少热损失，故用排气来加热锅炉给水，图 1-47 的加热器 H 即是。这种联合循环输出的功率中汽轮机占大部分。

与联合循环相比较，由于增压燃烧，整个锅炉是一个尺寸很大的密闭压力容器，为设计和安全运行等带来了困难。增压燃烧型联合循环的效率与余热锅炉型的比较见图 1-48。燃气初温（t_3）在 1050℃ 以下时，增压燃烧锅炉型的效率高；在 1100℃ 以上时余热锅炉型的效率高，且随着温度的提高两者效率的差距迅速增大。由于这一因素，以及上述增压燃烧锅炉带来的问题，使增压燃烧锅炉型联合循环至今发展较少。

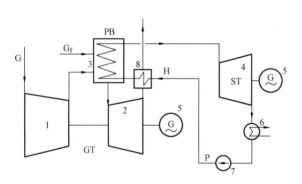

图 1-47　增压燃烧锅炉型燃气-蒸汽联合循环
1—压气机；2—燃气轮机；3—增压锅炉；4—汽轮机；
5—发电机；6—凝汽器；7—水泵；8—加热器

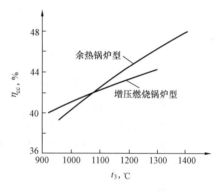

图 1-48　两种联合循环效率的比较

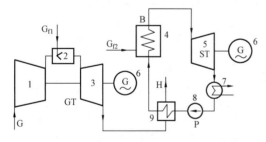

图 1-49　加热锅炉给水型燃气-蒸汽联合循环
1—压气机；2—燃烧室；3—燃气透平；4—蒸汽锅炉；5—汽轮机；6—发电机；7—凝汽器；8—水泵；9—热水余热锅炉

3. 加热锅炉给水型联合循环

燃气轮机的排气仅用来加热锅炉给水，见图 1-49，图中 B 为锅炉。由于锅炉给水所需加热量有限，使得燃气轮机的容量比汽轮机的小得多，因而这种联合循环以汽轮机输出功率为主。

由于锅炉给水加热的温度不高，燃气轮机排气热量利用的合理程度较差，使得联合循环的效率提高较少。因而新设计的联合循环不用该方案，仅在用燃气轮机来改造和扩建原有蒸汽电站时才会应用。

归纳起来，目前最多、发展最快的是余热锅炉型联合循环。

（四）燃煤的联合循环

以上所介绍的联合循环限于以石油、天然气作燃料，我国石油和天然气的资源有限，而煤的资源比较丰富。常规火电厂中所用的燃料虽然以煤为主，但是，它不仅效率低，而且对环境的污染比较严重，先进的发电技术——燃煤联合循环由此而诞生。

燃煤联合循环主要包括：循环流化床燃煤联合循环（circulating fluidized bed combustion combined cycle，CFBC - CC）、整体煤气化联合循环（integrated gasification combined cycle，IGCC）、整体煤气化燃料电池联合循环（integrated gasification fuel cell combined cycle，IGFC - CC）、磁流体发电联合循环（magnetohydrodynamics combined cycle，MHD - CC）等。下面主要介绍循环流化床燃煤联合循环（CFBC - CC）和整体煤气化联合循环（IGCC）。

把煤破碎成颗料加入流化床炉中，空气自下向上鼓风，把煤粒吹起呈沸腾状与空气混合燃烧，称为沸腾燃烧。在流化床中同时加入适量的石灰石或白云石，就能吸附硫化物而达到有效地除硫的目的。为了保持高效脱硫，防止温度过高灰分软化而结焦，流化床燃烧温度以保持在850～900℃为宜，最高不超过950℃。为控制流化床燃烧温度在上述范围内，需在床内埋设冷却管路以带走一部分燃烧所产生的热量。冷却介质用水时，水在管中被加热，称蒸汽埋管，由此形成了流化床锅炉。冷却介质用空气或其他气体时，称空气或气体埋管，形成流化床空气或气体锅炉。

流化床燃烧有增压燃烧（pressurized fluidized bed combustion，PFBC）和常压燃烧（atmospheric fluidized bed combustion，AFBC）两种。增压流化床烟气侧由于压力高，传热系数大大提高，锅炉体积显著缩小，但整个锅炉是个大的压力容器。现将两种形式分述于下。

1. 增压流化床燃煤联合循环

这种联合循环实质就是前面讲过的增压燃烧锅炉型联合循环，但由于是流化床燃烧，有着它自身的特点。首先是燃气初温因受流化床燃烧的限制，一般为850～900℃，由此限制了循环效率的提高；其次是燃烧过程中要加白云石等除硫；最后是烟气中含尘量高，在进入燃气透平前必须有效地除尘，以防止对燃气透平叶片产生冲刷磨蚀作用。

增压流化床用蒸汽埋管产生蒸汽至汽轮机中做功，由此形成的联合循环方案图与图1-47所示相同，只是需在锅炉与燃气轮机之间的气路上加装高温除尘器。

现已建立和正在兴建的蒸汽埋管增压流化床联合循环示范电站有多座。这些电站都是在扩建改造现有蒸汽电站的基础上建立的，即用PFBC与燃气轮机取代原有的锅炉，而与原有的汽轮机组成联合循环。所用的燃气轮机为双轴机组（见图1-50），原因是在变工况下它的性能与PFBC的变化较匹配。这样扩建改造后的电站，不仅增加了燃气轮机的发电容量，且提高了电站效率。

当电站中蒸汽参数为亚临界参数和采用再热，且联合循环中各部件之间参数匹配合理时，PFBC联合循环的效率可达到40%以上。图1-50即为按此原则得到的一个设计方案，其PFBC在压力为1.2MPa下燃烧，蒸汽初参数为17MPa、565℃，燃气初温850℃，燃气轮机输出15MW，汽轮机输出69MW，扣除辅机耗功后电站净输出81MW，效率为41.5%。

由于空气埋管方案的效率低、锅炉投资增加等原因，其发展被搁置。因此，目前一般所说的PFBC联合循环就是蒸汽埋管方案。这种联合循环，还由于PFBC比一般电站锅炉的尺

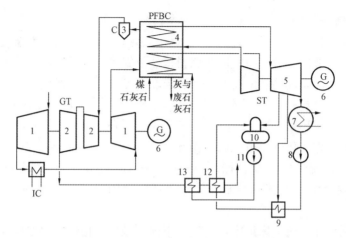

图 1-50　蒸汽埋管增压流化床燃煤联合循环的一个设计方案

1—压气机；2—燃气透平；3—除尘器；4—余热锅炉；5—汽
轮机；6—发电机；7—凝汽器；8—凝结水泵；9—低压加热
器；10—除氧器；11—给水泵；12、13—高压加热器

寸大为缩小，使得整个电站厂房的尺寸随之明显缩小。

　　2. 常压流化床燃煤联合循环

　　针对增压流化床燃煤的高温除尘技术难度大的问题，提出了常压流化床燃烧来间接加热
压缩空气的联合循环，从而彻底地避免了高温除尘的问题。同时由于常压流化床燃烧技术早
已为人们所掌握，因此这种联合循环较易实现，世界上已有数座试验性的电站投入运行。

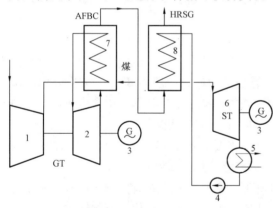

图 1-51　后置燃烧的常压流化床燃煤联合循环

1—压气机；2—燃气透平；3—发电机；4—水泵；5—凝汽器；
6—汽轮机；7—常压流化床锅炉；8—余热锅炉

　　常压流化床联合循环中的燃气轮机部
分，可采用后置燃烧和独立燃烧两种循环，
由于后置燃烧循环（图 1-51）的效率高于
独立燃烧循环，其余热锅炉的布置与上面
讲过的方案有所不同，它不在燃气轮机的
排气流道上，而是在流化床排出的烟气道
上。通常，流化床后的烟气温度接近燃烧
区的温度，可达 800℃ 以上，故在余热锅
炉中可产生高压蒸汽，还可采用再热的蒸
汽循环，提高蒸汽循环效率，以提高联合
循环效率。

　　由于部分燃气轮机排气进入流化床参
加燃烧，就能把压缩空气加热至 700～

800℃，因而合理的情况是燃气轮机排气仅一部分进入流化床燃烧，其余的进入余热锅炉以
组成联合循环，如图 1-52 所示。为降低烟气排出的温度，在流化床的上部有蒸汽盘管，它
与余热锅炉一起共同产生蒸汽至汽轮机中做功。由于燃气透平的排气是清洁的空气，故余热
锅炉中无露点问题，出口排气温度可很低，例如低至 60℃ 左右，以更多地回收热量。

　　常压流化床是间接加热压缩空气的，流化床燃烧的温度也不高，因而进入燃气透平的
t_3^* 较低，仅为 700～800℃，燃气轮机效率较低。为改善这一情况，可在进入燃气轮机前加

一顶置燃烧室（见图1-52），加入少量气体或液体燃料燃烧，提高 t_3^* 以提高燃气轮机的效率。一台已运行的常压流化床燃煤联合循环发电机组，采用顶置燃烧室使气体进入燃气轮机的 t_3^* 由原来的 700℃ 提高到 820℃，联合循环效率达 39.2％。可见采用这样的办法，可使常压流化床联合循环的效率接近增压流化床燃煤联合循环的效率，但这是用燃烧少量好的燃料换来的。

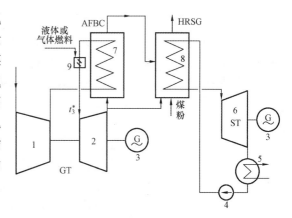

图1-52　常压流化床燃煤联合循环

1—压气机；2—燃气透平；3—发电机；4—水泵；

5—凝汽器；6—汽轮机；7—常压流化床锅炉；

8—余热锅炉；9—顶置燃烧室

3. 采用炭化炉的流化床燃煤联合循环

综上所述，流化床燃煤能在燃烧过程中有效地脱硫，且流化床燃烧温度低，烟气中 NO_x 的含量甚微，故排烟对大气的污染很低。另外，以流化床燃煤组成的联合循环电站能达到比一般燃煤蒸汽电站还要高一些的效率，因而是一种有应用前途的燃煤电站。但从进一步发展来看，这种联合循环的一个主要问题是如何突破流化床燃烧对 t_3^* 的限制。否则，即使增压流化床联合循环在 t_3^* 为 850～900℃ 的条件下，联合循环效率也只能达到 40％～41％。

为了突破这一限制，人们参照图1-52中加顶置燃烧室的办法，提出了在联合循环的系统中加装流化床炭化炉的方案。该方案中煤先送入流化床炭化炉中，与空气进行部分气化，在析出煤气后煤变为焦炭。焦炭送至主流化床中燃烧，析出的煤气送至顶置燃烧室中燃烧，使 t_3^* 达到 1100～1200℃ 或更高，组成高效率的燃煤联合循环。

4. 煤气化联合循环

余热锅炉型和增压锅炉型燃气-蒸汽联合循环系统中，燃气轮机需用轻油或天然气，这在油和气源日益枯竭之时，它的应用和发展受到很大的限制。因此，国内外多致力于提高煤的利用技术，这种技术的概念和路线非常清晰，那就是使煤在气化炉中气化成为中热值煤气或低热值煤气，然后通过处理，把粗煤气中的灰分、含硫化合物（主要是 H_2S 和 COS）等有害物质除净，供到燃气-蒸汽联合循环中去燃烧做功，借以达到以煤代油（或天然气）的目的，这样，就能间接地实现在供电效率很高的燃气-蒸汽联合循环中燃用固体燃料-煤的愿望。

显然，在这种技术方案中，燃气轮机、余热锅炉以及蒸汽轮机部分都是常规的成熟技术，所不同的主要是煤的气化和粗煤气的净化设备而已。这种燃煤的燃气-蒸汽联合循环称为整体煤气化燃气-蒸汽联合循环（IGCC）。在整体煤气化联合循环中，气化用的压缩空气来自压气机，气化用的蒸汽引自汽轮机抽汽。IGCC系统如图1-53所示。

（1）IGCC发电技术的优点，概括起来有以下几方面：

1）具有提高供电效率的很大潜在能力。目前，IGCC的供电效率可达 42％～45％，21世纪有望突破 50％～52％。

2）单机容量已经能做到 300～600MW 等级，便于实现规模经济的效应。

3）耗水量比较少。一般来说，耗水量只有常规电站（带 flue gas desulfurization,

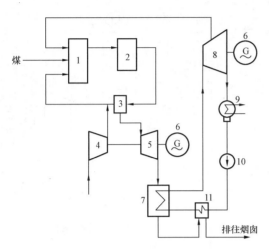

图 1-53　IGCC 系统示意

1—气化炉；2—煤气净化装置；3—燃烧室；4—压气机；5—燃气透平；6—发电机；7—余热锅炉；8—汽轮机；9—凝汽器；10—凝结水泵；11—给水加热器（排气冷却器）

FGD）耗水量的 50％～70％，特别适宜在缺水的矿区建设坑口电站。

4）燃煤后的废物处理量小。脱硫后生产的元素硫酸可以出售。有利于降低 IGCC 的发电成本。灰和任何微量元素熔融冷却形成的玻璃状的渣，对环境无害，可以作为建筑和水泥工业的原料。

5）通过煤的气化，除了发电之外，还能生产甲醇、汽油、尿素等燃料和化学品，使煤得以综合利用。

6）可以通过合理选择气化炉类型和气化工艺，燃用各种品位的煤种。

（2）IGCC 的主要缺点有以下三点：

1）单位投资费用和发电成本比较高。

2）不适宜在功率较小的条件下使用。

3）对制造工艺要求很高。

一般来讲，IGCC 适宜于采用含硫量高于 3％的煤种，其装置功率最好能达到 300～400MW 及以上，这样才能有利于降低投资费用和发电成本。

对于我国来说，目前的资源中煤约占 60％。发展 IGCC 和 PFBC 这类燃煤的联合循环，对提高我国的能源利用率和解决环境污染问题都有重要的意义，因此，它们在我国的应用有着广阔的发展前景。

第四节　核 能 发 电

自 1954 年世界上第一座核电站建成以来，核电的发展速度很快，截至 2018 年，全世界有 30 多个国家、400 多座核电站在运行。目前全球电力 17％以上是来自核能发电，而且核电发展的速度和规模正在朝着快和大的方向发展。这是因为：①环境污染的后果日益受到重视，而核能是一种清洁的能源。核电站在正常运行中，基本上不排出 SO_2、NO_x、CO_2、飘尘等污染物质，即使有微量的放射性物质排放，其排放量也远小于同功率的燃煤电站的放射性排放量，而且也远小于环境中天然存在的放射性本底，对人类不会造成任何危害。②有机燃料（煤、石油、天然气）正日趋枯竭，而核燃料的资源越来越丰富，从最初只能利用 ^{235}U、^{239}Pu 到现在的 ^{238}U 和 Tu 也已加入了核燃料的行列，当利用氘和氚聚变核能的发展研究完成时，人类就可以说最终解决能源资源的问题，再也不会为能源匮乏而发愁了。③核燃料（仅限于裂变能）单位质量储能很高，每吨燃料元件所发出的能量约相当于 30 万 t 煤燃烧所发的热。因其寿命长，消耗少，设备初投资虽然较高，但燃料费用和运行费用较低，所以其能量成本比燃煤或燃油动力厂要低。尤其对缺少煤、油、气资源的地区，既可以节省巨额的运输成本，还可减少燃烧废物的处理费用，减轻交通运输的压力。

我国的民用核动力事业起步较晚，1992 年 7 月秦山 1 期核电站投产，功率为 300MW。接着广东大亚湾 1 号和 2 号核电机组相继于 1993 年和 1994 年投入运行，功率各为 900MW。

随后陆续有江苏田湾核电站，秦山核电站（2、3期）、岭澳核电站、浙江三门、山东海阳、广东阳江、辽宁红沿河核电站相继投产。截至2018年，我国核电装机已达44GW，占全国发电总装机容量的2.35%，发电量占比为4.22%。从总的发展趋势看，今后30～50年内还会有更多的国家和地区建造核电站，核电站发电总量将达到世界发电总量的35%以上。

一、物质元素原子核能

1. 物质元素的原子结构

众所周知，自然界中的物质都是由原子组成的，原子中心是密度极大的原子核，原子核由质量基本相同的质子（带正电荷的粒子）和中子（不带电的中性粒子）组成，它们通称为核子，通常用A表示它们的总和（即质子数＋中子数）。原子核外部绕核旋转运行着按一定层次排列的电子，每个电子都带有与质子电荷量相同的负电荷。任何一个处于稳定状态的原子，其核内的质子数目与绕核旋转运动的各层电子的总数目相等。所以稳定的原子都是中性的，不带电。

带正电的质子之间存在静电斥力，在原子核内它们不仅不排斥，而且相互间结合得很紧密，这是因为核子之间还存在着一种巨大的引力，称之为核力。核力能克服质子之间的静电斥力，把核子聚集成原子核。核力与静电斥力之差就是使原子核结合在一起的力，与之相应的能量称为核的结合能。所以，如果要把原子核内的全部核子一个个地拉开，那么就需要消耗与核结合能相等的能量才能克服核力。

核内质子数目相同的原子具有相同的化学性质，归为同一种元素，并用其核内质子数表示其元素的原子序数。如氢原子，其核内只有一个质子（核外只有一个电子绕核旋转），因此氢元素的原子序数为1。原子序数相同、质量数不同的元素都是同一种元素的同位素，如自然界中存在的重核元素—铀，它具有三种同位素：铀-238、铀-235、铀-234，它们可分别写成如下形式：$^{238}_{92}U$、$^{235}_{92}U$、$^{234}_{92}U$，符号中左下角92表示该元素的原子序数（即质子数，为简便书写往往可以省略该数字），左上角238、235、234分别表示该元素取整后的质量数，即质子数与中子数之和A。

2. 质量亏损与结合能

原子核是由核子构成的，原子核的质量似乎应当等于构成它的核子质量的总和。然而现代核物理精确的质量测定表明：原子核的质量总是小于构成它的各核子质量总和，也就是说，组成原子核时质量减少了，这一质量差称为质量亏损。理论和实验表明，这部分亏损的质量以结合能的形式释放了出来。爱因斯坦在相对论中，成功地解释了这一现象。根据相对论，爱因斯坦指出，质量和能量可以互相转化，并推导出著名的质能互换公式，为解释和具体计算原子核裂变和聚变时能量的释放提供了依据。如铀等重原子核裂变成中等质量的原子核时，或者是较轻的原子核结合成氦、铍、碳等稍重的原子核时，也要发生质量亏损，从而使能量进一步释放。前者为裂变能，后者为聚变能。

根据爱因斯坦的质能互换公式

$$E = MC^2$$

式中　E——物体的总能量；

　　　M——物体的质量；

　　　C——真空中的光速，约30万km/s。

该式说明了质量和能量是不可分割的，深刻地反映着物质及其运动的不可分割性。同时，物体的能量若有任何改变 ΔE，则将引起物体质量的改变 ΔM，反之亦然，即 $\Delta E = \Delta MC^2$ 成立。如当原子核发生裂变或聚变，出现质量亏损时，其释放出的能量为

$$\Delta E = [Zm_p + (A - Z)m_n - m]C^2 \qquad (1-96)$$

式中 Z——质子数；

　　　　m_p——质子质量；

　　　　A——核子总数，质子数＋中子数；

　　　　m_n——中子质量；

　　　　m——原子核质量。

不同原子核的结合能差别是很大的。一般来说，核子数 A 大的原子核结合能也大，但结合能大的原子核不一定是最稳定的。

衡量原子核稳定性的指标可以用原子核的比结合能来表示。原子核的比结合能是原子核的结合能与该原子核的核子数之比 $\Delta E/A$，它表示每个核子的平均结合能。比结合能可以看成把原子核拆成自由核子时，平均对每个核子所做的功。因此，比结合能越大的原子核结合得就越紧密，也就比较稳定，要想将它拆开所耗费的功越大；反之亦然。

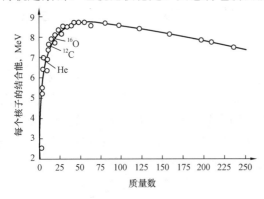

图 1-54   比结合能随原子核质量的变化

图 1-54 是将不同原子核的比结合能与对应的质量数（即核子数）用一曲线表示出来，称之为比结合能曲线。从图中可以看出，不同质量的原子核其比结合能的大小是不同的。中等质量的原子核平均结合能大，而轻核和重核的平均结合能小。因此，可以得到如下的启示：若能使比结合能小的或比较小的原子核的结构发生变化，使它变成比结合能大的或比较大的原子核，就能释放出一定的能量来。如重原子核 ^{235}U 的裂变，当它吸收一个中子后裂变成两个具有相等（也可不相等，其质量数 A 在 75～160 之间，有 80 余种新组合）质量的原子核。由比结合能曲线可知，新生成原子核的比结合能比 ^{235}U 的大，可近似认为每个核子的比结合能增加近 1MeV（兆电子伏），总的结合能也将增加近 200MeV。就是说，一个 ^{235}U 原子核吸收一个中子后发生裂变将有 200MeV 的能量释放出来，这个能量是一个碳原子燃烧时释放化学能（4eV）的 5000 万倍。这些能量主要以裂变碎块的动能形式转化为热能，它约占总释放能量的 84%，这部分能量可以利用来产生电能，即核能发电。经推算，1kg 的 ^{235}U 全部原子核裂变后释放出的热量，相当于 2700t 优质煤完全燃烧所释放的热量，即比相同重量优质煤放出的能量大 270 万倍。如果我们能够创造适当条件，使核裂变过程自持地进行下去，巨大的核裂变能就可以不断地释放出来，成为一种动力能源。其余约 16% 的能量则为裂变中的能量和核裂变产物后期衰变释放出的能量。

二、核裂变能的利用

1. 选择核裂变链式反应所需的动力

原子核靠核力将核子紧紧束缚在一起，必须要寻找一种合适的高速粒子，作为"炮弹"轰击原子核，以克服重核子间的核力。中子本身不带电，又具有一定的质量，只要有适当的

速度就有足够的能量，很容易进入到^{235}U核中去，形成总核子数为236的复核，如图1-55所示。

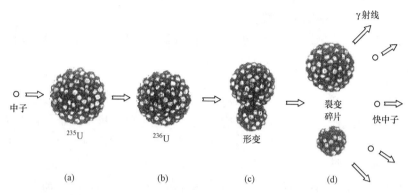

图1-55 原子核的裂变过程

2. 选择最具裂变性能的靶核

并非所有核元素的原子俘获中子后都会发生裂变反应，这取决于击中原子核的中子带入的结合能是否大于靶核的临界裂变能。我们以^{235}U和^{238}U为例，^{235}U俘获中子后生成^{236}U复核，^{236}U核比^{235}U核结合得更紧，使^{236}U核有热力学能过剩，即处于激发状态，因而^{236}U是不稳定的。这部分激发能有可能通过发射γ射线释放出来，如果这样就不会发生裂变。但是，这部分过剩的能量也可能使^{236}U核的形状发生形变。由原来的球形变到椭球并达到哑铃状〔见图1-55（c）〕。原子核带正电，哑铃状时的静电排斥力大于吸引力，使哑铃状继续畸变而分离成两个碎片（新的原子核），同时放出2、3个快中子（平均为2.43个）和γ射线，见图1-55（d），即发生了核裂变。

近代科学计算表明，^{236}U的临界裂变能为5.3MeV，而中子被俘获时的结合能为6.4MeV，多出的结合能使复核在激发状态下的亿万分之一秒内完成裂变反应过程，且大多情况下形成两块碎片，释放能量并释放出平均2.43个新中子。而^{238}U俘获中子后生成^{239}Pu，它的临界裂变能为5.5MeV，而中子被^{238}U俘获时的结合能为4.9MeV，因而^{238}U把低能的外来中子寄生俘获了，并不发生裂变。要想使^{239}Pu发生裂变，就必须提供更高动能的快中子作补充。

在^{233}U、^{235}U和^{238}U这三种可作为核燃料的元素中，只有^{235}U是临界裂变能较小，且天然存在、易于制取的核燃料元素。

3. 链式裂变反应

如上所述，在一个大的铀块内有一个中子轰击^{235}U核引起裂变（第一代），释放核能的同时还放出约3个中子（实际平均2.43个），这3个新的中子又轰击周围的^{235}U核，再引起3个^{235}U的裂变（第二代），同时放出9个中子，这样的过程继续下去，就引起9个^{235}U核裂变（第三代），产生27个中子。如此一代一代发展下去，就是一连串数目越来越多的裂变反应，这样的反应过程称为原子核的链式裂变反应。一次裂变的时间间隔极短（约1/1000s）。如任其发展下去，愈演愈烈，裂变反应很快就会失控。但在核能利用中并非如此，因为一次裂变所产生的中子由于某种原因，有一部分中子会丢失（如泄漏出铀块）或被非裂变物质（结构材料）吸收，或虽被铀核吸收但没有引起裂变。因此链式裂变反应不一定都能自动维持下去。

　　如果每次裂变反应产生的中子数目大于引起核裂变所消耗的中子数目，那么一旦在少数的原子核中引起了裂变反应之后，就有可能不再依靠外界的作用而使裂变反应不断地进行下去，这样的裂变反应为自持的链式裂变反应。如果能有控制地实现链式裂变反应，就能得到可观、连续的能量释放。例如^{235}U 核的链式裂变反应发生到第 60 代时，就可有 280g 的^{235}U 元素发生了裂变，释放的能量相当于 700 多吨标准煤的发热量。

　　4. 核反应堆

　　为了利用裂变能，裂变反应过程应该有控制地进行。核反应堆就是以铀（或钚）为核燃料，能以可控的方式产生自持的链式裂变反应的装置，所以核反应堆是核电站动力装置的核心设备，相当于火电厂的锅炉。核反应堆内装有核燃料、慢化剂、冷却剂及其他的金属结构、安全控制系统等，把它们按一定的方式安排在一个有限区域，称堆芯。

　　(1) 核燃料。核电站的反应堆中是以低浓缩铀做燃料的，而在天然铀中，可裂变的核燃料^{235}U 只占 0.724%（不易裂变的^{238}U 却占 99.3%），为了提高中子与铀核反应的概率，一般要把^{235}U 的浓度提高到 3% 左右（低浓缩铀）。

　　(2) 慢化剂。在浓缩的铀块里，能量大的快中子击中靶核的概率不大，因而使堆内中子增加的可能性小。因为快中子可能会与铀核发生非弹性碰撞而慢化，能量低的慢中子易被吸收而使中子总数减少，更多的快中子会与铀核擦身而过，从铀块中泄漏出去或被铀块内的杂质吸收而损失掉。对核裂变反应深入研究发现，能量低的慢中子速度低、动能小，飞越靶核旁经历的时间长，被^{235}U 靶核俘获发生裂变的概率高，中子的增加量就大大上升。如快中子的能量为 2MeV，速度为 2×10^4 km/s，若将它的能量和速度分别降至 0.025eV 和 2.2km/s（慢中子或热中子）时，其与^{235}U 靶核反应的概率增加 440 多倍。能量低的慢中子更容易大量地击中^{235}U 靶核。

　　然而，^{235}U 核裂变反应放出的中子，有 99.3% 以上是瞬发快中子，能量为 1~2MeV，少量的缓发中子能量也多在 0.5MeV 左右，它们的能量都远大于 20℃常温下与周围介质处于热动平衡状态下的热中子的能量。为此，需要采用一种称为慢化剂的材料，它能有效地降低快中子的能量和速度。在已建的发电核反应堆大多采用这种热运动状态下的慢中子维持自持链式反应，这样的核反应堆称作热中子堆。

　　核反应堆所用的慢化剂都是用质量小的核组成的物质，因为中子与质量越小的（慢化剂）靶核撞击时，损失的能量就越大。另外还要求慢化剂的密度大，使中子与之碰撞的概率大。反应堆常用的慢化剂有水（又称为轻水）、重水和石墨等。因此，反应性也可以用慢化剂来分类，即可分为轻水反应堆（压水堆或沸水堆）、重水反应堆和石墨堆。

　　(3) 冷却剂。核燃料裂变过程中放出的热能，需要靠流经反应堆内的冷却剂带出来，以保持堆芯温度在允许的范围内，而冷却剂带出的热量再与二回路工质进行热交换，将二回路工质加热成蒸汽供给汽轮发电机组。如慢化剂是轻水或重水，它们往往也是冷却剂，也有个别的以重水为慢化剂、普通水为冷却剂，还有用液态金属钠作冷却剂的。

　　(4) 结构材料。堆内所用的结构材料多为镍基合金、不锈钢、锆合金等。它们除了有良好的机械性能、抗腐蚀、抗辐射性能外，还应该是对中子吸收很少的材料，以避免裂变中子的有害损失。

　　(5) 控制调节系统。为了控制、调节反应堆内链式反应的进行，通常应用吸收热中子截面很大的材料如镉（Cd）、和硼（B）做成柱形棒——控制棒，由它插入堆芯的深浅来调节、控制反应进行的剧烈程度。

5. 核反应堆实现自持链式反应的临界条件

核电站中使用的核燃料是低浓度的燃料，但它的自持裂变反应速度也是极快的，如果不加以控制，瞬时裂变释放出的巨大能量足以把反应堆摧毁。因此，在反应堆内，除了要保持自持的链式反应外，有效地控制反应速度，是反应堆安全可靠运行的关键问题。

如前所述，中子数与反应堆内维持链式反应有密切的关系，最重要的是取决于中子的平衡关系。

（1）中子在有限大小的堆芯内运动，中子数目的变化有以下几种情况：

1）热中子被^{235}U 吸收并发生裂变，同时平均放出 2.43 个新中子。

2）^{235}U 吸收中子后有 14.5％几率不发生裂变，只放出 γ 变成^{236}U。^{238}U 吸收热中子后也不发生裂变，但可再生成新的核燃料^{239}Pu。

3）中子被慢化剂、冷却剂、结构材料、裂变碎片及其他杂质吸收，称为中子的有害吸收。

4）中子的泄漏损失。由于堆芯的尺寸有限，难免有一部分中子在运动过程中从边界跑到堆芯外。

（2）有效增殖系数。

无论何种过程，在堆芯中都要消耗中子，只有第一种情况消耗中子的同时，产生了更多的新中子（增殖）。显然，当每次裂变产生的中子数等于或超过另外三种情况消耗的中子总数时，反应堆才有可能实现自持链式裂变反应。

如果考虑到在反应过程中出现的所有可能情况，可以进一步定义一个有效增殖系数 k_{eff}，即

$$k_{\mathrm{eff}} = vpqf \qquad\qquad (1\text{-}97)$$

式中　　v——^{235}U 每次裂变放出的平均中子数；

　　　　p——放出的中子在堆芯中慢化和扩散过程被吸收而不泄漏的概率；

　　　　q——中子被铀（^{235}U 和^{238}U）吸收而不被其他物质吸收的概率；

　　　　f——被铀吸收的一个中子能引起^{235}U 裂变的概率。

在反应堆中，有效增殖系数有三种情况：

1）$k_{\mathrm{eff}}=1$，即每一代裂变中子数保持不变，则链式裂变反应可以自持下去，称此为临界状态。此时中子数保持一定数量，反应堆维持同一功率水平。它也是反应堆实现自持链式反应的临界条件。

2）$k_{\mathrm{eff}}>1$，即每一代产生的中子数比前一代的增加，称此为超临界状态，也就是反应堆启动和功率提升时的状态。

3）$k_{\mathrm{eff}}<1$，即每一代产生的中子数比前一代减少，称此为次临界（或亚临界）状态，也就是反应堆降低功率或停堆过程的状态。

由以上分析可知，提高或降低反应堆功率，是通过控制增加或减少 k_{eff} 来实现的。

迄今为止，世界各国发电用的核反应堆，60％以上是技术上最为成熟，安全可靠性最高，有较强商用经济竞争力的压水堆，我国已投运或在建的核电站大多也采用压水堆为动力。下面介绍的核电站的动力设备、系统和基本工作原理均是针对压水堆而言。

三、压水堆核电站的动力设备、系统及工作原理

压水堆以净化的普通水气（又称轻水）做慢化剂和冷却剂，水的总体温度低于系统压力

下的饱和温度。水中含有氢原子核，所以中子慢化性能好，而且水的物理和化学性能为人们熟知。但水的中子吸收截面较大，故轻水堆的核燃料必须浓缩到$^{235}_{92}$U占铀总质量的3％以上。此外，轻水的沸点低，要使水在高温下不沸腾，就必须提高冷却剂的压力，才可能获得高的热效率。这就需要反应堆容器和有关系统都能承受高压，相应的部件壁厚增大。这就是核电站中广泛应用的压水堆。

1. 压水堆本体的基本结构

压水堆本体结构由压力容器、堆芯、堆内构件及控制棒驱动机构等部件组成，如图1-56所示。

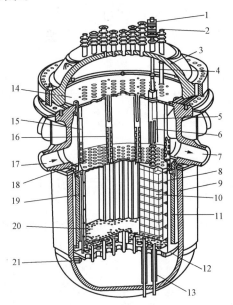

图1-56　压水反应堆本体结构

1—控制棒驱动机构；2—上部温度测量引出管；3—压力壳顶盖；
4—驱动轴；5—导向筒；6—控制棒；7—冷却剂出口管；
8—堆芯辐板；9—压力壳筒体；10—燃料组件；
11—不锈钢筒；12—吊篮底板；13—通量测量管；
14—压紧组件；15—吊篮部件；16—支撑筒；
17—冷却剂进口管；18—堆芯上栅格板；
19—堆芯围板；20—堆芯下栅格板；
21—吊篮定位块

堆芯是进行链式核裂变反应的区域，它由核燃料组件、控制棒组件和启动中子源点火组件组成。

堆芯置于压力壳容器内的中下部区域，利用吊篮部件悬挂在压力壳法兰段的内凸缘上，整个堆芯浸没在含硼的高压高温水（冷却剂和慢化剂）中，堆芯的外围是围板，用于规范和强制冷却剂循环流过堆芯燃料组件，有效地将裂变产生的热量带出堆芯，经冷却剂出口管输出堆壳。围板的外侧是不锈钢筒，它对突出堆芯的中子流和γ射线起屏蔽作用。压力壳顶盖上部的控制棒驱动机构与穿过顶盖的驱动轴连接，带动插入导向筒内的控制棒在堆芯内上下抽插，实施反应堆启动、功率调节、停堆和事故工况下的安全控制。

核燃料组件是产生裂变并释放热量的重要部件，一个燃料组件包含有200～300根燃料元件棒，这些燃料元件棒内装有低浓缩的二氧化铀（UO_2）（其中^{235}U浓缩度约为3％）。先将核燃料制成圆柱状的芯块（高温烧结而成，熔点高达2800℃，保证在堆芯工作情况下不熔化），许多芯块装入锆合金包壳管内，将两端密封构成细长的燃料棒（长3～4m，外径9～11mm），再将许多燃料棒按一定方式（14×14、15×15或17×17）排列成正方形，用定位格架固定，组成棒束形燃料组件。每个组件内设有16（或20）根可插入控制棒的导向筒，组件的中心为中子通量测量管。一个反应堆有100多束燃料组件，共2万～4万多根燃料棒（如900MW的压水堆中，装157束燃料组件，图1-57所示为大亚湾核电厂的燃料组件和燃料元件，300MW压水堆中装121束燃料组件）。整个堆芯直径约3m，高3.5m。每个组件内的燃料棒元件，都用弹簧定位格架夹紧定位，燃料棒的定位格架、插入控制棒的导向筒与上、下管座等部件连接，形成具有一定刚度和强度的堆芯骨架（使燃料棒与控制棒不受力）。

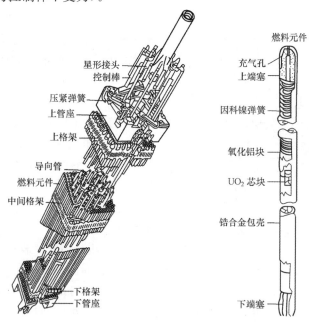

图 1-57 大亚湾核电厂的燃料组件和燃料元件

反应堆的控制棒通常是用强吸收中子的材料制成，如用银-铟-镉（80%Ag-15%In-5%Cd）合金制成细棒状的中子吸收体，外面用不锈钢包裹后插入导向筒内，控制棒上部由径向星形肋片连接柄连成一束，从反应堆顶部插入堆芯，由一台驱动机构带动上下移动。正常运行工况下，控制棒在导向筒内的移动速度很缓慢，一般每秒行程为 10~19mm。在紧急停堆或事故情况下，驱动机构接到动作信号后迅速全部插入堆芯（约 2s 内），以保证反应堆的安全。此外，还可以通过改变溶于冷却剂中的硼酸浓度来补偿慢的反应性变化，这种方法称为化学补偿控制。显然，核能发电机组需要有一套自动程度更高、可靠性更大的控制系统，在稳态运行时确保反应堆及动力设备的中子通量密度、温度、压力、流量、液位等运行参数保持在各自的控制范围内；在变负荷状态时，能使反应堆功率跟踪负荷的变化，改善过程的特性。

核裂变的链式反应是由中子源组件引发的，它位于堆芯邻近。中子源由可以自发产生中子的材料组成，反应堆常用的初级中子源是钋-铍源，钋放出 α 粒子（由两个质子和两个中子组成）冲击铍核，铍核发生反应放出中子。中子源被做成小棒的形式，在反应堆装料时放入空的控制棒导向管内。在装中子源之前，控制棒也必须插入堆内，在反应堆启动时慢慢提起控制棒，中子源就可以"点燃"核燃料。

钢制压力壳是放置堆芯和堆内构件、容纳循环流动的冷却剂和慢化剂、防止放射性物质外逸的高压容器。由于压水堆要求一回路的冷却剂在 350℃ 左右保持不发生沸腾，冷却剂的压力应在 13.7MPa 以上。为此，压力壳大多用高强度低合金钢锻制焊接而成，并在内壁焊了一层几毫米厚的不锈钢衬里，以防高温含硼冷却剂对压力壳的腐蚀。如 1200MW 核电站的压力壳高 13.3m，内径 5m，厚 0.24m，质量达 540t。900MW 压水堆压力壳高 12m，直径 3.99m，壁厚 0.2m，质量达 330t。压力壳的外形为圆柱形，上下采用球形封头，顶盖与筒体之间采用密封良好的螺栓连接，要求使用寿命 40a 以上。

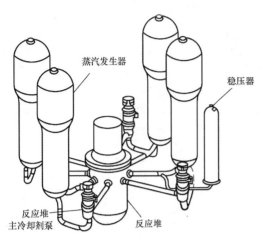

图 1-58　主冷却剂系统的构成

2. 压水堆主冷却剂系统

目前核电站用的压水堆主冷却剂系统大多采用分散形式布置,按反应堆容量,冷却剂系统由 2~4 个相同的冷却环路组成。每个环路有 1 台蒸汽发生器、1 台或 2 台(其中 1 台备用)主冷却剂泵,并用主管道把这些设备与反应堆连接起来,构成密闭的回路,称之为主冷却剂系统(即一回路系统),如图 1-58 所示。整个系统共用一个稳压器来维持压力稳定。此外,还有一系列的辅助系统。在核电站中,主冷却剂系统置于钢筋混凝土安全壳内。

压水堆核电站流程如图 1-59 所示,兼做慢化剂和冷却剂的热水在 15~16MPa 的高压下先经堆芯周围的环形空间向下流,然后向上流过堆芯,温度升高到 320~330℃,然后流经蒸汽发生器时把热量传给二回路侧的水以产生蒸汽。从蒸汽发生器流出的主冷却剂借助主冷却剂泵重新返回反应堆,完成一回路水的循环。

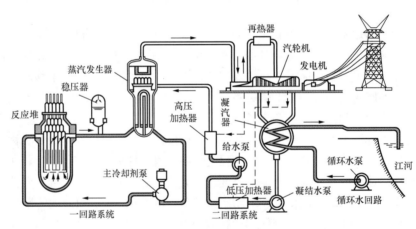

图 1-59　压水堆核电站流程

3. 安全壳

安全壳是包容反应堆、蒸汽发生器及主冷却剂系统的建筑,它是防止放射性物质外逸的重要屏障。压水堆安全壳一般都采用预应力混凝土的干式密封壳,如图 1-60 所示。安全壳应能承受反应堆发生事故时一回路水全部喷放所产生的高压和高温,以及自然灾害(地震、台风等)、内外部意外事件(飞机坠落撞击、飞射物撞击)等各种静态与动态载荷而不丧失其保护功能。

压水堆安全壳的体积一般都较大,如 1000MW 功率压水堆,安全壳直径约 40m,高度约 60m,壁厚约 1m,内表面还加有 5~6mm 厚的钢衬里。安全壳顶部设有喷淋系统,发生事故时喷淋系统自动打开,用喷淋水将蒸汽冷凝,从而降低壳内压力和温度并冲洗掉放射性颗粒。喷淋中加入 NaOH 可以除去气体中的裂变物质,减少释放到环境中的放射性碘的数量。

安全壳内还设有通风净化系统，它可保持堆内正常工作时壳内空气和温度恒定，不断清除气载放射性碘和活化的颗粒，以满足工作人员进入安全壳内的卫生条件。在事故情况下，通风系统也具有排出热量、抑制压力上升和去除放射性气体的功能。

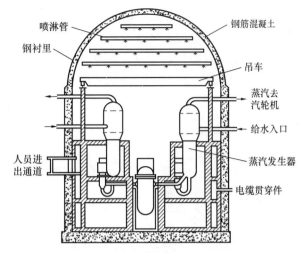

图 1 - 60　压水堆安全壳

4. 二回路系统

从图 1 - 59 中可以看出，压水堆二回路系统与普通火电厂没有本质区别，不同之处有以下几点：

（1）压水堆核电站汽轮机蒸汽初参数较火电厂汽轮机蒸汽初参数低。蒸汽压力在 $p=5.9\sim6.9\mathrm{MPa}$ 时，温度仅微过热就送入汽轮机内做功。之所以采用这样低的初参数，是由核燃料棒包壳采用的材料（锆合金）以及技术经济比较后得出的最佳决策。

（2）同样功率下，核电汽轮发电机组比火电机组体积大、质量大、效率低，一般大型饱和蒸汽轮机不设中压缸，在高、低压缸之间设汽水分离器、再热器。高、低压缸均采用双流程形式。再热器由高、低压两级串联组成，不采用烟气而用新蒸汽和高压缸抽汽进行加热。

（3）核电机组的循环冷却水比同容量火电机组大得多，因为饱和蒸汽在压水堆饱和汽轮机中的焓降只有 $1080\sim1120\mathrm{kJ/kg}$，而大型火电机组的蒸汽焓降可达 $1660\sim1850\mathrm{kJ/kg}$，这使核电站汽耗量为火电厂汽耗量的 1.5～1.7 倍。如 1000MW 级压水堆汽轮机循环冷却水量高达 40 万 t/h 以上，这使循环水回路初投资和运行费用都大于同容量的火电机组。

5. 一体化压水堆

分散式布置的压水堆具有结构简单、设备布置灵活、反应堆及蒸汽发生器检修比较方便等优点，但随着核反应堆技术的进步，它在安全性方面的不足也引起关注，如蒸汽发生器与反应堆之间用大口径接管连接，一旦有破裂，将造成严重的后果。另外，由于连接管较长，流动阻力较大，使反应堆冷却剂的自然循环能力不高。

为解决这些不足之处，开发了一体化的反应堆。这种反应堆是将蒸汽发生器布置在反应堆压力容器内或者直接安装在压力容器的上部。显然，它消除了大口径接管带来的安全隐患，同时也降低了流动阻力，增加了冷却剂的自然循环能力，是压水堆发展的趋势。

图 1 - 61 所示为俄罗斯最新设计的电站一体化压水堆。堆芯布置在压力容器的下方，采用六角形燃料组件。燃料采用三角形排列，燃料元件长 3.895m，直径 9.1mm。堆芯装 151 组燃料组件，每组有 287 根燃料元件。反应堆压力容器总高（包括上封头）23.96m，内径 5.44m，壁厚 265mm，重量 880t。直流式蒸汽发生器布置在堆芯上方的环形空间内，它采用模块化设计，分为 12 个模块，便于拆装和检修。冷却剂由主冷却剂泵强迫循环流过堆芯和蒸汽发生器。在压力容器底部布置有 6 台主冷却剂泵，每 2 个蒸汽发生器模块连接 1 台主泵。一回路压力 15.7MPa，反应堆热力功率 1800MW，二回路产生的过热蒸汽压力 6.38MPa，蒸汽温度 305℃，蒸汽量 3420t/h。

图 1 - 62 所示为美国最新设计的一体化压水反应堆，被称为第四代先进反应堆。它实现

了全部一体化，压力容器的下部是堆芯，模块化的螺旋盘管式直流蒸发器布置在堆芯上方的环形空间内，整个蒸汽发生器由 8 个模块组成。每个模块上方相对应布置 1 台主冷却剂循环泵，共 8 台循环泵都装在压力容器内。压力容器的上封头是一个起稳压器作用的气腔。

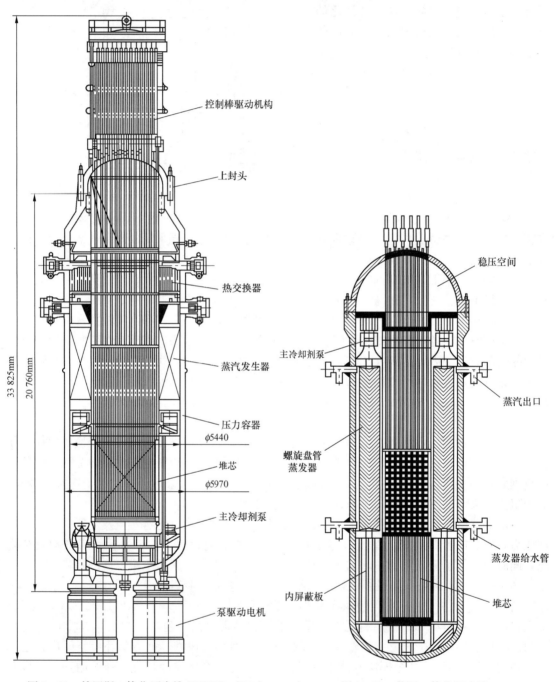

图 1 - 61　俄罗斯一体化压水堆 VPBER - 600　　　　图 1 - 62　美国一体化压水堆

6. 我国引进的第三代核电 AP1000 的技术特点

第三代核电 AP1000 采用非能动安全设计理念，使核电站的安全设计发生革命性的变化，更安全、更简化、更经济。

第三代核电 AP1000 吸取了二代核电的运行经验和成熟技术，按照当前最新的安全法规设计，把预防和缓解严重事故作为设计基准，考虑了安全壳对严重事故的负载。我国核电界专家经过反复研究论证和对比，认为 AP1000 技术是目前国际上相对最先进、最安全和最经济的核电技术。

AP1000 核蒸汽系统具有两个环路，单机最大额定电功率约为 125 万 kW，是得到美国核管会（NRC）最终设计批准（FDA）的三代核电技术，符合美国用户要求文件（URD）对新一代商用反应堆的要求。核电站的设计寿命为 60 年，反应堆燃料元件换料周期为 18～24 个月，机组可利用率不低于 87％。

AP1000 在安全设计上采用非能动安全系统，安全性能更加可靠。具有预防和缓解严重事故的设施，堆芯熔化事故概率、大量放射性物质释放到环境的事故概率的设计标准比二代改进型核电降低两个数量级。采用整体数字化控制系统和安全保护系统，改善人因条件，避免误操作，使核电站的运行更加可靠。

AP1000 在反应堆系统和设备上更加简化。系统设置、工艺布置、设备、厂房建设等物项减少，大宗材料需求明显降低，施工量减少，建设工期缩短，运行和维修简化，在经济上也具有较强的竞争力。实行模块化设计与建造，建设周期缩短，有利于提高核电站建造的质量和标准化程度。

AP1000 的反应堆系统是采用成熟的、已有实际运行经验的技术。反应堆堆芯是西屋公司标准的 314 型，已有两套在比利时运行，有着 20 年以上的成熟运行经验。

2004 年，采用 AP1000 技术的三门核电工程获国务院批准，为首个国家核电建设自主化依托项目。2018 年 6 月，全球首台 AP1000 机组三门核电 1 号机组并网成功，同年 8 月，三门核电 2 号机组并网成功，这标志着我国核电建设又取得重大突破。2018 年 11 月，采用 AP1000 技术的海阳 1 号机组成功投入商业运行。至此，我国 4 台拟建设的 AP1000 核电机组已有 3 台顺利发电。目前，全球还有 6 台在建 AP1000 核电机组，均为美国的机组，分别是 Vogtle 核电站 3、4 号机组，V. C. Summer 核电站 2、3 号机组以及 Turkey Point 核电站 6、7 号机组。

我国在消化、吸收、全面掌握引进的第三代先进核电 AP1000 非能动技术的基础上，通过再创新开发出具有自主知识产权、功率更大的非能动大型先进压水堆核电机组 CAP1400。

CAP1400 采用完全非能动的设计理念，技术先进，符合国际最高安全标准，其安全性、经济性、环境友好性等方面在世界处于领先地位，具备自主知识产权。CAP1400 单台机组的输出功率为 150 万 kW，比通常的 100 万 kW 核电厂的发电能力高出 50％；同时，由于采用非能动系统设计，大大减少了设备数量；采用模块化建造等新施工工艺，批量化后可以将建造工期缩短到 48 个月；设计上采用 18 个月换料周期，电站寿命延长，进一步提高了机组的可利用率。

CAP1400 作为国内乃至国际核能发展中的一个重要堆型，使我国核电产业可以在更高层次上参与国际竞争，将有力支撑中国核电"走出去"战略的实施。

CAP1400 示范电厂位于山东威海市荣成石岛湾厂址，拟建设 2 台 CAP1400 型压水堆核电机组，设计寿命 60 年，单机容量 140 万 kW。该示范工程已于 2016 年 2 月通过开工建设前的安全审评，3 月开工建设，2020 年 7 月已正式进入全面调试阶段，预计 2021 年并网发电。

思 考 题

1. 发电厂在完成能量的转换过程中，存在哪些热损失？其中哪一项热损失最大？为什么？各项热损失和效率之间有什么关系？

2. 发电厂的总效率 η_{CP} 有哪两种计算方法？各在什么情况下应用？

3. 热力发电厂中，主要有哪些不可逆损失？怎样才能减少这些过程的不可逆性以提高发电厂热经济性？

4. 发电厂有哪些主要的热经济性指标？它们的关系是什么？

5. 给出汽耗率的定义及其与电功率 P_{e}、单位进汽做功 w_{i} 以及单位进汽热耗 q_0 相互关系的表达式，说明汽耗率不能独立用作热经济指标的原因是什么。

6. 为什么说标准煤耗率是一个比较完善的热经济性指标？

7. 列出我国近年来下列各类凝汽式机组的热耗率和供电标准煤耗率的数据范围：超临界压力机组、亚临界压力机组和高温高压机组。

8. 目前世界上工业先进国如美国、日本、德国等国家的供电标准煤耗率是多少？最先进的供电标准煤耗率指标是多少？我国最近年份平均的供电标准煤耗率是多少？我国最先进的机组供电标准煤耗率是多少？

9. 回热式汽轮机比纯凝汽式汽轮机绝对内效率高的原因是什么？

10. 什么是回热抽汽做功比 X_{r}？X_{r} 在分析回热循环热经济性时起什么样的作用？

11. 蒸汽初参数对电厂热经济性有什么影响？提高蒸汽初参数受到哪些限制？为什么？

12. 降低汽轮机的排汽参数对机组热经济性有何影响？影响排汽压力的因素有哪些？

13. 何谓凝汽器的最佳真空？机组在运行中如何使凝汽器在最佳真空下运行？

14. 蒸汽中间再热的目的是什么？

15. 蒸汽中间再热必须具备哪些条件才能获得较好的经济效益？

16. 再热对回热机组热经济性有什么影响？

17. 中间再热参数是如何确定的？

18. 给水温度对回热机组热经济性有何影响？

19. 给水总焓升（温升）在各级加热器中如何进行分配才能使机组热经济性为最好？

20. 回热加热级数对回热过程热经济性的影响是什么？

21. 单一能量生产与联合能量生产的主要区别是什么？

22. 燃气 - 蒸汽联合循环有什么特点？

23. 燃煤的联合循环主要有哪几种类型？

24. 物质原子结构中，质子、中子和电子各有什么特点？

25. 重核裂变释放能量的基本原理是什么？是否所有的重核元素的原子俘获中子后都会发生裂变反应？为什么？

26. 维持自持链式裂变反应的条件是什么？

27. 压水堆为什么要在高压下运行？水在压水堆中起什么作用？压水堆与沸水堆的主要区别是什么？

28. 压水堆主冷却剂系统包括哪些主要设备？压水堆核电站的核岛部分由哪些主要设备组成？其一回路系统是如何循环工作的？

第二章　发电厂的回热加热系统

第一节　回热加热器的类型

回热循环是提高火电厂效率的措施之一，现代大型热力发电厂几乎毫无例外的采用了回热循环。回热循环是由回热加热器、回热抽汽管道、水管道、疏水管道、疏水泵及管道附件等组成的一个加热系统，而回热加热器是该系统的核心。

加热器按照内部汽、水接触方式的不同，可分为混合式加热器与表面式加热器两类；按受热面的布置方式，可分为立式和卧式两种。

一、混合式加热器

加热蒸汽与水在加热器内直接接触，在此过程中蒸汽释放出热量，水吸收了大部分热量使温度得以升高，在加热器内实现了热量传递，完成了提高水温的过程。

1. 混合式加热器及其系统的特点

（1）可以将水加热到该级加热器蒸汽压力下所对应的饱和水温度，充分利用加热蒸汽的能位，热经济性比表面式加热器高。

（2）由于汽、水直接接触，没有金属传热面，因而加热器结构简单，金属耗量少，造价低，便于汇集各种不同参数的汽、水流量，如疏水、补充水、扩容蒸汽等。

（3）可以兼作除氧设备使用，避免高温金属受热面氧腐蚀。

全部由混合式加热器组成的回热系统如图 2-1 所示，其系统复杂，导致回热系统运行安全性、可靠性低，系统投资大。一方面，由于凝结水需依靠水泵提高压力后才能进入比凝汽器压力高的混合式加热器内，在该加热器内凝结水被加热至该加热器压力下的饱和水温度，其压力也与加热器内蒸汽压力一致，欲使其在更高压力的混合式加热器内被加热，还得借助于水泵来重复该过程。另一方面，为

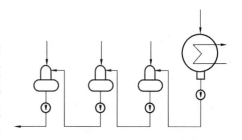

图 2-1　全混合式加热器的回热系统

防止输送饱和水的水泵发生汽蚀（参见第五章），水泵应有正的吸入水头，需设置一水箱安装在适当高度，水箱还要具有一定的容量来确保负荷波动时运行的可靠性。如再考虑各级水泵的备用，则该回热系统的复杂性也就不难理解了。设备多、造价高、主厂房布置复杂、土建投资大、安全可靠性低使该系统的应用受到限制。

随着汽轮机蒸汽初压力提高到亚临界、超临界和超超临界，汽轮机叶片结铜垢及处于真空下的低压加热器氧腐蚀的现象日渐引起重视，重力式回热系统布置方式在混合式低压加热器组应运而生，它不仅有效地提高了热经济性（使 η 提高 $0.3\% \sim 0.5\%$），而且也解决了前述高参数下带来的若干问题。如图 2-2 所示，这种布置方式即是将压力较低的混合式加热器放在相邻的压力较高的混合式加热器上方，被加热后的凝结水依靠重力作用，自流入其下部压力较高的混合式加热器中，再利用水泵将凝结水送入下一组混合式低压加热器组中。由于厂房高度有限，通常只是将相邻的 2 台或 3 台混合式加热器串联叠置布置，显然与图

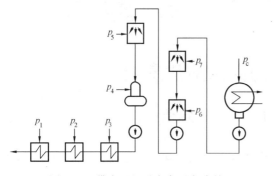

图 2-2　带有两组重力布置方式的
混合式低压加热器的热力系统

2-1 所示系统相比,水泵数量减少了,其热力系统也简单了。

这种系统在美国、英国及俄罗斯的 300~1000MW 的大型火电及核电机组上采用,经过对系统、设备和运行操作的改进及完善,已日臻成熟。图 2-3 为俄罗斯 K-800-240-5 型凝汽式 800MW 超临界压力一次中间再热机组($p_0 = 23.52$MPa,$t_0/t_{rh} = 540℃/540℃$),带有一组二级混合式低压加热器组的回热系统。

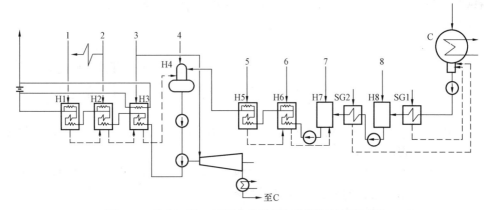

图 2-3　带有一组二级混合式低压加热器组的回热系统

2. 混合式加热器的结构

为了在有限的空间和时间内将水加热到加热器蒸汽压力下饱和水温度,在混合式加热器中蒸汽与水的接触面应尽可能大,时间也应尽可能延长,因此混合式加热器在进行结构设计时应使水变成微细水流、雾化水珠和薄水膜等,且与加热蒸汽成逆向流动和多层横向冲刷,如此就可最大限度地利用加热蒸汽的能位,使水在加热器出口处达到饱和状态(实际可能有不大的欠热,约 1℃)。

根据布置方式不同,混合式加热器又有卧式与立式加热器两种。图 2-4 所示为卧式混合式低压加热器,图 2-5 所示为立式混合式低压加热器。

此外还有以除氧为主设计的混合式加热器,常简称除氧器,将在本章第三节中介绍。它们都有一个共同特点,在加热或冷凝过程中分离出的不凝结气体和部分余汽被引至凝汽器或专设的冷却器,对非重力式混合式加热器和除氧器,应在出口设置一定容积的集水箱,以确保其后水泵运行安全可靠。

二、表面式加热器

加热蒸汽与水在加热器内通过金属管壁进行传热,通常水在管内流动,加热蒸汽在管外冲刷放热后凝结下来成为加热器的疏水(为区别主凝结水而称之为疏水),疏水温度为加热器筒体内蒸汽压力下的饱和温度(对于无疏水冷却器的系统而言),由于金属壁面热阻的存在,管内流动的水在吸热升温后的出口温度比疏水温度要低,它们的差值称为端差(即加热器压力下饱和水温度与出口水温度之差,也称上端差)。

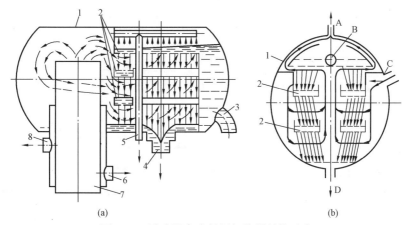

图 2-4　卧式混合式低压加热器结构示意

(a) 结构；(b) 加热器内凝结水细流加热示意

1—外壳；2—多孔淋水盘组；3—凝结水入口；4—凝结水出口；5—汽气混合物引出口；6—事故时
凝结水到凝结水泵进口联箱的引出口；7—加热蒸汽进口；8—事故时凝结水往凝汽器的引出口；
A—汽气混合物出口；B—凝结水进口（示意）；C—加热蒸汽入口（示意）；D—凝结水出口

1. 表面式加热器的特点

与混合式加热器相比，表面式加热器及其系统具有以下几个特点：

（1）因有端差存在，不能最大程度地利用加热蒸汽的能位，热经济性比混合式差。

（2）由于有金属传热面，金属耗量大，内部结构复杂，制造较困难，造价高。

（3）不能除去水中的氧和其他气体，不能有效地保护高温金属部件的安全。

（4）全部由表面式加热器组成的回热系统简单，运行安全可靠，布置方便，系统投资和土建费用少，其系统如图 2-6 所示。

（5）由于水被加热后要进入锅炉，水泵出口的压力比锅炉压力高，各加热器内水管应能承受比锅炉压力还高的水压，导致加热器的材料价格上升。综合技术经济性比较，绝大多数电厂都不会采用全部表面式加热器的回热系统，而是在中间适当的位置采用一个混合式加热器，兼作除氧和收集各种汽、水流的作用。同时也将表面式加热器系统分隔成高压加热器和低压加热器两组，水侧部分承受除氧器下给水泵压力的表面式加热器称为高压加热器，承受凝汽器下凝结水泵压力的表面式加热器称为低压加热器。图 2-7 为实际电厂采用的典型回热加热系统，图中虚线为疏水管路。

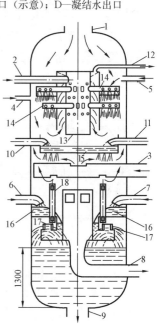

图 2-5　立式混合式
低压加热器的结构示意

1—加热蒸汽进口；2—凝结水进口；3—轴封
来汽；4—除氧器余汽；5—3 号加热器和热
网加热器的余汽；6—热网加热器来疏水；
7—3 号加热器疏水；8—排往凝汽器的事
故疏水管；9—凝结水出口；10—来自电
动、汽动给水泵轴封的水；11—止回阀
的排水；12—汽、气混合物出口；13—
水联箱；14—配水管；15—淋水盘；
16—水平隔板；17—止回阀；18—平衡管

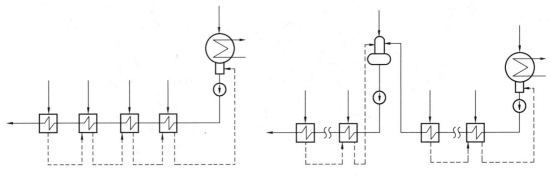

图 2-6　全表面式加热器的回热系统　　　　　　图 2-7　实际电厂采用的典型回热系统

2. 表面式加热器的结构

表面式加热器也有卧式和立式两种。现代一般大容量机组中采用卧式的较多。图 2-8 所示为管板-U 形管束卧式高压加热器。该加热器由筒体、管板、U 形管束和隔板等主要部件组成。筒体的右侧是加热器水室。它采用半球形、小开孔的结构形式。水室内有一分流隔板,将进出水隔开。给水由给水进口处进入水室下部,通过 U 形管束吸热升温后从水室上部给水出口处离开加热器。加热蒸汽由入口进入筒体,经过蒸汽冷却段、冷凝段、疏水冷却段后蒸汽由气态变为液态,最后由疏水出口流出。

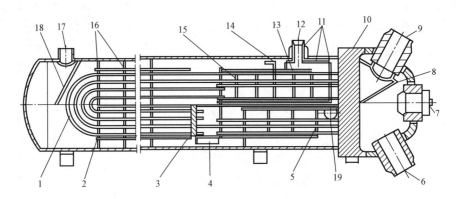

图 2-8　管板-U 形管束卧式高压加热器结构示意
1—U 形管;2—拉杆和定距管;3—疏水冷却段端板;4—疏水冷却段进口;5—疏水冷却段隔板;6—给水
进口;7—人孔密封板;8—独立的分流隔板;9—给水出口;10—管板;11—蒸汽冷却段遮热板;
12—蒸汽进口;13、18—防冲板;14—管束保护环;15—蒸汽冷却段隔板;
16—隔板;17—疏水进口;19—疏水出口

卧式加热器因其换热面管横向布置,在相同凝结放热的条件下,其凝结水膜比竖管薄,其单管放热系数比竖管高约 1.7 倍。同时在筒体内易于布置蒸汽冷却段和疏水冷却段,在低负荷时可借助于布置的高程差来克服自流压差小的问题,因此,卧式热经济性高于立式。但它的占地面积则较立式大。目前我国 600MW 以上机组回热系统多数采用卧式回热加热器。

图 2-9 为管板-U 形管束立式加热器。这种加热器的受热面由铜管或钢管形成的 U 形管束组成,采用胀接或焊接的方法固定在管板上,整个管束插入加热器圆形筒体内,管板上

部有用法兰连接的将进出水空间隔开的水室，水从与进水管连接的水室流入 U 形管，吸热后的水从与出水管连接的另一水室流出。加热蒸汽从进汽管进入加热器筒体上部，借导流板的作用不断改变流动方向，成 S 形流动，反复横向冲刷管束外壁并凝结放热，冷凝后的疏水汇集到加热器下部的水空间，经疏水自动排除装置排出。

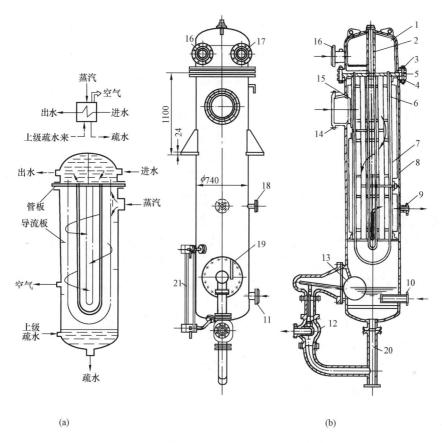

(a)　　　　　　　　　　　　　　　(b)

图 2-9　管板-U 形管束立式加热器

(a) 图例（上部）及结构示意；(b) 结构外形及剖面

1—水室；2—拉紧螺栓；3—水室法兰；4—筒体法兰；5—管板；6—U 形管束；7—支架；
8—导流板；9—抽空气管；10、11—上级加热器来的疏水入口管；12—疏水器；
13—疏水器浮子；14—进汽管；15—护板；16、17—进、出水管；18—上级
加热器来的空气入口管；19—手柄；20—排疏水管；21—水位计

　　该立式加热器占地面积小，便于安装和检修，结构简单，外形尺寸小，管束管径较粗、阻力小，管子损坏不多时，可采用堵管的办法快速抢修。其缺点是当压力较高时，管板的厚度加大，薄管壁管子与厚管板连接，工艺要求高，对温度敏感，运行操作严格，换热效果较差；在设计汽轮机房屋架高度时，要考虑吊出管束及必要时跨越运行机组的因素。目前，在中、小机组和部分大机组中采用较多。

　　此外，还有无管板的加热器——联箱结构加热器和螺旋管式加热器，其中螺旋管式加热器用柔韧性较强的管束代替 U 形管，避免了管束与厚管板连接的工艺难点。这种结构对温度变化不敏感，局部压力小，安全可靠性高。但水管损坏修复较困难，同时加热器尺寸较

大，水阻也较大。

不论哪种类型的表面式加热器，管束内承受的是水泵的压力，筒体承受的是加热蒸汽的压力，水侧的压力将大大高于汽侧压力，在无疏水冷却段的情况下，疏水的出口温度就是汽侧压力下的饱和温度。加热器汽侧不凝结气体也需引出，以减小因热阻加大带来热经济性的降低。

第二节　表面式加热器及系统的热经济性

一、表面式加热器的端差

表面式加热器的端差，有时也称为上端差（出口端差），若不特别注明，通常都是指加热器汽侧出口疏水温度（饱和温度）与水侧出口温度之差。如图 2-10 所示，图中加热蒸汽以过热状态 1 进入加热器筒体，放热过程中温度下降、冷凝至汽侧压力 p'_j 下对应的饱和状态 2，以疏水温度 t_{dj} 离开加热器，而给水或凝结水则以温度为 $t_{w(j+1)}$ 的状态点 a 进入加热器水侧，吸热升温后以温度为 t_{wj} 的状态点 b 点离开。由于金属管壁传热热阻的存在以及结构布置的原因，普通的表面式回热加热器的 t_{wj} 比 t_{dj} 要小，通常用 $\theta = t_{dj} - t_{wj}$ 代表加热器的端差。

显然端差 θ 越小，热经济性就越好。可以从两方面来理解，一方面，如加热器出口水温 t_{wj} 不变，端差减小意味着 t_{dj} 不需要原来那样高，回热抽汽压力可以降低一些，回热抽汽做功比 X_r 增加，热经济性变好；另一方面，如加热蒸汽压力不变，t_{dj} 不变，端差 θ 减小意味着出口水温 t_{wj} 升高，其结果是减小了压力较高的回热抽汽做功比而增加了压力较低的回热抽汽做功比，热经济性得到改善。例如一台大型机组全部高压加热器的端差降低 1℃，机组热耗率就可降低约 0.06%。

加热器端差究竟选择多少为宜？从图 2-10 中还可看出，随着换热面积 A 的增加，θ 是减小的，它们有如下关系：

$$\theta = \frac{\Delta t}{e^{\frac{KA}{Gc_p}} - 1} \tag{2-1}$$

式中　Δt——水出、进口的温度差，℃；

　　　K——传热系数，kJ /（ m^2 · h · ℃）；

　　　A——金属换热面积，m^2；

　　　G——水的流量，kg/h；

　　　c_p——水的比定压热容，kJ /（ kg · ℃）。

因此，减小端差 θ 是以付出金属耗量和投资为代价的。我国某制造厂为节省成本，将端差增加 1℃，金属换热面减少了 4m^2。各国根据自己钢材、燃料比价的国情，通过技术经济比较确定相对合理的端差。我国的加热器端差，一般当无过热蒸汽冷却段时，$\theta = 3 \sim 6$℃；有过热蒸汽冷却段时，$\theta = -2 \sim 2$℃。机组容量大时，θ 减小的效益好，θ 应选较小值。例如 ABB 公司 600MW 超临界压力燃煤机组，4 台低压加热器端差均为 2.8℃；东芝 350MW 机组的 4 台低压加热器端差也为 2.8℃；国产优化引进型 300MW 机组最后 3 台低压加热器端差均为 2.7℃；国内引进技术合作生产的 1000MW 超超临界压力机组，4 台低压加热器的端差均为 2.8℃。上海电气集团 1000MW 超超临界压力二次再热机组的 4 台高压加热器端差分别为 -1.7、2.0、-1.0、0℃，5 台低压加热器的端差均为 2.2℃。

二、抽汽管道压降 Δp_j 及热经济性

抽汽管道压降 Δp_j 指汽轮机抽汽口压力 p_j 和 j 级回热加热器内汽侧压力 p_j' 之差，即 $\Delta p_j = p_j - p_j'$，如图 2-11 所示。加热蒸汽流过管道，由于管壁的摩擦阻力必然要产生压力降低。与表面式加热器的端差对热径济性的影响分析类似，若加热器端差不变，抽汽压降 Δp_j 加大，则 p_j'、t_{dj} 随之减小，引起加热器出口水温 t_{wj} 降低，导致增加压力较高的抽汽量，减少本级抽汽量，使整机回热抽汽做功比 X_r 减小，热经济性下降。

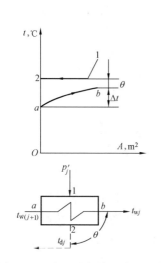

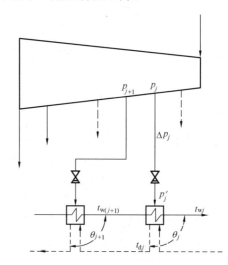

图 2-10　表面式加热器端差示意　　　　　图 2-11　回热抽汽管压降示意

抽汽压降 Δp_j 与蒸汽在管内的流速和局部阻力（阀门、管道附件的数量、类型）有关。通过技术经济性比较，我国火电厂推荐的抽汽管道介质流速为过热蒸汽 35~60m/s，饱和蒸汽 30~50m/s，湿蒸汽 20~35m/s，详情参阅表 4-13。由于凝汽式机组的回热抽汽都是非调整抽汽，除安全、可靠性要求必须满足外，尽可能不设置或少设置额外的配件。对那些必须设置的阀门或管道附件，也应根据作用和功能尽量选择阻力小的类型。

从技术经济性比较，一般表面式加热器抽汽管压降 Δp_j 不应大于抽汽压力 p_j 的 10%，对大型机组则取 3%~6% 较合适。常见一次再热机组的抽汽压损见表 2-1。泰州电厂 1000MW 二次再热机组 1~4 级抽汽管道压损为 3%，5~10 级抽汽管道压损为 5%。

表 2-1　　　　　　　　　典型机组加热器管道的抽汽压损　　　　　　　　　（%）

机　　组	1 号	2 号	3 号	4 号	5 号	6 号	7 号	8 号
哈尔滨第三电厂 600MW 亚临界压力机组	6.18	5.99	5.98	6.02	5.67	10.5	6.27	6.12
上海石洞口二厂 600MW 超临界压力机组	2.99	2.98	3.00	3.06	2.99	2.98	5.38	2.97
武汉阳逻电厂 300MW 机组	3.19	3.05	6.07	4.98	5.87	5.22	5.48	4.00
玉环电厂 1000MW 超超临界压力机组	3	3	3	5	5	5	5	5

三、蒸汽冷却器及其热经济性分析

随着火电机组向高参数大容量发展，特别是再热的采用，较大地提高了中、低压缸部分回热抽汽的过热度，尤其再热后第一、二级抽汽口的蒸汽过热度。如上海石洞口二厂 600MW 超临界压力机组 3 号高压加热器蒸汽过热度达 256℃，玉环电厂 1000MW 超超临界

压力机组再热后第 1 级抽汽过热度为 248.2℃，使得再热后各级回热加热器内汽水换热温差增大，㶲损增加，即不可逆损失加大，从而削弱了回热的效果。

为此，让过热度较大的回热抽汽先经过一个冷却器或冷却段降低蒸汽温度后，再进入回热加热器，这样不但减少了回热加热器内汽水换热的不可逆损失，而且还可不同程度地提高加热器出口水温，减小加热器端差 θ，改善回热系统热经济性。例如石洞口二厂 600MW 机组 1 号高压加热器的 θ 为 1.25℃，3 号高压加热器 θ 为 -2℃；沙角 B 电厂东芝 350MW 机组 1 号高压加热器 θ 为 -1.1℃，2 号高压加热器 θ 为 1.7℃，3 号高压加热器 θ 为 0℃；沙角 C 电厂三台高压加热器端差分别为 1.06、1.22、1.34℃。山东邹县、浙江玉环电厂的 1000MW 超超临界压力机组，三台高压加热器的端差分别为 -1.7、0℃和 0℃。泰州电厂 1000MW 二次再热机组 1~4 号高加的上端差为 -1.7、2.0、-1.0、0℃，6~10 号低加的上端差均为 2.2℃。这都是采用了蒸汽冷却器（段）的结果。

1. 蒸汽冷却器的类型

蒸汽冷却器有内置式和外置式两种。内置式蒸汽冷却器也称为过热蒸汽冷却段，如图 2 - 8 所示。它实际上是在加热器内隔离出一部分加热面积，使加热蒸汽先流经该段加热面，将过热度降低后再流至加热器的凝结段，通常离开蒸汽冷却段的蒸汽温度仍保持有 15~20℃ 的过热度，不会使过热蒸汽在该段冷凝为疏水。图 2 - 12 为带有蒸汽冷却段、蒸汽凝结段以及后面将要提到的疏水冷却段的加热器工作过程示意。其中 h_j^s 为仍具有一定过热度的蒸汽比焓。由此可知，内置式蒸汽冷却器提高的是本级加热器出口水温，由于冷却段的面积有限，回热经济性改善也较小，一般可提高经济性 0.15%~0.20%。

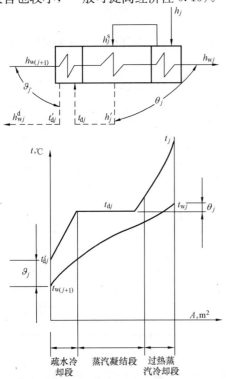

图 2 - 12 带有内置式蒸汽冷却段和疏水冷却段的加热器工作过程示意

外置式蒸汽冷却器是一个独立的换热器，具有较大的换热面积，钢材耗量大，造价高，但其布置方式灵活，既可减小本级加热器的端差，又可提高最终给水温度，降低机组热耗，从而使热经济性获得较大提高（图 2 - 14 中所示的几种连接方式均可达到此目标）。从做功能力法的角度来分析，一方面，加装外置式蒸汽冷却器后，给水的一部分或全部流经冷却器，吸热升温后进入锅炉，减小了换热温差 ΔT_b，因温差 ΔT_b 引起的㶲损 $\Delta e_b^{\mathrm{III}}$ 减少。此时给水温度的升高并不是靠最高一级抽汽压力的增加，而是利用抽汽过热度的质量，因而它不会增大最高一级抽汽的做功不足系数。另一方面，外置式蒸汽冷却器使流入该级加热器的蒸汽温度降低，既减小了加热器内的换热温差 ΔT_r 和㶲损 Δe_r，又使该级出口给水温度提高，增加了该级回热抽汽量，减少了较高压力级的回热抽汽量，使回热做功比 X_r 提高，降低了热耗。从热量法角度分析，在机组初终参数不变，机组内功保持一定（$W_i = \mathrm{const}$）情况下，采用外置式蒸汽冷却器后，最终给水温度 t_{fw} 的提高（即 h_{fw} 提高）将使热耗 Q_0 下降，回热抽汽做功 W_r 增加，凝汽做功 W_c 减少，冷源损失 ΔQ_c 降低更多，因而热经济性 $\eta_i = W_i/Q_0$ 提高更大，可提高效率 $0.3\% \sim 0.5\%$。

2. 蒸汽冷却器的连接方式

蒸汽冷却器的蒸汽进出口连接通常较简单，而水侧的连接有不同的方式。

大多数内置式蒸汽冷却器的水侧连接是顺序连接，即按加热器所处抽汽位置依次连接。图 2-13 所示为俄罗斯 800MW 机组的内置式蒸汽冷却器的单级串联连接方式。

外置式蒸汽冷却器的水侧连接依据回热级数，蒸汽冷却器的个数和与主水流的连接关系主要有串联与并联两种方式，如图 2-14 所示。

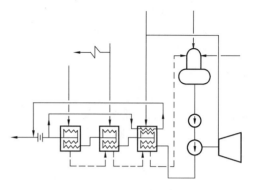

图 2-13 内置式蒸汽冷却器单级串联

串联连接是指全部给水流经冷却器，如图 2-14 中（b）、（d）、（e）、（f）所示；并联连接时，只有一部分给水进入冷却器，其量既要使离开冷却器的蒸汽具有适当的过热度，又以给水不致在蒸汽冷却器中沸腾为宜，离开冷却器的给水再与主水流混合后送往锅炉，如图 2-14 中（a）和（c）所示。

通常在再热后第 1 级回热抽汽的蒸汽过热度是最高的，若只考虑设置一台蒸汽冷却器，则将它装在再热后第 1 级回热加热器的抽汽管道上，效果是明显的，它与主水流的连接方式有并联（a）和串联（b）两种。如国产 200MW 机组再热后第 1 级高压加热器，由内置式蒸汽冷却段改为外置式蒸汽冷却器后，水侧的连接方式就采用串联方式，法国 300MW 机组也在同样位置的高压加热器采用这一方式。图 2-14 中（c）～（f）均采用了两台外置式蒸汽冷却器，而且都分别位于再热前、后的抽汽管道上，既有串联也有并联方式。

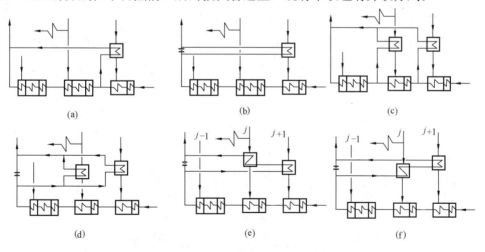

图 2-14 外置式蒸汽冷却器的连接方式

（a）单级并联；（b）单级串联；（c）与主水流分流两级并联；（d）与主水流串联两级并联；
（e）先 $j+1$ 级，后 j 级的两级串联；（f）先 j 级，后 $j+1$ 级的两级串联

实际回热加热系统中，往往又是内置式蒸汽冷却段与外置式蒸汽冷却器混合应用，图 2-14 中的连接方式都属于这种情况。另外，也有高压加热器中不设内置式蒸汽冷却段或外

置式蒸汽冷却器的, 如上海石洞口二厂 600MW 超临界压力机组中与第 2 级回热抽汽连接的高压加热器, 因该级抽汽为高压缸排汽, 过热度不高, 不需设置过热蒸汽冷却段, 结构简化了, 与低压加热器基本相同。

3. 外置式蒸汽冷却器两种连接方式的比较

串联连接方式使蒸汽冷却器的进水温度高, 与蒸汽平均换热温差小, 冷却器内㶲损少, 效益较显著, 但由于主水流全部通过冷却器, 给水系统的阻力增大, 泵功消耗稍多。

采用并联连接方式时, 进入冷却器的水温较低, 换热温差较大, 冷却器内㶲损稍大; 又由于主水流中分了一部分到冷却器, 使进入较高压力加热器的水量减少, 相应的回热抽汽量减小, 回热抽汽做功减少, 热经济性稍逊于串联式, 但是这种连接方式给水系统的阻力较小, 泵功也可减小。

总之, 蒸汽冷却器是提高大容量、高参数机组热经济性的有效措施。进口大型机组多采用内置式蒸汽冷却段, 但必须满足以下的条件才认为是合理的: 在机组满负荷时, 蒸汽的过热度≥83℃, 抽汽压力≥1.034MPa, 流动阻力≤0.034MPa, 加热器端差为−1.7～0℃, 冷却段出口蒸汽的过热度≥30℃。

大多数的高压加热器均满足这些条件, 而低压加热器采用蒸汽冷却器很少, 如沙角 C 厂 GEC660MW 机组、上海石洞口二厂 ABB 600MW 超临界压力机组、浙江北仑电厂东芝 600MW 机组。国产 600、1000MW 机组大多也是这种方式, 如哈尔滨第三电厂 600MW 机组、浙江玉环电厂 1000MW 机组。对于外置式蒸汽冷却器多采用单级串联系统。泰州电厂 1000MW 二次再热机组的 2 号高压加热器、4 号高压加热器均设置了外置式蒸汽冷却器来利用蒸汽过热度, 采用图 2-14 (d) 的方案。

四、表面式加热器的疏水方式及热经济性分析

加热蒸汽进入表面式加热器放热后, 冷凝为凝结水, 即疏水。为保证加热器内换热过程的连续进行, 必须将疏水收集并汇集于系统的主水流 (主给水或主凝结水) 中。通常疏水的收集方式有疏水逐级自流方式和疏水泵方式两种。

疏水逐级自流方式是利用相邻表面式加热器汽侧压差, 将压力较高的疏水自流到压力较低的加热器中, 逐级自流, 直至与主水流汇合, 如图 2-15 所示。

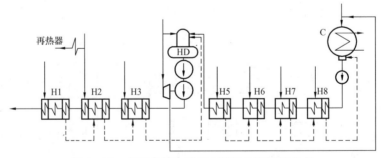

图 2-15　表面式加热器疏水逐级自流连接方式

在图 2-15 中, 1 号高压加热器疏水自流至 2 号高压加热器, 2 号高压加热器疏水自流至 3 号高压加热器, 3 号高压加热器疏水自流至 4 号混合式加热器 (除氧器), 汇合于给水中, 5～8 号低压加热器的疏水依次从高到低逐级自流, 最后流入凝汽器热井而汇合于主凝结水中。

疏水泵方式是借助于疏水泵将疏水与水侧的主水流汇合, 汇入点通常是该加热器的出口水流, 如图 2-16 所示。由于此汇入点的混合温差最小, 因此混合产生的附加冷源损失亦小。

1. 不同疏水收集方式的热经济性

两种不同的疏水收集方式中，疏水泵方式的热经济性仅次于没有疏水的混合式加热器。因为疏水和主水流（主给水或主凝结水）混合后可以减少该级加热器的出口端差，因而提高了热经济性。但由于疏水量不大，如低压加热器的疏水量只占主凝结水量的 2%～5%，混合

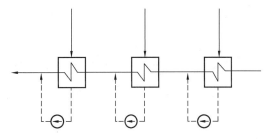

图 2-16　表面式加热器采用疏水泵方式

后主凝结水温度约升高 0.5℃，比无端差的混合式加热器热经济性低 0.4%左右。

疏水逐级自流方式的热经济性最差。从热量法角度分析时，着眼于疏水不同收集方式对回热抽汽做功比 X_r 的影响程度。如图 2-17 中，疏水逐级自流与疏水泵方式相比较，疏水逐级自流方式中，由于 j 级疏水热量进入 $j+1$ 级加热器，使压力较高的 $j-1$ 级加热器进口水温比疏水泵方式低，水在其中的焓升 $\Delta h_{w(j-1)}$ 及相应的回热抽汽量 D_{j-1} 增加。而在较低压力的 $j+1$ 级加热器中，因疏水热量的进入，排挤了部分低压回热抽汽，D_{j+1} 减少。这种疏水逐级自流方式造成高压抽汽量增加、低压抽汽量减少，从而使 W_i^r、X_r、η_i 减小，热经济性降低。而疏水泵方式完全避免了对 $j+1$ 级低压抽汽的排挤，同时提高了进入 $j-1$ 级加热器的水温，使 $j-1$ 级抽汽略有减少，故热经济性较高。

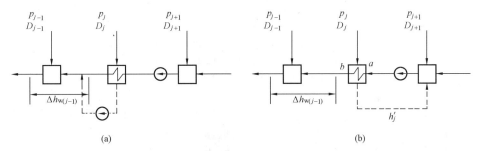

图 2-17　表面式加热器 j 级疏水不同收集方式的分析

用做功能力法分析不同疏水方式的热经济性时，主要考虑回热过程㶲损 Δe_r 的大小。采用疏水逐级自流时，压力较高的 $j-1$ 级加热器水侧的进水温度比疏水泵方式稍低。当加热器汽侧压力不变时，放热过程的平均温度 $\overline{T}_s$ 不变，水侧出水温度不变，水吸热过程的平均温度 $\overline{T}_w$ 因进水温度降低而下降，$j-1$ 级加热器内换热温差 $\Delta T_{r(j-1)}$ 及相应的㶲损 $\Delta e_{r(j-1)}$ 加大。同时，在压力较低的 $j+1$ 级加热器内，因 j 级加热器疏水压力由 p_j' 降低到 p_{j+1}'，产生压降损失 $\Delta p = p_j' - p_{j+1}'$，热能贬值利用，㶲损增大 $\Delta e_{r(j+1)} = T_{en}\Delta s$，如图 2-18（e）所示。采用疏水泵方式时，恰恰相反，它既不会加大㶲损 $\Delta e_{r(j+1)}$，也不会产生㶲损 $\Delta e_{r(j+1)}$，故其热经济性较疏水逐级自流方式高。

2. 疏水冷却段（器）及其热经济性

为了减少疏水逐级自流排挤低压抽汽所引起的附加冷源损失或因疏水压力降产生热能贬值带来的㶲损 $\Delta e_{r(j+1)}$，而又要避免采用疏水泵方式带来其他问题时，可采用疏水冷却段（器），如图 2-19 所示。

由于在普通加热器中疏水出口水温为汽侧压力下对应的饱和水温，若将该水温降低后再

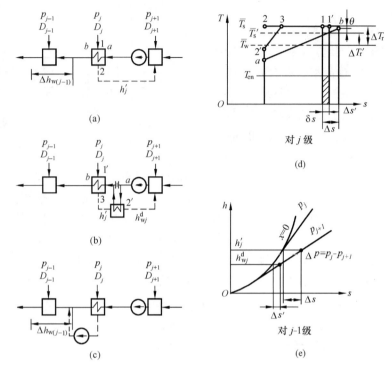

图 2 - 18　表面式加热器 j 级疏水不同收集方式

(a) 疏水逐级自流；(b) 疏水逐级自流加外置式疏水冷却器；

(c) 采用疏水泵；(d) 加疏水冷却器对 j 级换热的影响；

(e) 加疏水冷却器对在 $j-1$ 级换热发生压降的影响

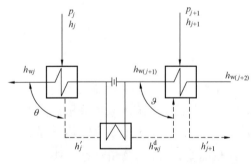

图 2 - 19　外置式疏水冷却器的设置

排至压力较低的 $j+1$ 级加热器中，则会减少对低压抽汽的排挤，同时本级也因更多地利用了疏水热能而减少了回热抽汽量，因此采用疏水冷却段 (器) 可以减小疏水逐级自流带来的负面效果。从做功能力法分析，加装疏水冷却段 (器) 后，加热蒸汽在 j 级加热器中的放热过程平均温度降低了。如图 2 - 18 (d) 所示，蒸汽放热过程由 1—3—2 变为 $1'$—3—$2'$，换热温差由 ΔT_r 降为 $\Delta T_r'$，相应熵增由 Δs 减少为 $\Delta s'$，其㶲损减少 $\Delta e_{rj} = T_{en} \delta s$。同时，进入 $j+1$ 级的疏水能位由 h_j' 减至 h_{wj}^d [见图 2 - 18 (e)]，其对应压降 Δp 产生的熵增从 Δs 减少为 $\Delta s'$，㶲损也下降了，故热经济性获得改善。

　　与蒸汽冷却段 (器) 相似，疏水冷却装置也分内置式与外置式两种。内置式疏水冷却装置是指在加热器内隔离出一部分加热面积，使汽侧疏水先经该段加热面，降低疏水温度和焓值后再自流到较低压力的加热器中，通常将之称为疏水冷却段 (见图 2 - 12)。外置式疏水冷却器实际上是一个独立的水 - 水换热器，如图 2 - 19 所示。借用主水流管道上孔板造成的压差，使部分主水流进入疏水冷却器吸收疏水的热量，疏水的温度和焓值降低后流入下一级加热器中。

　　加装疏水冷却器（段）后，疏水温度与本级加热器进口水温之差称为下端差（入口端差），$\vartheta_j = t'_{dj} - t_{w(j+1)}$，如图 2-12 和图 2-20 所示。下端差一般推荐 $\vartheta_j = 5 \sim 10 \text{℃}$。例如石洞口二厂 600MW 超临界压力机组 7 台表面式加热器从高到低的下端差依次为 5.8、5.7、5.7、5.7、5.8、5.7、5.7℃；山东邹县电厂 1000MW 超超临界压力机组，7 台表面式加热器的下端差均为 5.6℃；泰州电厂 7 台加热器下端差均为 5.6℃。

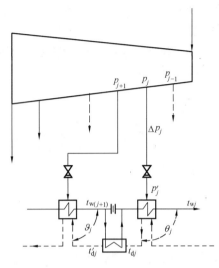

图 2-20　回热加热器下端差

　　设置疏水冷却段（器）没有像过热蒸汽冷却段的限制条件，因此目前 600MW 机组的所有加热器都设置了疏水冷却段。设置疏水冷却段除了能提高热经济性外，对系统的安全运行也有好处。因为原来的疏水为饱和水，当自流到压力较低的加热器时，经过节流后，疏水会产生蒸汽而形成两相流动，对管道下一级加热器产生冲击、振动等不良后果，加装疏水冷却器后，这种可能性就降低了。对高压加热器而言，加装疏水冷却段后，疏水最后流入除氧器时，也将降低除氧器自生沸腾（详见本章第三节）的可能性。

　　表面式加热器采用不同的疏水收集方式对热经济性的影响也不同，通常为 0.5% ～ 0.15%，所以实际疏水收集方式应通过技术经济比较来确定。虽然疏水逐级自流方式的热经济性最差，但是它具有系统简单、无转动设备、工作可靠、投资小、不需附加运行费、维护工作量小等优点，大多数机组的回热系统均因该优势而采用此方式，尤其是高压加热器几乎全部采用此方式，低压加热器的绝大部分也采用这种方式。而疏水冷却段的采用又不同程度地弥补了疏水逐级自流对热经济性的影响。虽然疏水泵方式热经济性高，但它使系统复杂，投资增加，且需用转动机械，既耗厂用电又易汽蚀，使可靠性降低，维护工作量大，在实际中并未获得广泛应用。在某些大、中型机组的最后一、二级低压加热器上会采用疏水泵方式，主要为防止大量疏水直接进入凝汽器增加冷源损失，同时防止它们进入热井影响凝结水泵的正常工作。

　　国产 600、1000MW 机组及进口机组完全采用疏水逐级自流方式，且疏水最后汇于热井中，此时应以确保凝结水泵安全运行来校核热井中净压水头高度是否满足要求。这些机组首要考虑的就是系统简单、安全可靠。有的机组将最低压力的低压加热器疏水冷却段也取消了，如北仑电厂 2 号机压力最低的两台低压加热器就只有冷凝段，没有疏水冷却段。因为此处的抽汽压力较低，疏水的温度与主凝结水的温度差已比较小，设置疏水冷却段的实际意义不大。

五、双列高压加热器及其热经济性

1. 双列高压加热器的应用情况

　　大容量机组高压加热器有单列布置和双列布置之分。单列布置即常规的加热器布置，各台高压加热器均只设一台，给水泵出口的给水全部顺序通过各高压加热器；双列布置通常是各台高压加热器均并联配置 2 台 50% 容量的加热器。

　　对于超临界或超超临界压力的大容量机组，高压加热器的参数及容量均较高，如果仍采用单列高压加热器,对高压给水系统而言,系统简单、阀门及控制元件少、管道短、布置简洁,但对于高压加热器的制造工艺要求很高,特别是高压加热器的球形水室、管板厚度随着机组参数及容量的提高而逐渐加大、加厚,高压加热器的外形尺寸也逐渐加大。因此,国内外许多高参数、大容量机组的高压加热器均采用双列布置,如浙江玉环、山东邹县等电厂的超超临界压力 1000MW 机组。图 2 - 21 所示为采用双列布置高压加热器的示意。

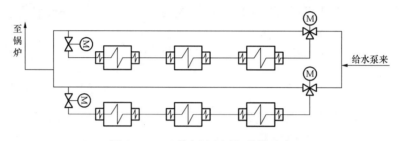

图 2 - 21　双列布置高压加热器示意

目前国内 600MW 及以下的亚临界和超临界压力机组中,高压加热器都采用单列布置。日本超临界和超超临界压力机组较多,600MW 及以上的大型机组多配置单台容量为 50% 的双列高压加热器;而欧洲 600MW 及以上的超临界和超超临界压力机组大多配置单台容量为 100% 的单列高压加热器。

2. 双列高压加热器的热经济性分析

回热系统设置高压加热器是为了降低汽轮机的热耗率并有利于锅炉的可靠运行,一旦高压加热器解列,将使汽轮机的热耗率增加,并影响锅炉运行。为简化高压给水系统,更有利于系统的安全运行,通常高压加热器采用大旁路。如果采用单列高压加热器,当一台高压加热器发生事故时,所有高压加热器将被解列,此时锅炉进水温度将显著降低,对锅炉效率影响很大;若采用双列高压加热器,如某台高压加热器发生事故,该列高压加热器解列,还有另一列高压加热器继续运行,此时锅炉进水温度的降低量只有单列时的一半左右。根据大型机组高压加热器出力对机组热耗率影响的研究,高压加热器出口温度每降低 1℃,将使汽轮机热耗率上升 2kJ/kWh 左右,由于单台高压加热器事故而影响汽轮机热耗率的增加,单列高压加热器要比双列高压加热器大 110kJ/kWh 左右。

此外,由于单列高压加热器布管数量较多,蒸汽在高压加热器内的流型分布复杂,易出现较大的换热死区,从而影响传热效果。

六、实际机组回热原则性热力系统

由于回热系统的三个基本参数:给水回热级数、给水温度和回热加热在各级中的焓升分配与汽轮机联系密切,在汽轮机设计时就已经同时考虑,并经过综合技术经济比较后确定的。绝大多数回热系统随汽轮机本体的定型而确定,一般系统都采用一台混合式加热器作为除氧器,将回热加热器分为高压加热器组和低压加热器组。高压加热器疏水逐级自流进入除氧器,低压加热器疏水也采用逐级自流方式进入凝汽器热井或在末级或次末级加热器采用疏水泵将疏水打入加热器出口水管道中。不论机组的大小,这是最基本的连接方式。

随着高参数大容量机组的出现,对热经济性的要求也在提高。如前所述,对机组热经济性影响较大的有蒸汽冷却器(段)和疏水冷却器(段)等,究竟是否采用它们要经过技术经济比较,同时要注意它们换热的特点,蒸汽冷却器(段)内过热蒸汽与水的传热系数仅为蒸汽凝结换热时的 0.05～0.30；疏水冷却器（段）内疏水与给水的传热系数仅为蒸汽凝结换热时的 0.20～0.70，所以回热抽汽过热度较小时不宜采用蒸汽冷却器，小机组也不宜采用蒸汽冷却器和疏水冷却器。

图 2-15 为 300、600（包括超临界压力）、1000MW 一次再热机组回热系统示意。它具有西方中间再热机组回热系统的普遍特点：高压加热器全部采用内置式蒸汽冷却段，高低压加热器全部都有内置式疏水冷却段，疏水采用逐级自流方式。主给水泵用小汽轮机驱动。该系统也有轴封加热器 SG（未画）以收集利用轴封汽。

第三节 给水除氧及除氧器

一、给水除氧的必要性

火电厂中锅炉给水主要由主凝结水及补充水组成。众所周知，水中经常含有大量溶解的气体，如氧气、二氧化碳等，它们不仅存在于化学补充水中，而且也存在于主凝结水中，因为主凝结水在凝汽器中或通过在真空条件下工作的低压加热器和管道时，空气会通过不严密处渗入主凝结水中。

水中含有溶解的活性气体，其溶解度随温度升高而下降，温度越高，这些气体就越容易直接和金属发生化学反应，使金属表面腐蚀。其中危害最大的是氧气，氧对钢铁构成的热力设备及管道会产生较强的氧腐蚀，而二氧化碳将加剧这种腐蚀。随着锅炉蒸汽参数的提高，对给水的品质要求就越高，尤其是对给水中溶解氧量的限制更严格。如 GB/T 12145—2016《火力发电机组及蒸汽动力设备水汽质量》中对锅炉给水溶解氧的控制指标如下：

锅炉过热蒸汽压力为 5.8MPa 及以下，给水溶解氧应小于或等于 $15\mu g/L$；

锅炉过热蒸汽压力为 5.9MPa 及以上，给水溶解氧应小于或等于 $7\mu g/L$；

对亚临界和超临界压力的直流锅炉，要求给水彻底除氧，因为锅炉无排污，且蒸汽溶盐能力强。

除了给水品质对热力设备的安全性、可靠性及经济性有影响外，水中所有的不凝结性气体还会使传热恶化、热阻增加，降低机组热经济性。对给水中其他气体、溶解盐、硬度及电导率等有关标准中都有明确的规定，在火电厂设计及运行监督中都应严格执行。

二、给水除氧方法

给水除氧有化学除氧和物理除氧两种方法。

1. 化学除氧

化学除氧是向水中加入化学药剂，使水中溶解氧与其反应生成无腐蚀性的稳定化合物，达到除氧的目的。该法能彻底除氧，但不能除去其他气体，且价格较贵，还会生成盐类，故在电厂中较少单独采用这种方法。目前在大机组中应用较广的化学除氧法是在给水中加联氨（N_2H_4），它不仅能除氧，而且可提高给水的 pH 值，同时有钝化钢铜表面的优点。其反应式如下：

$$N_2H_4 + O_2 \longrightarrow N_2 \uparrow + 2H_2O \text{（除氧）}$$

$$3N_2H_4 \xrightarrow{\text{加热}} N_2 \uparrow + 4NH_3 \text{（提高 pH 值）}$$

$$NH_3 + H_2O \longrightarrow NH_4OH$$

它的反应物 N_2 和 H_2O 对热力系统及设备的运行没有任何害处。同时在高温水（$t >$

200℃) 中，N_2H_4 可将 Fe_2O_3 还原为 Fe_3O_4 或 Fe，将 CuO 还原成 Cu_2O 或 Cu，联氨的这些性质还可防止锅炉内结铁垢和铜垢。

N_2H_4 的除氧效果受 pH 值、溶液温度及过剩 N_2H_4 量的影响，因此采用联氨除氧应维持以下条件：

(1) 必须使水保持足够的温度；

(2) 必须使水维持一定的 pH 值；

(3) 必须使水中有足够的过剩联氨。

一般认为采用联氨除氧的合理条件为：150℃以上的温度，pH 值在 9~11 之间的碱性介质和适当的过剩联氨。由于该法价格贵且只能除氧不能除去其他气体，所以通常只在其他方法难以除尽残留溶解氧时作为辅助除氧手段来应用，一般将联氨加入地点放在除氧器水箱出口水管上。

化学除氧除了加联氨外，还采用在中性给水中加气态氧或过氧化氢，使金属表面形成稳定的钝化膜的方法。也有同时加氧加氨的联合水处理以及开发出新型化学除氧剂等方法，在实践中都有较好的效果。

2. 物理除氧

物理除氧是借助于物理手段，将水中溶解氧和其他气体除掉，并且在水中无任何残留物质，因此在火电厂中得到了广泛的应用。火电厂中应用最普遍的物理除氧法是热力除氧法，其价格便宜，同时除氧器作为回热系统中的一个混合式加热器，可以加热给水，提高给水温度。所以在热力发电厂中，热力除氧法是最主要的除氧方法。

三、热力除氧原理

热力除氧原理是建立在亨利定律和道尔顿定律基础上的。亨利定律反映了气体在水中溶解和离析的规律，道尔顿定律则指出混合气体全压力与各组成气 (汽) 体分压力之间的关系。它们奠定了用热力除去水中溶解气体的理论基础。

亨利定律指出，在一定温度条件下，气体溶于水中和气体自水中逸出是动态过程，当处于动态平衡时，单位体积中溶解的气体量 b 与水面上该气体的分压力 p_b 成正比。其关系式为

$$b = K\frac{p_b}{p} \quad mg/L \qquad\qquad (2 - 2)$$

式中　K——该气体的质量溶解系数，mg/L，它的大小随气体种类、温度和压力而定，如图 2 - 22 (a)、(b) 分别为水中溶解 O_2、CO_2 时溶解量与温度的关系曲线；

　　　　p_b——平衡状态下水面上该气体的分压力，MPa；

　　　　p——水面上混合气体的全压力，MPa。

当某一瞬间平衡状态被破坏，即水面上该气体的分压力 p 不等于水中溶解气体所对应的平衡状态分压力 p_b 时，原来的动态平衡被打破，若 $p > p_b$，则水面上该气体将更多地溶入水中，反之则有更多的该气体自水中逸出，直至新的平衡建立为止。如此，要想除去水中溶解的某种气体，只需将水面上该气体的分压力降为零即可，在不平衡压差 $\Delta p = p_b - p$ 的作用下，该气体就会从水中完全除掉，这就是物理除氧的基本原理。

道尔顿定律则指出，混合气体的全压力等于各组成气 (汽) 体分压力之和。对给水而言，混合式加热器 (除氧器) 中的全压力 p 等于溶于水中各气体分压力 $\sum p_j$ 与水蒸气压力

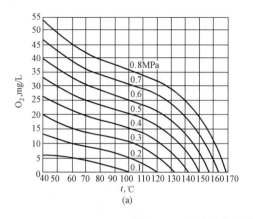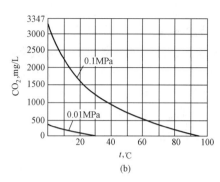

图 2 - 22　水中溶解气体质量与温度的关系

（a）水中氧的溶解度；（b）水中二氧化碳的溶解度

p_s 之和，即

$$p = \sum p_j + p_s \quad \text{MPa} \tag{2-3}$$

对除氧器中的给水进行定压加热时，随着温度上升，水蒸发过程不断进行，水面上水蒸气的分压力逐渐加大，溶于水中的其他气体的分压力逐渐减少。当水被加热到除氧器工作压力下的饱和温度时，水蒸气的分压力 p_s 接近或等于水面上气体的全压力 p 时，则水面上其他气体的分压力 $\sum p_j$ 趋向于零，水中也就不含有其他气体。因此除氧器实际也是除气器，不仅除去了氧气，也除去了其他气体。

热力除氧不仅是传热过程，而且还是传质过程，必须同时满足传热和传质两个方面的条件，才能达到热力除氧的目的。保证热力除氧效果的基本条件如下：

（1）水应该被加热到除氧器工作压力下的饱和温度。即使有少量加热不足（几分之一摄氏度），都会引起除氧效果恶化，使水中残余溶解氧量增高，达不到给水除氧的要求，图 2 - 23 表明了残余含氧量与加热温度不足的关系。

（2）必须把水中逸出的气体及时排走，以保证液面上氧气及其他气体分压力维持为零或最小。

（3）被除氧的水与加热蒸汽应有足够的接触面积，蒸汽与水应逆向流动，确保有较大的不平衡压差。

气体自水中逸出的传质过程可分为两个阶段。

初期除氧阶段，此时由于水中有大量溶解气体，不

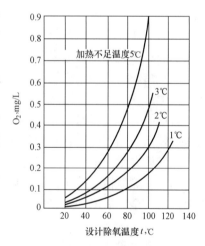

图 2 - 23　水中残余含氧量与加热温度不足的关系

平衡压差 Δp 较大，通过加热给水，气体以小气泡的形式克服水的黏滞力和表面张力离析出来，此阶段可除去给水中 $80\% \sim 90\%$ 的气体，水的含氧量相应减少为 $50 \sim 100 \mu g/L$。

深度除氧阶段，给水中还残留少量气体，相应的不平衡压差 Δp 很小，气体难以克服水的黏滞力和表面张力逸出，只有靠单个分子的扩散作用慢慢离析出水面。在有限的时间内难以满足要求，为此应强化深度除氧，采取的措施是减小除氧后期水的表面张力，使水膜代替水滴并扩大水膜面积。另外，还可采取制造水的紊流、制造蒸汽在水中的鼓泡作用（使气体

分子依附在汽泡上逸出）等办法。此过程由于扩散速度很慢，使热力除氧不够彻底，对给水要求严格的亚临界及超临界参数的大型锅炉，往往还辅之以化学除氧。

四、热力除氧器类型及结构

通常所指的除氧器由除氧头（除氧塔）和给水箱（也称除氧水箱）两部分组成，给水除氧主要是在除氧头中进行，因此对除氧器的结构及类型介绍都是针对除氧头而言的。

除氧器的类型主要有按压力和按结构分类两种方式。

根据除氧器内压力大小，可有真空式、大气压式和高压除氧器几种。按结构分类是指根据水在除氧头内的播散方式分类，可分为淋水盘（细流）式、喷雾填料（喷雾膜式）式等。

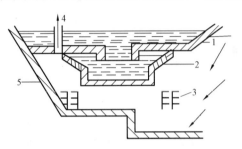

图 2-24　凝汽器的真空除氧装置
1—集水板；2—淋水盘；3—溅水板；4—排汽至凝汽器的抽气口；5—热井

1. 按压力分类

（1）真空式除氧器。真空式除氧器通常不是单独设立的一个设备，而是借助于凝汽器内的高真空，在凝汽器底部两侧布置适当的除氧装置（见图2-24），当凝结水和补充水从凝汽器上部进入集水板，通过淋水盘成细水流落在溅水板上，形成的水珠被汽轮机排汽加热，达到除氧的目的。正常运行时可使其含氧量降至 0.02～0.03mg/L，使低压加热器及其管道减低氧腐蚀。但因凝结水还要经过部分处于真空下的设备及管道，仍有空气漏入的可能，因此真空除氧装置只是一种辅助装置。

（2）大气压式除氧器。除氧器内工作压力较大气压力稍高一些（约0.118MPa），以便离析出的气体能在该压差的作用下自动排出除氧器。由于除氧器工作压力低，造价低，土建费用也低，适宜于中、低参数发电厂、热电厂补充水及生产返回水的除氧设备。

（3）高压除氧器。除氧器工作压力大于0.343MPa时称为高压除氧器，它多应用在高参数电厂中。这是因为采用高压除氧器后，汽轮机相应抽汽口位置随压力提高向前推移，可以减少造价昂贵、运行时条件苛刻的高压加热器台数，并且在高压加热器旁路时，仍然可以使给水有较高的温度，还容易避免除氧器的自生沸腾现象。提高压力也就提高相应的饱和水温度，使气体在水中的溶解度降低，对提高除氧效果更有利。

当然，除氧器工作压力提高后，其本身的造价也要增加，同时为确保与除氧器相连的给水泵运行安全，需增加入口的静水头，因而给水泵造价和土建投资都有一定的上升。

2. 按结构分类

（1）淋水盘式除氧器。该除氧器主要应用在大气压式除氧器中，一般采用立式淋水盘式，如图2-25所示。在此塔体内沿塔高交叉安装环形与圆形的淋水盘，盘底开有$\phi4～\phi6$的圆孔，淋水盘高约100mm。补充水、凝结水和疏水分别被引入淋水盘，通过小孔形成表面积较大的细水流，加热蒸汽从下部进入汽室，与细水流成逆向流动并加热除氧，逸出的气体从上部排气管排走，除过氧的水则汇集到给水箱（未画）中。

这种淋水盘式除氧器对淋水盘的安装要求较高，稍有倾斜或小孔被堵，都会影响除氧效果。它对负荷的适应能力差，现多应用在中参数及以下的电厂。

（2）喷雾填料式除氧器。它由两部分组成，上部为喷雾层，由喷嘴将水雾化，除去水中大部分溶解氧及其他气体（初期除氧）；下部为淋水盘或填料层，在该层除去水中残留的气

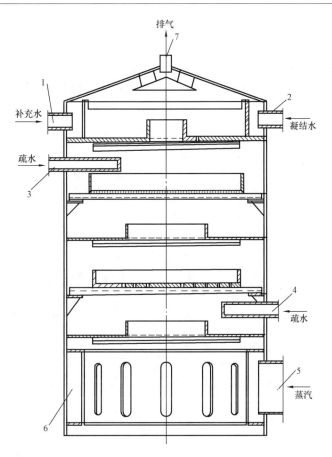

图 2-25　大气压式立式淋水盘式除氧头
1—补充水管；2—凝结水管；3—疏水箱来疏水管；4—高压
加热器来疏水管；5—进汽管；6—汽室；7—排气管

体（深度除氧）。喷雾式除氧器的主要优点：①强化传热，传热面积大；②能够深度除氧，可使水中氧含量小于 $7\mu g/L$；③能够适应负荷及进水温度的变化。

除氧头的布置方式有立式与卧式两种，大型机组采用卧式较多。图 2-25 为立式除氧头，图 2-26 和图 2-27 为卧式除氧头。由于卧式除氧头在长度方向可布置较多的喷嘴，有效地避免相邻喷嘴水雾化后相互干扰，完成初期除氧阶段，除氧效果获得保证。同时也可布置多个排气口，利于气体及时逸出，以免"返氧"，影响除氧效果。卧式除氧头的下部为深度除氧阶段，由喷雾除氧段来的并已被除去 80%～90%氧的凝结水通过布水槽钢均匀喷洒在若干层淋水盘上后，再进入填料层，与底部来的一次加热蒸汽形成逆向流动，完成深度除氧。填料层一般由比表面积（单位体积的表面积）大的填料组成，如用薄不锈钢片压制的 Ω 环，或用玻璃纤维压制的圆环或蜂窝状填料等，使流过的水分散成适应传质需要的水膜，形成足够大的表面积并具有足够长的时间，创造了深度除氧所需的条件。除过氧的水由出口管进入下部给水箱。

图 2-28 所示为 600MW 超临界压力机组 2400t/h 除氧头与给水箱组合图。由此可知，卧式除氧器实际上由卧式除氧头与给水箱两个独立组成的长圆筒连接而成。中间用两根下水管、一根放水管和两根蒸汽管焊接连通，故对设备运输、安装及焊接都带来便利，同时对主

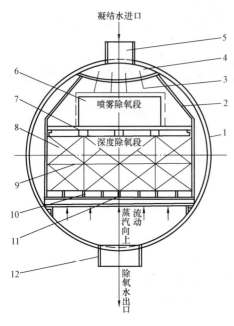

图 2-26　除氧头横断面简图

1—外壳；2—侧包板；3—恒速喷嘴；4—凝结
水进水室；5—凝结水进水管；6—喷雾除氧空间；
7—布水槽钢；8—淋水盘层；9—深度除氧空间；
10—栅架；11—工字钢托架；12—出水口

厂房除氧间的布置和土建投资也有明显的好处。

给水箱是凝结水泵与给水泵之间的缓冲容器。在机组启动、负荷大幅度变化、凝结水系统故障或除氧器进水中断等异常情况下，可以保证在一定时间内（600MW 机组为 5～10min）不间断地向锅炉供水。给水箱的内部设置启动加热装置和锅炉启动放水装置。

五、内置式无头除氧器

国内火力发电厂中普遍采用的是带有除氧头的常规除氧器（以下简称有头除氧器）。除氧过程是在除氧头中完成的，包括在喷雾层的初步除氧，可除去水中的大部分气体，在下面的淋水盘层或填料层进行深度除氧，除去水中的残余气体。

内置式无头除氧器是指除氧装置、水箱一体化的除氧器，是目前世界上先进的除氧设备，在欧洲、北美、中东以及远东发达国家广泛应用，国内在近几年也在 300MW 及以上机组上开始应用。如永济热电厂 2×300MW 直接空冷机组、石嘴山电厂 2×300MW 机组、准格尔电厂 2×300 MW 机组、玉环电厂 1000MW 超超临界压力机组等。

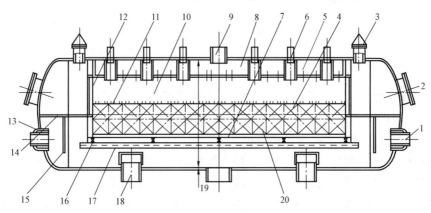

图 2-27　除氧头纵向结构

1、13—进汽管；2—搬物孔；3—安全阀；4—淋水盘箱；5—恒速喷嘴；6—排气管；7—栅架；8—凝结
水进水室；9—凝结水进水管；10—喷雾除氧空间；11—布水槽钢；12—人孔门；
14—进口平台；15—布汽孔板；16—工字梁；17—基平面角铁；18—蒸汽连通管；
19—除氧水出口管；20—深度除氧段

内置式除氧器的除氧装置内置于给水箱里面，采用射汽型喷嘴、吹扫管、二次泡沫器等新型高效除氧元件置于给水箱汽侧空间，实现除氧头和给水箱的一体化。从外观看没有除氧头，因此，又称为无头除氧器。无头除氧器的结构如图 2-29 所示。

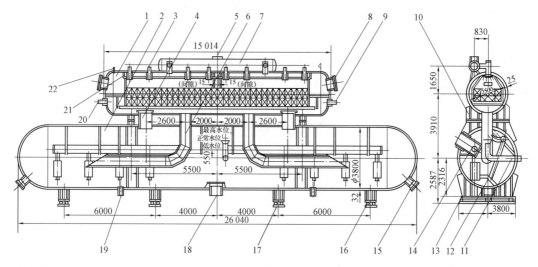

图 2-28　卧式除氧头与给水箱组合图

1—除氧头；2—给水箱；3—排气口；4—汽平衡管；5—凝结水进口；6—下水管；7—过渡联箱；8—搬物孔；9—高压加热器疏水进口；10—连接支座；11—溢流管；12—加热装置；13—支座限制装置；14—锅炉启动放水装置；15—人孔；16—活动支座；17—固定支座；18—出水口；19—放水口；20—加热蒸汽进口；21—凝结水进水室；22—安全阀

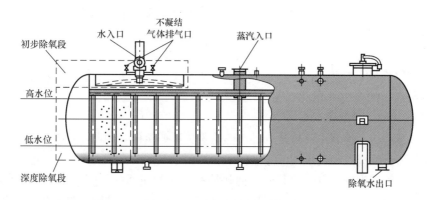

图 2-29　无头除氧器的结构

1. 工作原理

凝结水从盘式恒速喷嘴喷入除氧器汽空间，进行初步除氧，然后落入水空间流向出水口；加热蒸汽排管沿除氧器筒体轴向均匀排布，加热蒸汽通过排管从水下送入除氧器，与水混合加热，同时对水流进行扰动，并将水中的溶解氧及其他不凝结气体从水中带出水面，达到对凝结水进行深度除氧的目的。水在除氧器中的流程越长，对水进行深度除氧的效果就越好。

蒸汽从水下送入，未凝结的加热蒸汽（此时为饱和蒸汽）携带不凝结气体逸出水面，流向喷嘴的排汽区域（喷嘴周围排汽区域为未饱和水喷雾区）；在排汽区域未凝结的加热蒸汽凝结为水，不凝结气体则从排气口排出。

不凝结气体在流向排气口的流程中，在水容积一定的情况下，除氧器筒体直径越大，汽空间不凝结气体分压力就越小，这样就能有效控制不凝结气体在液面的扩散，避免二次溶氧的发生，因此，除氧器筒体采用大直径为佳。300MW 及以上的无头除氧器通常采用 3800mm 的直径。

2. 性能特点

内置式除氧器的主要性能特点有以下几个。

(1) 设备整机价格低于常规有头除氧器（300MW 及以上机组）。

(2) 节省土建费用，除氧间高度降低了 3～4m。

(3) 排汽损失低，每台机组每年可节省运行费用几十万元。

(4) 负荷变化范围为 10%～110% 时，均能保证出水含氧量小于 $5\mu g/L$。

(5) 单容器结构，系统设计简单、优化，避免应力裂纹，抗震性能优越。

(6) 质量较轻，振动较小。

(7) 无转动部件，免维护，性能高度可靠。

(8) 直径及接口设计灵活，便于运输和安装布置。

六、除氧器的热平衡及自生沸腾

1. 除氧器的热平衡

除氧器实际上就是一个混合式加热器，它可以汇集发电厂各处来的不同参数的蒸汽和疏水，因此它也遵循物质平衡和热平衡的规律，即

进入除氧器的物质＝离开除氧器的物质

$$\sum D_{in} = \sum D_{out}$$

进入除氧器的热量＝离开除氧器的热量

$$\sum D_{in} h_{in} = \sum D_{out} h_{out}$$

上两式也可以用相对量来表示，当考虑除氧器的散热损失时，热平衡式中进入除氧器的热量中还要乘以除氧器效率 η_h 或抽汽焓的利用系数 η_h'。进行除氧器的热力计算就是要求出除氧器加热蒸汽量的多少并据此判断系统连接是否合理。

2. 除氧器的自生沸腾及防止方法

若由除氧器的热力计算中计算出的加热蒸汽量为零或负值，说明不需要回热抽汽加热，仅凭其他进入除氧器的蒸汽和疏水就可满足将水加热到除氧器工作压力下的饱和温度，这种现象称为自生沸腾现象。除氧器自生沸腾时，回热抽汽管上的止回阀关闭，破坏了汽水逆向流动，排气工质损失加大，热量损失也加大，除氧效果恶化，同时还威胁除氧器的安全，所以不允许自生沸腾现象的发生。考虑到机组负荷的变动，除氧器的回热抽汽量还应为足够大的正值。

为防止除氧器自生沸腾现象的发生，可将引入除氧器的一些放热的物质流，如排污扩容器来的蒸汽、轴封漏汽、阀杆漏汽或高压加热器疏水改引至他处，也可设置高压加热器疏水冷却器来降低疏水焓后再引入除氧器。此外，提高除氧器压力既可降低高压加热器数量又可减少其疏水量；当然将化学补充水引入除氧器也可起到防止自生沸腾的作用，但会使热经济性受到影响。

第四节　除氧器的运行及其热经济性分析

除氧器作为汇集型的混合式加热器，其进出口连接的汽、水管道和设备较多，其连接方式尤其是加热蒸汽的连接方式与除氧器的运行方式有密切关系。

一、除氧器的运行方式

除氧器有定压和滑压两种运行方式。定压运行除氧器是保持除氧器工作压力为定值，为

此需在进汽管上安装压力调节阀，将压力较高的回热抽汽降低至定值，由此会造成抽汽节流损失；为确保所有工况下除氧器都能在定压下工作，在低负荷时，还必须切换到更高压力的回热抽汽上，则节流损失会更大。定压运行除氧器多应用在中小型机组上。

滑压运行除氧器是指在滑压范围内运行时，其压力随主机负荷与抽汽压力的变动而变化（滑压），启动时除氧器保持最低恒定压力，抽汽管上有止回阀防止蒸汽倒流入汽轮机，没有压力调节阀及其引起的额外节流损失。与定压运行除氧器相比，其热经济性要高些，尤其是在低负荷时，更为突出。如图 2-30 所示，横坐标为负荷 P 与额定负荷 P_r 的相对值 P/P_r，纵坐标为滑压运行除氧器与定压运行除氧器运行时机组绝对内效率 η_i^v 与 η_i^c 的相对变化 $\delta\eta_i = (\eta_i^v - \eta_i^c)/\eta_i^c$。图中显示，在 $P/P_r = 70\%$ 切换抽汽时两者相差更大。与此同时，高压加热器组的疏水在除氧器定压运行方式时还要切换到低压加热器，造成系统复杂、操作也复杂，而且疏水

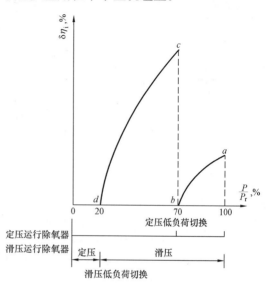

图 2-30　除氧器不同运行方式的热经济性

对低压加热器抽汽的排挤作用更强，故热经济性比滑压运行时差。

有关资料表明，对于 $100 \sim 150MW$ 中间再热机组采用除氧器滑压运行后，在额定负荷时，机组效率可提高 $0.1\% \sim 0.15\%$；而在 70% 以下负荷时，效率可提高 $0.3\% \sim 0.5\%$。对于超临界压力 $600MW$ 机组，额定负荷时，热耗率可降低 $9.2kJ/kWh$。所以在 GB 50660—2011《大中型火力发电厂设计规范》中规定：中间再热机组的除氧器，宜采用滑压运行方式。

除氧器采用滑压运行方式还可使回热加热分配更接近最佳值，因为定压运行除氧器在较高负荷（如 $P/P_r = 70\%$）时就须切换到更高压力抽汽运行，为避免切换后的损失更大，汽轮机制造厂设计时把除氧器中给水焓升有意取得比其他回热级小很多，从而不能满足最佳回热分配，使机组热经济性降低。滑压运行除氧器则可作为一级独立的回热加热器，使回热分配更接近最佳值，机组热效率也较高，使机组更能适应调峰的要求。

二、除氧器汽源的连接方式

除氧器的运行方式不同，其汽源的连接方式也不同，主要的连接方式有三种。

1. 单独连接定压除氧器方式

如图 2-31（a）所示，因除氧器为定压运行，为确保在所有工况下除氧器压力的稳定，设计工况时该级回热抽汽压力应高于除氧器运行压力。抽汽管道上还应设置压力调节阀，同时当负荷降低到该级抽汽压力满足不了除氧器运行压力要求时，应有能切换至高一级抽汽并相应关闭原级抽汽的装置。因此，这种连接方式，由于压力调节阀的存在，一方面节流损失增加，降低了该级抽汽的能位，使除氧器出口水温未能达到抽汽压力相对应的饱和温度，致使本级抽汽量减少，压力较高一级抽汽量增加，回热抽汽做功比 X_r 降低，冷源损失增加，使机组 η_i 降低。另一方面，在 $P/P_r = 70\% \sim 80\%$ 时原级抽汽关闭，回热级数减少，回热换热过程不可逆损失增大，使 X_r 减小更多，机组的 η_i 降低更多。所以这种汽源连接方式的热

经济性是最低的，一般在高、中压电厂带基本负荷的机组中应用较多。

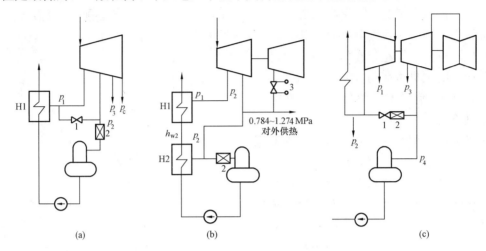

图 2 - 31　除氧器汽源的连接方式

（a）单独连接定压除氧器；（b）前置连接定压除氧器；（c）滑压除氧器

1—切换阀；2—压力调节阀；3—供热汽轮机回转隔板

2. 前置连接定压除氧器方式

该连接方式是在除氧器出口水前方设置一个高压加热器并与除氧器共用同一级回热抽汽，组成一级加热，如图 2 - 31 （b）所示。虽然除氧器抽汽管上仍然受到压力调节阀的作用，但前置的高压加热器的抽汽管上却没有这种节流作用，其出口水温仍然可以达到该抽汽压力下相应的最高水温（与饱和水温相差一个端差）。压力调节阀在此连接方式中仅起流量分配的作用，并不构成对该级出口水温 t_{w2} 的影响。该级出口水温只与供热机组调整抽汽的压力有关。因此该连接方式的热经济性比单独连接方式高，但它是以增加一台高压加热器的投资、系统复杂为代价的，只在部分供热机组上采用。

单独连接方式在低负荷时除氧器汽源要切换到压力较高的一级回热抽汽上，也是一种前置连接方式，但它却弥补不了因停用原级回热抽汽而带来的热经济性的降低。

3. 滑压除氧器方式

这种连接方式在本级回热抽汽管道上不设压力调节阀，因此在滑压范围（20%～100%）内，其加热蒸汽压力随机组负荷而变化，避免了加热蒸汽的节流损失。为确保除氧器在低负荷（P/P_r 小于 20%）时仍能自动向大气排气，仍应装有至高一级回热抽汽管道上的切换阀和压力调节阀，如图 2 - 31 （c）所示。与单独连接方式相比，其关闭本级抽汽的负荷由70%降到20%。与前置连接方式相比，其出口水温无端差，所以该连接方式的热经济性是最高的，适合于再热机组和调峰机组。

此外，还有的机组在选择除氧器滑压运行的蒸汽连接方式时，为避免除氧器在低负荷时切换到高一级回热抽汽所带来的弊端，在蒸汽连接系统中增设辅助蒸汽稳压联箱，它与启动锅炉、厂用辅助蒸汽系统和高压缸排汽相连，运行中作除氧器的备用汽源，如图 2 - 32 所示。

三、除氧器滑压运行中的关键问题

除氧器采用滑压运行方式时，除氧器内的压力、水箱水温以及给水泵入口水温均会随机组负荷的变化而变化。当机组在额定工况下运行时，滑压除氧器与定压除氧器一样，其出口水温均为饱和水温。当机组负荷变化剧烈时，会对除氧效果和给水泵的安全运行带来不利影响。下面分别讨论不利影响及对策。

1. 负荷骤升

负荷骤升时，除氧器压力能够很快上升，然而给水箱中的水因热惯性使水温滞后于压力的变化，由原饱和状态变为未饱和状态，水面上已离析

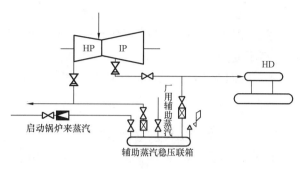

图 2-32　除氧器滑压运行蒸汽连接系统

出的气体又重新返回水中，即"返氧"现象。该现象使除氧器出口的含氧量增大，除氧效果恶化。而此时处于除氧器压力下的给水泵却因压力的上升，水温的滞后运行更安全。因此在负荷骤升时，首要解决的是除氧效果。可采取的措施包括：①控制负荷骤升速度，一般在 5%/min 负荷内就可确保除氧效果。如东芝 350MW 机组控制更严，在 25%～50% 负荷时，控制在 2%/min；50%～100% 负荷时，控制在 3%/min。②在给水箱内加装再沸腾管。当机组负荷骤升时，给水箱内水温滞后于压力变化时，将加热蒸汽通入再沸腾管中，直接对水箱的水进行加热，使水温的变化迅速跟上压力的变化，除氧效果可得到很大改善（如内置式无头除氧器）。③对滑压范围加以适当的压缩。滑压范围过大时，水温滞后情况更甚，改善除氧效果的努力将花费更长的时间。如法国 300MW 和 600MW 机组除氧器滑压范围为 25%～91% 负荷。

2. 负荷骤降

实际运行中，由于汽轮机等主辅设备出于安全性的考虑，负荷骤升的可能性很小，而负荷骤降的可能性则经常发生。负荷骤降时，随着除氧器压力的下降，给水箱内的水由饱和状态变为过饱和状态而发生"闪蒸"现象，除氧效果由于水的再沸腾而更好，水温也因此而逐渐下降，但此时与水箱下水管相连的给水泵入口处的水温并没有立即跟着下降，而给水泵入口的压力却随着除氧器压力骤降而下降，当给水泵入口水温所对应的汽化压力大于给水泵内最低压力时，将发生汽蚀，它会严重影响给水泵的安全运行（关于水泵汽蚀可参见第五章内容）。

3. 给水泵不汽蚀的条件

为确保给水泵在所有运行工况下都能安全运行，有必要研究水泵内汽蚀发生的条件。泵在运行中是否发生汽蚀是由有效汽蚀余量（又称有效净正吸水头）$NPSH_a$ 和必需汽蚀余量（必需净正水头）$NPSH_r$ 两者之差值决定的。

$NPSH_a$ 是指在泵吸入口处，单位重力作用下液体所具有的超过汽化压力的富余能量，即液体所具有的避免在泵内发生汽化的能量，它的大小只与吸入系统的情况有关，只要吸入系统确定了，有效汽蚀余量也就确定了。它可由式（2-4）表示，即

$$NPSH_a = \frac{p_d}{\rho g} + H_d - \frac{\Delta p}{\rho g} - \frac{p_v}{\rho g} \quad m \tag{2-4}$$

式中　p_d、p_v——除氧器工作压力和泵入口水温对应的汽化压力，MPa；

　　　　ρ——给水的平均密度，kg/m^3；

　　　　H_d——泵入口承受的静水头，m；

Δp——泵吸入管损失的压力，MPa。

图 2-33 所示为泵的吸入系统及离心泵内的压力变化。由式（2-4）可知，在 $p_d/\rho g$ 和 H_d 保持不变的情况下，若流量增加，由于吸入系统管路中的压力损失 Δp 增大，NPSH_a 随之减小，因而发生汽蚀的可能性增大，如图 2-34 所示。在稳态运行状态下，由于除氧器水箱中的水温与给水泵入口水温一致，即 $\dfrac{p_d}{\rho g}=\dfrac{p_v}{\rho g}$，$\text{NPSH}_a=H_d-\dfrac{\Delta p}{\rho g}$。

NPSH_r 是表示泵本身汽蚀性能的一个参数，与吸入系统的条件无关。

如图 2-33 所示，液体从泵吸入口到叶轮出口的流程中，其压力从吸入口随着向叶轮的流动而下降，到叶轮流道内 K 处压力变为最低，此后，由于叶片对液体做功，压力很快上升。

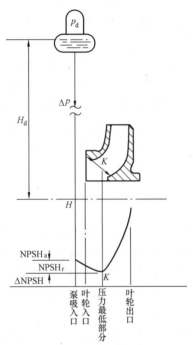

图 2-33　吸入系统及离心
泵内的压力变化

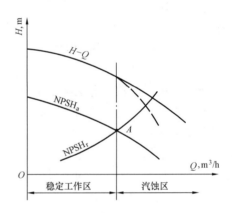

图 2-34　NPSH_a 和 NPSH_r 随流
量的变化关系

NPSH_r 与泵的结构、转速和流量有关。NPSH_r 越小，说明泵本身的汽蚀性能越好。NPSH_r 随转速升高而加大，如给水泵转速为 $5000\sim6000\text{r/min}$ 时，NPSH_r 约为 20m；当转速为 1500r/min 时，NPSH_r 仅为 9m。所以低转速泵的 NPSH_r 优于高转速泵。NPSH_r 又随流量的增加而增加，如图 2-34 所示。在 NPSH_a 与 NPSH_r 这两条曲线的交点 A，$\text{NPSH}_a=\text{NPSH}_r$，即为临界点。这点所对应的流量 Q_A 称为临界流量。在一定的吸入系统下，要保证泵在运行时不发生汽蚀，则必须使其流量 Q 小于 Q_A。此外，由于水泵在小流量运行时使泵内水温升高，将使其对应的汽化压力 p_v 增加，所以还必须使 $Q>Q_{\min}$，只有在 $Q_A>Q>Q_{\min}$ 才安全。因此，给水泵要能正常运行不发生汽蚀，必须在压力最低部位满足以下条件：

$$\text{NPSH}_a\geqslant\text{NPSH}_r \tag{2-5}$$

或者有效的富余压头 ΔNPSH 应大于或等于零，即

$$\Delta NPSH = NPSH_a - NPSH_r \geqslant 0 \qquad\qquad (2-6)$$

将式（2-4）代入式（2-6）并整理得

$$\Delta NPSH = \left(H_d - \frac{\Delta p}{\rho g} - NPSH_r \right) - \left(\frac{p_v}{\rho g} - \frac{p_d}{\rho g} \right) \geqslant 0 \qquad (2-7)$$

或

$$\Delta NPSH = \Delta h - \Delta H \geqslant 0 \qquad\qquad (2-8)$$

其中

$$\Delta h = H_d - \frac{\Delta p}{\rho g} - NPSH_r \quad m \qquad\qquad (2-9)$$

$$\Delta H = \frac{p_v}{\rho g} - \frac{p_d}{\rho g} \quad m \qquad\qquad (2-10)$$

式中　Δh——除氧器稳态工况时防止泵汽蚀的富余压头，m；

　　　ΔH——除氧器暂态工况时富余压头的下降值，m。

由上已知，除氧器滑压运行的稳定工况与定压运行除氧器一样，若忽略泵吸入管道的散热损失，可认为给水箱水温与泵入口水温相同，即 $p_v^0 - p_d^0$，$\Delta H = 0$，$\Delta NPSH = \Delta h = const$。如图 2-35 所示，有 $\frac{p_d^0}{\rho g} = \frac{p_v^0}{\rho g}$。所以在稳态工况，$\Delta h > 0$ 时水泵不会发生汽蚀。但在暂态工况，即负荷骤降过程，尤其是汽轮机从满负荷全甩负荷的最危险的暂态过程中，除氧器汽源中断，即压力迅速从额定值降为大气压，它将引起泵内最低压头、泵入口处水温和除氧器压头随暂态过程的开始而发生变化。为此，研究它们在该

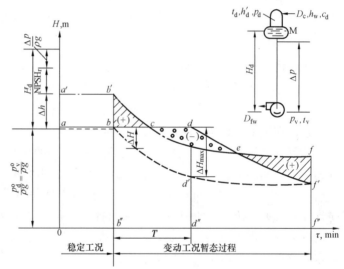

图 2-35　负荷骤降过程给水泵运行的安全性

—·—泵内最低压头 $= \frac{p_d}{\rho g} + H_d - \frac{\Delta p}{\rho g} - NPSH_r$；

——汽化压头 $\frac{p_v}{\rho g}$；----除氧器压头 $\frac{p_d}{\rho g}$

过程的变化规律，制订适合的防止泵汽蚀的措施，有助于除氧器滑压运行的所有工况下给水泵的安全。

4. 滑压运行除氧器防止给水泵汽蚀的措施

图 2-35 中有三条曲线，显示了它们从稳态工况到暂态工况的变化规律。为清晰起见，对该图作了适当简化，即①暂态过程中进入除氧器的凝结水温不变；②给水流量 D_{fw} 也不变。这样 Δp、$NPSH_r$ 就不变，使整个暂态过程 $\Delta h = H_d - \frac{\Delta p}{\rho g} - NPSH_r = const$。图中横坐标为时间 τ，纵坐标为压头 H。

实线代表给水泵内水温所对应的汽化压头 $p_v/\rho g$，在暂态开始的一段时间，泵入口水温滞后于 p_d 的下降，在吸入管段内的水打完前，t_v 保持不变，t_v 所对应的汽化压头 $p_v/\rho g$ 也不变，图上为 bd 水平线。在吸入管内的水打完后，降低温度的水进入水泵内，其汽化压头开始下降（d 点）。滞后时间 T 与吸入管容积和给水泵流量有如下关系：

$$T = \frac{V}{Q} = \frac{L}{w} \quad \text{s} \tag{2-11}$$

式中　V——吸入管容积，$V=AL$，m^3；

　　　Q——给水泵流量，$Q=Aw$，m^3/s；

　　　A——管子截面积，m^2；

　　　L——吸入管总长度，m；

　　　w——吸入管中水的流速，m/s。

由于吸入管容积相对于给水箱要小得多，因此给水泵中汽化压头下降速度大于除氧器压头下降速度，表现为 def' 曲线较 $bd'f'$ 曲线陡。

虚线代表的是除氧器压头 $p_d/\rho g$。负荷骤降开始，除氧器压力由额定值降为大气压，给水箱的水发生"闪蒸"现象，产生大量蒸汽阻止除氧器压力下降，因此其压头沿着 $bd'f'$ 的虚线缓慢变化。

点画线代表的是泵内最低压头 $\frac{p_d}{\rho g} + H_d - \frac{\Delta p}{\rho g} - \text{NPSH}_r$。暂态过程中，因流量不变，$\frac{\Delta p}{\rho g}$ 和 NPSH_r 不变，$\frac{p_d}{\rho g}$ 逐渐减小，所以泵内最低压头随暂态过程的继续而逐渐减小，且与 $\frac{p_d}{\rho g}$ 的变化同步，在图上体现为 $b'cef$ 与 $bd'f'$ 平行。

负荷骤降开始后（$b'bb''$ 以右），三条曲线按各自的规律变化，由于 ΔH 在逐渐增大，使 ΔNPSH 随之逐渐减小，到达 c 点时，$\Delta h = \Delta H$，$\Delta\text{NPSH}=0$，这是汽蚀发生的临界点。过了 c 点则 $\Delta h < \Delta H$，$\Delta\text{NPSH}<0$，泵内产生汽蚀，威胁给水泵和锅炉的安全。到达滞后时间 T 时（即 d 点），$\Delta H_{\max}$ 为最大值，水泵汽蚀最严重。到 e 点时 $\Delta h = \Delta H$，汽蚀停止。

由以上变化规律可知，只要在暂态过程中使泵内最低压头大于泵内水温所对应的汽化压头，水泵就不会发生汽蚀，从图 2-35 上看，使曲线 $b'cef'$ 与 bd 不相交，给水泵就是安全的。为此，从图上三条曲线入手，分别采取措施来达到这个目的。

（1）泵内最低压头曲线 $b'cef'$。在其他条件不变的情况下，为了使该线与 bd 不相交，可采取的措施如下：

1）提高除氧器安装高度 H_d，也就加大了除氧器防止水泵汽蚀的富余压头 Δh，国产机组曾有过将除氧器高度提高至 35.2m 的例子，其相应的土建、主厂房投资也要加大。

2）采用低转速前置泵。因它的 NPSH_r 较高速泵小得多，除氧器也可布置在较低高度，土建投资相应减少。如沙角 C 厂 660MW 机组的除氧器布置在 12m，与汽轮机运转层同一高度。更有甚者如大港电厂 320MW 机组，除氧器布置在 4m 标高就足够安全。

所以增设前置低速给水泵较单纯提高安装高度 H_d 更经济实用，故采用滑压运行除氧器几乎都采用变速给水泵及前置低速给水泵。另外，降低给水泵入口流速，进口第一级采用双吸叶轮也可使 NPSH_r 减少达到相应的效果。

3）降低泵吸入管道的压降 Δp。应减少管道上不必要的弯头、管制件和水平管段长度。所以给水泵布置时通常在除氧器正下方不远处。

（2）泵内汽化压头曲线。将汽化压头曲线的滞后时间 T 缩短，也可达到它与最低压头曲线不相交的目的，为此可采用：

1）提高水泵吸入管内流速 w，则 $T=L/w$ 就可缩短。但 w 不宜太高，否则吸入管内的压降 Δp 也要增加，滑压除氧器可提高到 $2\sim3\text{m/s}$。

2）加大给水泵流量 Q 也可使 $T=V/Q$ 降低，此时可开启给水泵再循环来增大 Q。

3）在给水泵入口注入"冷水"，以降低进入给水泵的水温，T 或 $p_v/\rho g$ 也就减小，如图 2-36所示，可利用主凝结水旁路或设置给水冷却器来达到。

（3）减缓暂态过程除氧器压头曲线 $p_d/\rho g$ 的下降。当 $p_d/\rho g$ 下降更缓慢，则泵内最低压头曲线更平坦时，也可避免其与汽化压头曲线 bd 相交，为此可采取以下措施：

1）适当增加除氧器给水箱储水量，则当负荷骤降时靠存水闪蒸出更多的蒸汽来阻止除氧器压力下降。上海石洞口二厂超临界压力机组除氧器给水箱容积达 280m^3。但该方法还需考虑其对热惯性及对土建投资的影响。

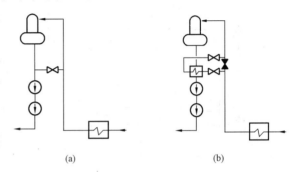

图 2-36 在泵入口注入冷水的系统
(a) 主凝结水旁路；(b) 设置给水冷却器

2）装设在滞后时间内能快速投入的备用汽源，以阻止除氧器压力的下降。滑压运行除氧器的汽源一般有两三个，通常为汽轮机抽汽、高压缸排汽和辅助蒸汽联箱来汽。

四、无除氧器的热力系统

无除氧器的热力系统自 20 世纪 60 年代开始在美国研发成功后，已在全世界许多国家特别是美国等国家的大型发电厂中广泛应用。

随着大容量高参数机组，尤其是超临界压力机组比例的不断提高，对汽轮机通流部分威胁最大的是氧化铜，它主要来源于凝汽器和表面式低压加热器中的铜管，通过凝汽器后凝结水精处理设备（如 DE）可解决凝汽器中的氧化铜。如果将表面式加热器换成混合式加热器，铜管取消后，不仅消除了氧化铜的威胁，而且使加热器结构简化、造价降低。同时，通过凝汽器及混合式低压加热器的二次除氧，使给水中含氧量可降至 $5\mu\text{g/kg}$ 以下。由于取消高压除氧器及给水箱，简化了系统、降低了投资和土建、运行费用。

从热经济性来看，除氧器虽也是混合式加热器，而且大机组都采用滑压运行，但在低负荷时（$20\%P/P_r$ 以下）仍要采用定压方式，必然带来节流损失。而采用无除氧器的混合式低压加热器后，热经济性有所提高，有关资料表明，可提高 $0.84\%\sim1.17\%$。

1. 采用混合式低压加热器的无除氧器热力系统

图 2-37 所示为超临界压力凝汽机组进行改造后的无除氧器的热力系统方案之一。图中 7、8 号低压加热器均为真空混合式加热器，且布置在足够的高度以确保其后的凝结水泵 2、3 运行可靠。它还设有可靠的事故逆流管，避免了加热器满水事故。凝结水储水箱可通过水位调节器自动进行补水。给水泵的轴封环形密封水由凝结水泵 3 提供，并回流至 4、7 号加热器中。为增加给水泵（FP）的有效汽蚀余量，凝结水泵 3 具有较高的压头。同时，在给水泵前装有一个混合器 M，既可收集高压加热器的疏水，又可起到缓冲水箱的作用，对给水泵稳

定运行提供了较好条件。

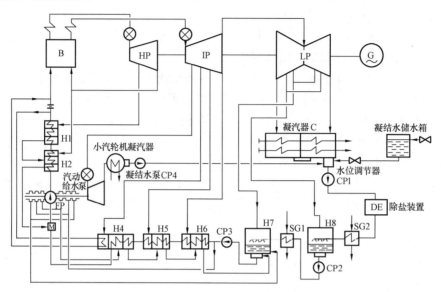

图 2-37　超临界压力凝汽机组无除氧器热力系统

2. 采用表面式低压加热器的无除氧器热力系统

图 2-38 为福建省某电厂从法国引进汽轮发电机组的无除氧器热力系统流程简图，该机组型号为 T. 2B. 380. 30. 02. 46，机组额定功率为 396.14MW。

该机组无除氧器热力系统包括 5 台低压加热器、2 台高压加热器。加热器疏水正常方式：7、6、5 号加热器的疏水逐级自流到 4 号低压加热器后，由加热器疏水泵打至 4 号加热器出口水流中，3、2、1 号加热器的疏水逐级自流到凝汽器。每个加热器的事故疏水均直接排至凝汽器。

该机组无除氧器热力系统的除氧采用热力除氧和化学除氧相结合的方式。

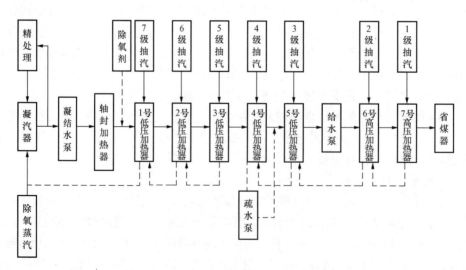

图 2-38　某电厂无除氧器热力系统流程简图

热力除氧在凝汽器中完成。为避免低负荷下凝汽器内的蒸汽较少、热力除氧效果较差的情况，在凝汽器上另接了一路从辅助蒸汽来的除氧蒸汽。

无除氧器热力系统中装有化学除氧加药装置，配两台可互为备用的加药泵。加药量可根据需要手动调节。加药接口设在轴封加热器和 1 号低压加热器之间，参见图 2 - 38。使用的除氧剂为 ELIMIN - OX，它是一种改性氨基化合物的水溶液，可水解为联氨。

第五节　汽轮机组原则性热力系统计算

一、计算目的及基本公式

1. 计算目的

汽轮机组原则性热力系统计算是发电厂原则性热力系统计算的基础和核心，其计算目的如下：确定汽轮机组在某一工况下的热经济性指标和各部分汽水流量，根据计算结果选择有关的辅助设备和汽水管道，确定某些工况下汽轮机的功率或汽耗量，进行新机组本体热力系统定型设计。

对发电厂热力设备不同设置或系统的连接方式进行热经济性分析或技术经济比较时，都要用到热经济性指标，尤其是设计工况下的指标最具有代表性，该工况下的热力系统计算也最普遍，对汽轮机或发电厂的设计、运行有非常重要的作用。另外，对新设计的汽轮机回热系统，电力设计院或运行电厂进行了部分修改的回热系统，运行机组大修前后都应进行计算，以确定其热经济性指标，作为对机组的完善程度、回热系统修改的可行性、机组大修的效果进行评价的依据。

在选择辅助设备和汽水管道时，除了要用到设计工况下的计算数据外，还应有最大工况下的原则性热力系统计算的数据来核对，以确保在各种工况下满足运行安全和设计规程要求。

对于随热负荷变化较大的热电厂，应选择全年中几个有代表性的工况（如冬季和夏季平均工况）来计算，以确定热电厂全年运行的热经济性指标。为选择与供热机组匹配的锅炉容量和台数，还需计算最大热、电负荷和其他某些工况（如夏季最小热负荷）所对应的汽轮机汽耗量。

原则性热力系统计算有"定功率计算"和"定流量计算"两种。对负荷已给定情况下的计算，称为"定功率计算"，其结果为给定功率下汽轮机汽耗量、各抽汽量及热经济性指标。该方法电力设计院、电厂运行部门用得较多。当给定汽轮机进汽量的情况下进行热力系统计算，称为"定流量计算"，其结果是求得给定流量下汽轮发电机组的功率及其热经济性指标。该方法一般为汽轮机制造厂采用。

无论是定功率计算还是定流量计算，都应满足能量消耗或能量供应相等的原则。若计算正确，两种计算得出的热经济性指标应相同。

2. 计算的基本公式

要对原则性热力系统进行计算，必须已知计算工况下机组的类型、容量、初终参数、回热参数、再热参数、供热抽汽参数、回热系统的连接方式、机组相对内效率 η_{ri}、机械效率 η_m 和发电机效率 η_g 等。

具体计算时用得最多的三个基本公式是加热器热平衡式、汽轮机物质平衡式和汽轮机功率方程式。

（1）加热器热平衡式

$$吸热量＝放热量×\eta_h \text{ 或流入热量＝流出热量}$$

通过加热器热平衡式可求出抽汽量 D_j（α_j）。

（2）汽轮机物质平衡式

$$D_c = D_0 - \sum_{j=1}^{z} D_j \text{ 或 } \alpha_c = 1 - \sum_{j=1}^{z} \alpha_j$$

通过物质平衡式可求出凝汽流量 D_c（α_c）。

（3）汽轮机功率方程式

$$3600 P_e = W_i \eta_m \eta_g = D_0 w_i \eta_m \eta_g$$

其中

$$W_i = D_0 h_0 + D_{rh} q_{rh} - \sum_{j=1}^{z} D_j h_j - D_c h_c$$

$$w_i = h_0 + \alpha_{rh} q_{rh} - \sum_{j=1}^{z} \alpha_j h_j - \alpha_c h_c$$

通过功率方程式可求出汽轮发电机组的功率 P_e（定流量计算）或汽轮机汽耗量 D_0（定功率计算）。在此基础上进一步计算出机组的热经济性指标。

二、计算方法和步骤

机组原则性热力系统计算方法有多种，有传统的常规计算法、等效热降法、循环函数法以及矩阵法等。常规计算法是最基本的一种方法，掌握了该方法有助于更好地理解和掌握其他方法，所以本书只介绍该方法，其他方法可参阅有关专著。

若回热系统由 z 级回热抽汽所组成，对与每一级回热抽汽相连的加热器分别列出热平衡式，再加上一个求凝汽流量的物质平衡式或功率方程式组成 $z+1$ 个线性方程组，最终可求出 z 个抽汽量和一个新汽量（或凝汽量）。这 $z+1$ 个线性方程组既可以用绝对量（D_j、D_0 或 D_c）来计算，也可用相对量（α_j、α_c）来计算，然后根据有关公式求得相应的热经济性指标。

实际进行计算时又有串联法和并联法两种。

所谓串联法就是对凝汽式机组采用"由高至低"的计算次序，即从抽汽压力最高的加热器开始算起，依次逐个算至抽汽压力最低的加热器。这样计算的好处是每个方程式中只出现一个未知数，对手工计算非常适宜，避免求解联立方程组。而并联法则适用于计算机计算，对 $z+1$ 个线性方程组联立求解。一次即可求得全部 $z+1$ 个未知数，方便快捷。对供热式机组，若已知进入凝汽器的流量，也可从低压加热器开始计算。

下面介绍常规计算法的步骤。

1. 整理原始资料

根据给定的原始资料，整理、完善及选择有关的数据，以满足计算的需要。

（1）将原始资料整理成计算所需的各处汽、水比焓值，如新蒸汽、抽汽、凝汽比焓（h_0、$\sum h_j$、h_c）。加热器出口水、疏水、带疏水冷却器的疏水及凝汽器出口水比焓（h_{wj}、h_j'、h_{wj}^d 和 h_c'），再热蒸汽 q_{rh} 等。整理汽水参数大致原则如下：

1）若已知参数只有汽轮机的新蒸汽、再热蒸汽、回热抽汽的压力和温度（p_0/t_0、p_{rh}/t_{rh}、$\sum p_j/t_j$）及排汽压力 p_c 时，需根据所给定的汽轮机相对内效率 η_{ri}，通过水和水蒸气热力性质图表计算或画出汽轮机蒸汽膨胀过程的 h-s 图（汽态线），并整理成回热系统汽水参数表。

2) 加热器汽侧压力等于抽汽压力减去抽汽管道压损，$p_j' = p_j - \Delta p_j$。

3) 加热器疏水温度和疏水比焓分别为汽侧压力下对应的饱和水温度和饱和水比焓，t_{sj}、$h_j' = f(p_j')$。

4) 高压加热器水侧压力取为给水泵出口压力 p_{pu}^f，低压加热器水侧压力取为凝结水泵或凝升泵出口压力 p_{pu}^c。

5) 加热器出口水温 t_{wj} 由疏水温度 t_{dj} 和加热器出口端差 θ_j 决定，$t_{wj} = t_{dj} - \theta_j$。

6) 加热器出口水比焓 h_{wj} 由加热器出口温度 t_{wj} 和水侧压力查 h-s 表得出，$h_{wj} = f(t_{wj}, p_{pu}^f$ 或 $p_{pu}^c)$。

7) 疏水冷却器出口水温 t_{dj}' 由加热器进口水温 $t_{w(j+1)}$ 和加热器入口（下）端差 ϑ_j 决定 $(t_{dj}' = t_{w(j+1)} + \vartheta_j)$。

8) 疏水冷却器出口水比焓 h_{wj}^d 由加热器汽侧压力 p_j' 和疏水冷却器出口水温 t_{dj}' 查 h-s 表得出 $[h_{wj}^d = f(p_j', t_{dj}')]$。

9) 当机组为高参数以上大型机组时，应计算给水在给水泵中的焓升 Δh_w^{pu}，即

$$\Delta h_w^{pu} = \frac{10^3 v_{av}(p_{out} - p_{in})}{\eta_{pu}}$$

式中 v_{av}——给水平均比体积，$\mathrm{m^3/kg}$；

p_{in}、p_{out}——给水泵进、出水压力，MPa；

η_{pu}——给水泵效率。

（2）合理选择及假定某些未给出的数据，包括：

1) 新蒸汽压损 Δp_0，一般取 $\Delta p_0 = (3\% \sim 7\%)p_0$。

2) 再热蒸汽压损 Δp_{rh}，一般取 $\Delta p_{rh} \leqslant 10\% p_{rh}$（$p_{rh}$ 为高压缸排汽压力）。

3) 回热抽汽压损 Δp_j，一般选 $\Delta p_j = (3\% \sim 5\%)p_j$（$p_j$ 为回热抽汽压力）。

4) 加热器出口端差 θ 及入口端差 ϑ，可按推荐值选取，参见本章第二节中有关部分。

5) 加热器效率 η_h 取 $0.98 \sim 0.99$，回热抽汽焓的利用系数 η_h' 取 $0.985 \sim 0.995$，机械效率 η_m 取 0.99 左右，发电机效率 η_g 取 $0.98 \sim 0.99$。

2. 回热抽汽量计算

对凝汽式机组按由高到低进行回热抽汽量 D_j 或回热抽汽系数 α_j 的计算。

3. 物质平衡式计算

由物质平衡式可计算凝汽流量 D_c 或凝汽系数 α_c 或新汽耗量 D_0，当然也可由汽轮机功率方程式计算出相应的量。

4. 计算结果校核

（1）利用物质平衡式或汽轮机功率方程式进行计算误差的校核，满足工程上允许的 $1\% \sim 2\%$ 以下的误差范围即可。

（2）对假设数据的校核，则应反复迭代至更准确的程度。

5. 热经济指标计算

计算相应各热经济性指标。

三、汽轮机组热力系统计算中应注意的几点

（1）求 η_i 的计算可采用正热平衡 $\eta_i = W_i/Q_0 = w_i/q_0$，也可采用反热平衡 $\eta_i = 1 - (\Delta Q_c/Q_0) = 1 - \Delta q_c/q_0$ 来计算。一般用正热平衡较多。若用反热平衡计算时，应特别注意实际热力

系统的 ΔQ_c（Δq_c），它不仅是凝汽量 D_c（α_c）在凝汽器中的冷源热损失 $D_c(h_c - h'_c)$ 或 $\alpha_c(h_c - h'_c)$，而且还包括了各个加热器的散热损失 $\sum[(1-\eta_h)\times Q_j]$ 以及加热器疏水流到凝汽器中带来的附加冷源损失 $D^d_z(h'_z - h'_c)$ 或 $\alpha^d_z(h'_z - h'_c)$，所以 ΔQ_c 称为广义冷源损失。显然，若加热器疏水流入凝汽器热井中，则最后一项热损失也就不存在了，所以现代大型火电厂的回热系统中，最后一级加热器的疏水大都进入凝汽器热井中。在求广义冷源损失时，可以有两种方式：

1）以凝汽器和加热器为热平衡对象，则有

$\Delta Q_c=$ 凝汽流量在凝汽器中的冷源损失 $D_c(h_c-h'_c)$

　　　　＋各加热器散热损失 $\sum[(1-\eta_h)\times Q_{jd,j}]$

　　　　＋疏水流入凝汽器带来的附加冷源热损失 $D^d_z(h'_z-h'_c)$　　（绝对量）

$\Delta q_c=\alpha_c(h_c-h'_c)+\sum[(1-\eta_h)\times Q_{xd,j}]+\alpha^d_z(h'_z-h'_c)$　　（相对量）

2）以整个回热系统（包括凝汽器和所有加热器）为平衡对象，则有

$\Delta Q_c=\sum$ 流入热量 － 返回锅炉热量

$$= \sum_{j=1}^{z} D_j h_j + D_c h_c - D_0 h_{fw} \qquad kJ/h \qquad （绝对量）$$

$$\Delta q_c = \sum_{j=1}^{z} \alpha_j h_j + \alpha_c h_c - h_{fw} \qquad kJ/h \qquad （相对量）$$

若计算正确，正热平衡和反热平衡计算的 η_i 应一致。

说明：Q_j 为加热器放热量；$Q_{jd,j}$ 为加热器的绝对放热量；$Q_{xd,j}$ 为加热器的相对放热量。

（2）如前所述，手工进行机组原则性热力系统计算时，由高到低顺序进行计算，一般都可顺序求出未知数来，当某级加热器及其疏水连接方式增加了未知数，而使顺序求解造成困难，需联立数个方程才能得出结果时，可将热平衡范围适当调整，达到减少未知数简便计算的目的。例如，通常都是将一个加热器作为热平衡范围列出热平衡式，需要时就可将相邻数个加热器，乃至全部加热器或包括一个水流混合点与加热器组合的整体作为热平衡范围。

图 2-39 为回热系统中常见的两种连接方式。图 2-39（a）为疏水流入凝汽器热井，与凝结水混合后以比焓 h_{wc} 进入加热器水侧，h_{wc} 就成为这种连接方式增加的一个未知数，显然在 z 号加热器的热平衡式中（点画线范围）不可能求得两个未知数 α_z 和 h_{wc}，必须再增加热平衡范围 [图 2-39（a）中上部分的热井点画线] 列出另一热平衡式，再加上一物质平衡式，这样用三个平衡式即可解出三个未知数（α_z、α_c、h_{wc}）。其平衡式如下：

$$\begin{cases} \alpha_z(h_z - h'_z) = \alpha_{cz}(h_{wz} - h_{wc}) \\ \alpha_c h'_c + \alpha_z h'_z = \alpha_{cz} h_{wc} \\ \alpha_{cz} = \alpha_z + \alpha_c \end{cases}$$

这种解联立方程虽然可以求出结果，但毕竟复杂了些，若将热平衡范围扩大如图 2-39（a）下部点画线范围，则可避开 h_{wc}，简化了计算，即

$$\begin{cases} \alpha_z h_z + \alpha_c h_c = \alpha_{cz} h_{wz} \\ \alpha_{cz} = \alpha_c + \alpha_z \end{cases}$$

同样，在图 2-39（b）中因疏水泵将疏水打入主凝结水管道中，造成混合后的焓 h^m_{wz} 为未知数，将图 2-39（b）上部三个点画线框变成下部两个点画线框，也可以减少热平衡式个数和计算工作量。

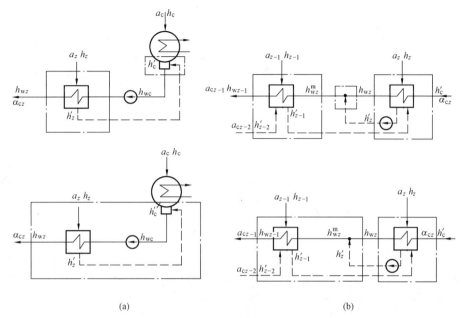

图 2-39　回热原则性热力系统计算中热平衡式的范围选择

（a）疏水流入热井的系统；（b）带疏水泵的系统

四、计算示例

计算超临界压力 600MW 三缸四排汽凝汽式机组在设计工况下的热经济指标。已知：

汽轮机类型：N600-24.2/566/566；

蒸汽初参数：$p_0 = 24.2\text{MPa}$，$t_0 = 566℃$，$\Delta p_0 = 0.515\text{MPa}$，$\Delta t_0 = 1.8℃$；

再热蒸汽参数：冷段压力 $p_{rh}^{in} = 4.053\text{MPa}$，冷段温度 $t_{rh}^{in} = 303.5℃$，热段压力 $p_{rh}^{out} = 3.648\text{MPa}$，热段温度 $t_{rh} = 566℃$，$\Delta p_{rh} = 0.069\text{MPa}$，$\Delta t_{rh} = 1.7℃$；

排汽压力：$p_2 = 5.4\text{kPa}$（0.005 4MPa）；

抽汽及轴封参数见表 2-2 和表 2-3。给水泵出口压力 $p_{pu} = 30.38\text{MPa}$，凝结水泵出口压力为 1.84MPa。机械效率、发电机效率分别取 $\eta_m = 0.99$，$\eta_g = 0.988$。

汽动给水泵用汽系数 α_{pu} 为 0.052。

表 2-2　　　N600-24.2/566/566 型三缸四排汽机组回热抽汽点及凝汽器参数

加热器编号	H1	H2	H3	H4 (HD)	H5	H6	H7	H8	C
抽汽压力 p_j（MPa）	6.003	4.053	1.827	0.941	0.389	0.103 3	0.046 1	0.019 1	0.005 4
抽汽温度 t_j（℃）	353.4	303.5	456.2	360.9	253.9	121.5	$x=0.98$	$x=0.953$	$x=0.917$

表 2-3　　　N600-24.2/566/566 型三缸四排汽机组回热系统利用的轴封蒸汽参数

项　目	α_{sg1}	α_{sg2}	α_{sg3}
来源	高中压缸之间漏汽	高压门杆漏汽	低压缸后轴封漏汽
轴封汽量 α_{sg}	0.002 9	0.000 1	0.000 7
轴封汽比焓 h_{sg}（kJ/kg）	3323.8	3396.0	2716.2
去处	H2	SG	

机组原则性热力系统如图 2-40 所示。

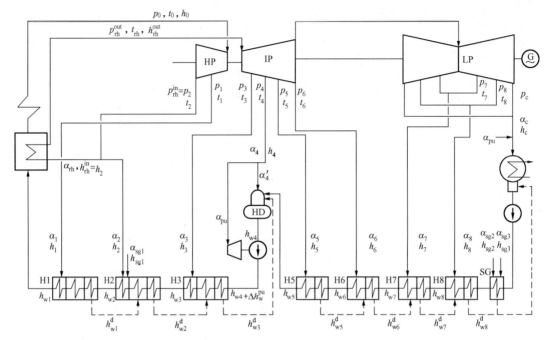

图 2-40　超临界压力 600MW 三缸四排汽凝汽式机组原则性热力系统计算图

解

1. 整理原始资料

（1）根据已知参数 p、t 在 h-s 图上画出汽轮机蒸汽膨胀过程线（见图 2-41），得到新蒸汽焓 h_0、各级抽汽焓 h_j 及排汽焓 h_c，以及再热蒸汽比焓升 q_{rh}。也可根据 p、t 查水蒸气表得出上述焓值。$h_0 = 3396.0 \text{kJ/kg}$，$h_{rh}^{in} = 2970.3 \text{kJ/kg}$，$h_{rh}^{out} = 3598.2 \text{kJ/kg}$，$q_{rh} = 3598.2 - 2970.3 = 627.9 \text{kJ/kg}$。

（2）根据水蒸气表查得各加热器出口水焓 h_{wj} 及有关疏水焓 h_j' 或 h_{wj}^d，将机组回热系统计算点参数列于表 2-4 中。

2. 计算回热抽汽系数与凝汽系数

采用相对量方法进行计算。

（1）1 号高压加热器（H1）

由 H1 的热平衡式求 α_1

$$\alpha_1 (h_1 - h_{w1}^d) \eta_h = h_{w1} - h_{w2}$$

$$\alpha_1 = \frac{(h_{w1} - h_{w2})/\eta_h}{h_1 - h_{w1}^d} = \frac{(1206.9 - 1085.1)/0.99}{3055.4 - 1109.6} = 0.063\,229$$

H1 的疏水系数 $\alpha_{d1} = \alpha_1 = 0.063\,229$

（2）2 号高压加热器（H2）

$$\left[\alpha_2 (h_2 - h_{w2}^d) + \alpha_{d1}(h_{w1}^d - h_{w2}^d) + \alpha_{sg1}(h_{sg1} - h_{w2}^d)\right]\eta_h = h_{w2} - h_{w3}$$

$$\alpha_2 = \frac{(h_{w2} - h_{w3})/\eta_h - \alpha_{d1}(h_{w1}^d - h_{w2}^d) - \alpha_{sg1}(h_{sg1} - h_{w2}^d)}{h_2 - h_{w2}^d}$$

$$= \frac{(1085.1 - 888.2)/0.99 - 0.063\,229 \times (1109.6 - 901.8) - 0.002\,9 \times (3323.8 - 901.8)}{2970.3 - 901.8}$$

$$= 0.086\,404$$

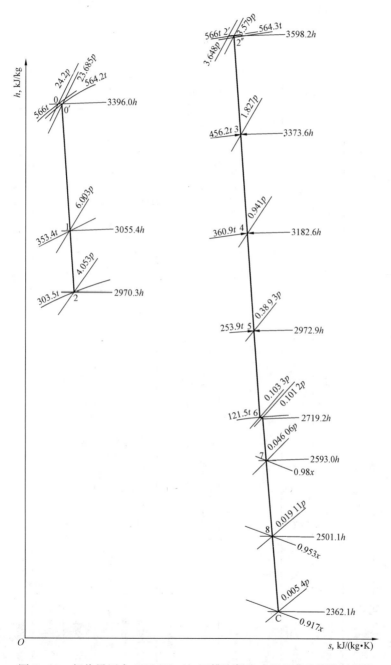

图 2-41　超临界压力 600MW 三缸四排汽凝汽式机组蒸汽膨胀过程线

表 2 - 4　　N600-24.2/566/566 型三缸四排汽机组回热系统计算点参数

分类	项目	单位	H1	H2	H3	H4(HD)	H5	H6	H7	H8	SG	C	数据来源
加热蒸汽	抽汽压力 p_j	MPa	6.003	4.053	1.827	0.941	0.389	0.103 3	0.046 1	0.019 1		0.005 4	已知
	抽汽压损 Δp_j	%	3	3	5	5	5	5	5	5			已知
	加热器汽侧压力 p_j'	MPa	5.823	3.931	1.736	0.894	0.369 8	0.098 2	0.043 8	0.018 2	0.098		$p_j'=(1-\Delta p_j)p_j$
	抽汽焓 h_j	kJ/kg	3055.4	2970.3	3373.6	3182.6	2972.9	2719.2	2593.0	2501.1		2362.1(h_c)	查水蒸气表
	轴封汽焓 h_{sgj}	kJ/kg		3323.8							3396.0 2716.2		已知
被加热水	p_j'饱和水温度 t_{dj}	℃	273.6	249.3	205.3	175.1	140.8	99.1	78.1	58.0	99.0	34.27(t_c)	由 p_j' 查水蒸气表
	p_j'饱和水焓 h_j'	kJ/kg	1203.5	1082.4	876.35	741.59	592.64	415.34	326.81	242.83	415.05	143.5	由 p_j' 查水蒸气表
	加热器端差 θ_j	℃	-1.7	0	0	0	2.8	2.8	2.8	2.8		0	已知
	加热器出口水温 t_j	℃	275.3	249.3	205.3	175.1	138.0	96.3	75.3	55.2	35.3		$t_{dj}-\theta_j$
	加热器水侧压力 p_w	MPa	30.38	30.38	30.38	0.894	1.84	1.84	1.84	1.84	1.84		已知
	加热器出口水焓 h_{wj}	kJ/kg	1206.9	1085.1	888.2	741.7	581.6	403.6	315.1	231.2	143.5		由 p_w, t_j 查水蒸气表
疏水	疏水冷却器端差 ϑ	℃	5.6	5.6	5.6		5.6	5.6	5.6	5.6			已知
	疏水冷却器出口水温 t_d'	℃	254.9	210.9	185.9 *		101.9 *	80.9	60.8	40.9			$t_d'=t_{j+1}+\vartheta$
	疏水冷却器后疏水焓 h_{wj}^d	kJ/kg	1109.6	901.8	789.3		427.0	338.4	254.4	171.3			由 p_j', t_d' 查水蒸气表

* 考虑给水泵的焓升后，H3 入口水比焓为 741.7+38.8=780.5(kJ/kg)，由该处压力 30.38MPa 查得此处给水温度为 180.3℃，故 H3 的疏水温度为 180.3+5.6=185.9(℃)。

H2 的疏水系数

$$\alpha_{d2} = \alpha_{d1} + \alpha_2 + \alpha_{sg1} = 0.063\,229 + 0.086\,404 + 0.002\,9 = 0.152\,533$$

再热蒸汽系数 α_{rh}

$$\alpha_{rh} = 1 - \alpha_1 - \alpha_2 - \alpha_{sg1} - \alpha_{sg2} = 1 - 0.149\,633 - 0.002\,9 - 0.000\,1 = 0.847\,367$$

（3）3 号高压加热器（H3）

先计算给水泵的焓升 Δh_w^{pu}。设除氧器的水位高度为 20m，则给水泵的进口压力为 $p_{in} = 20 \times 0.009\,8 + 0.894 = 1.09$（MPa），取给水的平均比体积为 $v_{av} = 0.001\,1\,m^3/kg$、给水泵效率 $\eta_{pu} = 0.83$，则

$$\Delta h_w^{pu} = \frac{10^3 v_{av}(p_{out} - p_{in})}{\eta_{pu}}$$

$$= \frac{10^3 \times 0.001\,1 \times (30.38 - 1.09)}{0.83}$$

$$= 38.8\,(kJ/kg)$$

由 H3 的热平衡式得

$$[\alpha_3(h_3 - h_{w3}^d) + \alpha_{d2}(h_{w2}^d - h_{w3}^d)]\eta_h = h_{w3} - (h_{w4} + \Delta h_w^{pu})$$

$$\alpha_3 = \frac{[h_{w3} - (h_{w4} + \Delta h_w^{pu})]/\eta_h - \alpha_{d2}(h_{w2}^d - h_{w3}^d)}{h_3 - h_{w3}^d}$$

$$= \frac{[888.2 - (741.7 + 38.8)]/0.99 - 0.152\,533 \times (901.8 - 789.3)}{3373.6 - 789.3}$$

$$= 0.035\,456$$

H3 的疏水系数

$$\alpha_{d3} = \alpha_{d2} + \alpha_3 = 0.152\,533 + 0.035\,456 = 0.187\,989$$

（4）除氧器 HD

第四段抽汽 α_4 由除氧器加热蒸汽 α_4' 和汽动给水泵用汽 α_{pu} 两部分组成，即

$$\alpha_4 = \alpha_4' + \alpha_{pu}$$

由除氧器的物质平衡可知除氧器的进水系数 α_{c4} 为

$$\alpha_{c4} = 1 - \alpha_{d3} - \alpha_4'$$

由于除氧器的进出口水量不等，α_{c4} 是未知数。为避免在最终的热平衡式中出现两个未知数，可先不考虑加热器的效率 η_h，写出除氧器的热平衡式：$\sum$ 吸热量 $= \sum$ 放热量，即

$$h_{w4} = \alpha_4' h_4 + \alpha_{d3} h_{w3}^d + \alpha_{c4} h_{w5}$$

将 α_{c4} 的关系代入，整理成以进水焓 h_{w5} 为基准，并考虑 η_h 的热平衡式：吸热量$/\eta_h = \sum$ 放热量，可得

$$\frac{h_{w4} - h_{w5}}{\eta_h} = \alpha_4'(h_4 - h_{w5}) + \alpha_{d3}(h_{w3}^d - h_{w5})$$

$$\alpha_4' = \frac{(h_{w4} - h_{w5})/\eta_h - \alpha_{d3}(h_{w3}^d - h_{w5})}{h_4 - h_{w5}}$$

$$= \frac{(741.7 - 581.6)/0.99 - 0.187\,989 \times (789.3 - 581.6)}{3182.6 - 581.6}$$

$$= 0.047\,163$$

$$\alpha_{c4} = 1 - \alpha_{d3} - \alpha_4' = 1 - 0.187\,989 - 0.047\,163 = 0.764\,848$$

$$\alpha_4 = \alpha_4' + \alpha_{pu} = 0.047\,163 + 0.052 = 0.099\,163$$

（5）5 号低压加热器（H5）

直接由 H5 的热平衡式可得 α_5

$$\alpha_5(h_5 - h_{w5}^d)\eta_h = \alpha_{c4}(h_{w5} - h_{w6})$$

$$\alpha_5 = \frac{\alpha_{c4}(h_{w5} - h_{w6})/\eta_h}{h_5 - h_{w5}^d}$$

$$= \frac{0.764\,848 \times (581.6 - 403.6)/0.99}{2972.9 - 427.0}$$

$$= 0.054\,016$$

H5 的疏水系数

$$\alpha_{d5} = \alpha_5 = 0.054\,016$$

（6）6 号低压加热器（H6）

同理，有

$$[\alpha_6(h_6 - h_{w6}^d) + \alpha_{d5}(h_{w5}^d - h_{w6}^d)]\eta_h = \alpha_{c4}(h_{w6} - h_{w7})$$

$$\alpha_6 = \frac{\alpha_{c4}(h_{w6} - h_{w7})/\eta_h - \alpha_{d5}(h_{w5}^d - h_{w6}^d)}{h_6 - h_{w6}^d}$$

$$= \frac{0.764\,848 \times (403.6 - 315.1)/0.99 - 0.054\,016 \times (427.0 - 338.4)}{2719.2 - 338.4}$$

$$= 0.026\,708$$

H6 的疏水系数

$$\alpha_{d6} = \alpha_{d5} + \alpha_6 = 0.054\,016 + 0.026\,708 = 0.080\,724$$

（7）7 号低压加热器（H7）

$$[\alpha_7(h_7 - h_{w7}^d) + \alpha_{d6}(h_{w6}^d - h_{w7}^d)]\eta_h = \alpha_{c4}(h_{w7} - h_{w8})$$

$$\alpha_7 = \frac{\alpha_{c4}(h_{w7} - h_{w8})/\eta_h - \alpha_{d6}(h_{w6}^d - h_{w7}^d)}{h_7 - h_{w7}^d}$$

$$= \frac{0.764\,848 \times (315.1 - 231.2)/0.99 - 0.080\,724 \times (338.4 - 254.4)}{2593.0 - 254.4}$$

$$= 0.024\,817$$

H7 的疏水系数

$$\alpha_{d7} = \alpha_{d6} + \alpha_7$$

$$= 0.080\,724 + 0.024\,817 = 0.105\,541$$

（8）8 号低压加热器（H8）与轴封加热器（SG）

为了计算方便，将 H8 与 SG 作为一个整体考虑，采用图 2-42 所示的热平衡范围来列出物质平衡和热平衡式。由热井的物质平衡式，可得

$$\alpha_c + \alpha_{pu} = \alpha_{c4} - \alpha_{d7} - \alpha_{sg2} - \alpha_{sg3} - \alpha_8$$

根据 $\sum$ 吸热量 $= \sum$ 放热量写出热平衡式

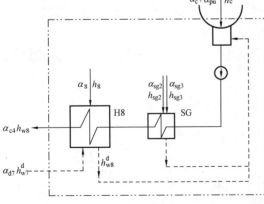

图 2-42 H8 的计算用图

$$\alpha_{c4}h_{w8} = \alpha_8 h_8 + \alpha_{sg2}h_{sg2} + \alpha_{sg3}h_{sg3} + \alpha_{d7}h_{w7}^d + (\alpha_c + \alpha_{pu})h_c'$$

将 $\alpha_c + \alpha_{pu}$ 消去，并整理成以 α_{c4} 吸热为基础以进水焓 h_c' 为基准的热平衡式，得

$$\left[\alpha_8(h_8 - h_c') + \alpha_{d7}(h_{w7}^d - h_c') + \alpha_{sg2}(h_{sg2} - h_c') + \alpha_{sg3}(h_{sg3} - h_c')\right]\eta_h = \alpha_{c4}(h_{w8} - h_c')$$

$$\alpha_8 = \frac{\alpha_{c4}(h_{w8} - h_c')/\eta_h - \alpha_{d7}(h_{w7}^d - h_c') - \alpha_{sg2}(h_{sg2} - h_c') - \alpha_{sg3}(h_{sg3} - h_c')}{h_8 - h_c'}$$

$$= [0.764\,848 \times (231.2 - 143.5)/0.99 - 0.105\,541 \times (254.4 - 143.5) -$$

$$0.000\,1 \times (3396.0 - 143.5) - 0.000\,7 \times (2716.2 - 143.5)]/(2501.1 - 143.5)$$

$$= 0.022\,872$$

（9）凝汽系数 α_c 的计算与物质平衡校核

由热井的物质平衡计算 α_c

$$\alpha_c = \alpha_{c4} - \alpha_{d7} - \alpha_{sg2} - \alpha_{sg3} - \alpha_8 - \alpha_{pu}$$

$$= 0.764\,848 - 0.105\,541 - 0.000\,1 - 0.000\,7 - 0.022\,872 - 0.052$$

$$= 0.583\,635$$

由汽轮机通流部分物质平衡来计算 α_c，以校核计算的准确性

$$\alpha_c = 1 - \left(\sum_{j=1}^{8} \alpha_j + \alpha_{sg1} + \alpha_{sg2} + \alpha_{sg3}\right)$$

$$= 1 - (0.063\,229 + 0.086\,404 + 0.035\,456 + 0.099\,163 + 0.054\,016 + 0.026\,708$$

$$+ 0.024\,817 + 0.022\,872 + 0.002\,9 + 0.000\,1 + 0.000\,7)$$

$$= 0.583\,635$$

两者计算结果相同，表明以上计算正确。

3. 新蒸汽量 D_0 计算及功率校核

根据抽汽做功不足多耗新汽的式（1-57）来计算 D_0

$$D_0 = D_{c0}\beta = \frac{D_{c0}}{1 - \sum\limits_{j=1}^{8} \alpha_j Y_j - \sum\limits_{j=1}^{3} \alpha_{sgj} Y_{sgj}}$$

（1）计算 D_{c0}

凝汽的比内功 w_{ic} 为

$$w_{ic} = h_0 + q_{rh} - h_c = 3396.0 + 627.9 - 2362.1 = 1661.8 (\text{kJ/kg})$$

$$D_{c0} = \frac{3600 P_e}{w_{ic}\eta_m\eta_g} \times 10^{-3}$$

$$= \frac{3600 \times 600\,000}{1661.8 \times 0.99 \times 0.988} \times 10^{-3}$$

$$= 1328.871\,1 (\text{t/h})$$

（2）计算 D_0

各级抽汽做功不足系数 Y_j 如下：

$$Y_1 = \frac{h_1 + q_{rh} - h_c}{w_{ic}} = \frac{3055.4 + 627.9 - 2362.1}{1661.8} = 0.795\,042$$

$$Y_2 = \frac{h_2 + q_{rh} - h_c}{w_{ic}} = \frac{2970.3 + 627.9 - 2362.1}{1661.8} = 0.743\,832$$

$$Y_3 = \frac{h_3 - h_c}{w_{ic}} = \frac{3373.6 - 2362.1}{1661.8} = 0.608\,677$$

$$Y_4 = \frac{h_4 - h_c}{w_{ic}} = \frac{3182.6 - 2362.1}{1661.8} = 0.493\,742$$

$$Y_5 = \frac{h_5 - h_c}{w_{ic}} = \frac{2972.9 - 2362.1}{1661.8} = 0.367\,553$$

$$Y_6 = \frac{h_6 - h_c}{w_{ic}} = \frac{2719.2 - 2362.1}{1661.8} = 0.214\,887$$

$$Y_7 = \frac{h_7 - h_c}{w_{ic}} = \frac{2593.0 - 2362.1}{1661.8} = 0.138\,946$$

$$Y_8 = \frac{h_8 - h_c}{w_{ic}} = \frac{2501.1 - 2362.1}{1661.8} = 0.083\,644$$

$$Y_{sg1} = \frac{h_{sg1} + q_{rh} - h_c}{w_{ic}} = \frac{3323.8 + 627.9 - 2362.1}{1661.8} = 0.956\,553$$

$$Y_{sg2} = \frac{h_{sg2} + q_{rh} - h_c}{w_{ic}} = \frac{3396.0 + 627.9 - 2362.1}{1661.8} = 1$$

$$Y_{sg3} = \frac{h_{sg3} - h_c}{w_{ic}} = \frac{2716.2 - 2362.1}{1661.8} = 0.213\,082$$

$\alpha_j h_j$、$\alpha_j Y_j$ 和 D_j 的计算数据见表 2-5。

表 2-5　　　　　　　　　　$\alpha_j h_j$、$\alpha_j Y_j$ 和 D_j 的计算数据

α_j	h_j	$\alpha_j h_j$	Y_j	$\alpha_j Y_j$	D_j (t/h) ($D_j = D_0 \alpha_j$)
$\alpha_1 = 0.063\,229$	$h_1 = 3055.4$	$\alpha_1 h_1 = 193.189\,887$	$Y_1 = 0.795\,042$	$\alpha_1 Y_1 = 0.050\,270$	$D_1 = 107.592\,2$
$\alpha_2 = 0.086\,404$	$h_2 = 2970.3$	$\alpha_2 h_2 = 256.645\,801$	$Y_2 = 0.743\,832$	$\alpha_2 Y_2 = 0.064\,270$	$D_2 = 147.027\,415$
$\alpha_3 = 0.035\,456$	$h_3 = 3373.6$	$\alpha_3 h_3 = 119.614\,362$	$Y_3 = 0.608\,677$	$\alpha_3 Y_3 = 0.021\,581$	$D_3 = 60.332\,902$
$\alpha_4 = 0.099\,163$	$h_4 = 3182.6$	$\alpha_4 h_4 = 315.596\,164$	$Y_4 = 0.493\,742$	$\alpha_4 Y_4 = 0.048\,961$	$D_4 = 168.738\,480$
$\alpha_5 = 0.054\,016$	$h_5 = 2972.9$	$\alpha_5 h_5 = 160.584\,166$	$Y_5 = 0.367\,553$	$\alpha_5 Y_5 = 0.019\,854$	$D_5 = 91.915\,107$
$\alpha_6 = 0.026\,708$	$h_6 = 2719.2$	$\alpha_6 h_6 = 72.624\,394$	$Y_6 = 0.214\,887$	$\alpha_6 Y_6 = 0.005\,739$	$D_6 = 45.447\,065$
$\alpha_7 = 0.024\,817$	$h_7 = 2593.0$	$\alpha_7 h_7 = 64.350\,481$	$Y_7 = 0.138\,946$	$\alpha_7 Y_7 = 0.003\,448$	$D_7 = 42.229\,288$
$\alpha_8 = 0.022\,872$	$h_8 = 2501.1$	$\alpha_8 h_8 = 57.205\,159$	$Y_8 = 0.083\,644$	$\alpha_8 Y_8 = 0.001\,913$	$D_8 = 38.919\,622$
$\alpha_c = 0.583\,635$	$h_c = 2362.1$	$\alpha_c h_c = 1378.604\,234$	—	—	$D_c = 993.129\,318$
$\alpha_{sg1} = 0.002\,9$	$h_{sg1} = 3323.8$	$\alpha_{sg1} h_{sg1} = 9.639\,020$	$Y_{sg1} = 0.956\,553$	$\alpha_{sg1} Y_{sg1} = 0.002\,774$	$D_{sg1} = 4.934\,702$
$\alpha_{sg2} = 0.000\,1$	$h_{sg2} = 3396.0$	$\alpha_{sg2} h_{sg2} = 0.339\,600$	$Y_{sg2} = 1$	$\alpha_{sg2} Y_{sg2} = 0.000\,100$	$D_{sg2} = 0.170\,163$
$\alpha_{sg3} = 0.000\,7$	$h_{sg3} = 2716.2$	$\alpha_{sg3} h_{sg3} = 1.901\,340$	$Y_{sg3} = 0.213\,082$	$\alpha_{sg3} Y_{sg3} = 0.000\,149$	$D_{sg3} = 1.191\,139$
—	—	$\sum \alpha h = 2630.294\,608$	—	$\sum \alpha Y = 0.219\,059$	$D_0 = 1701.627\,419$

于是，抽汽做功不足汽耗率增加系数 β 为

$$\beta = \frac{1}{1 - \sum_{j=1}^{8} \alpha_j Y_j - \sum_{j=1}^{3} \alpha_{sgj} Y_{sgj}} = \frac{1}{1 - 0.219\,059} = 1.280\,506$$

则汽轮机新汽耗量 D_0 为

$$D_0 = D_{c0}\beta = 1328.871\,1 \times 1.280\,506 = 1701.627\,417\,(\text{t/h})$$

（3）功率校核

1kg 新蒸汽比内功 w_i（其中 $\sum \alpha_j h_j$ 计算数据见表 2-5）为

$$w_i = h_0 + \alpha_{rh} q_{rh} - \Big(\sum_{j=1}^{8} \alpha_j h_j + \alpha_c h_c + \sum_{j=1}^{3} \alpha_{sgj} h_{sgj} \Big)$$

$$= 3396.0 + 0.847\,367 \times 627.9 - 2630.294\,608$$

$$= 1297.767\,131 (kJ/kg)$$

据此，可得汽轮发电机的功率 P'_e 为

$$P'_e = D_0 w_i \eta_m \eta_g / 3600$$

$$= 1701.627\,417 \times 1\,297.767\,131 \times 0.99 \times 0.988 / 3600$$

$$= 599.999\,493 (MW)$$

计算误差

$$\Delta = \frac{\mid P_e - P'_e \mid}{p_e} \times 100\% = \frac{\mid 600 - 599.999\,493 \mid}{600} \times 100\% = 0.000\,084\,5\%$$

误差非常小，在工程允许范围内，表示上述计算正确。

4. 热经济指标计算

1kg 新蒸汽的比热耗 q_0

$$q_0 = h_0 + \alpha_{rh} q_{rh} - h_{fw}$$

$$= 3396.0 + 0.847\,367 \times 627.9 - 1206.9$$

$$= 2721.161\,739 (kJ/kg)$$

汽轮机绝对内效率 η_i

$$\eta_i = \frac{w_i}{q_0} = \frac{1297.767\,131}{2721.161\,739} = 47.691\,7\%$$

汽轮发电机组绝对电效率 η_e

$$\eta_e = \eta_i \eta_m \eta_g = 0.476\,917 \times 0.99 \times 0.988 = 46.648\,2\%$$

汽轮发电机组热耗率 q

$$q = \frac{3600}{\eta_e} = \frac{3600}{0.466\,482} = 7717.339\,576 (kJ/kWh)$$

汽轮发电机组汽耗率 d

$$d = \frac{q}{q_0} = \frac{7717.339\,576}{2721.161\,739} = 2.836\,046 (kg/kWh)$$

5. 各汽水流量绝对值计算

由 $D_j = D_0 \alpha_j$ 求出各处 D_j，见表 2-5。

思 考 题

1. 由混合式加热器组成的回热系统具有什么特点？

2. 为什么现代发电厂一般采用以表面式加热器为主的回热系统？

3. 什么是表面式加热器的端差？表面式加热器的端差对热力系统的经济性有什么影响？

4. 为什么现代大型机组的回热系统中较多采用表面式卧式加热器？

5. 回热抽汽管道压降是如何产生的？它的大小对回热系统经济性有什么影响？

6. 大型机组回热系统为什么要采用蒸汽冷却器（段）和疏水冷却器（段）？在 T-s 图上

画出其做功能力损失的变化部位。

7. 表面式加热器的疏水方式有哪几种？试用回热抽汽做功比 X_r 来分析不同疏水方式对热经济性的影响。

8. 锅炉给水为什么要除氧？发电厂主要采用哪种方式除氧？其原理是什么？

9. 现代大型电厂除氧器的布置方式有哪几种？大型机组采用哪种方式较多？为什么？

10. 除氧器的运行方式有哪几种？不同的运行方式对除氧器汽源连接方式有什么要求？

11. 什么是除氧器的滑压运行？为确保滑压运行中给水泵不发生汽蚀，有哪些预防措施？

12. 机组原则性热力系统计算的目的是什么？常规热力计算的原理、方法是什么？回热加热器出水焓是如何确定的？

第三章　热电厂的热经济性及其供热系统

　　热电厂以热电联产的方式，同时向外界供应电能和热能。由热电厂或集中锅炉房向城市的一个或几个较大区域或工业企业供应热能的系统称为集中供热系统。

　　从集中供热系统或者热电厂获得热量的用热单位称为该系统或者该热电厂的热用户。由供热系统通过热网向热用户供应的不同用途的热量，称为热负荷。

　　本章主要讨论热负荷的特性、热电厂的热经济性、对外供热系统及设备等相关内容。

第一节　热负荷及其载热质

一、热负荷的分类及计算

　　无论是住宅建筑、社会公用建筑，还是工业企业建筑物等都有各种目的的热消耗。当热量用于不同目的时，它的需要量（单位时间供应的热量 GJ/h 或流量 t/h）、负荷随时间变化的规律（即热负荷特性）、对载热质的种类（蒸汽或热水）及参数（压力、温度）的要求都是不同的，这就要求把不同种类的热负荷分别研究。热负荷及其变化规律更是热电联产设计、运行和经济分析的重要依据。

　　热负荷按其用途可分为供暖、通风、空调（夏季制冷、冬季采暖）、生活热水和生产工艺等类型。

　　热负荷按其随时间变化的性质可分为季节性和全年性两大类。供暖、通风和空调热负荷属于季节性热负荷，季节性热负荷与室外温度、湿度、风速、风向及太阳辐射热等气候条件关系密切，其中影响最大的是室外温度，因此，一年中变化很大，但在一天中波动相对较小。生活热水和生产工艺热负荷属于全年性热负荷，气候条件对它影响较小，即在全年中变化不大，而日变化较大。

　　（一）季节性热负荷

　　1. 供暖热负荷

　　供暖热负荷是指在保持室内一定温度的情况下，用以补偿房屋向外散热损失所需要的热量。供暖热负荷是城市集中供热系统的主要热负荷，它的大小占全部热负荷的 80%～90%。供暖热负荷除了由建筑物供暖设计提供外，还可以采用体积热指标法或面积热指标法等。设计选用热指标时，总建筑面积大，围护结构热工性能好，窗户面积小时，采用较小值；反之采用较大值。

体积热指标法
$$Q_h = q_{V,h}(1+\mu)V_o(t_i - t_o^d) \times 10^{-3} \ \text{kW} \tag{3-1}$$

面积热指标法
$$Q_h = q_{A,h}A \times 10^{-3} \ \text{kW} \tag{3-2}$$

式中　Q_h——供暖设计热负荷，kW；

　　　$q_{V,h}$——建筑物的采暖体积热指标，W/（m³·℃），它表示各类建筑物在室内外温差1℃时，每 1m³ 建筑物外围体积的采暖热负荷，它的取值大小与建筑物的构造和外形有关，可查设计规范获得；

μ——建筑物空气渗透系数,一般民用建筑物取 $\mu = 0$,工业建筑物必须考虑 μ 值,不同建筑物的 μ 值是不同的,可从有关手册中查得;

V_o——建筑物的外围体积,m^3;

t_i——采暖室内计算温度,℃;

t_o^d——采暖室外计算温度,℃;

$q_{A,h}$——建筑物的采暖面积热指标,W/(m^2·℃),它表示每 $1m^2$ 建筑面积的采暖设计热负荷,可查设计规范获得;

A——建筑物的建筑面积,m^2。

t_i 一般指距地面 2m 以内人们活动区域的平均空气温度,其高低主要取决于人体的生理热平衡要求、生活习惯、人民生活水平的高低、生产要求、国家的经济情况等因素,各国有不同的规定数值。根据 GB 50736—2012《民用建筑供暖通风和空气调节设计规范》的规定,我国民用建筑物的主要房间 $t_i = 16 \sim 24$℃,一般取 $16 \sim 18$℃。

t_o^d 的选取在采暖热负荷计算中是一个非常重要的问题。单纯从技术观点来看,采暖系统的最大出力,恰好等于当地出现最冷天气时所需的热负荷,是最理想的,但这往往同采暖系统的经济性相违背。t_o^d 既不是当年当地的最低气温,更不是当地历史上的最低气温,而是取一个比最低室外温度稍高的较合理温度,原因有三:其一,极低的室外温度出现得很少,并且持续时间不长,有时只连续几小时而已;其二,被采暖的房间有热惯性,如果只在短时间内破坏其热平衡状态,对室内温度并不会有多大影响;其三,如果以最低室外温度作为设计系统和选择采暖设备的依据,还会造成设备和投资的浪费。但若以较高的室外温度作为依据,虽投资减小,但会造成设备偏小,在较长的时间里不能保持必要的室内温度,达不到采暖的目的和要求。因此正确地确定和合理地选择采暖室外计算温度是一个技术与经济统一的问题。

在广泛调查研究的基础上,结合我国的具体情况,采暖室外计算温度采用当地历年平均不保证 5 天的日平均温度,即在 20 年统计期间,总共有 100 天的实际日平均温度低于所取的采暖室外计算温度 t_o^d。

2. 通风热负荷

对室内进行通风、空气调节以及冬季采暖季节加热送进室内新鲜空气而消耗的热量称为通风热负荷。

通风热负荷为加热从机械通风系统进入建筑物的室外空气的耗热量。只有装有强迫送风的通风系统的房屋内且系统投入运行时才有通风热负荷。其计算可采用通风体积热指标法或百分数法进行近似计算。

通风体积热指标法

$$Q_v = q_{V,v} V_o (t_{i,v} - t_{o,v}^d) \times 10^{-3} \quad kW \qquad (3-3)$$

百分数法

$$Q_v = K_v Q_h \quad kW \qquad (3-4)$$

式中 Q_v——建筑物通风设计热负荷,kW;

$q_{V,v}$——通风的体积热指标,它表示建筑物在室内外温差 1℃时,每 $1m^3$ 建筑物外围体积的通风热负荷,W/(m^3·℃);

$t_{i,v}$——通风室内计算温度,℃;

$t_{\mathrm{o,v}}^{\mathrm{d}}$——通风室外计算温度，℃；

K_{v}——计算建筑物通风热负荷系数，一般取 0.3～0.5。

$q_{\mathrm{v,v}}$ 值取决于建筑物的性质和外围体积。当建筑物的内、外部体积一定时，通风热指标的数值主要与通风次数有关，而通风次数取决于建筑物性质和要求，它可由生产、采暖通风资料提供。工业厂房的 $q_{\mathrm{v,h}}$ 和 q_{v} 值可参考有关设计手册选用。对于一般的民用建筑，室外空气无组织地从门窗等缝隙进入，预热这些空气到室温所需的渗透和侵入耗热量，已计入采暖热负荷中，不必另行计算。

$t_{\mathrm{i,v}}$ 一般取采暖室内计算温度。冬季 $t_{\mathrm{o,v}}^{\mathrm{d}}$ 应采用历年最冷月平均温度，历年最冷月指历年逐月平均气温最低的月份。每当室外气温低于该通风室外计算温度时，因时间不长可采用部分空气再循环以减少换气次数，而总耗热量却不再增加，这样可提高通风设备的利用率，降低运行费用和节约投资。

3. 空调热负荷

（1）空调冬季采暖热负荷。空调冬季热负荷主要包括围护结构的耗热量和加热新风耗热量，计算式为

$$Q_{\mathrm{a}} = q_{\mathrm{a}}A \times 10^{-3} \quad \mathrm{kW} \tag{3-5}$$

式中　Q_{a}——空调冬季设计热负荷，kW；

q_{a}——空调热指标，查设计规范获得，$\mathrm{W/m^2}$；

A——空调建筑物的建筑面积，$\mathrm{m^2}$。

（2）空调夏季制冷热负荷。空调夏季制冷热负荷主要包括围护结构传热、太阳辐射、人体及照明散热等形成的制冷热负荷和新风制冷热负荷，计算式为

$$Q_{\mathrm{c}} = \frac{q_{\mathrm{c}}A \times 10^{-3}}{\mathrm{COP}} \quad \mathrm{kW} \tag{3-6}$$

式中　Q_{c}——空调夏季设计制冷热负荷；

q_{c}——空调冷指标，可查设计规范获得，$\mathrm{W/m^2}$；

COP——吸收式制冷机的制冷系数，可取 0.7～1.2。

（二）全年性热负荷

1. 生活热水热负荷

生活热水热负荷是指日常生活用的热水的用热，例如洗脸、洗澡、洗衣服、洗刷器皿等消耗热水的热量。热水供应热负荷的大小取决于热水用量。生活热水热负荷全年都存在，在一年的各季节内变化不大，但小时用水量变化较大。

采暖期的生活热水平均小时热负荷 $Q_{\mathrm{hw,av}}$ 可按下式计算：

$$Q_{\mathrm{hw,av}} = \frac{cm\rho V(t_{\mathrm{h}} - t_{\mathrm{l}})}{T} = 0.001\,163\,\frac{mV(t_{\mathrm{h}} - t_{\mathrm{l}})}{T} \quad \mathrm{kW} \tag{3-7}$$

式中　c——水的比热容，$c = 4.186\,8\mathrm{kJ/(kg \cdot ℃)}$；

m——用热水单位数（住宅为人数，公共建筑为每日人次数，床位数等）；

ρ——水的密度，按 $\rho = 1000\mathrm{kg/m^3}$ 计算；

V——每个用热水单位每天的热水用量，可查设计规范获得，L/d；

t_{h}——生活热水温度，可查设计规范获得，一般为 60～65，℃；

t_{l}——冷水计算温度，取最低月平均水温，无此资料可查设计规范获得，℃；

T——每天供水小时数，对住宅、旅馆、医院等，一般取 24，h/d；

0.001 163——公式简化和单位换算后的数值，$0.001\,163 = 4.186\,8 \times 10^3 / (3600 \times 1000)$。

计算城市居住区生活热水平均热负荷 $Q_{hw,av}$ 还可用估算公式，即

$$Q_{hw,av} = q_w A \times 10^{-3} \quad kW \tag{3-8}$$

式中　　q_w——居住区热水的热指标，应根据建筑物类型，采用实际统计资料时，也可查设计规范获得，W/m^2；

　　　　A——居住区的总建筑面积，m^2。

2. 生产工艺热负荷

生产工艺热负荷是指生产过程的加热、烘干、蒸煮、清洗、熔化等工艺或拖动机械的动力设备（如汽锤、拖动水泵的汽轮机、压气机等）所需要的热量。

集中供热系统中，生产工艺热负荷的参数大致可分为三种：低温供热，供热温度为 130℃ 以下，一般用 0.4～0.6MPa 的蒸汽供应；中温供热，供热温度为 130～250℃，一般用 0.8~1.3MPa 的蒸汽供应；高温供热，供热温度在 250～300℃ 之间。

由于生产工艺热负荷的用热设备繁多，用热方式不同，企业的工作时间的差异，所以，生产工艺热负荷难以用统一固定的数学公式计算。一般按实测方法确定。在个别情况下，也可以对工艺设备进行传热计算来确定生产工艺热负荷。

向工业企业供热的集中供热系统，当用热设备或热用户很多时，不同工厂或车间的最大生产工艺热负荷不可能同时出现，为了使供热系统的设计和运行更接近实际情况，集中供热系统热网的最大生产工艺热负荷取为

$$Q_{w,max} = k_{sh} \sum Q_{sh,max} \quad kW \tag{3-9}$$

式中　　$\sum Q_{sh,max}$——经核实后的各工厂（或车间）的最大生产工艺热负荷之和，kW；

　　　　k_{sh}——生产工艺热负荷的同时使用系数，一般可取 0.6～0.9，当各用户生产性质相同、生产负荷平稳且连续生产时间较长，同时使用系数取较高值，反之取较低值。

当热源（如热电厂）的蒸汽参数与各工厂用户使用的蒸汽压力和温度参数不一致时，确定热电厂出口热网的设计流量应进行必要的换算，换算公式为

$$D = \frac{10^6 Q_{w,max}}{(h_r - h'_r)\eta_h} = \frac{k_{sh} \sum D_{g,max}(h_g - h'_g)}{(h_r - h'_r)\eta_h} \quad kg/h \tag{3-10}$$

式中　　D——热源出口的设计蒸汽流量，kg/h；

　　h_r、h'_r——热源出口蒸汽的比焓与凝结水的比焓，kJ/kg；

　　　　η_h——热网效率，一般取 $\eta_h = 0.9 \sim 0.95$；

　　$\sum D_{g,max}$——各工厂核实的最大蒸汽流量之和，kg/h；

　　h_g、h'_g——各工厂使用蒸汽压力下的比焓和凝结水比焓，kJ/kg。

（三）热负荷图

热负荷图是热负荷随室外温度或时间的变化图，反映热负荷的变化规律。热负荷图对集中供热系统设计、技术经济分析和运行管理等均具有重要意义。

根据目的和用途不同，热负荷图可分为热负荷时间图、热负荷随室外温度变化图和热负荷持续时间图。

1. 热负荷时间图

用来描述某一时间期限内热负荷变化规律的曲线，称为热负荷时间曲线。其特点是图中

热负荷的大小按照它们出现的先后顺序排列。热负荷时间图中的时间期限可长可短，可以是一天、一个月或一年，相应称为全日热负荷图、月热负荷图或年热负荷图。

（1）全日热负荷图。全日热负荷图以时间为横坐标，小时热负荷为纵坐标，从零时至24时绘制。其图形的面积为全日耗热量。全日热负荷图的形状与热负荷的性质和用户系统的用热情况有关，图3-1所示为全日热负荷。

全年性热负荷受室外温度影响不大，在全天中每小时的变化较大，因此，对生产热负荷，必须绘制日热负荷图为设计集中供热系统提供基础数据。一般来说，工厂生产不可能每天一致，冬夏期间总会有差别。因此，需要分别绘制出冬季和夏季典型工作日的日生产热负荷图，由此确定生产的最大、最小热负荷和冬季、夏季平均热负荷值。

季节性的供暖、通风等热负荷，大小主要取决于室外温度，在全天中每小时的变化不大（对工业厂房供暖、通风热负荷，受工作制度影响而有些规律性的变化）。季节性热负荷的变化规律通常用其随室外温度变化图来反映。

各类相同性质日热负荷图的叠加图，是热电厂或区域锅炉房运行的重要参考资料。

（2）年热负荷图。年热负荷图表示一年中各月份热负荷变化规律图，以一年中的月份（1～12月）为横坐标，以每月的热负荷为纵坐标绘制的负荷时间图。图3-2所示为典型全年热负荷的示意。它是规划供热系统运行，确定设备检修计划和安排职工休假日等方面的基本参考资料。对季节性的供暖、通风热负荷，可根据该月份的室外平均温度确定，热水供应热负荷按平均小时热负荷确定，生产热负荷可根据日平均热负荷确定。

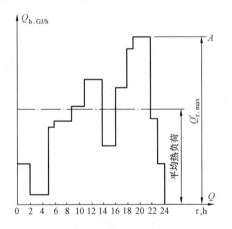

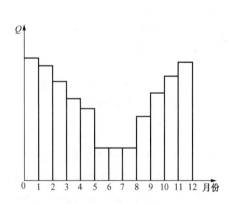

图3-1　住宅区典型热水供应全日热负荷　　　　图3-2　全年热负荷

2. 热负荷随室外温度变化图

供暖、通风等季节性热负荷的大小，主要取决于当地的室外温度。以室外温度为横坐标，以热负荷为纵坐标绘制的热负荷随室外温度变化图能很好地反映季节性热负荷的变化规律。图3-3所示为一个居住区的热负荷随室外温度的变化。开始供暖的室外温度定为5℃。

3. 热负荷持续时间图

热负荷持续时间图是表示不同小时用热量的持续性曲线。季节性热负荷持续时间图表示季节性热负荷在采暖期不同小时用热量的持续性曲线，它描述了由不同室外气温持续时间确定的热负荷变化规律。该曲线上横坐标表示大于或等于某热负荷的总小时数，纵坐标表示热负荷。热负荷持续时间图的特点是热负荷按其数值的大小来排列。可以直观方便地分析各种热负荷的年耗热量，还可以用来计算有关经济指标，是确定热电联产系统的最佳热化系数、优化供热设备选择的依据，用于确定热网供、回水温度的最佳值，选择供热设备的经济工况，确定各供热设备间的热负荷分配等。特别是在制订经济合理的供热方案时，热负荷持续时间图是简便、科学的分析计算手段。所以它是集中供热系统规划、设计、运行及技术经济分析的重要资料。

（1）年持续采暖负荷图。由前面的分析可知，采暖热负荷的大小随环境温度的变化而变化。如果把一个采暖期内的热负荷按其大小及持续时间依次排列并绘制成图，即为年持续采暖热负荷图，如图 3-4 所示。

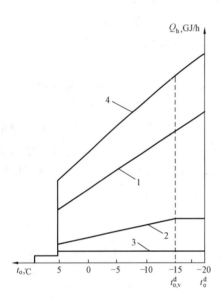

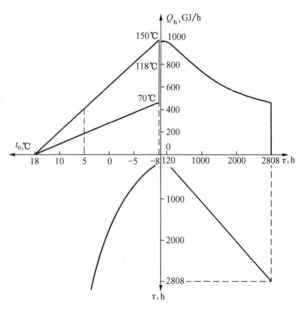

图 3-3　热负荷随室外温度的变化示意
1—供暖热负荷；2—冬季通风热负荷；
3—热水供应热负荷；4—总热负荷

图 3-4　年持续采暖热负荷

在图 3-4 中，横坐标的左半边为室外温度 t_o，纵坐标为供暖热负荷 Q_h，横坐标的右半边表示小于等于某一室外温度的持续小时数 τ。第Ⅰ象限反映的是不同采暖热负荷所持续的时间，同时也反映出基本与尖峰热负荷的分配情况，曲线与横坐标轴之间包围的面积为全年供热量 Q_h^a。第Ⅱ象限反映出热负荷随外界环境温度变化的关系，如热水采暖还反映了供、回水温度随室外环境温度变化的情况。查阅当地气象资料可绘制出室外气温 t_o 与持续时间 τ 的关系曲线（第Ⅲ象限）。

（2）生产工艺热负荷持续时间图。生产工艺热负荷持续时间图，要依据冬季和夏季典型日的生产工艺热负荷图进行绘制，具体见图 3-5。

如果供热汽轮机只有一级对外调节抽汽，这时也可把采暖、制冷和生产热负荷分别进行叠加。

二、供热载热质及其选择

在供热系统中，用来传送热能的媒介物质称为供热载热质。

由热源向热用户输送和分配热量的管道及其设备系统称为热网。

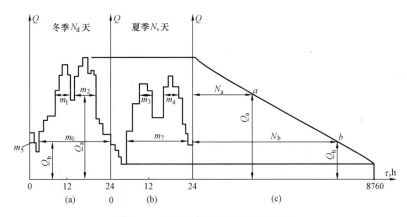

图 3-5　生产工艺热负荷持续时间

（a）冬季典型日的热负荷图；（b）夏季典型日的热负荷图；

（c）生产工艺热负荷的持续时间曲线图

　　热电厂的供热载热质有蒸汽和热水两种，相应的热网称为汽网和水网，两者的比较见表3-1。

表 3-1　　　　　　　　　　　载热质为蒸汽与热水时的比较

项目	热　　　水	蒸　　　汽
供热适应性	一般。有时难以满足工艺热负荷的温度要求。但可通过高温水（可达250℃）供热，并在用户处设换热设备，将高温水转化成蒸汽	强。可适应于各类热负荷。特别是某些工艺过程必须用蒸汽，如汽锤、蒸汽搅拌、动力用汽等
供热距离	远。一般10km，最远可达30km，因为每千米温降仅1℃，热网运行损失小	较近。一般为3~5km，最远可达10km，因为每千米温降较水网大，每千米压降0.10~0.12MPa
热化发电量	大。由于水网可利用汽轮机的低压抽汽，增大热化发电量，尤其是可实现热网水的多级加热，可进一步提高热经济性	小。由于每千米压降0.10~0.12MPa，所以在满足供热参数的要求时，需提高汽轮机抽汽压力，热化发电量减少，热经济性较低
供热蒸汽的凝结水回收率	高达100%。由于水网是在热电厂内利用汽轮机的抽汽通过表面式换热器加热，抽汽的凝结水全部回收	很低，甚至为零。因为加热过程中蒸汽品质往往受到污染，从而造成热电厂补水量大，增加化学水处理的投资与运行费用，降低热经济性
供热质量	供热速度慢；密度大；蓄热能力强；能进行量、质的调节；负荷变化大时仍可较稳定运行，水温度变化缓和，不会出现局部过热现象	供热速度快；密度小；只能进行量的调节；运行中可能出现局部过热现象，事故时，由于汽网蓄热能力小，温度变化剧烈。适用于高层建筑
热网系统设计	需考虑管网的静压差。由于水的密度大，因高度差而形成的静压差大，对水力工况要求严格	蒸汽的密度小，静压差比水要小很多

续表

项目	热　　水	蒸　　汽
输送载热质的电能消耗	大。因为需要装设热网水循环泵	较小。若凝结水不回收，则为零，当凝结水回收时，只需增加凝结水返回热电厂的水泵耗电量
事故时载热质的泄漏量	大。同样的泄漏点，由于水的比体积小，故泄漏量大	小。漏点不大时可继续运行
热用户用热设备投资	大	小。蒸汽的温度和传热系数比水高，因此可减小换热器面积，降低设备造价
供热效率	总效率约90%。管道热效率95%，热水渗漏占2%～3%，与管道无关；热交换损失较小	总效率约60%。管道损失占5%～8%；蒸汽渗漏损失占3%（疏水器处）；凝结水一部分被污染无法回收的损失占10%
供热管网使用寿命	长。理论上20～30年	短。一般为5年，因为热网回水管道与室外相通
管网维修管理工作量	较小	较大。特别是疏水器为运动部件，磨损较大，寿命约8000h

　　综上分析，热网载热质的选择较为复杂，应在满足供热的前提下，根据热电厂、热网和热用户用热设备的投资、运行方式和费用等综合因素确定。一般而言，采暖、通风、热水负荷广泛用水作载热质，工艺热负荷一般用蒸汽作载热质。但用热水网比汽网的热损失小，机组的热化效果好，凝结水回收率高且供热距离远，对节能降耗及环保也较为有利，故能采用热水供热的地方，都应尽量采用。在国外，很多生产工艺过程用高温水代替蒸汽，如烘干、浓缩、溶解反应釜等；汽锤、水煤气生成、制蒸馏水、烟道吹灰等可改造成使用高温水，也可在用户处把高温水通过汽水交换器转换成蒸汽。

第二节　热电联合生产及热电厂总热耗量的分配

一、热电联产

　　如第一章所述，热电联产是指电厂对热电用户供应电能和热能，并且生产的热能是取自汽轮机做过部分功或全部功的蒸汽，即同一股蒸汽（热电联产汽流）先发电后供热。这种发电厂称为热电厂。图3-6所示为热电厂的热力系统简图。特别需要指出的是，对于抽汽式汽轮机，只有先发电后供热的供热汽流 $D_{h,t}$ 才属热电联产，而凝汽流 D_c 仍属于分产发电，同样热电厂用锅炉产生的新蒸汽 $D_{h,b}$ 经减温减压后供给热用户仍属分产供热。

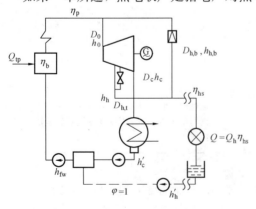

图 3-6　热电厂热力系统简图

二、热电厂总热耗量的分配

　　在热电厂中，工质所吸收的热量不但生产电能（需要一定功率），而且要满足热用户所需要的热能。因此表征热电厂的热经济性指标，除按照生产电能的指标外，还必须考虑生产热能的指标，可见，热电联产热经济指标的确定比分产要复杂和困难得多。为了确定其电能和热能的生产成本及分项的热经济指标，必须将热电厂总热耗量合理地分配给两种产品。

目前国内外对热电联产总热耗量分配方法有热量法、实际焓降法、做功能力法及热经济学法等多种。各种方法都有一定的合理性和局限性，本文主要介绍前三种计算方法。

1. 热量法

热量法的核心是只考虑能量的数量，不考虑能量的质量差别。将热电厂的总热耗量按生产两种产品的数量比例进行分配。

热电厂总热耗量

$$Q_{tp} = B_{tp}Q_{net} = \frac{Q_b}{\eta_b} = \frac{Q_0}{\eta_b \eta_p} \quad \text{kJ/h} \tag{3-11}$$

式中　B_{tp}——热电厂总燃料消耗量，kg/h；

　　　Q_{net}——燃料低位发热量，kJ/kg。

热电厂分配给供热方面的热耗量是以热用户实际消耗的热量为依据的，即分配给供热方面的热耗量为

$$Q_{tp,h} = \frac{Q_h}{\eta_b \eta_p} = \frac{Q}{\eta_b \eta_p \eta_{hs}} \quad \text{kJ/h} \tag{3-12}$$

式中　Q_h——热电厂对外供出的热量，kJ/h；

　　　Q——热用户需要的热量，kJ/h；

　　　η_{hs}——热网效率。

则分配给发电方面的热耗量

$$Q_{tp,e} = Q_{tp} - Q_{tp,h} \quad \text{kJ/h} \tag{3-13}$$

可见，热量法分配给供热的热耗量，不论供热蒸汽参数的高低，一律按锅炉新蒸汽直接供热方式处理，而未考虑实际联产供热汽流在汽轮机中已做过功、能级降低的实际情况。热电联产的节能效益（即联产发电部分无冷源损失）全部由发电部分独占，热用户仅获得了热电厂高效率大锅炉取代低效率小锅炉的好处，但以热网效率 η_{hs} 表示的集中供热管网的散热损失便打了折扣。因此不利于鼓励用户降低用热参数，从而使热电联产总的热经济性降低。热量法被称为热电联产"效益归电法"或"好处归电法"。

2. 实际焓降法

实际焓降法是按联产供热抽汽汽流在汽轮机少做的功占新蒸汽实际做功的比例来分配供热的总热耗量。

分配给联产供热的热耗量

$$Q_{tp,t} = Q_{tp} \frac{D_{h,t}(h_h - h_c)}{D_0(h_0 - h_c)} \quad \text{kJ/h} \tag{3-14}$$

式中　$D_{h,t}$——热电厂联产供热蒸汽量，kg/h；

　　　h_h——供热蒸汽比焓，kJ/kg；

　　h_0、h_c——汽轮机进汽、排汽的比焓，kJ/kg。

式（3-14）适用于非再热机组，对再热机组，还应考虑再热器的吸热量。

若电厂还有新蒸汽直接减温减压后对外供热，则应将其供热量直接加在分配给供热的方面。减温减压器的供热量为

$$Q_{\mathrm{tp,b}} = \frac{D_{\mathrm{h,b}}(h_{\mathrm{h,b}} - h'_{\mathrm{h}})}{\eta_{\mathrm{b}}\eta_{\mathrm{p}}} \quad \mathrm{kJ/h} \tag{3-15}$$

式中　$D_{\mathrm{h,b}}$——减温减压器供热蒸汽量，kg/h；

　　$h_{\mathrm{h,b}}$、h'_{h}——减温减压器供汽、热网返回水的比焓，kJ/kg。

则供热总的热耗量为

$$Q_{\mathrm{tp,h}} = Q_{\mathrm{tp,t}} + Q_{\mathrm{tp,b}} \quad \mathrm{kJ/h} \tag{3-16}$$

发电的热耗量为

$$Q_{\mathrm{tp,e}} = Q_{\mathrm{tp}} - Q_{\mathrm{tp,h}} \quad \mathrm{kJ/h} \tag{3-17}$$

实际焓降的分配方法把热电联产的冷源损失全部由发电方面承担，热用户未分摊任何冷源损失，热电联产的节能效果全部归于供热方面，故又称"好处归热法"。该分配法考虑了供热抽汽品质方面的差别，热用户要求的供热参数越高，供热方面分摊的热耗量就越大，反之越少。所以，可以鼓励热用户降低用热参数，提高热电联产的效益。但是，对发电方面而言，联产汽流却因供热引起实际焓降不足少发了电，且抽汽式供热汽轮机的供热调节装置不可避免地会增大汽流阻力，从而使机组的凝汽发电部分的内效率降低，热耗增大。

3. 做功能力法

做功能力法是把联产汽流的热耗量按蒸汽的最大做功能力在电、热两种产品间分配。

分配给联产汽流供热的热耗量按联产汽流的最大做功能力占新蒸汽的最大做功能力的比值来分摊，即分配给供热方面的热耗量 $Q_{\mathrm{tp,h}}$ 为

$$Q_{\mathrm{tp,h}} = Q_{\mathrm{tp}}\frac{D_{\mathrm{h,t}}e_{\mathrm{h}}}{D_0 e_0} = Q_{\mathrm{tp}}\frac{D_{\mathrm{h,t}}(h_{\mathrm{h}} - T_{\mathrm{en}}s_{\mathrm{h}})}{D_0(h_0 - T_{\mathrm{en}}s_0)} \quad \mathrm{kJ/h} \tag{3-18}$$

式中　e_0、e_{h}——新蒸汽和供热抽汽的比㶲，kJ/kg；

　　T_{en}——环境温度，K；

　　s_0、s_{h}——新蒸汽和供热抽汽的比熵，kJ/(kg·K)。

做功能力法以热力学第一定律和第二定律为依据，同时考虑了热能的数量和质量差别，使热电联产的好处较合理地分配给热、电两种产品，理论上也较有说服力。但是由于供热式汽轮机的供热抽汽或背压排汽温度与环境温度较为接近，此种方法与实际焓降法的分配结果相差不大。所以热电厂也不能接受这种分配方法。

综上所述，可见上述三种分配方法均有局限性。热量法是按热电厂生产两种能量的数量关系来分配，没有反映两种能量在质量上的差别，将不同参数蒸汽的供热量按等价处理，但使用上较为方便，得到广泛运用。而实际焓降法和做功能力法却不同程度地考虑了能量质量上的差别，供热蒸汽压力越低时，供热方面分配的热耗量就越少，可鼓励热用户尽可能降低用汽的压力，从而降低热价。但实际焓降法对热电联产得到的热效益全归于供热，因而会挫伤热电厂积极性；而做功能力法具有较为完善的热力学理论基础，但使用上极不方便，因而后两种方法未得到广泛的应用。总之，热电联产总热耗量的分配应充分考虑热电厂节约能源、保护环境的社会效益，在兼顾用户承受能力的前提下，本着热、电共享的原则合理分摊。因此，从理论上探讨热电厂总热耗量的合理分配，仍是发展热化事业中迫切需要解决的问题。

第三节　热电厂的主要热经济指标与热电联产节约燃料的条件

一直以来，人们在不断地寻找一种既能在质量上又能在数量上来衡量两种能量转换过程

的完善程度，同时又能用于供热式机组间、各热电厂间或者在凝汽式电厂和热电厂间比较的简明计算方法。遗憾的是迄今尚无单一的热经济指标满足这些要求。目前，采用的是既有总指标又有分项指标的综合指标来评价热电联产的经济效益。

一、热电厂分项计算的主要热经济指标

1. 发电方面的主要热经济指标

热电厂发电方面的热效率

$$\eta_{tp,e} = \frac{3600 P_e}{Q_{tp,e}} \tag{3-19}$$

热电厂发电方面的热耗率

$$q_{tp,e} = \frac{Q_{tp,e}}{P_e} = \frac{3600}{\eta_{tp,e}} \tag{3-20}$$

热电厂发电方面的标准煤耗率

$$b_{tp,e}^s = \frac{B_{tp,e}^s}{P_e} = \frac{3600}{29\ 270\eta_{tp,e}} = \frac{0.123}{\eta_{tp,e}} \quad \text{kg 标准煤 /kWh} \tag{3-21}$$

式中　$B_{tp,e}^s$——热电厂发电方面的标准煤耗量，kg 标准煤/h。

2. 供热方面的主要热经济指标

热电厂供热方面的热效率

$$\eta_{tp,h} = \frac{Q}{Q_{tp,h}} \tag{3-22}$$

热电厂供热方面的标准煤耗率

$$b_{tp,h}^s = \frac{B_{tp,h}^s}{Q} \times 10^6 = \frac{34.1}{\eta_{tp,h}} \quad \text{kg 标准煤 /GJ} \tag{3-23}$$

式中　$B_{tp,h}^s$——热电厂供热方面的标准煤耗量，kg 标准煤/h。

二、热电厂总的热经济指标

1. 热电厂的燃料利用系数 η_{tp}

热电厂的燃料利用系数又称热电厂总热效率，是指热电厂生产的电、热两种产品的总能量与其消耗的燃料能量之比，即

$$\eta_{tp} = \frac{3600W + Q_h}{B_{tp}Q_{net}} = \frac{3600W + Q_h}{Q_{tp}} \tag{3-24}$$

式中　W——热电厂的总发电量，kWh/h；

　　　Q_h——热电厂的供热量，kJ/h；

　　　B_{tp}——热电厂的煤耗量，kg/h。

η_{tp} 是数量指标，不能表明热、电两种能量产品在品位上的差别，只能表明燃料能量在数量上的有效利用程度。电厂运行时，热电厂的燃料利用系数可能在相当大的范围内变动，尤其是装有抽汽式供热机组的热电厂：①当热负荷为零时，由于其绝对内效率比相同蒸汽初参数的凝汽式机组还小，所以 η_{tp} 也会比凝汽式发电厂的效率 η_{cp} 低；②供热式汽轮机带高热负荷时，η_{tp} 可高达 70%～80%；③当供热式汽轮机停止运行，发电量为零，直接用锅炉的新蒸汽减压减温后对外供热时，没有按质用能，但 $\eta_{tp} \approx \eta_b \eta_p$ 也很高，显然这是不合理的。

η_{tp} 既不能比较供热式机组间的热经济性，也不能比较热电厂的热经济性，因此不能作为评价热电厂热经济性的单一指标。在设计热电厂时，用以估算热电厂燃料的消耗量。

2. 供热式机组的热化发电率 ω

热化发电率只与联产汽流生产的电能和热能有关，热化发电量与热化供热量的比值称为热化发电率，也叫单位供热量的电能生产率，用 ω 表示，即

$$\omega = \frac{W_h}{Q_{tp,t}} \quad \text{kWh/GJ} \tag{3-25}$$

式中　W_h ——供热抽汽发电量（又称热化发电量），kWh/h；

　　　$Q_{tp,t}$ ——供热量（又称热化供热量），GJ/h。

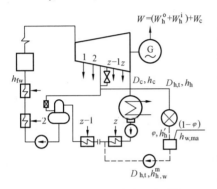

图 3-7　热电厂给水回热系统

图 3-7 所示为某供热汽轮机组给水回热系统简图。对外供热抽汽的焓值为 h_h，经热用户后与补水混合后返回到 z 级加热器出口。

由图可知，热化供热量为

$$Q_{tp,t} = \frac{D_{h,t}(h_h - \varphi h'_h)}{10^6} \quad \text{GJ/h} \tag{3-26}$$

式（3-26）中考虑热网中工质损失，返回水率为 φ，φ 在 0～1 之间，补充热网水 $(1-\varphi)$，补水焓为 $h_{w,ma}$，则返回热力系统混合后的焓值为

$$h^m_{h,w} = \varphi h'_h + (1-\varphi)h_{w,ma} \quad \text{kJ/kg}$$

以上式中　$D_{h,t}$ ——热化供热汽流量，kg/h，如热电厂无对外分产供热，则 $Q_h = Q_{h,t}$，$D_h = D_{h,t}$；

　　　h'_h ——供热返回水比焓，即供热蒸汽的凝结水焓，若 $\varphi = 1$，则 $h^m_{h,w} = h'_h$。

热化发电量为

$$W_h = W^o_h + W^i_h \quad \text{kWh} \tag{3-27}$$

$$W^o_h = \frac{D_{h,t}(h_0 - h_h)\eta_m\eta_g}{3600} \quad \text{kWh} \tag{3-28}$$

$$W^i_h = \sum_{j=1}^{z} \frac{D_j(h_0 - h_j)\eta_m\eta_g}{3600} \quad \text{kWh} \tag{3-29}$$

式中　W^o_h ——外部热化发电量，指对外供热抽汽的热化发电量，kWh/h；

　　　W^i_h ——内部热化发电量，指供热返回水引入回热加热器增加的各级回热抽汽所发出的电量，kWh/h；

　　　z ——供热返回水经过的回热加热级数；

　　　D_j ——各级抽汽加热供热返回水所增加的回热抽汽量。

$$\omega = \frac{W_h}{Q_{tp,t}} = \frac{W^o_h + W^i_h}{Q_{h,t}} = \omega_o + \omega_i \quad \text{kWh/GJ} \tag{3-30}$$

式中　ω_o、ω_i ——外部、内部热化发电率，kWh/GJ。

$$\omega_o = \frac{W^o_h}{Q_{tp,t}} = 278\frac{h_0 - h_h}{h_h - \varphi h'_h}\eta_m\eta_g \quad \text{kWh/GJ} \tag{3-31}$$

$$\omega_i = \frac{W^i_h}{Q_{tp,t}} = 278\sum_{j=1}^{z} \frac{D_j(h_0 - h_j)}{D_{h,t}(h_h - \varphi h'_h)}\eta_m\eta_g \quad \text{kWh/GJ} \tag{3-32}$$

一般内部热化发电量在总热化发电量中所占的份额不大，近似计算中 ω_i 可忽略不计。

影响 ω 的因素有供热机组的初参数、抽汽参数、回热参数、回水温度、回水率、补充水

温度、设备的技术完善程度以及回水所流经的加热器的级数等。当供热机组的汽水参数一定时，热功转换过程的技术完善程度越高，热化发电量就越高，即对外供热量相同时，热化发电量越大，从而可以减少本电厂或电力系统的凝汽发电量，节省更多的燃料。所以 ω 是评价热电联产技术完善程度的质量指标。

需要注意的是，热化发电率只能用来比较供热参数相同的供热式机组的热经济性，不能比较供热参数不同的热电厂的热经济性，也不能用于比较热电厂和凝汽式电厂的热经济性。因此热化发电率不能作为评价热电厂热经济性的单一指标。

3. 热电厂的热电比 R_{tp}

R_{tp} 为供热机组热化供热量与发电量之比，即

$$R_{tp} = \frac{Q_{tp,t}}{3600W} = \frac{Q_{tp,t}}{3600(W_h + W_c)}\tag{3-33}$$

对于凝汽火电厂，无供热的成分，故热电比为零；对背压式供热机组，其排汽的热量全部被利用，得到的热电比最大；对于抽汽式供热机组，因抽汽量是可调节的，热电比随供热负荷的变化而变化。当抽汽供热量最大时，凝汽流量很小，只用来维持低压缸的温度不过分升高，并不能使低压缸发出有效功来，其热电比略低于背压机。当供热负荷为零时，相当于一台凝汽机组，其热电比也为零。

由于热电比只表明本机组热电联产的利用程度，所以其值不宜作为热电机组之间的横向比较，只能用它衡量热电机组本身的利用率或节能经济效果。

4. 我国对热电厂总指标的规定

国家四部委计基础〔2000〕1268 号文《关于发展热电联产的规定》提出，用热电比和总热效率两个经济指标考核热电厂的经济效果。规定如下：

（1）供热式汽轮发电机组的蒸汽流既发电又供热的常规热电联产，应符合下列指标：

1）总热效率年平均大于 45%。

2）热电联产的热电比：①单机容量在 50MW 以下的热电机组，其热电比年平均应大于100%；②单机容量在 50～200MW 之间的热电机组，其热电比年平均应大于 50%；③单机容量 200MW 及以上抽汽凝汽两用供热机组，采暖期热电比应大于 50%。

（2）燃气﹣蒸汽联合循环热电联产系统应符合下列指标：

1）总效率年平均大于 55%；

2）各容量等级燃气﹣蒸汽联合循环热电联产的热电比应大于 30%。

三、热电联产较分产的燃料节约量

（一）比较的基础

如图 3﹣8 所示，按能量供应相等的原则，联产与分产的热、电负荷均相应为 $Q(kJ)$ 和 $W(kWh)$。

与供热式汽轮机相比较的分产发电凝汽式汽轮机，称为代替凝汽式机组。代替凝汽式机组的概念，是指电网中若不建供热机组，则会建设凝汽式机组发电，因此代替凝汽式机组的热经济指标应以目前电网中建设的主力机组为依据。同时认为供热与代替凝汽式机组所配套锅炉的效率 η_b 和管道的效率 η_p 完全相同，事实上它们的确相差很小。当然，机组的机械效率 η_m 和发电机效率 η_g 也相同。

与热电联产供热相比较的分产供热锅炉，其锅炉效率为 $\eta_{b,d}$，管道效率为 $\eta_{p,d}$。$\eta_{b,d}$ 要比

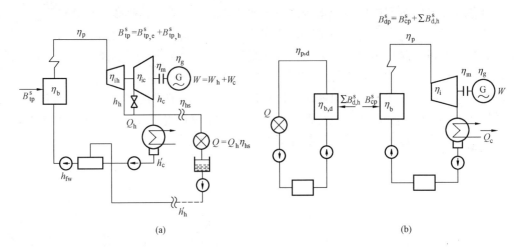

图 3 - 8　热电联产较分产节煤量计算示意

(a) 热电联产的热力系统；(b) 热电分产的热力系统

η_b（一般为 90% 左右）低很多，$\eta_{p,d}$ 与 η_p 基本相同。此外，伴随着热电联产集中供热，必然带来热网的散热损失，该损失由热网效率 η_{hs} 衡量，即在与分散供热供应给热用户相同的热负荷 Q 时，热电厂需供出的热量为 Q_h，显然 $Q_h = Q/\eta_{hs}$。

联产与分产的比较按热量法进行。

（二）联产较分产的节煤量

热电联产总的标准煤耗量为 B_{tp}^s(kg/h)，为用于发电、供热的标准煤耗量之和，即

$$B_{tp}^s = B_{tp,e}^s + B_{tp,h}^s \quad \text{kg 标准煤 /h} \tag{3 - 34}$$

热电分产总标准煤耗量为分产发电标准煤耗量 B_{cp}^s 与分产供热标准煤耗量 $\sum B_{d,h}^s$ 之和，则联产较分产的节煤量 ΔB^s 为

$$\begin{aligned}
\Delta B^s &= B_{cp}^s + \sum B_{d,h}^s - B_{tp}^s \\
&= B_{cp}^s - B_{tp,e}^s + \sum B_{d,h}^s - B_{tp,h}^s \\
&= \Delta B_e^s + \Delta B_h^s \quad \text{kg 标准煤 /h}
\end{aligned} \tag{3 - 35}$$

式中　ΔB_e^s——联产发电节煤量；

ΔB_h^s——联产供热节煤量。

代替凝汽式机组的标煤耗量为

$$B_{cp}^s = b_{cp}^s W = \frac{0.123}{\eta_{cp}} W = \frac{0.123}{\eta_b \eta_p \eta_i \eta_m \eta_g} W \quad \text{kg 标准煤 /h} \tag{3 - 36}$$

分产供热的标准煤耗量为

$$\sum B_{d,h}^s = \frac{Q \times 10^6}{29\,270 \eta_{b,d} \eta_{p,d}} = \frac{Q_h \eta_{hs} \times 10^6}{29\,270 \eta_{b,d} \eta_{p,d}} = \frac{34.1 Q_h \eta_{hs}}{\eta_{b,d} \eta_{p,d}} \quad \text{kg 标准煤 /h} \tag{3 - 37}$$

分产时供 1GJ 热量的标准煤耗率为

$$b_{d,h}^s = \frac{\sum B_{d,h}^s}{Q} = \frac{34.1}{\eta_{b,d} \eta_{p,d}} \quad \text{kg 标准煤 /GJ} \tag{3 - 38}$$

热电厂发电的标准煤耗量为

$$B_{tp,e}^s = b_{e,h}^s W_h + b_{e,c}^s W_c = \frac{0.123 W_h}{\eta_b \eta_p \eta_m \eta_g} + \frac{0.123 W_c}{\eta_b \eta_p \eta_{ic} \eta_m \eta_g} \quad \text{kg 标准煤 /h} \tag{3 - 39}$$

热电厂供热的标准煤耗量为

$$B_{tp,h}^s = \frac{Q \times 10^6}{29\,270\,\eta_b\eta_p\eta_{hs}} = \frac{Q_h \times 10^6}{29\,270\,\eta_b\eta_p} = \frac{34.1Q_h}{\eta_b\eta_p} \quad \text{kg 标准煤/h} \qquad (3\text{-}40)$$

热电厂供 1GJ 热量的标准煤耗率为

$$b_{tp,h}^s = \frac{34.1}{\eta_b\eta_p\eta_{hs}} = \frac{34.1}{\eta_{tp,h}} \quad \text{kg 标准煤/GJ} \qquad (3\text{-}41)$$

把式 (3-36)、式 (3-37)、式 (3-39)、式 (3-40) 代入式 (3-35)，可求出联产较分产节约的标准煤量为

$$\Delta B^s = \frac{0.123W_h}{\eta_b\eta_p\eta_m\eta_g}\left[\frac{W}{\eta_i} - \left(W_h + \frac{W_c}{\eta_{ic}}\right)\right] + 34.1Q_h\left(\frac{\eta_{hs}}{\eta_{b,d}\eta_{p,d}} - \frac{1}{\eta_b\eta_p}\right) \text{kg 标准煤/h} \qquad (3\text{-}42)$$

定义热化发电比 X 为热化发电量占整个机组发电量的比值，即

$$X = \frac{W_h}{W}$$

将 X 与 $W_c = W - W_h$ 代入式 (3-42) 则有

$$\Delta B^s = \frac{0.123W_h}{\eta_b\eta_p\eta_m\eta_g}\left[\left(\frac{1}{\eta_{ic}} - 1\right) - \frac{1}{X}\left(\frac{1}{\eta_{ic}} - \frac{1}{\eta_i}\right)\right] + 34.1Q_h\left(\frac{\eta_{hs}}{\eta_{b,d}\eta_{p,d}} - \frac{1}{\eta_b\eta_p}\right)$$
$$= \Delta B_e^s + \Delta B_h^s \quad \text{kg 标准煤/h} \qquad (3\text{-}43)$$

上两式中，第一项为发电节煤量，第二项为供热节煤量。式 (3-43) 中第一项的前半部分可整理成 $(b_{cp}^s - b_{e,h}^s)W_h$，为热电厂发电节煤的有利因素，是热电厂发电理论上节约燃料的最大值，因为供热机组供热汽流发电，冷源损失用于供热了，称"联产节能"。第一项的后半部分可整理成 $(b_{e,c}^s - b_{cp}^s)W_c$，为热电厂发电节煤的不利因素，是供热机组凝汽流发电多消耗的燃料。原因：①供热机组的容量及蒸汽初参数一般低于代替凝汽式机组；②抽汽式供热机组的凝汽流要通过调节抽汽用的回转隔板，增大了凝汽流的节流损失；③抽汽式供热机组非设计工况运行效率低，如采暖用单抽汽式机组在非采暖期运行时就是这种情况；④热电厂必须建在热负荷附近，若供水条件比凝汽式机组差，则排汽压力高，热经济性有所降低。从第一项前半部中扣去后半部，才是热电厂发电实际节煤量。

实际计算时是计算热电联产较热电分产时的全年节煤量，这时的耗煤量、发电量、用热量均应以全年计，它们与以小时计的量之间有如下关系：全年供热量 $Q_h^a = Q_h\tau_u^h$，全年热化发电量 $W_h^a = \omega Q_h\tau_u^h$，全年发电量 $W^a = P_e\tau_u$，其中 τ_u^h 为供热机组的年利用小时数，ω 为供热机组热化发电率，τ_u 为火电厂全年设备利用小时数。将这些关系代入式 (3-43) 即可求得全年节煤量，即

$$\Delta B_a^s = \frac{0.123 \times 10^{-3}W_h^a}{\eta_b\eta_p\eta_m\eta_g}\left[\left(\frac{1}{\eta_{ic}} - 1\right) - \frac{1}{X}\left(\frac{1}{\eta_{ic}} - \frac{1}{\eta_i}\right)\right]$$
$$+ 34.1 \times 10^{-3}Q_h^a\left(\frac{\eta_{hs}}{\eta_{b,d}\eta_{p,d}} - \frac{1}{\eta_b\eta_p}\right) \quad \text{t 标准煤/a} \qquad (3\text{-}44)$$

（三）联产较分产节煤的条件

由式 (3-43) 知，并不是在任何条件下联产较分产都节煤，而是存在着节煤量为零的临界条件。

（1）联产发电节煤的条件。

1）单抽（C 型）机的节煤条件。在临界条件下，式 (3-43) 中的第一项为零，即

$$\left(\frac{1}{\eta_{\text{ic}}}-1\right)-\frac{1}{X}\left(\frac{1}{\eta_{\text{ic}}}-\frac{1}{\eta_{\text{i}}}\right)=0 \tag{3-45}$$

整理式（3-45）可得单抽机节煤的临界热化发电比为

$$[X_{\text{c}}]=\frac{W_{\text{h}}}{W}=\frac{\dfrac{1}{\eta_{\text{ic}}}-\dfrac{1}{\eta_{\text{i}}}}{\dfrac{1}{\eta_{\text{ic}}}-1}=\frac{K}{M} \tag{3-46}$$

其中　　　　　　　　　$K=\dfrac{1}{\eta_{\text{ic}}}-\dfrac{1}{\eta_{\text{i}}},\quad M=\dfrac{1}{\eta_{\text{ic}}}-1$

单抽机节煤，即 $\Delta B_{\text{e}}^{\text{s}}>0$ 的条件为

$$X_{\text{c}}>[X_{\text{c}}] \tag{3-47}$$

可见，只有当实际的热化发电比大于临界热化发电比时，热电联产发电才能较分产发电节煤，否则不节煤，甚至多耗煤。

由式（3-46）可看出，$[X_{\text{c}}]$ 取决于 η_{i} 与 η_{ic}。代替式凝汽式机组的 η_{i} 越高，供热机组的 η_{ic} 就越低，则 $[X_{\text{c}}]$ 越大，要求热化发电占机组总发电量的比例越大，即节煤的条件越苛刻。

同样由发电煤耗率的概念也可得出式（3-46），推导如下：

$$\begin{aligned}\Delta B_{\text{e}}^{\text{s}}&=W_{\text{h}}(b_{\text{cp}}^{\text{s}}-b_{\text{e,h}}^{\text{s}})-W_{\text{c}}(b_{\text{e,c}}^{\text{s}}-b_{\text{cp}}^{\text{s}})\\&=W_{\text{h}}(b_{\text{e,c}}^{\text{s}}-b_{\text{e,h}}^{\text{s}})-W(b_{\text{e,c}}^{\text{s}}-b_{\text{cp}}^{\text{s}})\quad\text{kg 标准煤 /h}\end{aligned} \tag{3-48}$$

临界条件下，$\Delta B_{\text{e}}^{\text{s}}=0$。

考虑 $b_{\text{cp}}^{\text{s}}=\dfrac{0.123}{\eta_{\text{b}}\eta_{\text{p}}\eta_{\text{i}}\eta_{\text{m}}\eta_{\text{g}}}$，$b_{\text{e,h}}^{\text{s}}=\dfrac{0.123}{\eta_{\text{b}}\eta_{\text{p}}\eta_{\text{m}}\eta_{\text{g}}}$，$b_{\text{e,c}}^{\text{s}}=\dfrac{0.123}{\eta_{\text{b}}\eta_{\text{p}}\eta_{\text{ic}}\eta_{\text{m}}\eta_{\text{g}}}$，则同样可得出与式（3-46）相同的公式，即

$$[X_{\text{c}}]=\frac{W_{\text{h}}}{W}=\frac{b_{\text{e,c}}^{\text{s}}-b_{\text{cp}}^{\text{s}}}{b_{\text{e,c}}^{\text{s}}-b_{\text{e,h}}^{\text{s}}}=\frac{\dfrac{1}{\eta_{\text{ic}}}-\dfrac{1}{\eta_{\text{i}}}}{\dfrac{1}{\eta_{\text{ic}}}-1}=\frac{K}{M} \tag{3-49}$$

2）背压（B 型）机的节煤条件。背压机是强迫电负荷，即电负荷是由热负荷决定的，即 $W_{\text{h}}=f(Q_{\text{h}})$。由于热用户用热不可能总是在额定值，所以当用户的热负荷降低时，机组的发电量也必然减小。根据能量供应相等的原则，这时发电量的不足部分 $W_{\text{cs}}=W-W_{\text{h}}$ 要由电力系统补偿，显然补偿发电量的煤耗率应以电网中火电机组的平均标煤耗率 b_{av}^{s} 计算。

与式（3-48）和式（3-49）同理，可得出背压机的临界热化发电比为

$$[X_{\text{B}}]=\frac{W_{\text{h}}}{W}=\frac{b_{\text{av}}^{\text{s}}-b_{\text{cp}}^{\text{s}}}{b_{\text{av}}^{\text{s}}-b_{\text{e,h}}^{\text{s}}}=\frac{\dfrac{1}{\eta_{\text{i,av}}}-\dfrac{1}{\eta_{\text{i}}}}{\dfrac{1}{\eta_{\text{i,av}}}-1} \tag{3-50}$$

背压机节煤，即 $\Delta B_{\text{e}}^{\text{s}}>0$ 的条件为

$$X_{\text{B}}>[X_{\text{B}}] \tag{3-51}$$

3）采暖-凝汽两用机的节煤条件。抽汽机在额定热负荷情况下可以满足发电负荷。与抽汽机不同，采暖-凝汽两用机也称凝汽抽汽（NC）机，它虽然也是抽汽供热，但其供热是在减小发电量的基础上进行的。在这一点上它与背压机相同，其供热期间少发的电量 $W_{\text{cs}}=W-(W_{\text{h}}+W_{\text{c}})$ 也应由电网补偿，这部分发电的煤耗率也应为 b_{av}^{s}。

两用机节煤的临界条件为

$$\Delta B_e^s = W_h(b_{cp}^s - b_{e,h}^s) - W_c(b_{e,c}^s - b_{cp}^s) - W_{cs}(b_{av}^s - b_{cp}^s)$$
$$= W_h(b_{e,c}^s - b_{e,h}^s) - W(b_{e,c}^s - b_{cp}^s) - W_{cs}(b_{e,c}^s - b_{av}^s)$$
$$= 0$$

临界热化发电比为

$$[X_{NC}] = \frac{W_h}{W} = \frac{b_{e,c}^s - b_{cp}^s}{b_{e,c}^s - b_{e,h}^s} - \frac{W_{cs}}{W} \cdot \frac{b_{e,c}^s - b_{av}^s}{b_{e,c}^s - b_{e,h}^s}$$

$$= \frac{\frac{1}{\eta_{ic}} - \frac{1}{\eta_i}}{\frac{1}{\eta_{ic}} - 1} - \frac{W_{cs}}{W} \cdot \frac{\frac{1}{\eta_{ic}} - \frac{1}{\eta_{i,av}}}{\frac{1}{\eta_{ic}} - 1} \tag{3-52}$$

两用机节煤，即 $\Delta B_e^s > 0$ 的条件为

$$X_{NC} > [X_{NC}] \tag{3-53}$$

（2）联产供热节煤的条件。由式（3-44）的第二项可知，欲使 $\Delta B_h^s > 0$，则必有

$$\frac{\eta_{hs}}{\eta_{b,d}\eta_{p,d}} - \frac{1}{\eta_b\eta_p} > 0 \tag{3-54}$$

可以认为 $\eta_p \approx \eta_{p,d}$，所以式（3-53）可简化为

$$\eta_b\eta_{hs} > \eta_{b,d} \tag{3-55}$$

这就是热电联产机组生产热能节省燃料的条件。因此，欲使热电联产供热比区域锅炉或工业锅炉供热节约燃料，必须满足 $\eta_b\eta_{hs} > \eta_{b,d}$，即热电厂锅炉及热力网效率的乘积必须大于区域锅炉房的效率。

上面分析了热电联产机组生产电能和热能节约燃料的条件。必须指出，这些结论并没有考虑运行因素和投资回收年限。比如，建设热电厂，投资增加，运行费用也增大。因此节约燃料是热电厂的基本要求，但是燃料的节约并不意味着就是实际经济效益的提高，还要综合考虑其他因素。

（四）单位热负荷节约燃料量的计算

上述讨论的是热电联产机组的绝对节约燃料量，在有些情况下，应用单位热负荷的节约燃料量更有意义。单位热负荷的节约燃料量就是对应于产生单位电负荷和单位热负荷所节约的燃料量。因此，单位热负荷的节约燃料量 Δb_s 可分为两部分，即生产电能的单位热负荷的节约燃料量 Δb_e^s 和生产热能的单位热负荷的节约燃料量 Δb_h^s，即

$$\Delta b^s = \Delta b_e^s + \Delta b_h^s \tag{3-56}$$

1. 生产电能的单位热负荷节约燃料量

$$\Delta b_e^s = \frac{\Delta B_e^s}{Q} = \frac{1}{Q}[(b_{cp}^s - b_{e,h}^s)W_h - (b_{e,c}^s - b_{cp}^s)W_c]$$

$$= \frac{1}{Q}[(b_{e,c}^s - b_{e,h}^s)W_h - (b_{e,c}^s - b_{cp}^s)W] \tag{3-57}$$

若热电厂和代替凝汽式电厂的锅炉、管道、机械发电机的发电效率相等，则

$$b_{cp}^s = \frac{b_{e,h}^s}{\eta_i}, \ b_{e,c}^s = \frac{b_{e,h}^s}{\eta_{ic}} \tag{3-58}$$

$$\Delta b_e^s = b_{e,h}^s \cdot \frac{\omega Q_h}{Q} = \frac{1}{Q}\left[\left(\frac{1}{\eta_{ic}} - 1\right) - \frac{1}{X}\left(\frac{1}{\eta_{ic}} - \frac{1}{\eta_i}\right)\right] \tag{3-59}$$

2. 生产热能的单位热负荷的节约燃料量

生产热能的单位热负荷的节约燃料量可以用式（3-43）中的供热节煤部分，即

$$\Delta b_{\mathrm{h}}^{\mathrm{s}} = \frac{34.1 Q_{\mathrm{h}}}{Q}\left(\frac{\eta_{\mathrm{hs}}}{\eta_{\mathrm{b,d}}\eta_{\mathrm{p,d}}} - \frac{1}{\eta_{\mathrm{b}}\eta_{\mathrm{p}}}\right) \qquad (3-60)$$

若令分产供热和热电厂的管道效率相等，则

$$\Delta b_{\mathrm{h}}^{\mathrm{s}} = \frac{34.1 Q_{\mathrm{h}}}{Q\eta_{\mathrm{p}}}\left(\frac{\eta_{\mathrm{hs}}}{\eta_{\mathrm{b,d}}} - \frac{1}{\eta_{\mathrm{b}}}\right) \qquad (3-61)$$

根据式（3-59）和式（3-61）可以看出，若要提高单位热负荷的节约燃料量，可以采取如下措施：

（1）提高供热汽流的热化发电率。

（2）降低供热机组凝汽流的发电份额。

（3）提高热电厂供热机组的循环效率。

（4）提高热网效率。

（5）提高热电厂的锅炉效率。

【例3-1】　某热电厂装有 CZK330-16.67/0.4/538/538 型供热机组回热系统（见图3-9），已知 $p_0 = 16.67\mathrm{MPa}, t_0 = 538℃, h_0 = 3397.3\mathrm{kJ/kg}, s_0 = 6.351\,2\mathrm{kJ/(kg \cdot K)}, D_0 = 1121.826\mathrm{t/h}$；一段调节抽汽：$p_{\mathrm{h1}} = 1.900\mathrm{MPa}, h_{\mathrm{h1}} = 3339.3\mathrm{kJ/kg}, s_{\mathrm{h1}} = 7.236\,8\mathrm{kJ/(kg \cdot K)}$，$h_{\mathrm{h1}}' = 884.6\mathrm{kJ/kg}$；二段调节抽汽：$p_{\mathrm{h2}} = 0.958\,8\mathrm{MPa}, h_{\mathrm{h2}} = 3149.9\mathrm{kJ/kg}, h_{\mathrm{h2}}' = 745.2\mathrm{kJ/kg}$，$s_{\mathrm{h2}} = 7.225\,7\mathrm{kJ/(kg \cdot K)}$；两段供热的回水率 φ 均为1；再热蒸汽量 $D_{\mathrm{rh}} = 928.048\mathrm{t/h}$，1kg 蒸汽再热吸热量 $q_{\mathrm{rh}} = 471.7\mathrm{kJ/kg}, h_{\mathrm{c}} = 2537.5\mathrm{kJ/kg}$；锅炉管道效率 $\eta_{\mathrm{b}}\eta_{\mathrm{p}} = 0.92$，汽轮发电机组机电效率 $\eta_{\mathrm{m}}\eta_{\mathrm{g}} = 0.98$；热网效率 $\eta_{\mathrm{hs}} = 0.97; T_{\mathrm{en}} = 273.15\mathrm{K}$。此工况下机组的电功率 $P_{\mathrm{e}} = 310\,521\mathrm{kW}$，其他参数见图3-9。

求该热电厂的燃料利用系数 η_{tp}、热化发电率 ω 和发电、供热的热经济指标。

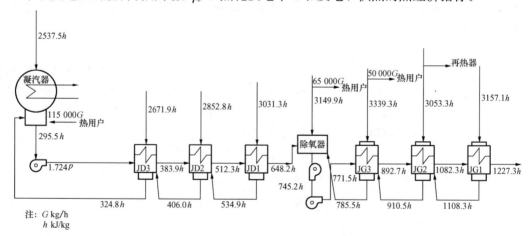

图 3-9　CZK330-16.67/0.4/538/538 型供热机组回热系统

解　1. 热电厂总热耗量 Q_{tp}

$$\begin{aligned}
Q_{\mathrm{tp}} &= \frac{D_0(h_0 - h_{\mathrm{fw}}) + D_{\mathrm{rh}}q_{\mathrm{rh}}}{\eta_{\mathrm{b}}\eta_{\mathrm{p}}} \\
&= \frac{1121.826 \times 10^3 \times (3397.3 - 1227.3) + 928.048 \times 10^3 \times 471.7}{0.92 \times 10^6} \\
&= 3121.872(\mathrm{GJ/h})
\end{aligned}$$

热电厂对外供热量 Q_h

$$Q_h = D_{h1}(h_{h1} - h'_{h1}) + D_{h2}(h_{h2} - h'_{h2})$$
$$= 50 \times 10^3(3339.3 - 884.6) \times 10^{-6} + 65 \times 10^3(3149.9 - 745.2) \times 10^{-6}$$
$$= 279.04(GJ/h)$$

供给热用户的热量

$$Q = Q_h\eta_{hs} = 279.04 \times 0.97 = 270.67(GJ/h)$$

热电厂的燃料利用系数 η_{tp}

$$\eta_{tp} = \frac{3600P_e + Q_h}{Q_{tp}} = \frac{3600 \times 310\,521 \times 10^{-6} + 279.04}{3121.872} = 0.447\,5$$

外部热化发电量

$$W_h^o = \frac{D_{h1}(h_0 + q_{rh} - h_{h1}) + D_{h2}(h_0 + q_{rh} - h_{h2})}{3600}\eta_m\eta_g$$
$$= \frac{50 \times 10^3(3397.3 + 471.7 - 3339.3) + 65 \times 10^3(3397.3 + 471.7 - 3149.9)}{3600} \times 0.98$$
$$= 19\,933.88(kWh)$$

内部热化发电量

$$W_h^i = \sum_7^8 D_j(h_0 - h_j)\eta_m\eta_g/3600 + \sum_1^6 D_j(h_0 + q_{rh} - h_j)\eta_m\eta_g/3600 = 7591.24(kWh)$$

热化发电率 ω

$$\omega = \frac{W_h^o + W_h^i}{Q_h} = \frac{19\,933.88 + 7591.24}{279.04} = 98.642(kWh/GJ)$$

2. 发电、供热热经济指标的求解（分别按三种分配方法计算）

（1）热量法

分配给供热方面的热耗量

$$Q_{tp,h} = \frac{Q_h}{\eta_b\eta_p} = \frac{279.04}{0.92} = 303.304(GJ/h)$$

分配给发电方面的热耗量

$$Q_{tp,e} = Q_{tp} - Q_{tp,h} = 3121.872 - 303.304 = 2818.568(GJ/h)$$

1）发电方面的热经济指标

发电热效率

$$\eta_{tp,e} = \frac{3600 \times 310\,521}{2818.568 \times 10^6} = 0.396\,6$$

发电热耗率

$$q_{tp,e} = \frac{3600}{\eta_{tp,e}} = \frac{3600}{0.396\,6} = 9077.156 \quad (kJ/kWh)$$

发电标准煤耗率

$$b_{tp,e}^s = \frac{0.123}{\eta_{tp,e}} = \frac{0.123}{0.396\,6} = 0.310\,1 \quad (kg\text{标准煤}/kWh)$$

2）供热方面的热经济指标

供热热效率

$$\eta_{tp,h} = \frac{Q}{Q_{tp,h}} = \frac{270.67}{303.304} = 0.892\,4$$

供热标准煤耗率

$$b_{\text{tp,h}}^{\text{s}} = \frac{34.1}{\eta_{\text{tp,h}}} = 38.212 \quad (\text{kg 标准煤 /GJ})$$

（2）实际焓降法

分配给供热方面的热耗量

$$Q_{\text{tp,h}} = \frac{D_{\text{h1}}(h_{\text{h1}} - h_{\text{c}}) + D_{\text{h2}}(h_{\text{h2}} - h_{\text{c}})}{D_0(h_0 + q_{\text{rh}} - h_{\text{c}})} Q_{\text{tp}}$$

$$= \frac{50 \times 10^3 \times (3339.3 - 2537.5) + 65 \times 10^3 \times (3149.9 - 2537.5)}{1121.826 \times 10^3 \times (3397.3 + 471.7 - 2537.5)} \times 3121.872$$

$$= 166.983(\text{GJ/h})$$

分配给发电方面的热耗量

$$Q_{\text{tp,e}} = Q_{\text{tp}} - Q_{\text{tp,h}} = 3121.872 - 166.983 = 2954.889(\text{GJ/h})$$

1）发电方面的热经济指标

发电热效率

$$\eta_{\text{tp,e}} = \frac{3600 P_{\text{e}}}{Q_{\text{tp,e}}} = \frac{3600 \times 310\,521}{2954.889 \times 10^6} = 0.378\,3$$

发电热耗率

$$q_{\text{tp,e}} = \frac{3600}{\eta_{\text{tp,e}}} = \frac{3600}{0.378\,3} = 9516.26 \quad (\text{kJ/kWh})$$

发电标准煤耗率

$$b_{\text{tp,e}}^{\text{s}} = \frac{0.123}{\eta_{\text{tp,e}}} = \frac{0.123}{0.378\,3} = 0.325\,1 \quad (\text{kg 标准煤 /kWh})$$

2）供热方面的热经济指标

供热热效率

$$\eta_{\text{tp,h}} = \frac{Q}{Q_{\text{tp,h}}} = \frac{270.67}{166.983} = 1.620\,9$$

供热标准煤耗率

$$b_{\text{tp,h}}^{\text{s}} = \frac{34.1}{\eta_{\text{tp,h}}} = \frac{34.1}{1.620\,9} = 21.037\,7 \quad (\text{kg 标准煤 /GJ})$$

（3）做功能力法

分配给供热方面的热耗量

$$Q_{\text{tp,h}} = \frac{D_{\text{h1}} e_{\text{h1}} + D_{\text{h2}} e_{\text{h2}}}{D_0 e_0} Q_{\text{tp}}$$

$$= \frac{D_{\text{h1}}(h_{\text{h1}} - T_{\text{en}} s_{\text{h1}}) + D_{\text{h2}}(h_{\text{h2}} - T_{\text{en}} s_{\text{h2}})}{D_0(h_0 - T_{\text{en}} s_0)} Q_{\text{tp}}$$

$$= \frac{50 \times 10^3 \times (3339.3 - 273.15 \times 7.236\,8) + 65 \times 10^3 \times (3149.9 - 273.15 \times 7.225)}{1121.826 \times 10^3 \times (3397.3 - 273.15 \times 6.351\,2)} \times 3121.872$$

$$= 242.039(\text{GJ/h})$$

分配给发电方面的热耗量

$$Q_{\text{tp,e}} = Q_{\text{tp}} - Q_{\text{tp,h}} = 3121.872 - 242.039 = 2879.833(\text{GJ/h})$$

1）发电方面的热经济指标

发电热效率

$$\eta_{tp,e} = \frac{3600 P_e}{Q_{tp,e}} = \frac{3600 \times 310\,521}{2879.833 \times 10^6} = 0.388\,2$$

发电热耗率

$$q_{tp,e} = \frac{3600}{\eta_{tp,e}} = \frac{3600}{0.388\,2} = 9273.57(kJ/kWh)$$

发电标准煤耗率

$$b_{tp,e}^s = \frac{0.123}{\eta_{tp,e}} = \frac{0.123}{0.388\,2} = 0.316\,8(kg\,标准煤\,/kWh)$$

2）供热方面的热经济指标

供热热效率

$$\eta_{tp,h} = \frac{Q}{Q_{tp,h}} = \frac{270.67}{242.039} = 1.118$$

供热标准煤耗率

$$b_{tp,h}^s = \frac{34.1}{\eta_{tp,h}} = \frac{34.1}{1.118} = 30.50(kg\,标准煤\,/GJ)$$

从本例计算结果可见，按热量法分配的 $\eta_{tp,e}$ 值是三种分配方法中最高的，即热电联产的好处全归发电方面；实际焓降法分配的 $\eta_{tp,e}$ 是三种分配方法中最小的，即用该方法分配，好处归热用户方所得；按做功能力分配时，各项热经济指标值居中，即热电联产的收益发电和供热各得一部分。

【例3-2】　热电联产方案仍以［例3-1］的机组原始数据为基础，与分产相比，计算全年节省标准煤量。设代替凝汽式机组的循环绝对内效率 $\eta_i = 0.450\,7$，分产时供热锅炉、管道效率 $\eta_{b,d}\eta_{p,d} = 0.8 \times 0.98 = 0.784$，机组全年运行小时数 $\tau_u^a = 6000h$，工业热负荷年利用小时数 $\tau_u^h = 4000h$，$\eta_{ic} = 0.437\,5$，机组纯凝汽运行时电功率 $P_e^r = 330\,000kW$。

解　1. 判断热电联产发电能否节煤

$$K = \frac{1}{\eta_{ic}} - \frac{1}{\eta_i} = \frac{1}{0.437\,5} - \frac{1}{0.450\,7} = 0.066\,9$$

$$M = \frac{1}{\eta_{ic}} - 1 = \frac{1}{0.437\,5} - 1 = 1.285\,7$$

$$[X_C] = \frac{K}{M} = \frac{0.066\,9}{1.285\,7} = 0.052\,03$$

$$X = \frac{W_h^a}{W^a} = \frac{\omega Q_h \tau_u^h}{P_e \tau_u^h + P_e^\tau(\tau_u - \tau_u^h)}$$

$$= \frac{98.642 \times 279.04 \times 4000}{310\,521 \times 4000 + 330\,000 \times (6000 - 4000)} = 0.057\,88$$

$X > [X_C]$，说明热电联产发电可以节煤。

2. 求热电厂全年节约的标准煤耗量

（1）联产供热全年节约的标准煤耗量 $\Delta B_{h,a}^s$

$$\Delta B_{h,a}^s = 34.1 Q_h \tau_u^h \left(\frac{\eta_{hs}}{\eta_{b,d}\eta_{p,d}} - \frac{1}{\eta_b \eta_p} \right) \times 10^{-3}$$

$$= 34.1 \times 279.04 \times 4000 \times \left(\frac{0.98}{0.784} - \frac{1}{0.92} \right) \times 10^{-3}$$

$$= 6205.61(\text{t 标准煤}/\text{a})$$

（2）联产发电全年节约的标准煤耗量 $\Delta B_{\text{e,a}}^{\text{s}}$

$$\Delta B_{\text{e,a}}^{\text{s}} = \frac{0.123\omega Q_{\text{h}}\tau_{\text{u}}^{\text{h}}}{\eta_{\text{b}}\eta_{\text{p}}\eta_{\text{m}}\eta_{\text{g}}}\left(M - \frac{K}{X}\right) \times 10^{-3}$$

$$= \frac{0.123 \times 279.04 \times 98.642 \times 4000}{0.92 \times 0.98}\left(1.2857 - \frac{0.0669}{0.0588}\right) \times 10^{-3}$$

$$= 2222.18(\text{t 标准煤}/\text{a})$$

（3）非供热期间，供热机组纯凝汽运行方式比分产发电全年多耗标准煤量 $\Delta B_{\text{e,a}}^{\text{c,s}}$

$$\Delta B_{\text{e,a}}^{\text{c,s}} = \frac{0.123 P_{\text{e}}^{\text{r}}(\tau_{\text{u}} - \tau_{\text{u}}^{\text{h}})}{\eta_{\text{b}}\eta_{\text{p}}\eta_{\text{m}}\eta_{\text{g}}}\left(\frac{1}{\eta_{\text{ic}}} - \frac{1}{\eta_{\text{i}}}\right) \times 10^{-3}$$

$$= \frac{0.123 \times 330\,000 \times (6000 - 4000)}{0.92 \times 0.98} \times 0.0669 \times 10^{-3}$$

$$= 6023.67(\text{t 标准煤}/\text{a})$$

（4）全年实际节约标准煤耗量 $\Delta B_{\text{a}}^{\text{s}}$

$$\Delta B_{\text{a}}^{\text{s}} = \Delta B_{\text{h,a}}^{\text{s}} + \Delta B_{\text{e,a}}^{\text{s}} - \Delta B_{\text{e,a}}^{\text{c,s}}$$

$$= 6205.61 + 2222.18 - 6023.67$$

$$= 2404.12(\text{t 标准煤}/\text{a})$$

第四节　热电厂的热化系数与供热式机组的选型

一、热化系数

为提高热电厂供热机组的设备利用率及经济性，不仅要根据热负荷的大小及特性合理地选择供热式机组的容量和形式，还应有一定容量的尖峰锅炉配合供热，构成以热电联产为基础，热电联产与热电分产相结合的能量供应系统。在高峰热负荷时，热量大部分来自供热式汽轮机的抽汽或背压排汽，不足部分由尖峰锅炉直接供给，前者为热化供热量（或称联产供热量），后者为分产供热量。热化供热量在总供热量中所占的比例是否合理，将影响热电联产供热系统的综合经济性。

1. 热化系数的定义

表示热化程度的比值称为热化系数，它有小时热化系数 α_{tp} 和年热化系数 $\alpha_{\text{tp}}^{\text{a}}$ 之分。通常采用的是小时热化系数，简称热化系数，它是指供热式机组的小时最大热化供热量 $Q_{\text{h,t}}^{\text{max}}$ 与小时最大热负荷 $Q_{\text{h}}^{\text{max}}$ 之比，即

$$\alpha_{\text{tp}} = \frac{Q_{\text{h,t}}^{\text{max}}}{Q_{\text{h}}^{\text{max}}} \tag{3-62}$$

图 3-10 所示曲线为全年热负荷持续时间，横坐标为热负荷的持续小时数，纵坐标为小时热负荷，图上纵坐标上所注 $Q_{\text{h,t}}^{\text{max}}$、$Q_{\text{h}}^{\text{max}}$ 之比即为小时热化系数。该持续时间曲线下的面积 $abcdeoa$ 表示全年热负荷 Q_{h}^{a}，面积 $fbcdeof$ 表示供热式机组全年热化供热量 $Q_{\text{h,t}}^{\text{a}}$。供热机组全年热化供热量 $Q_{\text{h,t}}^{\text{a}}$ 与全年热负荷 Q_{h}^{a} 之比为年热化系数，即

$$\alpha_{\text{tp}}^{\text{a}} = \frac{Q_{\text{h,t}}^{\text{a}}}{Q_{\text{h}}^{\text{a}}} = \frac{\text{面积 } fbcdeof}{\text{面积 } abcdeoa} \tag{3-63}$$

2. 理论上热化系数最佳值的确定

对已投运的热电厂而言，其设备及投资已经确定，因此运行中应当设法提高其热化供热的比例，使运行的 α_{tp} 接近和等于设计值，从而使热化发电比 X 增大，提高热电联产的节煤量。

对于新建或扩建的热电厂设计而言，需要通过经济技术比较确定最佳的热化系数。如图 3 - 11 所示，曲线 $a'bcd$ 表示全年热负荷持续时间，曲线 $abcd$ 表示全年热化供热量持续时间。面积 $a'bcdfoa'$ 表示热电厂年供热量，面积 $abcdfoa$ 表示全年热化供热量 $Q_{\mathrm{h}}^{\mathrm{a}}$，面

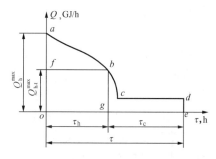

图 3 - 10　全年热负荷持续时间

积 $a'baa'$ 表示分产年供热量。该汽轮机组全年发电量 $W^{\mathrm{a}}=W_{\mathrm{h}}^{\mathrm{a}}+W_{\mathrm{c}}^{\mathrm{a}}$。一次调节抽汽式汽轮发电机组的热化发电量与其热化供热量成正比，选择适当的纵坐标比例，便可使热化发电量持续时间曲线与热化供热量持续时间曲线相重合。则面积 $abcdfoa$ 也表示全年热化发电量 $W_{\mathrm{h}}^{\mathrm{a}}$。根据 $W^{\mathrm{a}}=P_{\mathrm{e}}\tau_{\mathrm{u}}$ 按一定比例绘制的面积 $aefoa$ 表示全年发电量 W^{a}。面积 $bedcb$ 表示该机组全年凝汽流发电量 $W_{\mathrm{c}}^{\mathrm{a}}$。以该热化供热量持续曲线为界，将 W^{a} 划分为 $W_{\mathrm{h}}^{\mathrm{a}}$、$W_{\mathrm{c}}^{\mathrm{a}}$ 两部分。

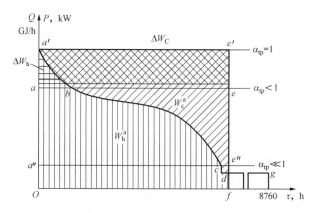

图 3 - 11　理论最佳热化系数图示

由图 3 - 11 可以看出，提高热化系数 α_{tp}，汽轮机年热化供热量 $Q_{\mathrm{h}}^{\mathrm{a}}$ 增加 ΔQ_{h}，年热化发电量 $W_{\mathrm{h}}^{\mathrm{a}}$ 增加 ΔW_{h}，同时年凝汽流发电量 $W_{\mathrm{c}}^{\mathrm{a}}$ 增加 ΔW_{c}。由于 $W_{\mathrm{h}}^{\mathrm{a}}$ 的增加，式（3 - 43）中的第一项增大而使 ΔB^{s} 增大，$W_{\mathrm{c}}^{\mathrm{a}}$ 增加使式（3 - 43）中的第二项也增大，反而使 ΔB^{s} 减小。

当 α_{tp} 较小时（图 3 - 11 中 a'' 点），提高 α_{tp}，由于 $W_{\mathrm{h}}^{\mathrm{a}}$ 增加的速度较大而 $W_{\mathrm{c}}^{\mathrm{a}}$ 增加的速度较小，由 $W_{\mathrm{h}}^{\mathrm{a}}$ 增加引起

的燃料节省量大于 $W_{\mathrm{c}}^{\mathrm{a}}$ 增加所多耗的燃料，从而使燃料节约的增量 $\dfrac{\mathrm{d}(\Delta B^{\mathrm{s}})}{\mathrm{d}\alpha_{\mathrm{tp}}}>0$，则节省燃料；若继续提高 α_{tp} 值，$W_{\mathrm{h}}^{\mathrm{a}}$ 增加的速度减小而 $W_{\mathrm{c}}^{\mathrm{a}}$ 增加的速度增大，则燃料节约的增量逐渐减小，但仍能保持 $\dfrac{\mathrm{d}(\Delta B^{\mathrm{s}})}{\mathrm{d}\alpha_{\mathrm{tp}}}>0$；当 α_{tp} 提高到某一值，燃料节约的增量为零，即 $\dfrac{\mathrm{d}(\Delta B^{\mathrm{s}})}{\mathrm{d}\alpha_{\mathrm{tp}}}=0$，此时燃料节约量达到最大值；此后再继续提高 α_{tp} 值，由于所有实际热负荷持续时间曲线的上部比较尖陡，即 $W_{\mathrm{h}}^{\mathrm{a}}$ 增长的速度越来越小，而 $W_{\mathrm{c}}^{\mathrm{a}}$ 增长的速度越来越大，使 $W_{\mathrm{h}}^{\mathrm{a}}$ 的增加引起的燃料节省小于 $W_{\mathrm{c}}^{\mathrm{a}}$ 增加所多耗的燃料，则燃料节约增量 $\dfrac{\mathrm{d}(\Delta B^{\mathrm{s}})}{\mathrm{d}\alpha_{\mathrm{tp}}}<0$。因而燃料节约量达到最大值 $\dfrac{\mathrm{d}(\Delta B^{\mathrm{s}})}{\mathrm{d}\alpha_{\mathrm{tp}}}=0$ 时的 α_{tp} 值，即为理论上最佳热化系数 $\alpha_{\mathrm{tp,th}}^{\mathrm{op}}$。这其实是要解决如下的问题：热网的最大热负荷或年热负荷一定时，如何选择供热机组的容量。供热机组的容量包括其额定发电功率与其最大供热量两个方面。热化系数实质上反映了能量供应系统内，在满足热负荷的需要时，热电联产供热机组容量与尖峰锅炉供热容量间的分配的比例，也反映了热电联产和热电分产系统中供热和供电的经济性。它涉及供热机组、供热系统、代替凝汽式机

组的热经济性及其投资。在热负荷一定时,热化系数不仅在能量供应系统中决定新建供热机组的容量,而且也起着分配新建热电厂与凝汽式电厂装置容量比例的作用,它同时还对热网加热器的容量及热网主要设计参数的选择等起着重要作用。

理论上的最佳热化系数是以热电联产系统热经济性最佳为目标的。理论上的最佳热化系数的大小,首先取决于热电厂全年热负荷持续时间图的形状,其图形越呈尖峰形,则热化系数的最佳值越小;其次取决于代替凝汽式电厂和热电厂凝汽流发电两者之间热经济性的差别,其差别越大,热化系数最佳值就越小。工程上的最佳热化系数是以热电联产系统技术经济性最佳为目标的。

理论上的最佳热化系数总是小于 1 的。对工业热负荷,理论上的最佳热化系数为 0.70~0.80;对采暖热负荷,理论上的最佳热化系数为 0.50~0.60。

工程上采用技术经济比较确定的最佳热化系数要比理论上的最佳热化系数小,总体一般为 0.5~0.7。

二、供热机组的选择

供热机组的选择需根据热负荷的种类与特性及其中近期发展规划,通过对不同装机方案进行技术经济比较,最后确定机组的类型、容量和参数。它与最佳热化系数的确定是一致的,也以节煤量作为比较的基础。

1. 供热机组的机型选择

(1) 机型及其特点。供热机组的类型主要有背压式、抽汽式和凝汽 - 采暖式三种。

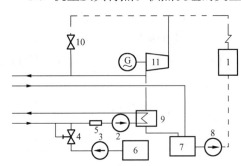

图 3 - 12　背压供热机组系统
1—蒸汽锅炉;2—循环水泵;3—补给水泵;
4—压力调节器;5—除污器;6—补充水
处理装置;7—凝结水回收装置;
8—给水泵;9—热网水加热器;
10—减压装置;11—背压式
汽轮机发电机组

背压机可分为纯背压式和抽汽背压式,也分别称为 B 型机和 CB 型机。抽汽式机组可分为单抽和双抽式机组,也分别称为 C 型机和 CC 型机。显然 CB 型和 CC 型机是为了同时满足两种供热参数的需要,并且获得较高的热经济性而设计的。

在上一节的节煤条件中已经提出对背压机存在补偿电量的问题,抽汽机存在代替凝汽式机组发电的问题,凝汽 - 采暖机同时存在代替凝汽式机组发电和补偿电量的问题。

需要指出的是,在选择供热机组时,既要考虑在设计工况下运行的经济性,又要考虑机组在部分负荷下运行的经济性。

背压式机组在设计工况下效率高($\eta_{th} = 1$)、结构简单、投资小(背压供热机组系统见图 3 - 12),但其电负荷为强迫负荷,它由热负荷决定。在偏离设计工况时,其相对内效率急剧降低,热化发电量锐减,使电网补偿发电量陡增。由于补偿发电量的存在,使电网的备用容量增大,增加了投资。背压式机组适用于常年稳定可靠的工业热负荷。

抽汽式机组是从汽轮机中间级抽出部分蒸汽供热用户使用的凝汽机组,如图 3 - 13 所示。这种机组的热负荷和电负荷有一定的调整范围,也就是说热和电在一定范围内是自由负荷。抽汽式机组供热汽流的热化发电部分热效率高($\eta_{th} = 1$),但其凝汽汽流的绝对内效率

（η_{ic}）低于代替凝汽式机组的绝对内效率（η_i）。特别是当热负荷很低时，大大偏离设计工况，凝汽汽流发电量大增，热化发电比 X 减小，热经济性急剧降低。抽汽式机组适用于全年较稳定的热负荷。

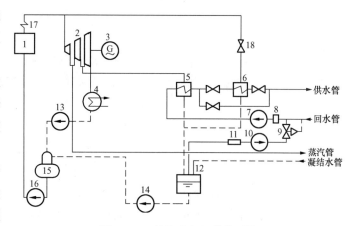

图 3-13　抽汽式机组供热系统

1—锅炉；2—汽轮机；3—发电机；4—凝汽器；5—主加热器；
6—高峰加热器；7—循环水泵；8—除污器；9—压力调节器；
10—补水泵；11—补充水处理装置；12—凝结水箱；
13、14—凝结水泵；15—除氧器；16—锅炉给水
泵；17—过热器；18—减温减压装置

　　凝汽-采暖式机组是一种新型供热机组，它是专为季节性的采暖负荷而设计的。在原凝汽式机组的中低压缸的导汽管上安装蝶阀，其热力系统如图 3-14 所示。

　　凝汽-采暖式机组由于按凝汽式机组设计，所以一年的短

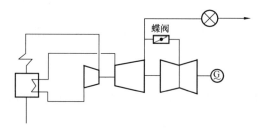

图 3-14　凝汽-采暖式机组热力
系统示意

时间供热工况下，仅低压缸、低压加热器和发电机未达到设计能力。大部分时间内按凝汽工况运行，所有设备的利用率都达到 100%，可收到最大的投资效益。相反，若采用抽汽式机组，供热工况下发电机能力虽能用足，低压缸与低压加热器的能力同样得不到充分发挥；在一年的非供暖期内，锅炉、汽轮机的包括进汽部分在内的高压部分、除氧器、给水泵、高压加热器等的能力没有得到发挥，这部分的投资总和远高于发电机。非采暖季节（8～9 个月）凝汽-采暖式机组的热耗率仅比同容量的凝汽式机组高 0.2%～0.3%，增高部分主要由蝶阀的额外节流损失所造成。

　　总体而言，NC 型机在非采暖期比 C 型机热经济性高，但会使电网中的补偿容量增大；而在采暖期比 C 型机稍低，因为 C 型机采暖期属设计工况，NC 机为非设计工况，低压缸通流量减小，鼓风摩擦损失增大。从全年来看，NC 机供采暖负荷具有较高的热经济性。

　　NCB 机型是根据采暖供热需求趋势而设计的一种新型机型。该机型具备凝汽、抽汽、背压三种运行功能。NCB 机组分单轴和双轴两种方案。单轴方案如哈尔滨汽轮机厂研制的 350MW 机组，其设计思想是在常规 350MW 抽汽机组高中压缸和低压缸之间加装 3S 自动同步离合器、适当修改部分设计。该机型在进汽量不低于机组额定工况进汽量的 35% 时就可解列低压缸，高中压缸按背压方式单独运行。新型供热机 NCB 双轴方案如图 3-15 所示，该机组采用两根轴分别带动两台发电机，同时具有背压机、抽汽凝汽机和纯凝汽机三种的特点，其工作原理如下：在非供热期间，供热抽汽控制阀全开，汽轮机呈纯凝汽工况（N）运

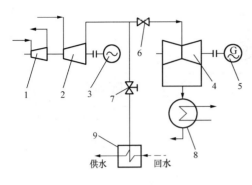

图 3 - 15　NCB 型供热汽轮机

1—高压缸；2—中压缸；3—1 号发电机；4—低压缸；
5—2 号发电机；6—低压缸调节阀；7—供热抽汽
控制阀；8—凝汽器；9—热网加热器

行，具有纯凝汽式汽轮机发电效率高的特点；在正常供热期，供热抽汽控制阀、低压缸调节阀都处于调控状态，汽轮机呈抽汽工况（C）运行，具有抽汽 - 凝汽供热汽轮机的优点，可根据外界热负荷调整供热抽汽量，且可以保持较高的发电效率；在尖峰供热期，供热抽汽控制阀全开，低压缸调节阀全关，汽轮机呈背压工况（B）运行，具有背压供热汽轮机的优点，可做到最大供热能力。

（2）机型选择。对全年性热负荷，如生产工艺热负荷等，由于其在全年比较稳定，一般选用背压式或抽汽式机组，具体以两种机型的节煤量为基础，再通过全面的技术经济比较确定。

对季节性热负荷，如采暖、通风热负荷，由于全年中只有少数时间才需要，一般选用采暖凝汽式、NCB 新型供热机组或抽汽式机组，具体也是以两种机组的节煤量为基础，再通过全面的技术经济比较确定。

当一台机组既要承担季节性热负荷，又要承担全年性热负荷时，应装设抽汽式机组或 NCB 新型供热机组。

总之，机组的形式主要根据热负荷种类和特性以及热负荷的中近期发展规划来确定。如果供热范围内热负荷的结构比较复杂，在热电厂内也可以选用两种不同形式的供热机组进行配合供热。

2. 供热机组单位容量的选择

供热机组的总发电容量，即热电厂的发电容量取决于热负荷的种类、大小和最佳的热化系数，它可按式（3 - 64）进行估算，即

$$P_{tp} = \omega^i Q_i^{max} \alpha_{tp}^i + \omega^h Q_h^{max} \alpha_{tp}^h \quad kW \tag{3 - 64}$$

式中　　ω^i、ω^h——某一初参数时工业和采暖热负荷的热化发电率，kWh/GJ；

Q_i^{max}、Q_h^{max}——工业和采暖的最大热负荷，GJ/h；

α_{tp}^i、α_{tp}^h——该地区工业和采暖负荷的热化系数最佳值。

3. 供热机组蒸汽初参数的选择

提高供热式汽轮机蒸汽初参数 p_0、t_0，对热电厂热经济性的影响要比凝汽式电厂大。以抽汽式汽轮机为例，提高 p_0、t_0 时 1kg 供热汽流热化比内功 w_t^h 增加的比例大于凝汽流比内功 w_t^c 增加的比例，即热化发电比 X 提高，从而使热电厂更容易节约燃料和能够更多地节约燃料。另外，由于供热式汽轮机对外供热抽汽量比回热抽汽量大得多，供热式汽轮机的新蒸汽耗量 D_0 就比相同初参数、相同容量凝汽式汽轮机大得多，削弱了提高蒸汽初压力使汽轮机相对内效率 η_{ri} 降低的不利影响。使供热式汽轮机在提高初参数时最低容量的匹配可比凝汽式汽轮机小 1～2 挡。例如，我国凝汽式机组容量 50MW 以上时才采用高蒸汽初参数（$p_0 = 8.83MPa,t_0 = 535℃$），而供热式机组容量 25MW 以上即可采用高参数，如 CC25 型

供热机组。背压式机组的整机焓降小，新蒸汽耗量更大，采用高参数的最低容量更小，如B12型即为高蒸汽初参数。对于抽汽式汽轮机，因其供热工况时凝汽流量很小，保证汽轮机安全运行的允许蒸汽终湿度也比凝汽式汽轮机大，一般允许 $1 - x_c = 14\% \sim 15\%$ 。综上所述，提高蒸汽初参数对供热式汽轮机和热电厂热经济性的影响远远大于凝汽式汽轮机和凝汽式电厂。

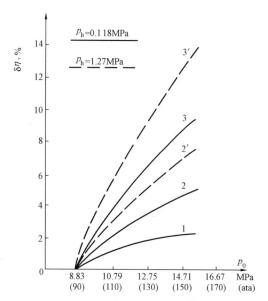

图 3-16　蒸汽初压与供热机组热效率的关系
1—$Q_h=0$；2、2′—$Q_h=209GJ/h$；
3、3′—$Q_h=376GJ/h$

　　图 3-16 所示为蒸汽初压力 p_0 与供热机组抽汽供热量 Q_h、抽汽压力 p_h 和供热机组热效率的相对提高值 $\delta\eta$ 之间的关系。由图中曲线可以看到：提高 p_0，在任何抽汽供热量、任何抽汽压力下，$\delta\eta$ 是提高的；当供热量 Q_h 保持不变，提高初压 p_0 时，供热机组热效率提高且随 Q_h 的增加而增加，而且机组供热时的提高值比不供热时的高；调节抽汽压力高时，提高初压使机组热效率提高的幅度比调节抽汽压力低时的大。当然，提高初压需相应提高初温，才能保证排汽湿度在允许范围。

第五节　热电厂的供热系统

一、常规供热系统

（一）蒸汽供热系统

热电厂利用蒸汽对外供热通常分为直接供汽和间接供汽两种方式。

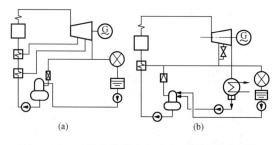

图 3-17　对外直接供汽方式的原则性热力系统
(a) 用背压式汽轮机排汽；(b) 用抽汽式汽轮机的可调整抽汽

1. 直接供汽系统

图 3-17（a）所示为背压式汽轮机排汽直接对外供热系统。汽轮机末端的排汽全部通过热网直接送往热用户，蒸汽在热用户放热后生成的凝结水再返回电厂。根据热用户对凝结水回收的完善程度和对凝结水的污染情况，凝结水的返回水率一般为 0~100% 范围内变化。

图 3-17（b）所示为抽汽式汽轮机的可调整抽汽直接对外供汽系统。它是利用压力为 0.8~1.3MPa 的抽汽通过热网直接向热用户供热。与背压式汽轮机比较，抽汽式汽轮机的主要优点是对热负荷波动的适应性较好，当热负荷降低，抽汽量减少时，进入凝汽器的蒸汽量可以增加一些，汽轮机仍可以照常运行。

2. 间接供汽系统

热电厂对外间接供汽方式是将汽轮机的抽汽先送入蒸汽发生器中，将其中的水加热成蒸汽，该蒸汽称为二次蒸汽，然后用二次蒸汽供热网，如图 3-18 所示。

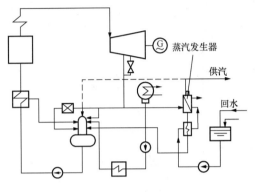

图 3-18　对外间接供汽的原则性热力系统

间接供汽方式的最大好处是热电厂供热抽汽的凝结水可以全部回收，从而减少大量的化学补水以及由此带来的各种费用。但间接供汽系统中需要设置一套蒸汽发生器及其相应的管道部件，使热电厂供热系统复杂，投资费用和运行费用增加。另外，蒸汽发生器存在着较大的传热端差（一般为 15~20℃），因此，在相同的供热条件下，需要提高供热抽汽的压力，使汽轮机的热经济性下降。

目前，随着电厂水处理技术的不断完善以及设备费用的降低，除了水质特别差、锅炉对补水要求很高和热用户返回水率很低的情况外，间接供汽方式已基本不采用，而广泛采用直接供汽方式。

（二）热水供热系统

热电厂向热网输送的热水是由调整抽汽式汽轮机或者背压式汽轮机提供的蒸汽经热网加热器加热的。水热网供热系统由热网加热器、热网循环水泵、热网加热器的疏水泵、热网补水泵等设备及其连接管道组成。

为了提高热电联产的热经济性，采用两个串联的热网加热器进行分级加热（见图 3-19）。热网加热器分基本热网加热器和尖峰热网加热器两种型式。基本热网加热器带基本热负荷，汽轮机的抽汽压力一般为 0.2~0.25MPa，在供热期间一直运行，出口水温可以达到 110℃左右，能够满足热用户大多数情况下的需要。尖峰热网加热器带尖峰热负荷，即在基本热网加热器的出口温度不能满足要求时投入，尖峰热网加热器的抽汽压力一般和工业用蒸汽压力相同。

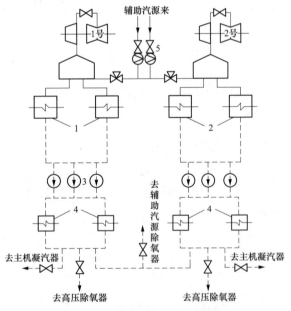

图 3-19　热网蒸汽、疏水系统

1—基本热网加热器；2—尖峰热网加热器；3—疏水泵；
4—疏水冷却器；5—减温减压器

1. 热网系统

图 3-19、图 3-20 所示为某热电厂 300MW 供热机组的水热网供热系统图。

它由供水、加热及其他辅助设备组成，主要包括热网循环水系统，热网蒸汽加热系统和热网加热器疏水系统。

（1）蒸汽系统。图3-19所示为某电厂热网的蒸汽和疏水系统。热网加热器的汽源来自1、2号汽轮机的中压缸排汽，调整抽汽压力汽为0.245～0.686MPa，来自辅助汽源的蒸汽经减温减压后，作为热网加热器的备用汽源。

热网加热器分成2级，每级2台加热器并联。当1号机组故障停运时，2号机仍带尖峰热网加热器运行，可用减温减压器来的备用汽源供给基本热网加热器。当2号加热器故障停运时，1号加热器仍带基本热网加热器运行，可用减温减压器来的备用汽源供给尖峰热网加热器运行。

（2）热网循环水系统。热网循环水系统主要由热网加热器、热网循环水泵和相应的管道、阀门组成，见图3-20。本热网采用4台热网加热器，在正常运行工况下，热网循环水先进入2台并联的基本热网加热器，水温从70℃升至110℃，然后再进入2台并联的尖峰热网加热器，水温从110℃升至150℃。

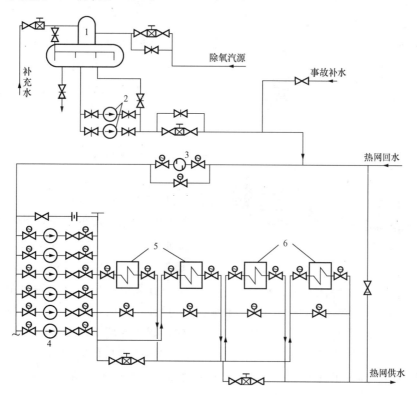

图3-20　热网循环水系统

1—低压除氧器；2—热网补水泵；3—滤网；4—热网循环水泵；

5—基本热网加热器；6—尖峰热网加热器

在大型热网系统中，水击是一个相当主要的问题，它不但会发生在城市管网中，也会发生在电厂热网站内。本热力网系统在回水管滤网前与供水管出口处设置了一个止回阀旁路，介质流向从回水管到供水管，这样在水击发生时，回水管压力骤然升高，水经过止回阀直接进入供水管，避免了对循环水泵及系统的剧烈冲击。

（3）疏水系统。热网加热器的疏水需要回收。为保证锅炉给水品质，该热网系统疏水在不同阶段和不同情况下设计了不同的回收点。当系统投入初期或热网加热器泄漏时，疏水回收至凝汽器，通过凝结水精处理，达到给水要求；当系统正常后，疏水指标达到锅炉给水要求时可直接回收至高压除氧器；当使用减温减压器来的备用汽源时，疏水返回到与备用汽源相关的除氧器。

热网疏水系统设有疏水泵和疏水冷却器。其疏水冷却器冷却介质都取自低压加热器前的主凝结水管路。

（4）补充水系统。补充水主要作为热网系统投入前系统补水及投入后补充补水之用，一般包括一台大气式除氧器，两台补水泵。补水可采用自动控制，也可采用手动控制。热网定压点的恒压值由补水泵及补给水出口调节阀保证。

2. 热网系统主要设备

（1）热网加热器。热网加热器是热网系统的关键设备，是热电厂的主要辅助设备之一，其主要功能是利用汽轮机的抽汽或从锅炉引来的蒸汽（加热介质）来加热热水供应系统中的循环水以满足供热用户的要求。

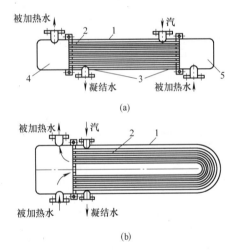

图 3-21　热网加热器示意

（a）固定管板式汽-水换热器；（b）U 形管式汽-水换热器

1—外壳；2—管束；3—固定管栅板；

4—前水室；5—后水室

热网加热器一般采用固定管板式、U 形管式两种（见图 3-21）。直管检修方便，便于更换管子，但体积大，膨胀欠佳；U 形管检修不太方便，无法更换单管，只能堵管，但体积小，膨胀好。

（2）减温减压器。

1）减温减压器的作用及其热力系统。减温减压器是将较高参数的蒸汽降低到需要的压力和温度的设备，其基本工作原理是通过调节阀的调节，降低蒸汽的压力，通过喷水，降低蒸汽的温度。

在热电厂中，当汽轮机组在启、停及低负荷运行时，或者当热负荷需求量增加时，锅炉的新蒸汽通过减温减压器与蒸汽热网相连或与热网加热器相连，减温减压后的蒸汽作为抽汽的备用汽源。有时尖峰热网加热器的汽源直接采用锅炉新蒸汽通过减温减压后供给，此时它是工作汽源，而非备用汽源。

在凝汽式发电厂中，减温减压器用来构成再热机组主蒸汽的旁路系统、厂用蒸汽的备用汽源等。

减温减压器主要由节流减压阀、喷水减温设备、压力温度自动调节系统等组成。减温用喷水一般为锅炉给水或凝结水。如图 3-22 所示，减温减压器的减压系统由减压阀和节流孔板组成；减温系统由混合管、喷嘴、给水分配阀、给水节流装置、截止阀和止回阀组成；安全保护装置由主安全阀、脉冲安全阀、压力表和温度计组成。

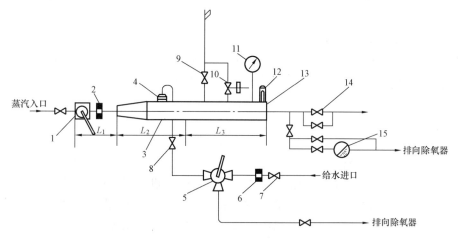

图 3-22 减温减压器热力系统

1—减压阀；2—节流孔板；3—混合管；4—喷嘴；5—给水分配阀；6—节流装置；7—截止阀；

8—止回阀；9—主安全阀；10—脉冲安全阀；11—压力表；12—温度计；

13—蒸汽管道；14—出口阀；15—疏水排出系统

L_1—减压系统长度；L_2—减温系统长度；L_3—安全装置长度

减温减压器的工作过程如下：新蒸汽经过减压阀和节流孔板节流降压到所需的压力后进入混合管，与经给水分配阀来的减温水混合，使新蒸汽温度降至规定的参数，然后将减温减压后的蒸汽引出到所需之处。若减温减压后的蒸汽压力和温度不符合规定值，则由测量仪表（压力表和温度计）产生调节信号，调节系统的执行机构动作，控制减压阀和给水分配阀的开度，使减压减温后的蒸汽压力和温度稳定在允许的范围内。为了维持出口蒸汽参数的稳定，要求进口蒸汽流量的变动不得太大，且出口蒸汽的温度至少具有 20~30℃ 的过热度。

为了保持供汽压力稳定，防止由于减压系统失灵使供汽设备超压，在减温减压器上设有安全阀。当减压后的管道压力超过规定数值时，安全阀动作，将蒸汽排放至大气，以保证减温减压器及其后管道的安全。

经常运行的减温减压器应设有备用，并且备用要处于热备用的状态，以保证随时能够自动投入运行。

2）减温减压器的热力计算。减温减压器热力计算的目的是确定需要进入减温减压器的蒸汽流量 D 和喷水量 D_w。由图 3-23 可通过热平衡和物质平衡两个方程式联立，求解出上述两个未知数：

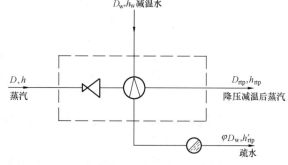

图 3-23 减温减压器计算用热力系统

$$D + D_w = \varphi D_w + D_{rtp} \quad \text{kg/h} \tag{3-65}$$
$$D h + D_w h_w = \varphi D_w h'_{rtp} + D_{rtp} h_{rtp} \quad \text{kJ/h} \tag{3-66}$$

式中 φ——减温减压中未汽化的水量占总喷水量的份额，一般为 0.3~0.5；

D_{rtp}——减温减压器出口蒸汽流量，kg/h。

h——新蒸汽比焓，kJ/kg；

　　h_w——减温水比焓，kJ/kg；

　　h_{rtp}——减温减压器出口蒸汽比焓，kJ/kg；

　　h'_{rtp}——减温减压器出口压力下的饱和水比焓，kJ/kg；

联立解上述两式得

$$D_w = \frac{(h - h_{rtp})D_{rtp}}{h - h_w - \varphi(h - h'_{rtp})} \quad kg/h \qquad (3-67)$$

$$D = D_{rtp} - D_w(1 - \varphi) \quad kg/h \qquad (3-68)$$

二、核供热站热网系统

　　因为燃用化石燃料燃烧所带来的一系列问题，核热电厂在国外已经开始广泛使用，图3-24 为核供热站的热网系统。它由第 1 回路系统Ⅰ，第 2 中间回路系统Ⅱ及第 3 热网回路系统Ⅲ组成。第 1 回路系统由反应堆热源组成；第 2 中间回路系统由热网加热器、循环水泵及热发生器组成；第 3 热网回路系统由热网加热器、热网水泵及热网管道组成。第 3 热网系统的热量依靠第 2 回路来的热水传递。为了提高核供热站的热经济性，它通常与其他热源联合起来运行，其热网水温度为 150℃左右。

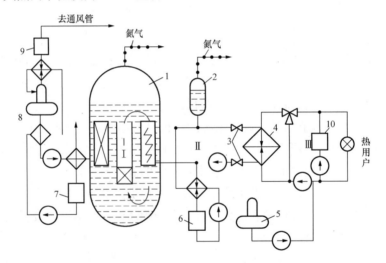

图 3-24　核供热站的热网系统

1—反应堆区；2—第 2 回路补偿区；3—快速截止阀；4—热网加热器；

5—热网补水除氧器；6—第 2 回路水净化系统；7—第 1 回路水净化系统；

8—第 1 回路除氧器；9—气体清洁系统；10—尖峰锅炉

三、采用吸收式热泵回收凝结放热的供热系统

　　1. 吸收式热泵工作原理

　　热泵是一种以消耗部分高位能源作为补偿条件，把低温热源中的低位热能转化成高位热能的节能装置。按其驱动方式的不同可以分为压缩式热泵和吸收式热泵。压缩式热泵要消耗机械功（或电能）使热量从低温物体转移到高温物体，吸收式热泵靠消耗一部分热能来完成该非自发的过程，吸收式热泵一般用低压蒸汽或热水作为驱动热源。以单效溴化锂吸收式热泵为例，其工作原理如图 3-25 所示。

　　在吸收式热泵循环中，工质在发生器中消耗驱动热源热量 Q_g；在蒸发器中从余热水获得热量 Q_o；在吸收器和冷凝器中向外界放出热量，分别是 Q_a、Q_k。在理想情况下，溴化锂

吸收式热泵机组的热平衡关系式为

$$Q_g + Q_o = Q_a + Q_k$$

根据能效比的定义，溴化锂吸收式热泵循环的性能系数 COP 可表示为

COP＝有效制热量/获得热量

2. 热泵回收凝结放热的供热系统分类

热泵技术回收余热的供热的方式有以下几种方式：

（1）部分循环水去热泵循环方式。出于当地供热负荷以及热泵系统性能的限制，从凝汽器出来的大容量出口循环水只有一部分进入热泵系统并在蒸发器

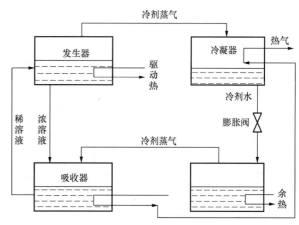

图 3-25 吸收热泵工作原理示意

中被制冷剂吸热，降温后进入循环水池继续参与循环水系统的循环过程，而另外一部分未进热泵系统的循环水则仍然进入冷却塔，完成换热后与经过蒸发器降温后的循环水在循环水池中混合，然后一同进入凝汽器参与新一轮的循环，其循环过程如图 3-26 所示。这种方式可调性强，对热泵机型的容量选择余地大，也有助于电厂根据工况进行灵活调节裕量。

（2）取代冷却塔循环方式。如图 3-27 所示，利用热泵系统完全带走从凝汽器出来的循环水余热并用于其他供热，同时将循环水冷却降温后继续进入凝汽器参与新一轮的循环过程。这种方式用热泵机组取代了冷却塔，对热泵系统的性能要求较高，却是未来火电厂冷却循环水技术与热泵技术的发展趋势，特别适用于北方缺水的地区，能使原来通过冷却塔散失的水降低至零，大大节省用水量。

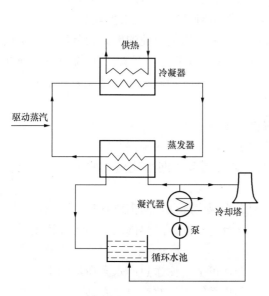

图 3-26 部分循环水去热泵系统的循环

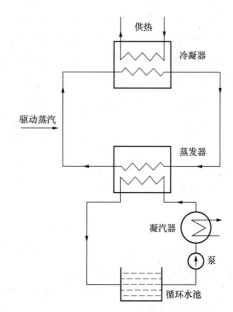

图 3-27 取代冷却塔的循环方式

（3）取代凝汽器循环方式。循环水的余热归根溯源主要来源于低压缸排汽的热量，如果考虑用气源热泵代替水源热泵而直接从排汽中吸取热量，将节省用循环水吸收排汽热量的环

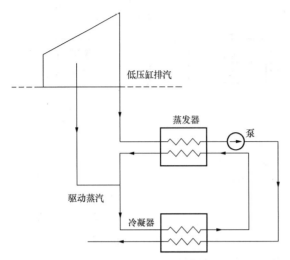

低压缸排汽

蒸发器

泵

驱动蒸汽

冷凝器

图 3-28　取代凝汽器的循环方式

节，从而提高热交换效率，且回收的余热既可用于冬季的生活供热，也可常年用于加热凝结水，参与火电厂的热力循环，其流程如图 3-28 所示。

四、水热网供热调节的基本概念

热水供热系统的热用户，主要有供暖、通风、热水供应和生产工艺用热系统等。这些用热系统的热负荷并不是恒定的，如供暖通风热负荷随室外气温条件的变化，热水供应和生产工艺随使用条件等因素不断变化。热电厂对外供热不仅要满足各用户对供热量的要求，而且还要保证各用户所需的供热参数。为了满足用户的使用要求，并使热能制备和输送经济合理，就要对热水供应系统进行供热调节。

在城市集中热水供热系统中，供暖热负荷是系统最主要的热负荷，甚至是唯一的热负荷。因此，在供热系统中，通常将供暖热负荷随室外温度的变化规律作为供热调节的依据。供热（暖）调节的目的在于使供暖热用户的散热设备的放热量与用户热负荷的变化规律相适应，以防止供暖热用户出现室温过高或过低。

根据调节地点的不同，供热调节可分为三种方式。

中央调节（集中调节）：在热源处进行的供热调节，称为中央调节。

局部调节（地方调节）：在热力站或热用户总入口处进行调节，称为局部调节。

单独调节（个体调节）：直接在用热设备处进行的供热调节，称为单独调节。

中央调节是上述三种供热调节方式中最为经济的一种，但是单纯的中央调节仅适用于热负荷类型一样的场合。对不同类型的热负荷在用户总入口处调节，是对中央调节的一种补充，它是根据热用户的更高要求，作进一步调节。显然，这三种调节方式是互为补充的。

根据调节方式的不同，供热调节可分为三种。

质调节：水热网的流量不变，只调节送水温度，称为质调节。

量调节：水热网的送水温度不变，只调节热网水的流量，称为量调节。

质-量混合调节：既可调节热网的送水温度，又可调节热网水流量，称为质-量混合调节。

质调节的主要优点：当热负荷减少时，水热网送水温度降低，所需供热机组抽汽压力降低，抽汽在汽轮机中做功增多，从而节省燃料，因其流量不变，故热网的水力工况稳定，并且容易实现供热调节自动化。

量调节的优点：当热负荷减少时，热网水量降低，可节省输送热网水泵所耗的电能。缺点：因送水温度不变，降低了热化效果，当网路和用户系统流量改变时，在地方供热系统内产生严重的水力失调，且自动调节困难。质-量混合调节综合了质调、量调的优点，避免了其缺点。这种调节方法一般采用分级调节方法，即根据室外温度变化将热网水流量分为几级，各级流量范围内采用质调节方法，就整个供暖期间而言，采用量调节，不同时期的热网水流量不同，如图 3-29 所示。

为了满足热网系统流量变化的需要，大多数供热机组对热负荷调节采用质、量双调方式，即外界热负荷的变化通过汽轮机液压牵连调节连通管上蝶阀开度来实现抽汽压力的改变，实现供水温度的改变。对于短时间内的热负荷变化，循环水泵采用调速泵，根据热负荷的变化调节热网循环水量，控制供热量，如图 3-30 所示。

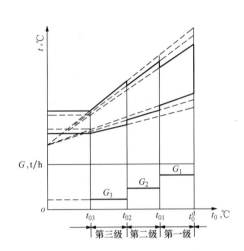

图 3-29 质-量三级调节的温度调节曲线

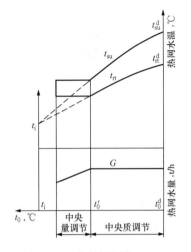

图 3-30 水热网调节

1. 热负荷有哪几种类型？各有何特点？

2. 热网载热质有哪几种？各有什么优缺点？

3. "热电联合能量生产""热化""集中供热"的含义和特点是什么？

4. 为什么要对热电厂总热耗量进行分配？目前主要分配方法有几种？它们之间有何异同？

5. 为什么说热量法分配热电厂的总热耗量是将热化的好处全归于发电方面？

6. 热电厂的热经济指标是怎样表示的？它与凝汽式电厂经济指标的表示方法有何异同？

7. 什么是供热机组的热化发电率、热化发电比？为什么说热化发电率是评价供热设备的质量指标？供热返回水的流量和温度对供热循环的热化发电率有什么影响？对整个循环的热经济性有何影响？

8. 热化发电率 ω 增大是否一定节省燃料？

9. 热电联产发电是否一定节煤？

10. 热水供热系统为何要设置基本热网加热器、尖峰加热器？

11. 发电厂设置减温减压器的作用是什么？其系统主要由哪些设备组成？

12. 说明热化系数的含义及热化系数最优值的含义。为什么说热化系数值 $\alpha_{tp} < 1$ 才是经济的？

13. 若背压汽轮机的 $P_e = 12\,000\text{kW}$、$p_0 = 3.43\text{MPa}$、$t_0 = 435\text{℃}$，排汽参数

$p_b = 0.98\text{MPa}$、$h_b = 3023.7\text{kJ/kg}$，$\eta_b \eta_p = 0.855$、$\eta_{ uug} = 0.95$、$\eta_{hs} = 1$。排汽凝结水全部返回，$h_{hs} = 334.9\text{kJ/kg}$，假定 $h_{fw} = h_{hs}$，且不考虑自用汽量（下同），试求：

(1) 此热电厂的标准煤耗量；

(2) 发电方面和供热方面的热经济指标（热量法）；

(3) 燃料利用系数；

(4) 热化发电率。

14. 上题中若回水率只有 60%，而补充水的温度为 $20℃$。若给水焓为回水和补水的混合焓，试求热电厂供热的热耗量及全厂煤耗量。

第四章 发电厂的热力系统

第一节 热力系统及主设备选择原则

一、热力系统

对于热力系统我们并不陌生，此前已介绍过回热加热系统，热电厂的供热系统等，它们都是热力系统。由此我们可以得出热力系统的一般定义：将热力设备按照热力循环的顺序用管道和附件连接起来的一个有机整体。通常回热加热系统只局限在汽轮机组的范围内，而发电厂热力系统则在回热加热系统基础上将范围扩大至全厂。因此，发电厂热力系统实际上就是在回热加热系统基础上增加了一些辅助热力系统，如锅炉连续排污利用系统、补充水系统及热电厂对外供热系统等。

根据使用的目的不同，发电厂热力系统又可分为发电厂原则性热力系统和发电厂全面性热力系统。

当我们用规定的符号来表示热力设备及它们之间的连接关系时就构成了相应的热力系统图。发电厂原则性热力系统表明能量转换与利用的基本过程，它反映了发电厂动力循环中工质的基本流程、能量转换与利用过程的完善程度。因此，简捷、清晰是它的特点，在相同参数下凡是热力过程重复、作用相同的设备、管道均不画出。热力系统的完善程度是用热经济指标反映的，因此，可以通过发电厂原则性热力系统计算出发电厂热经济指标。有时又将发电厂原则性热力系统称为计算热力系统。

设计发电厂时，拟定发电厂的原则性热力系统是一项非常重要的工作，它决定了发电厂各局部系统的组成，如锅炉、汽轮机、主蒸汽和再热蒸汽管道连接系统、给水回热加热系统、锅炉连续排污利用系统、补充水系统、热电厂对外供热系统等，同时又决定了发电厂的热经济性。拟定的原则性热力系统不同，带来的经济效果也不同，应通过正确的理论分析和综合的经济论证，拟定出一个较优的热力系统，才能使设计的发电厂获得较好的经济效益。

发电厂的全面性热力系统是在原则性热力系统的基础上充分考虑到发电厂生产所必需的连续性、安全性、可靠性和灵活性后所组成的实际热力系统。所以发电厂中所有的热力设备、管道及附件，包括主、辅设备，主管道及旁路管道，正常运行与事故备用的设备和管道，机组启动、停机、保护及低负荷切换运行的管路、管制件都应该在发电厂全面性热力系统图上反映出来。这是与原则性热力系统在画法上的根本区别。因此，该系统图可以汇总主辅热力设备、各类管子（不同管材、不同公称压力、管径和壁厚）及其附件的数量和规格，提出供订货用清单。根据该系统图可以进行主厂房布置和各类管道系统的施工设计，是发电厂设计、施工和运行工作中非常重要的指导性设计文件。总之，发电厂全面性热力系统对发电厂设计而言，会影响到投资和各种钢材的耗量；对施工而言，会影响施工工作量和施工周期；对运行而言，会影响到热力系统运行调度的灵活性、可靠性和经济性；对检修而言，会影响到各种切换的可能性及备用设备投入的可能性。

发电厂全面性热力系统无论从内容上还是数量上比原则性热力系统都要多而且复杂，为了既清晰又不过于复杂,通常对属于热力设备本身的有机组成部分(如锅炉本体的汽水管道、汽轮机本体的疏水管道、给水泵轴密封水等)和一些次要的管道(如工业水系统等),不予表示。对某些辅助系统(如热力辅助设备的空气管道系统、锅炉定期排污系统等)予以适当简化,另行绘制这些局部系统的全面性热力系统。

　　发电厂全面性热力系统一般由下列局部系统组成:主蒸汽和再热蒸汽系统、旁路系统、回热加热(回热抽汽及疏水)系统、给水系统、除氧系统、主凝结水系统、补充水系统、锅炉排污系统、供热系统、厂内循环水系统和锅炉启动系统等。

二、发电厂类型和容量的确定

　　发电厂的设计必须按国家规定的基本建设程序进行。发电厂设计的程序为初步可行性研究、可行性研究、初步设计、施工图设计。在初步可行性研究报告中就应明确发电厂的类型和容量,通常是根据建厂地区电力系统现有容量、发展规划、负荷增长速度和电网结构并对燃料来源、交通、水源及环保等进行技术经济比较和经济效益分析后确定的。若该地区只有电负荷,可建凝汽式电厂;当有供热需要,且供热距离与技术经济条件合理时,发电厂应优先考虑热电联产。

　　新建或扩建的发电厂应以煤为主要燃料。燃烧低热值煤(低质原煤、洗中煤、褐煤等)的凝汽式发电厂宜建在燃料产地附近;有条件时,应建坑口发电厂。在天然气供应有保证的地区可考虑新建、扩建或改建燃气 - 蒸汽联合循环电厂,以提高发电厂的经济性,改善电网结构和满足环境保护的要求。

三、主要设备选择原则

　　由于进口大容量机组也占了一定比例,在选择机组容量时,应考虑各国对机组出力等术语定义的解释。通常国际上对大容量机组出力等常用术语有如下定义:

　　汽轮机组的铭牌出力(turbine rated capacity, also called turbine name-plate rating)是指汽轮机在额定进汽和再热参数工况下,排汽压力为 11.8kPa,补水率为 3% 时,汽轮发电机组的保证出力。如美国西屋(WH)公司生产的 500MW 机组,在额定蒸汽参数为 16.7MPa/538℃/538℃,排汽压力为 11.8kPa,补水率为 3% 时,其铭牌出力为 500MW。

　　汽轮机组保证最大连续出力(turbine maximum continuous rating, TMCR)是指汽轮机在通过铭牌出力所保证的进汽量、额定主蒸汽和再热蒸汽工况下,在正常的排汽压力(4.9kPa)下,补水率为 0 时,机组能保证达到的出力。如 WH 公司 500MW 机组汽轮机的保证流量为 1589t/h,排汽压力为 4.9kPa,补水率为 0 时的最大保证出力 525MW。

　　汽轮机组在调节汽门全开时(valve wide open, VWO)最大计算出力是指汽轮机调节汽门全开时通过计算最大进汽量和额定的主蒸汽、再热蒸汽参数工况下,并在正常排汽压力(4.9kPa)和补水率 0% 条件下计算所能达到的出力。WH 公司 500MW 机组增加 5% 的流量裕度一般可增加 4.5% 的出力,所以其 VWO 工况出力为 $525 \times 1.045 = 548.6$(MW)。

　　另外,美国设计的大容量火电机组(除核电机组外)都要求汽轮机组应具有在调节汽门全开和所有给水加热器全部投运之下,可超压 5%(5% over pressure, 5%OP)连续运行的能力,以适应调峰的需要,此运行方式下,又可增加 5% 的通流能力,出力也比 VWO 工况下再增加 4.5%,因此 WH 公司 500MW 机组在(VWO+5%OP)工况下的出力为 $548.6 \times 1.045 = 573.3$(MW)。

　　因此在选择国外机组时,应注意不同国家在解释术语方面的差异。

（一）汽轮机组

对汽轮机组的选择，是指容量、参数和台数的选择。

1. 汽轮机容量

发电厂的机组容量应根据系统规划容量、负荷增长速度和电网结构等因素进行选择。最大机组容量不宜超过系统总容量的 10％。这样，当最大一台机组发生事故时，电网安全和供电质量（电压和频率）才能得到一定保证，以便迅速启动事故备用机组，保证安全供电。对于负荷增长较快的形成中的电力系统，可根据具体情况并经过经技术经济论证后选用较大容量的机组。对于已形成的较大容量的电力系统，应选用高效率的 600、1000MW 机组。

2. 汽轮机参数

我国电网容量超过10 000MW 的大电网已越来越多，因此符合采用高效率大容量中间再热式汽轮机组的条件。近年建设的大型凝汽式火电厂汽轮机组大多为 600～1000MW，其参数为超临界压力和超超临界压力。

3. 汽轮机台数

火电厂最终的汽轮发电机组台数不宜过多，一般以 4～6 台、机组容量等级以不超过两种为好。且同容量机、炉宜采用同一制造厂的同一类型或改进类型，其配套设备的类型也宜一致。这样可使主厂房投资少，布置紧凑、整齐，备品配件通用率高，占用流动资金少，便于运行管理。

对兼有热力负荷的地区，经技术经济比较证明合理时，应采用供热式机组。供热式机组的类型、容量及台数，应根据近期热负荷和规划热负荷的大小和特性，按照以热定电的原则，通过比较选定，同样宜优先选用高参数、大容量的抽汽式供热机组。对于有稳定可靠的热负荷，可考虑选择背压式机组或抽汽背压式机组。

至于热电厂中机组的台数，为了确保热用户在任何时候都能获得所需要的热负荷，最终规模控制在四机五炉。当热电厂是分期建设时，第一期工程如安装一台汽轮机，必须有备用锅炉，所以配一机二炉为好。当汽轮机或锅炉发生故障时，也不会影响热用户。

（二）锅炉机组

1. 锅炉参数

大容量机组锅炉过热器出口额定蒸汽压力通常选取汽轮机额定进汽压力的 105％，过热器出口额定蒸汽温度选取比汽轮机额定进汽温度高 3℃。冷段再热蒸汽管道、再热器、热段再热蒸汽管道额定工况下的压力降宜分别取汽轮机额定工况下高压缸排汽压力的 1.5％～2.0％、5％、3.5％～3.0％。再热器出口额定蒸汽温度比汽轮机中压缸额定进汽温度高 3℃为宜，主要是为减少主蒸汽和再热蒸汽的压降和散热损失，提高循环热效率。

2. 锅炉类型

大型火电厂锅炉几乎都采用煤粉炉，其效率高，可达 90％～93％。容量不受限制，目前与 1000MW 机组配套的锅炉蒸发量已达 3000t/h 以上。因此锅炉类型的选择还要考虑水循环方式。

水循环方式与蒸汽初参数有关，通常亚临界参数以下多采用自然循环汽包炉，循环安全可靠，热经济性高；亚临界参数可采用自然循环或强制循环，后者能适应调峰情况下承担低负荷时水循环的安全；超临界参数只能采用强制循环直流炉。

3. 锅炉容量与台数

凝汽式发电厂一般一机配一炉，不设备用锅炉。锅炉的最大连续蒸发量（BMCR）按汽轮机最大进汽量工况相匹配。

对装有供热式机组的发电厂，选择锅炉容量和台数时，应核算在最小热负荷工况下，汽轮机的进汽量不得低于锅炉最小稳定燃烧的负荷（一般不宜小于 1/3 锅炉额定负荷），以保证锅炉的安全稳定运行。

选择热电厂锅炉容量时，应当考虑当一台容量最大的锅炉停用时，其余锅炉（包括可利用的其他可靠热源）应满足以下要求：

（1）热力用户连续生产所需的生产用汽量；

（2）冬季采暖、通风和生活用热量的 60%～75%，严寒地区取上限。此时，可降低部分发电出力。

当发电厂扩建供热机组，且主蒸汽及给水管道采用母管制时，锅炉容量的选择应连同原有部分全面考虑。

第二节　发电厂的辅助热力系统

一、工质损失及补充水系统

（一）工质损失

在发电厂的生产过程中，工质承担着能量转换与传递的作用，由于循环过程的管道、设备及附件中存在的缺陷或工艺需要，不可避免地存在各种汽水损失，它会直接影响发电厂的安全、经济运行。因为这不仅增大发电厂的热损失，降低电厂的热经济性，而且为了补充损失的工质，还必须增加水处理设备的投资和运行费用。另外，补充水的水质通常比汽轮机凝结水质差，因此，工质的损失还将导致补充水率增大，使给水品质下降，汽包锅炉排污量将增大，或造成过热器结垢，或造成汽轮机通流部分积盐，出力下降，推力增加等，影响机组工作的可靠性和经济性。如新蒸汽损失 1%，电厂热效率就降低 1%。所以，发电厂的设计、制造、安装和运行过程中，应尽可能地减少各种汽水损失。例如，尽量用焊接代替法兰连接；选择较完善的热力系统及汽水回收方式，提高工质回收率及热量利用率，设置轴封冷却器和锅炉连续排污利用系统；提高设备及管制件的制造、安装及维修质量；加强运行调整，合理控制各种技术消耗，将蒸汽吹灰改为压缩空气或锅炉水吹灰，锅炉、汽轮机和除氧器采用滑参数启动，再热机组设置启动旁路系统等。

根据损失的不同部位，发电厂的工质损失可分为内部损失与外部损失。在发电厂内部热力设备及系统造成的工质损失称为内部损失。它又包括正常性工质损失和非正常性工质损失。如热力设备和管道的暖管疏放水，锅炉受热面的蒸汽吹灰，重油加热及雾化用汽，汽动给水泵、汽动风机、汽动油泵、轴封用汽、汽水取样、汽包锅炉连续排污等均属于工艺上要求的正常性工质损失。而各热力设备或管道、管制件等的不严密处泄漏去的工质损失属于非正常性工质损失。

发电厂对外供热设备及系统造成的汽水工质损失称为外部工质损失。如对热用户供应的蒸汽参与了工艺过程，在化肥厂参与造气过程，在造纸厂参与煮浆过程，这些工质完全不能回收。对外供应工质的回收率取决于热用户对汽水的污染程度，变化较大。

根据 GB 50660 规定，火电厂各项正常工质损失见表 4-1。

表 4-1 火电厂各项正常工质损失

序号	损失类别		正常损失
1	厂内汽水循环损失	1000MW 级机组	为锅炉最大连续蒸发量的 1.0%
		300、600MW 级机组	为锅炉最大连续蒸发量的 1.5%
		125、200MW 级机组	为锅炉最大连续蒸发量的 2.0%
2	汽包锅炉排污损失		根据计算或锅炉厂资料，但不小于 0.3%
3	闭式热水网损失		热水网水量的 0.5%～1% 或根据具体工程情况确定
4	厂外其他用水量		
5	对外供汽损失		根据具体工程情况确定
6	发电厂其他用水、用汽损失		
7	间接空冷机组循环冷却水损失		

注 厂内汽水循环损失包括锅炉吹灰、凝结水精处理再生及闭式冷却系统等汽水损失。

（二）补充水引入系统

发电厂工质循环过程中虽然采取了各种减少工质损失的措施，但仍不可避免地存在一定数量的工质损失。为维持工质循环的连续，需将损失的工质数量适时足量地补入循环系统。补入的工质通常称为补充水，其量可用式（4-1）计算，即

$$D_{ma} = D_l + D_{lo} + D'_{bl} \qquad kg/h \qquad (4-1)$$

式中 D_{ma}——补充水量，kg/h；

D_l——电厂内部汽水损失量，kg/h；

D_{lo}——电厂外部汽水损失量，kg/h；

D'_{bl}——汽包锅炉连续排污水损失量，kg/h。

补充水引入系统不仅要确保补充水量的需要，同时还涉及补充水制取方式及补充水引入回热系统的地点选择。因此，以下分析在满足主要技术要求的基础上力求经济合理为基本原则。

（1）补充水应保证热力设备安全运行的要求。对中参数及以下热电厂的补充水必须是软化水（除去水中的钙、镁等硬垢盐）；对高参数发电厂对水质的要求也相应提高，补充水必须是除盐水（除去水中钙、镁等硬垢盐外还要除去水中硅酸盐）；对亚临界压力汽包锅炉和超临界压力直流锅炉其水质要求更高，除了要除去水中钙、镁、硅酸盐外，还要除去水中的钠盐，同时对凝结水还要进行精处理，以确保机组启停时产生的腐蚀产物、SiO_2 和铁等金属能被处理掉。我国凝结水精处理装置采用低压系统（即有凝结水升压泵，简称凝升泵）较多，引进机组则采用中压系统（无凝升泵）较多。补充水除盐一般采用化学处理法。目前，采用离子交换树脂制取的化学除盐水，品质已能满足亚临界和超临界压力直流锅炉高品质补充水的要求，并且其成本低，在发电厂中广泛采用。

（2）补充水应除氧、加热和便于调节水量。为了热力设备的安全，补充水应进行除氧。

除氧有一级除氧和二级除氧两种。一般凝汽式机组采用一级除氧（如回热系统中的高压除氧器）即可满足要求，对补充水量较大的高压供热机组或中间再热机组，采用一级除氧不能保证给水含氧量合格的情况下，应另设置一级补充水除氧器和初级除氧（也可在凝汽器内利用鼓泡除氧），然后通过回热系统的高压除氧器进行第二级除氧。

　　补充水在进入锅炉前应被加热到给水温度。为提高电厂的热经济性，利用电厂的废热（如锅炉连续排污）和汽轮机的回热抽汽进行加热是最有效的。它不仅回收了部分废热也增加了回热抽汽量，使回热抽汽做功比 X_r 加大，热经济性提高。当然，补充水汇入地点不同，其热经济性的高低是不同的，它取决于汇入地点所引起的不可逆损失大小，具体来说就是在汇入点混合温差小带来的不可逆损失就小。如补充水除氧器出口补充水的汇入点就应在采用同级回热抽汽的加热器出口处，如图 4-1（a）所示。

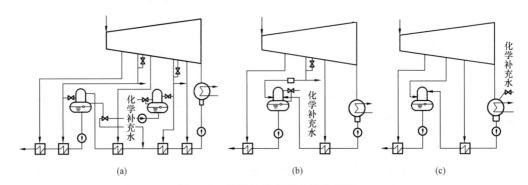

图 4-1　化学补充水引入回热系统
(a) 高参数热电厂补充水引入系统；(b) 中、低参数热电厂补充水的引入；
(c) 高参数凝汽式电厂补充水的引入

　　补入热力系统的补充水，应随系统工质损失的大小进行水量调节，在热力系统适宜进行水量调节的地方有凝汽器和给水除氧器。若补充水进入凝汽器，如图 4-1（c）所示，由于补充水充分利用了低压回热抽汽加热，回热抽汽做功比 X_r 较大，热经济性比补充水引入给水除氧器［见图 4-1（b）］要高。但其水量调节要考虑热井水位和除氧水箱水位的双重影响，增加了调节的复杂性。若补充水引入除氧器，则水量调节较简单，但热经济稍低于前者。通常大、中型凝汽机组补充水引入凝汽器，小型机组引入除氧器。

二、工质回收及废热利用系统

　　回收利用发电厂排放、泄漏的工质和废热，既是节能提高经济性和管理水平的一项重要工作，又对保护环境具有重要意义。如汽包锅炉的连续排污，不仅量大而且能位高，但若直接排放就是一项很大的损失，对周围的环境造成热污染，环境保护法也不允许。此外，汽轮机主蒸汽阀杆及轴封漏汽、冷却发电机的介质热量、热力设备及管道的疏放水等都有类似的工质回收及废热利用问题。下面对汽包锅炉连续排污的回收和利用进行分析，讨论工质的回收和废热利用的一般原则以及热经济性的评价。

　　（一）汽包锅炉连续排污利用系统

　　锅炉连续排污的目的就是要控制汽包内锅炉水水质在允许范围内，从而保证锅炉蒸发出的蒸汽品质合格。汽包中的排污水通常是含盐浓度较高的水。根据 GB 50660 的规定，汽包锅炉的正常排污率不得低于锅炉最大连续蒸发量的 0.3%，但也不宜超过锅炉额定蒸发量

D_b 的下列数值：

（1）以化学除盐水为补充水的凝汽式发电厂为 1%；

（2）以化学除盐水或蒸馏水为补充水的热电厂为 2%；

（3）以化学软化水为补充水的热电厂为 5%。

锅炉连续排污利用系统就是让高压的排污水通过压力较低的连续排污扩容器扩容蒸发，产生品质较好的扩容蒸汽，回收部分工质和热量，扩容器内尚未蒸发的、含盐浓度更高的排污水，可通过表面式排污水冷却器再回收部分热量。如图 4-2 所示为锅炉连续排污扩容利用系统。它们由排污扩容器、排污水冷却器及其连接管道、阀门、附件组成。

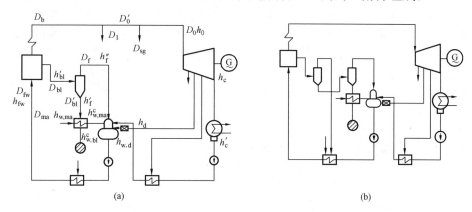

图 4-2　锅炉连续排污扩容利用系统

（a）单级扩容系统；（b）两级扩容系统

由排污扩容器的热平衡和物质平衡可以求出工质回收率 α_f。

扩容器的物质平衡

$$D_{bl} = D_f + D'_{bl} \qquad kg/h \qquad (4-2)$$

扩容器的热平衡

$$D_{bl} h'_{bl} \eta_f = D_f h''_f + D'_{bl} h'_f \qquad kJ/h \qquad (4-3)$$

排污水冷却器的热平衡

$$D'_{bl}(h'_f - h^c_{w,bl})\eta_l = D_{ma}(h^c_{w,ma} - h_{w,ma}) \qquad kJ/h \qquad (4-4)$$

上几式中　　　D_{bl}——锅炉连续排污量，kg/h；

D_f、D'_{bl}——扩容器扩容蒸汽和未扩容的排污水量，kg/h；

h'_{bl}——排污水比焓，即汽包压力下的饱和水比焓，kJ/kg；

h'_f、h''_f——扩容器压力下的饱和水与饱和蒸汽比焓，kJ/kg；

η_f、η_l——排污扩容器和排污水冷却器的热效率；

$h^c_{w,bl}$——经过排污水冷却器冷却后的排污水比焓，kJ/kg；

D_{ma}——化学补充水量，kg/h；

$h_{w,ma}$、$h^c_{w,ma}$——化学补充水进入排污水冷却器前后的比焓，kJ/kg。

将式（4-2）代入式（4-3）得

$$\alpha_f = \frac{D_f}{D_{bl}} = \frac{h'_{bl}\eta_f - h'_f}{h''_f - h'_f} \qquad (4 - 5)$$

式（4-5）表明，排污扩容器的工质回收率 α_f 的大小取决于 h'_{bl}、h'_f、h''_f，即取决于锅炉汽包压力、扩容器压力。当扩容器压力变化范围不大时，上式的分母（$h''_f - h'_f$）可近似作常数看待，它实际上就是 1kg 排污水在扩容器压力下的汽化潜热。因此，当锅炉汽包压力一定时，工质回收率只取决于扩容器压力，扩容器压力越低，回收工质就越多。一般为锅炉排污量的 30%～50%。但是，扩容器压力越低，扩容蒸汽的能位也越低，这就是回收工质在数量和能位上的矛盾。从图 4-2（a）还可看出，回收的扩容蒸汽是携带工质和热量进入回热系统，而化学补充水回收了部分"废热"后也进入了回热系统，它们不可避免地要排挤部分回热抽汽，使回热抽汽做功比 X_r 减小，导致汽轮机内效率 η_i 降低。显然排挤的回热抽汽压力越低，回热抽汽做功比 X_r 下降就越多，η_i 降低就越大。但是连续排污利用系统回收的热量是"废热"，其热经济效益应从发电厂范围进行评价。

由图 4-2（a）可知，当无排污利用系统时，排污水热损失 Q_{bl} 为

$$Q_{bl} = D_{bl}(h'_{bl} - h_{w,ma}) \qquad kJ/kg \qquad (4 - 6)$$

有排污利用系统时，排污水热损失 Q'_{bl} 为

$$Q'_{bl} = D'_{bl}(h^c_{w,bl} - h_{w,ma}) \qquad kJ/h \qquad (4 - 7)$$

因此，可以利用的排污热量 ΔQ_{bl} 为

$$\Delta Q_{bl} = Q_{bl} - Q'_{bl}$$
$$= D_{bl}(h'_{bl} - h_{w,ma}) - D'_{bl}(h^c_{w,bl} - h_{w,ma}) \qquad kJ/h \qquad (4 - 8)$$

ΔQ_{bl} 也就是排污利用系统回收的"废热"，它引入了回热系统（图中为除氧器），排挤一部分回热抽汽，使回热抽汽做功量（即 X_r）减少。为维持汽轮机做功量不变，凝汽做功量要增加，使凝汽器增加了附加冷源损失 ΔQ_c，对发电厂而言，其净获得的热量 ΔQ_n 为

$$\Delta Q_n = \Delta Q_{bl} - \Delta Q_c \qquad kJ/h \qquad (4 - 9)$$

根据除氧器的热平衡，被排挤的除氧器抽汽量 ΔD_d 为

$$\Delta D_d = \frac{\Delta Q_{bl}}{h_d - h_{w,d}} \qquad kJ/h \qquad (4 - 10)$$

若忽略除氧器后各段抽汽的微小变化，根据回热抽汽做功量的减小等于凝汽做功量的增加，可计算出凝汽流量的增加量 ΔD_c 为

$$\Delta D_c = \Delta D_d \cdot \frac{h_0 - h_d}{h_0 - h_c} \qquad kJ/h \qquad (4 - 11)$$

上两式中　h_d——除氧器回热抽汽比焓，kJ/kg；

　　　　　$h_{w,d}$——除氧器压力下饱和水比焓，kJ/kg；

　　h_0、h_c——汽轮机进汽和排汽比焓，kJ/kg。

则凝汽器增加的附加冷源损失 ΔQ_c 为

$$\Delta Q_c = \Delta D_c(h_c - h'_c)$$
$$= \Delta D_d \cdot \frac{h_0 - h_d}{h_0 - h_c}(h_c - h'_c)$$

$$= \Delta Q_{\text{bl}} \frac{h_{\text{c}} - h'_{\text{c}}}{h_{\text{d}} - h_{\text{w,d}}} \cdot \frac{h_0 - h_{\text{d}}}{h_0 - h_{\text{c}}} \qquad \text{kJ/h} \qquad (4 - 12)$$

发电厂净获得的热量 ΔQ_{n} 为

$$\Delta Q_{\text{n}} = \Delta Q_{\text{bl}} - \Delta Q_{\text{c}}$$

$$= \Delta Q_{\text{bl}} \left(1 - \frac{h_{\text{c}} - h'_{\text{c}}}{h_{\text{d}} - h_{\text{w,d}}} \cdot \frac{h_0 - h_{\text{d}}}{h_0 - h_{\text{c}}} \right) \qquad \text{kJ/h} \qquad (4 - 13)$$

式中　h'_{c}——汽轮机排汽压力下饱和水比焓，kJ/kg。

发电厂实际节省的标准煤量 ΔB^{s} 为

$$\Delta B^{\text{s}} = \frac{\Delta Q_{\text{n}}}{29\,270 \eta_{\text{b}} \eta_{\text{p}}} \qquad \text{kg/h} \qquad (4 - 14)$$

由以上分析可以得出几点结论：

(1) 由式（4-13）可知，$\dfrac{h_{\text{c}} - h'_{\text{c}}}{h_{\text{d}} - h_{\text{w,d}}} \approx 1$，而 $h_0 - h_{\text{d}} < h_0 - h_{\text{c}}$，所以 ΔQ_{n}、$\Delta B^{\text{s}} > 0$，即回收到系统的热量总是大于由此产生的附加冷源损失，因而发电厂回收废热总是能节约燃料。

(2) 由式（4-13）和式（4-14）可知，为提高节煤的实际效果，应增大 ΔQ_{bl} 和减小 $h_0 - h_{\text{d}}$。当提高扩容器压力时，可使 $h_0 - h_{\text{d}}$ 减小，但却使 $D'_{\text{bl}}(h^{\text{c}}_{\text{w,bl}} - h_{\text{w,ma}})$ 增大，即 ΔQ_{bl} 也减小了，这也就是前面提到的回收工质在数量和质量上的矛盾。因此，可以找到一个理论上使节煤效果最佳的扩容器压力。当然也可以采用两级串联的连续排污利用系统，如图 4-2（b）所示，锅炉连续排污水先进入压力较高的扩容器，未扩容蒸发的排污水再进入压力较低的扩容器。当该级扩容器压力与单级扩容利用系统的扩容器压力相同时，可近似认为两种系统回收的工质数量基本相同。但两级串联系统较高压力扩容器回收的蒸汽能位较高，其引入的加热器汽侧压力也较高，排挤回热抽汽的做功也较小，造成凝汽器附加冷源损失也较少。所以，两级排污利用系统以系统复杂、投资高为代价，获得更高的热经济效益。一般只有采用直接供汽的高压热电厂，返回率小，补水量大，锅炉排污量多的情况下才考虑采用两级排污利用系统。

对于回收汽轮机阀杆及轴封漏汽时，也应按参数的不同引入相近的回热级，以获得最大的经济效益。

(3) 对任何外部热源的利用，如发电机冷却水热源的利用，同样可以节约燃料，因为这是一项不用煤的外部热源。

(4) 实际工质回收和废热利用系统，应考虑投资、运行费用和热经济性，通过技术经济性比较来确定。

应该指出，式（4-14）所计算的节煤量是在不考虑低压部分各抽汽的变化得到的，实际的节煤量应做全厂的热力系统计算得到。

(二) 轴封蒸汽回收及利用系统

为了提高发电厂的热经济性，现代的汽轮机装置都设有轴封蒸汽回收利用系统。不同机组的轴封结构和轴封系统有所不同，但轴封蒸汽利用于回热系统都是一致的，因此，轴封蒸汽回收及利用系统设计与发电厂热力系统的设计是紧密联系的。

汽轮机轴封蒸汽系统包括：主汽门和调节汽门的阀杆漏汽，再热式机组中压联合汽门的阀杆漏汽，高、中、低压缸的前后轴封漏汽和轴封用汽等。一般轴封蒸汽占汽轮机总汽耗量的 2% 左右，且由于引出地点不同，工质的能位有差异，在引入地点的选择上应使该点能位与工质最接近，既回收工质，又利用其热量，同时又使其引起的附加冷源损失最小。

图 4-3 所示为 660MW 汽轮机的轴封系统。该系统由以下几部分组成：

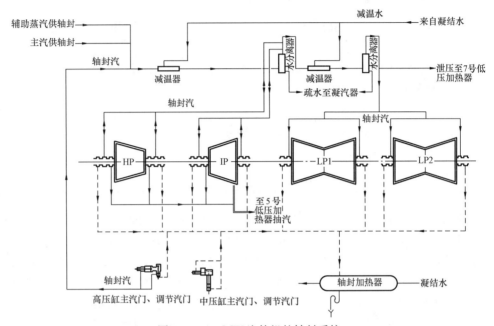

图 4-3　660MW 汽轮机的轴封系统

（1）高压缸主汽门、调节汽门阀杆的高压段汽封的漏汽系统。

（2）中压缸主汽门（再热主汽门）和调节汽门阀杆汽封的漏汽系统。由于这些汽门的蒸汽压力较低，故只设一段，与高压缸调节汽门低压段漏汽汇合后进入轴封系统。

（3）汽轮机各缸的轴封漏汽系统。

（4）轴封其他汽源的蒸汽系统。

其中汽缸的轴封蒸汽系统依压力不同又分由数段不等的漏汽分别引出。高压缸的前、后缸和中压缸的前缸分别有三段蒸汽引出；中压缸后缸有两段蒸汽引出；低压缸两端各有两段，它们组合成三级压力不同的轴封蒸汽。其中第一级轴封蒸汽压力最高，它由高压缸前、后缸和中压缸前缸的一段轴封漏汽组成，汇合后引入 5 号低压加热器，予以回收工质和热量。第二级轴封汽压力次之，它由高压缸前、后缸和中压缸前缸的二段轴封、中压缸后缸的一段轴封、高压缸主汽门和调节汽门的高压段汽封漏汽所组成。在低负荷供汽不足时，由主汽门前经减温减压器后引入新蒸汽作轴封汽。当机组负荷达到 15% TMCR 工况时，利用本机高、中压缸轴封漏汽，即可达到自密封的作用，不再需要外部汽源。该级轴封蒸汽一路引至低压缸作轴封汽源，另一路引至 7 号低压加热器作辅助汽源加热主凝结水，同时也回收了工质和热量。第三段轴封汽压力为微负压，以防止向大气排汽，同时允许漏入少量空气。它由高压缸前、后缸和中缸前缸的三段轴封、中压缸后缸的二段轴封、低压缸二段轴封、高压调节汽门低压段漏汽、中压主汽门和中压调节汽门漏汽汇合而成。它被引至轴封加热器加热一部分主凝结水。

　　该轴封利用系统中各级轴封蒸汽，工质基本可全部回收。除低压缸一段内侧流入凝汽器造成冷源损失外，其余蒸汽都在回热系统中得到利用。当然它们从漏出部位起，不再在汽轮机内部做功。

　　（三）辅助蒸汽系统

　　发电厂中需要辅助蒸汽的用户很多，有启动过程需要的，也有正在运行的设备需要的。当某机组处于启动阶段时，它需要将正运行的相邻机组的蒸汽引入本机组的蒸汽用户（若是首台机组启动则由启动锅炉供汽），如对除氧器给水箱预热；加热锅炉尾部暖风器以提高进入空气预热器的温度，防止金属腐蚀和堵灰；厂用热交换器；汽轮机轴封；真空系统抽气器；燃油加热及雾化；水处理室等。当机组正常运行后，即可解决自身辅助蒸汽用户的需要，同时也有能力向需要蒸汽的相邻机组提供合格蒸汽。其正常汽源应在满足需要的前提下，尽可能用参数低的回热抽汽，以增大回热做功比 X_r，提高电厂的热经济性。同时还应考虑当汽轮机启动和回热抽汽参数不能满足要求时，要有备用汽源。辅助蒸汽的疏水，除了不能回收的或严重污染的（如加热重油及雾化）外，一般应回收于热力系统。图 4-4 所示为辅助蒸汽系统。

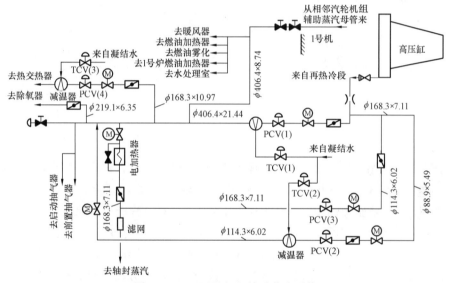

图 4-4　600MW 机组辅助蒸汽系统

　　该系统主要由辅助蒸汽母管、相邻机组辅助蒸汽母管至本机组辅助蒸汽母管供汽管、本机组再热冷段至辅助蒸汽母管主汽管、本机组再热冷段至辅助蒸汽母管小旁路、轴封蒸汽母管，以及为了减少热态启动期间汽轮机轴封系统的热应力，还设置了再热冷段直接向轴封系统供汽的管路。同时，在辅助蒸汽母管至轴封蒸汽系统的管路上，还设有电加热器，用于启动时提高轴封蒸汽温度。

第三节　发电厂原则性热力系统举例

一、亚临界参数机组发电厂原则性热力系统

　　（1）图 4-5 所示为哈尔滨第三电厂的 N600-16.67/537/537 型机组的原则性热力系统，该机组是哈尔滨汽轮机厂制造的亚临界压力、一次中间再热、单轴、反动式、四缸四排汽机组。

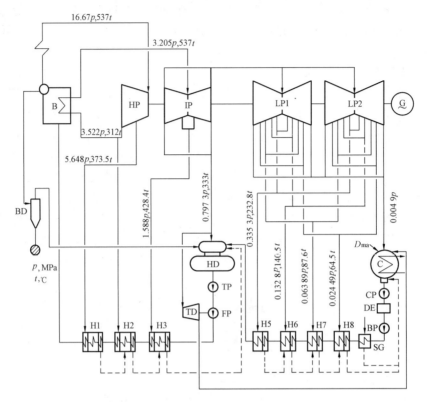

图 4-5　N600-16.67/537/537 型机组的发电厂原则性热力系统

　　试验证明,该机组不投油最低稳定燃烧负荷为 35.47%MCR,调峰范围大,特性好,运行稳。因此,能适应在 (35%~100%)MCR 范围调峰运行。该机组适用于在大型电网中承担调峰负荷和中间负荷。汽缸由高压缸、双流程中压缸、2 个双流程低压缸组成。高、中压缸均采用内、外双层缸形式,铸造而成。低压缸为三层结构 (外缸、内缸 A、内缸 B),由钢板焊接制成。汽轮机高、中、低压转子均为有中心孔的整锻转子。机组配 HG-2008/18-YM2 型亚临界压力强制循环汽包炉。采用一级连续排污利用系统,扩容器分离出的扩容蒸汽送入高压除氧器。该机组设计热耗率为 7829kJ/kWh,最大计算功率为 654MW,锅炉效率 92.08%。

　　4 台低压加热器为表面式,卧式布置,其中 H7、H8 共用一个壳体,布置在凝汽器喉部空间。3 台高压加热器均为表面式,卧式布置。除氧器为滑压运行。凝结水精处理采用低压系统 (4 号机改为中压系统)。

　　(2) 图 4-6 所示为元宝山电厂引进法国阿尔斯通-大西洋公司 (ALSTOM-ATLAN-TIQUE) 制造的 600MW 汽轮发电机组原则性热力系统,其蒸汽初参数为 17.75MPa/540℃/540℃,属亚临界参数一次中间再热、单轴、四缸四排汽,具有七级回热抽汽。由 4 台卧式低压加热器、1 台高压除氧器、2 台双列并联高压加热器组成回热系统。其中 H2 高压加热器带有外置式蒸汽冷却器 SC2。除氧器为滑压运行。第 3 级抽汽除供除氧器外,还供给水泵小汽轮机用汽及厂用采暖 Q。第 5、6 级抽汽,同时还分别供暖风器 R 和生水加热器 S 用汽。

　　汽轮机高压缸无回热抽汽口。给水泵小汽轮机配有单独的小凝汽器及凝结水泵,其凝结水进入主凝汽器热井。H4、H6 低压加热器带有疏水泵。

高、中、低压缸均为双层缸结构，不设法兰加热装置。低压缸为分流对称布置，焊接结构。转子为整体结构。

锅炉为德国斯太米勒公司（STEINMULLER）制造的亚临界压力本生直流锅炉，其出口蒸汽参数为 18.6MPa/545℃/545℃，最大连续蒸发量为 1832.65t/h。锅炉设计热效率为 91.5%。机组设计热耗率为 7808.4kJ/kWh。

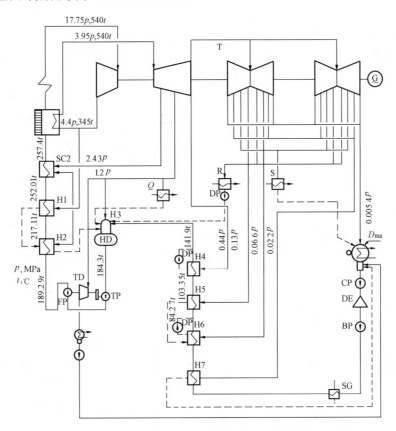

图 4-6　N600-17.75/540/540 型机组发电厂原则性热力系统

二、超临界参数机组发电厂原则性热力系统

（1）图 4-7 所示为盘山电厂一期工程由俄罗斯制造的 500MW 超临界压力燃煤机组（型号为 K-500-240-4）的发电厂原则性热力系统。锅炉为一次中间再热、直流锅炉，由波道尔斯克机器制造厂生产，型号为 ПП-1650-25-545KT。蒸发量为 1650t/h，出口蒸汽参数为 25MPa，545℃。汽轮机为四缸、四排汽、单轴、冲动凝汽式汽轮机，由列宁格勒金属工厂制造。该机组有八级回热抽汽，即"三高四低一除氧"，其中 H7、H8 为接触式低压加热器，有两台轴封加热器 SG1、SG2，凝汽器为双背压凝汽结构，即两个低压缸凝汽器分开，而循环水串行通过两个凝汽室。全部凝结水精处理，故有三台凝结水泵 CP1、CP2、CP3。主给水泵 FP、前置泵 TP 均为小汽轮机 TD 驱动，汽源由第四级抽汽供给。小汽轮机有自己单独的凝汽器，凝结水排往主凝汽器热井（主凝结水管）。第五、七级抽汽还分别引至水侧串联的热网加热器 BH2、BH1，用于加热供采暖用的热网水。

汽轮机由高压缸、中压缸和两个低压缸组成。主蒸汽经主汽门、调节汽门进入高压缸

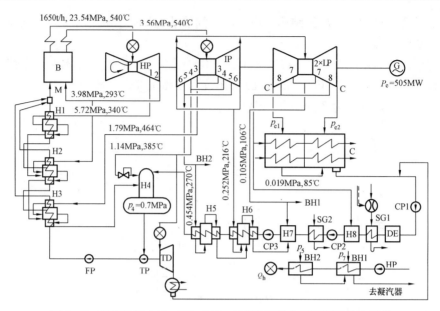

图 4 - 7　超临界压力 K - 500 - 240 - 4 型机组发电厂原则性热力系统

后，反向流经调速级和 5 个压力级后，经内外缸的夹层，转 180°后顺向流经 6 个压力级以平衡轴向推力。中、低压缸均为双层双流式结构。机组热耗率为7842.6kJ/kWh。

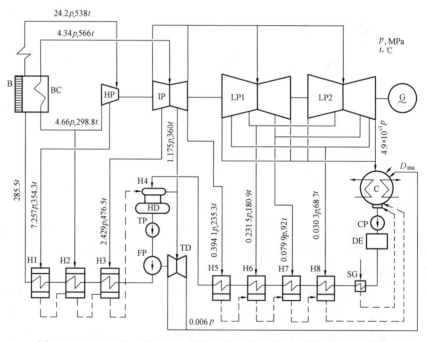

图 4 - 8　N600-25.4/538/566 超临界压力机组发电厂原则性热力系统

　　（2）图 4-8 所示为石洞口二厂 600MW 超临界压力机组发电厂原则性热力系统。锅炉为瑞士 SULZER 与美国 CE 公司合作设计制造。选用超临界参数（25.4MPa/538℃/566℃）、一次中间再热、螺旋管圈、复合变压运行的燃煤直流锅炉。最大连续蒸发量 1900t/h，给水温度 285℃。锅炉设计热效率 92.53%。不投油的最低稳定负荷为 180MW。汽轮机组由瑞士

ABB 公司设计并制造，型号为 D4Y-454，结构为单轴、四缸四排汽、一次中间再热的反动式凝汽机组，主蒸汽参数为 24.2MPa、538℃，再热蒸汽参数为 4.34MPa、566℃，主蒸汽流量为 1844t/h。TMCR 时保证热耗为 7648kJ/kWh，VWO 工况下功率为 644.95MW；最大连续功率为 628.41MW；额定工况为 600MW。89％额定功率以上和 36％额定功率以下是定压运行，中间段为变压运行。

　　汽轮机共有八级不调整抽汽，分别供"三高四低一除氧"。给水泵 FP 汽轮机为反动分流式，额定输出功率为 9945kW，主机 VWO 工况时，功率可达 14 500kW。前置泵 TP 为电动调节。给水泵汽轮机用汽来自第四级抽汽，其排汽直接排往主机凝汽器。3 台高压加热器均有内置式蒸汽冷却段和疏水冷却段。高压加热器疏水逐级自流进入除氧器，卧式除氧器滑压运行。4 台低压加热器均带有内置式疏水冷却段，疏水逐级自流至凝汽器热井。补充水由主凝汽器补入。所有凝结水进行除盐精处理，采用中压系统，不设凝结水升压泵。

三、超超临界参数机组发电厂原则性热力系统

　　(1) 图 4-9 所示为邹县电厂国产 N1000-25.0/600/600 超超临界压力机组热力系统，汽轮机为冲动式、一次中间再热、四缸四排汽、单轴、双背压、凝汽式汽轮机，配用 DG3000/26.15-Ⅲ型变压直流、单炉膛、一次再热、平衡通风、前后墙对冲燃烧、运转层以上露天布置、固态排渣、全钢结构、全悬吊结构Ⅱ形锅炉。其基本布置与 600MW 机组类似，不同之处在于 3 台高压加热器均为双列布置。给水系统装有 2 台 50％容量的汽动给水泵和 1 台 50％容量的电动给水泵，小汽轮机的汽源来自第三级抽汽。额定工况下该机组的热耗率为 7355kJ/kWh。

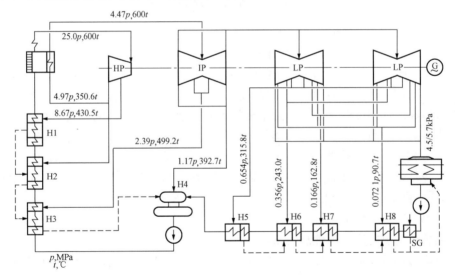

图 4-9　国产 N1000-25.0/600/600 超超临界压力机组发电厂原则性热力系统

　　(2) 图 4-10 所示为美国艾迪斯通电厂燃煤超超临界压力两次中间再热机组，其额定功率为 325MW，最大功率为 360MW。汽轮机为双轴，高压轴发电功率为 145MW，低压轴发电功率为 180MW。其蒸汽参数为 34.5MPa、650℃/566℃/566℃（我国一般将蒸汽压力达到 28MPa 以上，或主蒸汽温度或/和再热蒸汽温度为 593℃及以上的称为超超临界蒸汽参数），后运行参数降低至 31MPa、610℃，但仍然是燃煤机组中最高的蒸汽参数。该机有八级不调整抽汽。回热系统为"五高两低一除氧"。表面式加热器疏水全部采用逐级自流。DC7、DC8 分别为 H7、H8 的外置式疏水冷却器。WAH 为暖风器，ECL 为低压省煤器，

用于回收锅炉排烟余热，降低锅炉排烟温度，提高锅炉效率。为降低高压加热器水侧压力，提高其工作可靠性，给水采用两级加压系统，FP2 为背压式小汽轮机 TD 驱动的调速给水泵，其正常工况汽源来自第一次再热冷段蒸汽，排汽进入第四级抽汽管道。

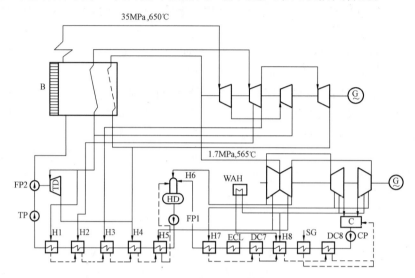

图 4 - 10　超超临界压力 325MW 两次中间再热凝汽机组
的发电厂原则性热力系统

（3）图 4 - 11 所示为泰州电厂国内首台百万千瓦二次再热发电机组热力系统。该机组于 2015 年 9 月投入并网发电，同时也是目前世界上最大的二次再热机组。汽轮机为单轴、五缸四排汽、二次再热凝汽式，额定功率为 1000MW。其蒸汽参数为 31MPa/600℃/610℃/610℃。该机组有 10 级不调整油汽，回热系统为"四高五低一除氧"的配置方案。第一级回热抽汽来自超高压缸的排汽，超高压缸中未设置回热抽汽口，缸体的旋转对称性更好。除 8 号低压加热器疏水采用疏水泵方式收集外，其他表面式加热器疏水全部采用疏水逐级自流。SC2 和 SC4 分别为高压加热器 H2 和 H4 的外置式蒸汽冷却器。DC10 为低压加热器 H10 的外置式疏水冷却器。额定工况（TRL 工况，排汽压力 9.1kPa）汽轮发电机组的热耗率为 7293kJ/kWh，机组热耗保证工况（THA 工况，排汽压力 4.5kPa）汽轮发电机组的热耗率为 7094kJ/kWh，机组发电效率达 47.82%。

四、供热机组热电厂原则性热力系统

（1）图 4 - 12 所示为国产 CC200-12.75/535/535 型双抽汽凝汽式机组热电厂的原则性热力系统。锅炉为 HG-670/140-YM9 型自然循环汽包炉，采用两级连续排污扩容利用系统，其扩容蒸汽分别引入两级除氧器 HD 和 MD 中，其排污水经冷却器 BC 冷却后排入地沟。补充水进入大气式除氧器 MD。汽轮机有八级回热抽汽，其中第三、六级为调整抽汽，其调压范围分别为 0.78～1.27MPa、0.118～0.29MPa。第三级抽汽一路供工艺热负荷 IHS 直接供汽，回水通过回水泵 RP 进入主凝结水管混合器 M2；另一路供采暖系统中峰载加热器 PH 用汽。第六级抽汽除供 H5 用汽外，还作采暖系统的基载加热器 BH 用汽及大气式除氧器 MD 的加热蒸汽。采暖系统两级热网加热器 PH 和 BH 的疏水逐级自流经外置式疏水冷却器 DC1 后用 HDP 打入凝结水管上的混合器 M1。从用户返回的网水，先引至凝汽器内的加热管束 TB，将网水先加热再经 DC1 引至 BH、PH。第二、四级回热抽汽分别通过外置式蒸汽

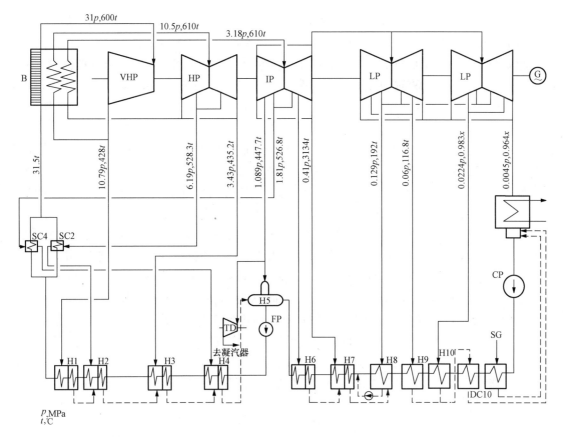

图 4-11 1000MW 超超临界二次再热凝汽机组的发电厂原则性热力系统

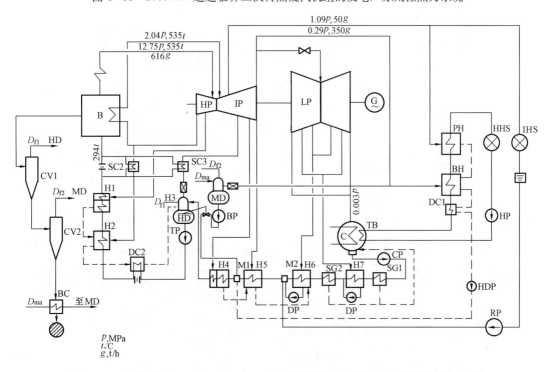

图 4-12 国产 CC200-12.75/535/535 型双抽汽凝汽式机组热电厂原则性热力系统

冷却器 SC2、SC3 后供高压加热器 H2 和高除氧器 HD 用汽。SC2、SC3 与高压加热器 H1 为出口主给水串联两级并联方式，即图 2 - 14（d）所示的连接方式。H2 另设置一外置式疏水冷却器 DC2。图中所示各点汽水参数的工况为最大工业抽汽量 50t/h、采暖抽汽量 350t/h、电功率为 136.88MW 时的数值，此工况下机组热耗率为 4949.7kJ/kWh。夏季工况时，采暖热负荷为零，机组可凝汽运行带电负荷 200MW，额定工况运行时，机组热耗率为 8444.3kJ/kWh。

（2）图 4 - 13 所示为俄罗斯超临界压力单采暖抽汽 T-250/300-23.54-2 型供热式汽轮机配 950t/h 直流炉的热电厂原则性热力系统。锅炉出口蒸汽参数为 25.8MPa、545℃/545℃，给水温度 260℃，锅炉效率为 93.3%（燃煤）。供热式汽轮机进汽参数为 23.54MPa、540℃/540℃。最大功率为 300MW。该厂采暖系统为水热网，热负荷为 1383MJ/h。水热网由内置于凝汽器的加热管束 TB、热网水泵 HP1、轴封加热器 SG2、基载热网加热器 BH1 和 BH2、热网水泵 HP2、热水锅炉 WB 以及热用户 HS 组成。基载热网加热器 BH1、BH2 的加热蒸汽分别来自第八、七级回热抽汽，其疏水由热网疏水泵 HDP 打入主凝结水管与凝结水汇合。汽轮机有九级回热抽汽，第八级抽汽为调整抽汽，其调压范围为 0.027 4～0.095MPa，该级抽汽还供低压加热器 H8 用汽。回热系统为"三高五低一除氧"。除氧器滑压运行。给水泵为背压小汽轮机 TD 驱动，正常工况时汽源为第三级抽汽，其排汽至第五级抽汽。三台高压加热器疏水逐级自流汇合于除氧器，低压加热器 H6、H7、H8 各带一台疏水泵，将疏水打入各自出口凝结水管中；低压加热器 H9、轴封加热器 SG1 和 SG2 及抽气器 EJ 的疏水排入凝汽器热井。

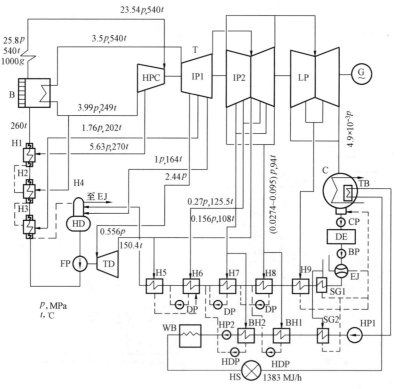

图 4 - 13　超临界压力单采暖抽汽 T-250/300-23.54-2 热电厂原则性热力系统

该机组的特点如下：①通流部分可适应大抽汽量的要求；②在控制上能满足电、热负荷各自在大范围变化的需要，互不影响；③可抽汽、纯凝汽方式运行。该机组纯凝汽方式运行时的热耗率为 7900kJ/kWh。采暖期带电力基本负荷，全部抽汽用于供热，此时发电热耗率为 6300kJ/kWh，相应的标准煤耗率为 215.8g/kWh。

五、火电厂单机容量最大机组的发电厂原则性热力系统

（1）图 4-14 所示为目前世界上最大的单轴 1200MW 凝汽式机组发电厂的原则性热力系统。它装在俄罗斯科斯特罗马电厂。汽轮机为 K1200-23.54/540/540 型超临界压力一次中间再热、单轴五缸（一个双流程高压缸、一个分流程中压缸和三个分流程式低压缸）六排汽冲动式凝汽式汽轮机，配蒸发量为 3960t/h 的燃煤直流锅炉。新蒸汽先进入高压缸左侧通流部分，再回转 180° 进入右侧通流部分，第一级抽汽供高压加热器 H1 用汽，高压缸排汽一部分供高压加热器 H2 用汽，其余在再热器中加热后依次进入均为分流的中、低

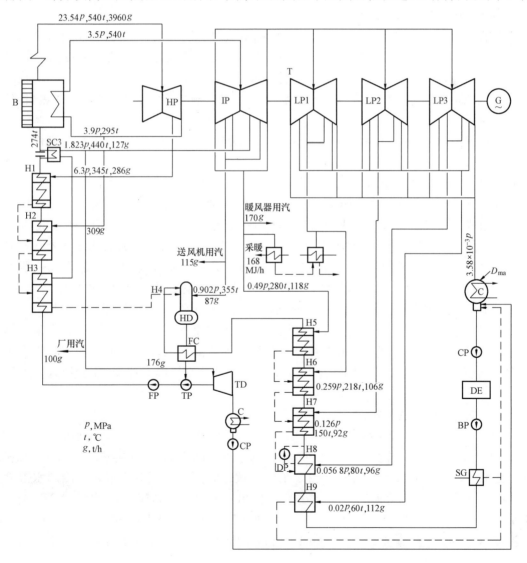

图 4-14　单轴 1200MW 凝汽式机组发电厂原则性热力系统

压缸。机组共有九级不调整抽汽，分别供给三台高压加热器、滑压除氧器和五台低压加热器用汽。三台高压加热器和 H5～H7 三台低压加热器均设有内置式蒸汽冷却段和疏水冷却段。H3 高压加热器汽源是再热后第一级抽汽，另设一外置式蒸汽冷却器 SC3 降低蒸汽过热度，其与 H1 高压加热器出口给水串联将给水温度提高到 274℃，高压加热器疏水逐级自流至除氧器。三台高压加热器均为双列布置。两台除氧器为并列滑压运行。给水系统装有两台半容量汽动调速给水泵 FP 并带前置泵 TP 同轴运行，驱动小汽轮机 TD 为凝汽式，汽源来自第三级抽汽，功率为 25MW，其排汽进入小凝汽器，凝结水由凝结水泵 CP 送至主凝汽器热井。另有一台半容量用电动给水泵（图 4-14 中未画出）。除氧器水箱出水管上还设有暂态工况时才投入的给水冷却器 FC，以加速降低进入前置泵 TP 的给水温度（汽化压头）。低压加热器 H5～H7 疏水均逐级自流至低压加热器 H8，再用疏水泵 DP 打入该级出口主凝结水管中。低压加热器 H9 与轴封加热器 SG 的疏水自流入主凝汽器热井，化学补充水进入凝汽器。

　　该电厂每台锅炉装有三台凝汽式小汽轮机驱动的送风机，功率为 7MW（图 4-14 中未画出）。汽源为第四级抽汽。厂内采暖由第六、五级抽汽分级加热，以提高其热经济性。此外第五级抽汽还供暖风器用汽。凝结水需全部精处理，采用低压系统，由凝结水泵 CP、除盐设备 DE 和凝结水升压泵 BP 组成。额定工况下该机组的热耗率为 7660kJ/kWh。

　　（2）图 4-15 所示为世界上最大的双轴凝汽式机组（1300MW）发电厂原则性热力系统。该型机组分别装在美国坎伯兰、加绞和阿莫斯等电厂。该机组为超临界压力，一次再热、双轴六缸八排汽凝汽式机组，两轴功率相等。机组分高压轴和低压轴，高压轴由分流高压缸、两个分流低压缸和发电机组成；低压轴由分流中压缸、两个分流低压缸和发电机组成。该机组有八级不调整抽汽，回热系统为"四高三低一滑压除氧"。除高压加热器 H1 有内置式蒸汽冷却段和低压加热器 H8 为普通加热器外，表面式加热器均带有内置式疏水冷却段。高压加热器为双列布置，疏水为逐级自流至除氧器。低压加热器 H6、H7 疏水逐级自流至 H8 后，用疏水泵 DP 打入该级出口主凝结水管中，该厂给水泵 FP 和送风机 FF 分别由凝汽式小汽轮机 TD 驱动，其汽源在正常工况时来自第四级抽汽，小汽轮机均自带小凝汽器和小凝结水泵，凝结水被打入主凝汽器热井。电厂补充水采用热力法由蒸汽发生器 E 产生的蒸馏水来补充。蒸发器加热一次汽源为第七级抽汽，它产生的二次蒸汽经专设的蒸汽冷却器 ES 冷却为蒸馏水，经过抽气器冷却器 EJ 后进入主凝汽器热井。

六、核电厂原则性热力系统

　　图 4-16 所示为大亚湾核电厂（二回路）原则性热力系统。该电厂为压水堆电厂。该电厂 900MW 汽轮机是英国通用电气公司设计和制造的饱和蒸汽、中间再热、冲动式。该机组属中压机组，由 1 个双流道高压缸和 3 个双流道、双排汽低压缸组成，在冷却水温度为 33℃时，机组的额定出力为 900MW，最大连续出力为 928.9MW。冷却水温为 23℃时，机组最大连续出力为 983.8MW，此时，高压缸进汽压力为 6.11MPa、进汽温度 276.6℃、进汽湿度 0.69%，进汽流量 1532.718kg/s。在额定出力时，机组热耗率为 10 697kJ/kWh，机组热效率为 33.65%。

　　反应堆的冷却剂在蒸汽发生器内加热二回路的给水，使之成为蒸汽压力 6.71MPa、蒸

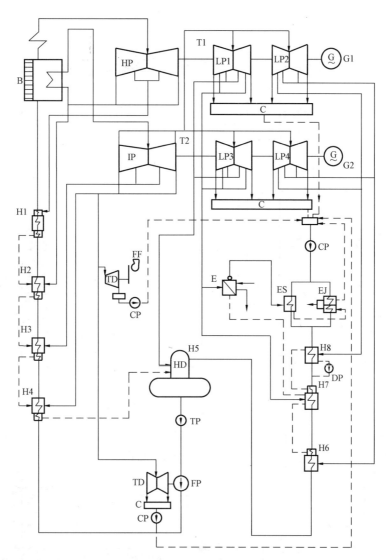

图 4-15　世界上最大的双轴凝汽式机组（1300MW）的发电厂原则性热力系统

汽温度 283℃的饱和蒸汽。该蒸汽大部分送汽轮机高压缸做功，其余部分送到汽水分离再热器用于加热高压缸的排汽。高压缸的排汽大部分通过 8 根冷再热管道排往位于低压缸两侧的 2 台汽水分离再热器，在那里进行汽水分离，并由抽汽和新蒸汽对其进行两次再热。从汽水分离再热器出来的过热蒸汽（压力 0.717MPa、温度 265℃）经 6 根管道分别送往 3 台低压缸继续膨胀做功。

　　该机组主蒸汽系统分为核岛部分和常规岛部分。核岛部分由法国法马道公司供货。连接在 3 台蒸汽发生器上部的 3 条主蒸汽管道穿出安全壳，经主蒸汽隔离阀管廊后进入汽轮机厂房。常规岛部分由英国 GEC 公司供货，3 条主蒸汽管道在汽轮机厂房内汇集于蒸汽母管。

　　该机组回热系统为"两高四低一除氧"，6、7 号高压加热器和 3、4 号低压加热器均为双列布置，各列承担 50% 的水流量。1、2 号低压加热器位于三个低压缸内，各自承担 1/3 的水流量。

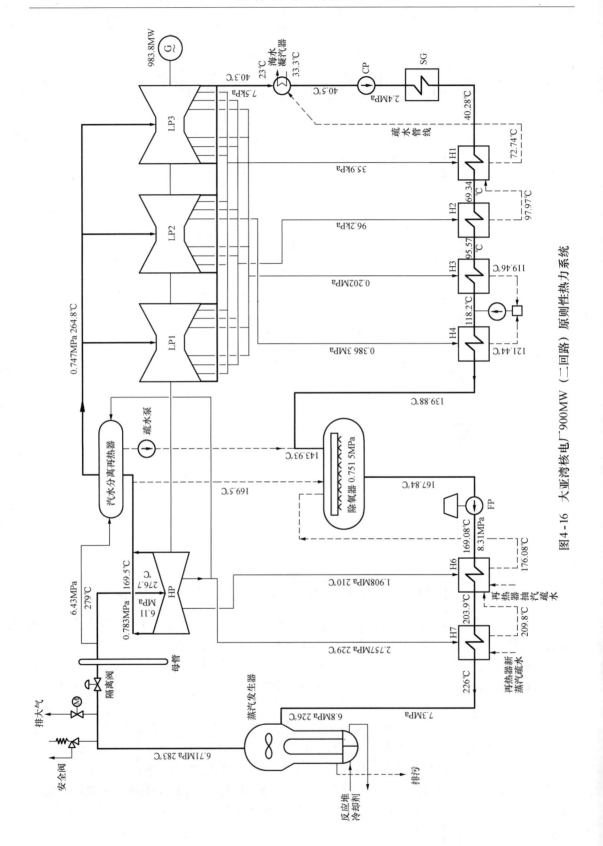

图4-16　大亚湾核电厂900MW（二回路）原则性热力系统

七、太阳能热发电站的热力系统

图 4-17 所示为美国加州的槽式太阳能聚光热电站 SEGS Ⅵ 的原则性热力系统。SEGS Ⅵ 电站是美国加州九座 SEGS 电站中最有代表性的一座，由 LUZ 公司在 1988 年兴建，装机容量 33MW，集热场的吸热介质为 Therminol 型导热油，经太阳能场聚光加热的高温导热油与水/水蒸气在预热器、蒸发器、过热器中进行换热。该机组为高压、一次再热、单轴双缸凝汽式机组，汽轮机进汽压力为 10MPa，进汽温度为 371℃，机组净输出功率 30MW。

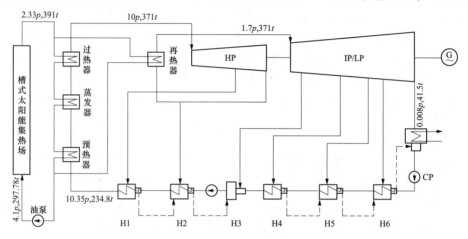

图 4-17　美国 SEGS Ⅵ 电站 N90-10/371/371 高压机组原则性热力系统

美国 2014 年投运的 Ivanpah 塔式太阳能电站总装机 392MW，1 号电站装机 126MW，2 号和 3 号电站各装机 133MW。3 台机组均为单回路系统，塔式聚光镜场的吸热介质为水/水蒸气。图 4-18 所示为 1 号电站 126MW 机组的原则性热力系统。该机组为亚临界压力、一次再热机组，汽轮机选用西门子 SST900 型空冷汽轮机，包括高压缸和中低压缸，高压缸转速 7200r/min，中低压缸转速 3600r/min。汽轮机高压缸进汽压力 16MPa，进汽温度 540℃。机组额定功率 126MW，设计机组光电效率 28.72%。

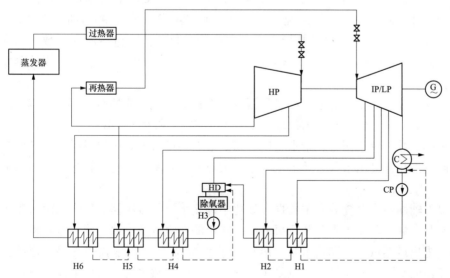

图 4-18　美国 Ivanpah 塔式太阳能 1 号电站 126MW 亚临界机组原则性热力系统

扫码获取彩图

第四节　发电厂原则性热力系统的计算

一、计算目的

本章第一节已指出发电厂热力系统与机组回热系统的关系，它们不仅范围不同，而且内容也有别。前者已扩展至全厂范围，内容也比后者多，但还是以回热系统为基础的，因此发电厂原则性热力系统计算的主要目的就是要确定在不同负荷工况下各部分汽水流量及其参数、发电量、供热量及全厂热经济性指标，由此可衡量热力设备的完善性、热力系统的合理性、运行的安全性和全厂的经济性。如根据最大负荷工况计算的结果，可作为发电厂设计时选择锅炉、热力辅助设备、各种汽水管道及其附件的依据。

对凝汽式电厂，根据平均电负荷工况计算结果，可以确定设备检修的可能性。如运行条件恶化（夏季冷却水温升高至 30℃ 等），而电负荷又要求较高时，还必须计算这种特殊工况。

对于仅有全年性工艺热负荷的热电厂，一般只计算电、热负荷均为最大时的工况和电负荷为最大、热负荷为平均值时的工况两种。对于有季节性热负荷（如采暖）的热电厂，还要计算季节性热负荷为零时的夏季工况，校核热电厂在最大热负荷时抽汽凝汽式汽轮机最小凝汽流量。热电厂在不同热负荷下全年节省的燃料量也需要通过计算获得。

对新型汽轮机的定型设计或者新的热力系统方案，设计院或运行电厂对回热系统的改进方案，特殊运行方式（如高压加热器因故停运，疏水泵切除）等的安全性、经济性的评价都需要通过原则性热力系统计算来获得，它们与回热系统计算类似，不再赘述。

二、计算的原始资料

发电厂原则性热力系统计算时，所需的原始资料如下：

（1）计算条件下的发电厂原则性热力系统图。

（2）给定（或已知）的电厂计算工况：对凝汽式电厂是指全厂电负荷或锅炉蒸发量。汽轮机通常以最大负荷、额定负荷、经济负荷、冷却水温升高至 33℃ 时的夏季最大负荷、二阀全开负荷、一阀全开负荷等作为计算工况。锅炉则从额定蒸发量 D_b、$90\%D_b$、$70\%D_b$、$50\%D_b$ 等蒸发量作计算工况。对热电厂是指全厂的电负荷、热负荷（包括汽水参数、回水率及回水温度等）或热电厂的锅炉蒸发量、热负荷等，同样也有不同电、热负荷或锅炉蒸发量作为计算工况。

（3）汽轮机、锅炉及热力系统的主要技术数据。如汽轮机、锅炉的类型、容量；汽轮机初参数、终参数、再热参数；机组相对内效率 η_{ri}；机械效率 η_m 和发电机效率 η_g 等；锅炉过热器出口参数、再热参数、汽包压力、给水温度、锅炉效率和排污率等；热力系统中各回热抽汽参数、各级回热加热器进出水参数及疏水参数；加热器的效率等；还有轴封系统的有关数据。

（4）给定工况下辅助热力系统的有关数据。如化学补充水温、暖风器、厂内采暖、生水加热器等耗汽量及其参数，驱动给水泵和风机的小汽轮机的耗汽量及参数（或小汽轮机的功率、相对内效率、进出口蒸汽参数和给水泵、风机的效率等），厂用汽水损失，锅炉连续排污扩容器及其冷却器的参数、效率等。对供采暖的热电厂还应有热水网温度调节图、热负荷与室外温度关系图（或给定工况下热网加热器进出口水温）、热网加热器效率、热网效率等。

三、基本计算公式及步骤

第二章第五节汽轮机组原则性热力系统计算的基本公式和原理完全适用发电厂原则性热力系统的计算，因为全厂的热经济指标，关键在于汽轮机的热经济性，而回热系统又是全厂热力系统的基础。当然，由于全厂热力系统不仅与汽轮机回热系统有关，还涉及锅炉、主蒸汽管道、辅助热力系统等，所以在计算范围、内容和步骤上也存在不同之处。

计算的基本公式仍然是热平衡式、物质平衡式和汽轮机功率方程式。计算的原理还是联立求解多元一次线性方程组。计算可用相对量即以 1kg 的汽轮机新汽耗量为基准来计算，逐步算出与之相应的其他汽水流量的相对值，最后根据汽轮机功率方程式求得汽轮机的汽耗量以及各汽水流量的绝对值。也可用绝对量来计算，或先估算新汽耗量，顺序求得各汽水流量的绝对值，然后求得汽轮机功率并予以校正。计算可用传统方法，也可用其他方法；也可定功率、定供热量计算，或定流量计算；还可以用正平衡、反平衡计算等众多方式。

全厂热力系统计算与机组回热系统计算不同之处主要有以下几点。

1. 计算范围和结果不同

全厂热力系统计算包括了锅炉、管道和汽轮机在内的全厂范围的计算，其结果是全厂的热经济指标，如 η_{cp}、q_{cp}、b_{cp}^s、η_{cp}^n、q_{cp}^n、b_{cp}^n。

2. 计算内容不同

由于全厂热力系统计算涉及全厂范围，比机组回热系统计算要增加全厂的物质平衡、热平衡和辅助热力系统计算等部分。对全厂物质平衡计算有影响的如汽轮机的汽耗量，就不能只包括参与做功的那部分蒸汽量 D_0，还应有与汽轮机运行有关的非做功的汽耗量，如阀杆漏汽 D_{lv}、射汽抽气器耗汽量 D_{ej}（通常按取自新蒸汽管道上考虑）、轴封漏汽 D_{sg} 等均应作为汽轮机的新蒸汽耗量 D_0' 的一部分，还有全厂性的汽水损失 D_1（通常按取自新蒸汽管道上考虑），它在锅炉蒸发量 D_b 和汽轮机新蒸汽耗量 D_0' 的物质平衡中也应考虑。辅助热力系统的计算一般包括锅炉连续排污利用系统和对外供热系统的计算（此内容在前面的章节中已经阐明）。由于全厂物质平衡的变化和辅助热力系统引入汽轮机回热系统时带入的热量，使汽轮机的热耗量与机组回热系统计算用的热耗量在物理概念上不一样了。同样对全厂而言，汽轮机绝对内效率 $\eta_i = W_i / Q_0$，也对应着这个热耗量，显然，它与汽轮机厂家提供的 η_i 是有所不同的。

现以图 4 - 2（a）为例进行说明。

汽轮机汽耗量　　　　　　　　　　　$D_0' = D_0 + D_{sg}$

锅炉蒸发量　　　　　　　　　　　　$D_b = D_0' + D_1$

全厂补充水量　　　　　　　　　　　$D_{ma} = D_{bl}' + D_1$

全厂给水量　　　$D_{fw} = D_b + D_{bl} = D_0' + D_1 + D_{bl}' + D_f = D_0' + D_f + D_{ma}$

若将各辅助小汽水流量表示为汽轮机汽耗量的相对值，则上式各值均可化为以汽轮机进汽量为 1kg 的相对值：α_0'、α_b、α_{fw}、α_{ma}，其中 $\alpha_{fw} > \alpha_b > \alpha_0' > 1$，而补水量相对值应 $1 > \alpha_{ma} > 0$。

汽轮机热耗量 Q_0 应随汽耗量 D_0' 的变化而变化为

$$Q_0 = D_0' h_0 + D_{rh} q_{rh} + D_f h_f'' + D_{ma} h_{w,ma}^c - D_{fw} h_{fw} \quad \text{kJ/h} \tag{4-15}$$

$$Q_0 = D_0'(h_0 - h_{fw}) + D_{rh} q_{rh} + D_f(h_f'' - h_{fw}) - D_{ma}(h_{fw} - h_{w,ma}^c) \quad \text{kJ/h} \tag{4-16}$$

3. 计算步骤不完全一样

为便于计算，凡对回热系统有影响的外部系统，如辅助热力系统中的锅炉连续排污利用系统、对外供热系统等，应先进行计算。因此在全厂热力系统计算中应按照"先外后内，由高到低"的顺序进行。

现以凝汽式发电厂额定工况的定功率计算求全厂热经济指标为例，说明全厂热力系统计算的内容和步骤。

（1）整理原始资料。此步骤与机组原则性热力系统计算时整理原始资料一样，求得各计算点的汽水比焓值，编制汽水参数表。值得注意的是，除了汽轮机外，还应包括锅炉和辅助设备的原始数据。当一些小汽水流未给出时，可近似选为汽轮机汽耗量 D_0 的比值，如射汽抽气器新蒸汽耗量 D_{ej} 和轴封用汽 D_{sg}，可取为 $D_{ej}=0.5\%D_0$，$D_{sg}=2\%D_0$；厂内工质泄漏汽水损失 D_l 和锅炉连续排污量 D_{bl} 的数值，应参照《电力工业技术管理法规（试行）》所规定的允许值选取。通常把厂内汽水损失 D_l 作为集中发生在新蒸汽管道上处理。

当锅炉效率未给定时，可参考同参数、同容量、燃用煤种相同的同类工程的锅炉效率选取。当汽包压力未给出时，可近似按过热器出口压力的 1.25 倍选取。锅炉连续排污扩容器压力 p_f 应视该扩容器出口蒸汽引至何处而定，若引至除氧器，还需考虑除氧器滑压运行或定压运行，并选取合理的压损 Δp_f，最后才能确定锅炉连续排污利用系统中有关汽水的比焓值 h'_{bl}、h''_f、h'_f。

（2）按"先外后内，由高到低"顺序计算。先计算锅炉连续排污利用系统，求得 D_f（α_f）、D_{ma}（α_{ma}）、$h^c_{w,ma}$ 之后，再进行"内部"回热系统计算，此后的计算与机组回热系统"由高到低"的计算顺序完全一致。

（3）汽轮机汽耗 D'_0、热耗 Q_0、锅炉热负荷 Q_b 及管道效率 η_p 的计算。

（4）全厂热经济性指标 η_{cp}、q_{cp}、b^s_{cp} 等的计算。

四、装有中间再热机组的凝汽式发电厂原则性热力系统计算举例

【例 4 - 1】 电厂的原则性热力系统如图 4 - 19 所示。求在下列已知条件下 1000MW 机组在阀门全开工况时（$P_e=1049.847MW$）的全厂热经济性指标。

已知：

1. 汽轮机类型和参数

汽轮机为上海汽轮机有限公司和德国 SIEMENS 公司联合设计制造的超超临界压力、一次中间再热、单轴、四缸四排汽、双背压、八级回热抽汽、反动凝汽式汽轮机，型号为 N1000-26.25/600/600（TC4F）。

蒸汽初参数：$p_0=26.25MPa$，$t_0=600℃$

再热蒸汽参数　高压缸排汽：$p^{in}_{rh}=p_2=6.393MPa$，$t^{in}_{rh}=t_2=377.8℃$

　　　　　　　中压缸进汽：$p^{out}_{rh}=5.746MPa$，$t^{out}_{rh}=600℃$

平均排汽压力：$p_c=(0.00440+0.0054)/2=0.0049（MPa）$

给水温度：$t_{fw}=297.3℃$

1～3 号高压加热器及 5 号低压加热器均设有蒸汽冷却段和疏水冷却段，6 号低压加热器带疏水泵，7、8 号低压加热器没有疏水冷却段，但疏水进入一个疏水加热器 DC。各加热器的端差见表 4 - 2。

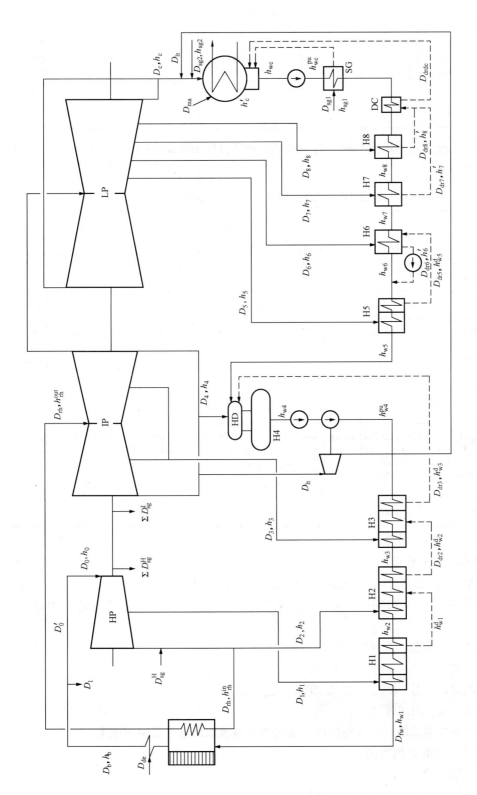

图 4 - 19　1000MW 超超临界压力机组全厂原则性热力系统图

表 4 - 2　　　　　　　　　　　　加 热 器 端 差

加热器端差	1号高压加热器	2号高压加热器	3号高压加热器	5号低压加热器	6号低压加热器	7号低压加热器	8号低压加热器
上端差（℃）	-1.7	0	0	2.8	2.8	2.8	2.8
下端差（℃）	5.6	5.6	5.6	5.6			

在 VWO 工况下各回热抽汽的压力和温度、加热器压力和疏水冷却器出口水焓、加热器出口水焓等见表 4 - 3。

表 4 - 3　　　　1000MW 超超临界压力机组回热系统计算点汽水参数（VWO 工况）

项　目		单位	各 计 算 点									
			H1	H2	H3	H4	H5	H6	H7	H8	SG	排汽 C
抽汽参数	压力 p_j	MPa	8.391	6.393	2.419	1.196	0.659	0.258	0.067	0.025		0.004 9
	温度 t_j	℃	417.3	377.8	464.6	364.2	285.1	184.5	$x=0.981\,1$	$x=0.942\,1$		$x=0.897\,2$
	蒸汽焓 h_j	kJ/kg	3179.9	3111.6	3384.8	3184.7	3029.5	2836.4	2614.5	2481.7	3193.2	2310.8
	饱和水焓 h'_j	kJ/kg										136.2
加热器水温水焓	加热器出口水温 t_{wj}	℃	297.9	277.8	220.6	184.9/191.2	157.7	123.9	84.7	61.0	31.3	30.6/30.8
	疏水焓 h_{wj}^d	kJ/kg	1253.4	973.4	838.2		546.3	532.5	366.4	266.9	417.8	
	出口水焓 h_{wj}	kJ/kg	1317.1	1218.5	957.0	785.0/828.5	666.0	521.4	355.7	256.4	132.5	128.3/131.3
	进口水焓 h_{wj+1}	kJ/kg	1218.5	957.0	828.5	666.0	522.9	355.7	256.4	147.4	131.3	

注　分子分母分别表示水泵进出口温度或比焓。

2. 锅炉类型和参数

锅炉类型：HG2953/27.46YM1 型变压运行直流燃煤锅炉。

最大连续蒸发量为 2996.3t/h，额定蒸发量为 2909.03t/h，铭牌工况下主要参数如下：

过热蒸汽出口参数：$p_b=27.56$MPa，$t_b=605$℃

再热蒸汽出口参数：$p_{rh(b)}^{out}=5.81$MPa，$t_{rh(b)}^{out}=603$℃

再热蒸汽进口参数：$p_{rh(b)}^{in}=6.12$MPa，$t_{rh(b)}^{in}=372$℃

锅炉效率：$\eta_b=93.8\%$

锅炉过热器减温水取自省煤器出口，再热器减温水取自给水泵中间抽头。

3. 计算中采用的其他数据

(1) 小汽水流量。

制造厂家提供的轴封汽量及其参数见表 4 - 4。

表 4 - 4　　　　　　　　　　　　　　**轴 封 汽 量 及 其 参 数**

项　目	单　位	D_{sg1}	D_{sg2}	$\sum D_{sg}^{H}$	$\sum D_{sg}^{l}$
汽量	kg/h	910.8	2034	32 997.6	1443.6
汽焓	kJ/kg	3193.2	3149.4		
去处		SG	凝汽器	高压缸排汽管道； 中低压连通管；SG；凝汽器	SG；凝汽器

表 4 - 4 中，$\sum D_{sg}^{H}$ 为高压缸轴封总漏汽量，其中引入高压缸排汽管道的轴封漏汽量为 $D_{sg}^{H}=18\,662.4\text{kg/h}$，引入中低压连通管的轴封漏汽量为 11 044.8kg/h，引入 SG 的轴封漏汽量为 324kg/h，引入凝汽器的轴封漏汽量为 2966.4kg/h；$\sum D_{sg}^{l}$ 为中压缸轴封总漏汽量，其中，引入凝汽器的漏汽量为 1299.6kg/h，引入 SG 的漏汽量为 144kg/h。

全厂汽水损失 $D_l=0.01D_b$。

（2）其他有关数据。

选择回热加热器效率：$\eta_h=0.99$。

补充水入口水温：$t_{ma}=15℃$，$h_{w,ma}\approx62.8\text{kJ/kg}$。

在计算工况下机械效率：$\eta_m=99.6\%$，发电机效率 $\eta_g=99.06\%$。

给水泵组焓升：$\Delta h_{fw}^{pu}=43.5\text{kJ/kg}$，凝结水泵组焓升 $\Delta h_{cw}^{pu}=3\text{kJ/kg}$。

小汽轮机用汽量：$D_{lt}=168\,109.2\text{kg/h}$。

（3）新蒸汽、再热蒸汽及排污扩容器计算点参数见表 4 - 5。

表 4 - 5　　　　　　　**新蒸汽、再热蒸汽及排污扩容器计算点汽水参数**

汽水参数	单位	锅炉过热器出口	汽轮机高压缸入口	再热器入口	再热器出口
压力 p	MPa	27.56	26.25	6.393	5.746
温度 t	℃	605	600	377.8	600
汽焓 h	kJ/kg	3485.2	3482.1	3111.6	3660.8
再热蒸汽焓升 q_{rh}	kJ/kg			549.2	

解　1. 整理原始资料得计算点汽水焓值，见表 4 - 3～表 4 - 5。

2. 全厂物质平衡

汽轮机总耗汽量　　　　　　　　　$D_0'=D_0$

锅炉蒸发量　　　　　　　　$D_b=D_0'+D_l=D_0+0.01D_b$

$$D_b=1.010\,1D_0$$

锅炉给水量 D_{fw}

$$D_{fw}=D_b=1.010\,1D_0$$

补充水量 D_{ma}

$$D_{ma}=D_l=0.01D_b=0.010\,101D_0$$

3. 计算汽轮机各段抽汽量 D_j 和凝汽流量 D_c

（1）由高压加热器 H1 热平衡计算 D_1

$$D_1(h_1 - h_{w1}^d)\eta_h = D_{fw}(h_{w1} - h_{w2})$$

$$D_1 = \frac{D_{fw}(h_{w1} - h_{w2})/\eta_h}{h_1 - h_{w1}^d}$$

$$= \frac{1.010\,1D_0 \times (1317.1 - 1218.5)/0.99}{3179.9 - 1253.4}$$

$$= 0.052\,220D_0$$

（2）由高压加热器 H2 计算 D_2

$$[D_2(h_2 - h_{w2}^d) + D_1(h_{w1}^d - h_{w2}^d)]\eta_h = D_{fw}(h_{w2} - h_{w3})$$

$$D_2 = \frac{D_{fw}(h_{w2} - h_{w3})/\eta_h - D_1(h_{w1}^d - h_{w2}^d)}{h_2 - h_{w2}^d}$$

$$= \frac{1.010\,1D_0 \times (1218.5 - 957.0)/0.99 - 0.052\,220D_0 \times (1253.4 - 973.4)}{3111.6 - 973.4}$$

$$= 0.117\,944D_0$$

由物质平衡得 H2 疏水量 D_{dr2}

$$D_{dr2} = D_1 + D_2 = 0.170\,164D_0$$

计算再热蒸汽量 D_{rh}。由于高压缸轴封漏出蒸汽 $\sum D_{sg}^H$，其中18 662.4kg/h 引入高压缸排汽管道，故从高压缸物质平衡可得

$$D_{rh} = D_0 - \sum D_{sg}^H - D_1 - D_2 + 18\,662.4$$

$$= D_0 - \sum D_{sg}^H - D_{dr2} + 18\,662.4$$

$$= D_0 - 32\,997.6 - 0.170\,164D_0 + 18\,662.4$$

$$= 0.829\,836D_0 - 14\,335.2$$

（3）由高压加热器 H3 热平衡计算 D_3

$$h_{w4}^{pu} = h_{w4} + \Delta h_{fw}^{pu} = 785.0 + 43.5$$

$$= 828.5 \quad (kJ/kg)$$

$$[D_3(h_3 - h_{w3}^d) + D_{dr2}(h_{w2}^d - h_{w3}^d)]\eta_h = D_{fw}(h_{w3} - h_{w4}^{pu})$$

$$D_3 = \frac{D_{fw}(h_{w3} - h_{w4}^{pu})/\eta_h - D_{dr2}(h_{w2}^d - h_{w3}^d)}{h_3 - h_{w3}^d}$$

$$= \frac{1.010\,1D_0 \times (957.0 - 828.5)/0.99 - 0.170\,164D_0 \times (973.4 - 838.2)}{3384.8 - 838.2}$$

$$= 0.042\,450D_0$$

H3 的疏水量 D_{dr3}

$$D_{dr3} = D_{dr2} + D_3$$

$$= 0.170\,164D_0 + 0.042\,450D_0$$

$$= 0.212\,614D_0$$

（4）由除氧器 H4 热平衡计算 D_4。由于计算工况再热减温水量为 0，因此除氧器出口水量（给水泵出口水量）$D_{fw}' = D_{fw} = 1.010\,1D_0$。

第 4 级抽汽 D_4 包括除氧器加热用汽 D_4' 和小汽轮机用汽 D_{lt} 两部分。

$$[D_4'(h_4 - h_{w5}) + D_{dr3}(h_{w3}^d - h_{w5})]\eta_h = D_{fw}'(h_{w4} - h_{w5})$$

$$D'_4 = \frac{D'_{fw}(h_{w4} - h_{w5})/\eta_h - D_{dr3}(h^d_{w3} - h_{w5})}{h_4 - h_{w5}}$$

$$= \frac{1.010\,1D_0 \times (785.0 - 666.0)/0.99 - 0.212\,614D_0 \times (838.2 - 666.0)}{3184.7 - 666.0}$$

$$= 0.033\,670D_0$$

除氧器进水量 D_{c4}

$$D_{c4} = D'_{fw} - D_{dr3} - D'_4$$

$$= 1.010\,1D_0 - 0.212\,614D_0 - 0.033\,670D_0$$

$$= 0.763\,816D_0$$

第 4 级抽汽 D_4

$$D_4 = D'_4 + D_{lt} = 0.033\,670D_0 + 168\,109.2$$

（5）由于低压加热器 H5 进口水焓 h^m_{w6} 未知，按第二章第五节的方式进行处理：将疏水泵混合点 M 包括在 H5 的热平衡范围内，分别列出 H5 和 H6 两个热平衡式，然后联立求解得 D_5 和 D_6。

由低压加热器 H5 热平衡计算 D_5

$$(D_{c4} - D_5 - D_6)(h_{w5} - h_{w6}) + (D_5 + D_6)(h_{w5} - h'_6)$$
$$= D_5(h_5 - h^d_{w5})\eta_h$$

整理后得

$$D_5 = \frac{D_{c4}(h_{w5} - h_{w6})/\eta_h - D_6(h'_6 - h_{w6})/\eta_h}{(h_5 - h^d_{w5}) + (h'_6 - h_{w6})/\eta_h}$$

$$= \frac{0.763\,816D_0 \times (666.0 - 521.4)/0.99 - D_6 \times (532.5 - 521.4)/0.99}{(3029.5 - 546.3) + (532.5 - 521.4)/0.99}$$

$$= 0.044\,725D_0 - 0.004\,495D_6 \qquad\qquad ①$$

（6）由低压加热器 H6 热平衡计算 D_6

$$(D_{c4} - D_5 - D_6)(h_{w6} - h_{w7}) = [D_6(h_6 - h'_6) + D_5(h^d_{w5} - h'_6)]\eta_h$$

整理后得 D_6

$$D_6 = \frac{D_{c4}(h_{w6} - h_{w7})/\eta_h - D_5[(h_{w6} - h_{w7})/\eta_h + (h^d_{w5} - h'_6)]}{(h_6 - h'_6) + (h_{w6} - h_{w7})/\eta_h}$$

$$= \frac{0.763\,816D_0 \times (521.4 - 355.7)/0.99 - D_5 \times [(521.4 - 355.7)/0.99 + (546.3 - 532.5)]}{(2836.4 - 532.5) + (521.4 - 355.7)/0.99}$$

$$= 0.051\,732D_0 - 0.073\,312D_5 \qquad\qquad ②$$

联立式①、式②解得

$$D_5 = 0.044\,507D_0$$
$$D_6 = 0.048\,469D_0$$

低压加热器 H6 进水量 D_{c6}

$$D_{c6} = D_{c4} - D_5 - D_6$$

$$= 0.763\,816D_0 - 0.044\,507D_0 - 0.048\,469D_0$$

$$= 0.670\,840D_0$$

(7) 由低压加热器 H7 的热平衡求 D_7

$$D_{c6}(h_{w7} - h_{w8}) = D_7(h_7 - h'_7)\eta_h$$

$$D_7 = \frac{D_{c6}(h_{w7} - h_{w8})/\eta_h}{h_7 - h'_7}$$

$$= \frac{0.670\,840D_0 \times (355.7 - 256.4)/0.99}{2614.5 - 366.4}$$

$$= 0.029\,931D_0$$

H7 的疏水量 D_{dr7}

$$D_{dr7} = D_7 = 0.029\,931D_0$$

(8) 由低压加热器 H8、疏水冷却器 DC、轴封冷却器 SG 和凝汽器热井构成一整体的热平衡计算 D_8

$$D_{c6}(h_{w8} - h'_c) = [D_8(h_8 - h'_c) + D_{dr7}(h'_7 - h'_c) + D_{sg1}(h_{sg1} - h'_c) + D_{c6}\Delta h_{cw}^{pu}]\eta_h$$

$$D_8 = \frac{D_{c6}[(h_{w8} - h'_c)/\eta_h - \Delta h_{cw}^{pu}] - D_{dr7}(h'_7 - h'_c) - D_{sg1}(h_{sg1} - h'_c)}{h_8 - h'_c}$$

$$= \frac{1}{2481.7 - 136.2} \times \{0.670\,840D_0[(256.4 - 136.2)/0.99 - 3]$$

$$- 0.029\,931D_0(366.4 - 136.2) - 910.8(3193.2 - 136.2)\}$$

$$= 0.030\,930D_0 - 1187.088\,297$$

疏水冷却器 DC 的疏水量 D_{drdc}

$$D_{drdc} = D_{dr7} + D_8 = 0.029\,931D_0 + 0.030\,930D_0 - 1187.088\,297$$

$$= 0.060\,861D_0 - 1187.088\,297$$

(9) 由凝汽器热井物质平衡求 D_c

$$D_c = D_{c6} - D_{drdc} - D_{sg1} - D_{sg2} - D_{ma} - D_{lt}$$

$$= 0.670\,840D_0 - (0.060\,861D_0 - 1187.088\,297)$$

$$- 910.8 - 2034 - 0.010\,101D_0 - 168\,109.2$$

$$= (0.670\,840 - 0.060\,861 - 0.010\,101)D_0$$

$$- (168\,109.2 + 910.8 + 2034 - 1187.088\,297)$$

$$= 0.599\,878D_0 - 169\,866.911\,7$$

由汽轮机物质平衡校核

$$D_c^* = D_0 - \sum_{j=1}^{8} D_j - \sum_{j=1}^{2} D_{sgj}$$

$$= D_0 - (0.400\,121D_0 + 166\,922.111\,7) - 2944.8$$

$$= 0.599\,879D_0 - 169\,866.911\,7$$

D_c^* 与 D_c 误差很小，符合工程要求。

计算结果汇总于表 4-6 中。

表 4-6 **D 和 h**

D (kg/h)	h (kJ/kg)
D_0	$h_0 = 3482.1$
$D_{rh} = 0.829\,836D_0 - 14\,335.2$	$q_{rh} = 549.2$
$D_1 = 0.052\,220D_0$	$h_1 = 3179.9$
$D_2 = 0.117\,944D_0$	$h_2 = 3111.6$
$D_3 = 0.042\,450D_0$	$h_3 = 3384.8$
$D_4 = 0.033\,670D_0 + 168\,109.2$	$h_4 = 3184.7$
$D_5 = 0.044\,507D_0$	$h_5 = 3029.5$
$D_6 = 0.048\,469D_0$	$h_6 = 2836.4$
$D_7 = 0.029\,931D_0$	$h_7 = 2614.5$
$D_8 = 0.030\,930D_0 - 1187.088\,297$	$h_8 = 2481.7$
$D_c = 0.599\,878D_0 - 169\,866.911\,7$	$h_c = 2310.8$
$\sum\limits_{j=1}^{8} D_j = 0.400\,121D_0 + 166\,922.111\,7$	
h (kJ/kg)	D (kg/h)
$D_{sg1} = 910.8$	$h_{sg1} = 3193.2$
$D_{sg2} = 2034$	$h_{sg2} = 3149.4$
$\sum\limits_{j=1}^{2} D_{sgj} = 2944.8$	

4. 汽轮机汽耗计算及功率校核

(1) 计算汽轮机内功率

$$W_i = D_0 h_0 + D_{rh} q_{rh} - \sum_{j=1}^{8} D_j h_j$$
$$- D_c h_c - \sum_{j=1}^{2} D_{sgj} h_{sgj}$$

代入已知数据及前面计算结果（表 4-6），并经整理后得

$$W_i = 1340.360\,661D_0$$
$$- 157\,090.050\,6 \times 10^3$$

(2) 由功率方程式求 D_0

$$W_i = P_e / \eta_m / \eta_g \times 3600$$
$$= 1\,049\,847 / 0.990\,6 / 0.996 \times 3600$$
$$= 3\,830\,635\,686(\text{kJ/h})$$
$$= 1340.360\,661D_0 - 157\,090.050\,6 \times 10^3$$
$$D_0 = 2\,975\,114\text{kg/h}$$
$$= 2975.114\text{t/h}$$

(3) 求各级抽汽量及功率校核

将 D_0 数据代入各处汽水相对值和各抽汽及排汽内功率，列于表 4-7 中。

功率校核

$$W_i^* = W_c + \sum_{j=1}^{8} W_j = 3\,835\,938\,422 \quad (\text{kJ/h})$$

$$\delta W_i = \left| \frac{W_i - W_i^*}{W_i} \right| = 0.138\% < 1\%$$

表 4-7 **各项汽水流量、抽汽及排汽内功率**

项 目	数量 (t/h)	项 目	抽汽量 (t/h)	内功率 W_{ij} (kJ/h)
汽轮机汽耗量 $D_0 = D_0'$	2975.114	第一级抽汽 D_1	155.360 453	46 949.928 9×10³
		第二级抽汽 D_2	350.896 846	130 007.281 4×10³
锅炉蒸发量 $D_b = 1.010\,1D_0$	3005.162 651	第三级抽汽 D_3	126.293 598	81 648.805 29×10³
		第四级抽汽 D_4	268.281 288	227 126.938 4×10³
给水量 $D_{fw} = 1.010\,1D_0$	3005.162 651	第五级抽汽 D_5	132.413 399	132 651.743 1×10³
全厂汽水损失 $D_l = 0.010\,101D_0$	30.051 627	第六级抽汽 D_6	144.200 801	172 305.537 1×10³
化学补充水量 $D_{ma} = 0.010\,101D_0$	30.051 627	第七级抽汽 D_7	89.048 137	126 163.400 5×10³
再热蒸汽量 $D_{rh} = 0.829\,836D_0 - 14\,335.2$	2454.521 501	第八级抽汽 D_8	90.833 187	140 755.106 6×10³
		汽轮机排汽 D_c	1614.838 524	2778 329.681×10³

5. **热经济性指标计算**

(1) 机组热耗量 Q_0、热耗率 q、绝对电效率 η_e

$$Q_0 = D'_0 h_0 + D_{rh} q_{rh} + D_{ma} h_{w.ma} - D_{fw} h_{fw}$$

$$= (2975.114 \times 3482.1 + 2454.521\ 501 \times 549.2 + 30.051\ 627$$

$$\times 62.8 - 3005.162\ 651 \times 1317.1) \times 10^3$$

$$= 7\ 751\ 455.181 \times 10^3 \quad (\mathrm{kJ/h})$$

$$q = \frac{Q_0}{P_e} = \frac{7\ 751\ 455.181 \times 10^3}{1\ 049\ 847} = 7383.41 \quad (\mathrm{kJ/kWh})$$

$$\eta_e = \frac{3600}{q} = \frac{3600}{7\ 383.41} = 0.487\ 6$$

(2) 锅炉热负荷 Q_b 和管道效率 η_p。根据锅炉蒸汽参数查得过热器出口焓 $h_b = 3485.2\mathrm{kJ/kg}$。

$$Q_b = D_b h_b + D_{rh} q_{rh} - D_{fw} h_{fw}$$

$$= (3005.162\ 651 \times 3485.2 + 2454.521\ 501 \times 549.2$$

$$- 3005.162\ 651 \times 1317.1) \times 10^3 \quad (\mathrm{kJ/h})$$

$$= 7\ 863\ 516.351 \times 10^3 \quad (\mathrm{kJ/h})$$

$$\eta_p = \frac{Q_0}{Q_b} = \frac{7\ 751\ 455.181 \times 10^3}{7\ 863\ 516.351 \times 10^3} = 0.985\ 7$$

(3) 全厂热经济性指标

全厂热效率　　　$\eta_{cp} = \eta_b \eta_p \eta_e = 0.938 \times 0.985\ 7 \times 0.487\ 6 = 0.450\ 8$

全厂热耗率　　　$q_{cp} = \dfrac{3600}{\eta_{cp}} = \dfrac{3600}{0.450\ 8} = 7985.803 \quad (\mathrm{kJ/kWh})$

发电标准煤耗率　　$b^s = \dfrac{0.123}{\eta_{cp}} = \dfrac{0.123}{0.450\ 8} = 0.272\ 8 \quad (\mathrm{kg/kWh})$

第五节　发电厂的管道阀门

发电厂的主、辅热力设备是通过管道及其附件连接成整体的。管道工作的可靠性,尤其是在高温高压下工作的汽水管道,对电厂运行的质全性影响更大。随着高参数大容量再热机组的发展,现代大型火电厂管道总长可达数万米,总质量可达几百吨甚至上千吨。如国产 600MW 机组仅主蒸汽、再热蒸汽和主给水管道质量达 650t,而且昂贵的高级耐热合金钢占有相当的比例,使管道费用在火电厂投资中的比重加大。管道压损、泄漏和散热等都不同程度地影响电厂运行的热经济性。

发电厂的管道包括管子、管件(异径管、弯管及弯头、三通、法兰、封头和堵头、堵板和孔板等)、阀件及其远距离操纵机构、测量装置、管道支吊架、管道热补偿装置、保温材料等。

一、管道规范

火力发电厂管道的种类很多,管内工作介质的参数差别很大,所需的材料也不同,进行火电厂管道设计时,要遵循和符合国家及有关部门颁布的标准、技术规范,其中用得最多的

是：DL/T 5366—2014《发电厂汽水管道应力计算技术规程》（以下简称《应力规程》）和
DL/T 5054—2016《火力发电厂汽水管道设计规范》（以下简称《管道规范》）两种。以下对
管道设计参数的说明和有关的数据、表格基本上摘自该两部规定。

（一）设计压力

管道设计压力（表压）是指管道运行中内部介质最大工作压力。对于水管道，设计压力
的取用，应包括水柱静压的影响，当其低于额定压力的 3% 时，可不考虑。

1. 蒸汽管道的设计压力

（1）主蒸汽管道（锅炉过热器出口联箱至汽轮机高压缸自动主汽门之间区段）的设计压
力，取用锅炉过热器出口的额定工作压力或锅炉最大连续蒸发量下的工作压力。当锅炉和汽
轮机允许超压 5%（简称 5%OP）运行时，应加上 5% 的超压值。

（2）再热蒸汽管道的设计压力，对低温再热蒸汽管道（汽轮机高压缸排汽至锅炉再热器
进口联箱之间区段）取用汽轮机最大计算出力工况，即调节汽门全开（简称 VWO）工况或
调节汽门全开加 5% 超压（VWO+5%OP）工况下高压缸排汽压力的 1.15 倍。高温再热蒸
汽管道（锅炉再热器出口联箱至汽轮机中压缸主汽门之间区段），可减至再热器出口安全阀
动作的最低整定压力。

（3）汽轮机不调整抽汽管道的设计压力，取用汽轮机最大计算出力工况下该抽汽压力的
1.1 倍，且不小于 0.1MPa。当抽汽汽源来自汽轮机高压缸排汽时，应取用低温再热蒸汽管
道的设计压力。

（4）调整抽汽管道、背压汽轮机排汽管道、减压装置后的蒸汽管道、与直流锅炉启动分
离器连接的汽水管道的设计压力均取用各自最高工作压力。

2. 水管道设计压力

（1）高压给水管道，对非调速给水泵出口管道，从前置泵到主给水泵或从主给水泵至锅
炉省煤器进口区段，分别取用前置泵或主给水泵特性曲线最高点对应的压力与该泵进水侧压
力之和。

对调速给水泵出口管道，从给水泵出口至关断阀的管道，设计压力取用泵在额定转速特
性曲线最高点对应的压力与进水侧压力之和；从泵出口关断阀至锅炉省煤器进口区段，取用
泵在额定转速及设计流量下泵提升压力的 1.1 倍与泵进水侧压力之和。

（2）低压给水管道（除氧器水箱出口管至前置泵或给水泵进口区段），对于定压除氧系
统，取用除氧器额定压力与最高水位时水柱静压之和；对滑压除氧系统，取用汽轮机最大计
算出力工况下除氧器加热抽汽压力的 1.1 倍与除氧器最高水位时水柱静压之和。

在《管道规范》中，还对凝结水管道、加热器疏水管道、锅炉排污管道、给水再循环管
道等的设计压力有具体的规定。

（二）设计温度

设计温度是指管道运行中内部介质的最高工作温度。

1. 蒸汽管道的设计温度

（1）主蒸汽管道的设计温度取用锅炉过热器出口蒸汽额定工作温度加上锅炉正常运行时
允许的温度差值，通常取 5℃。

（2）再热蒸汽管道的设计温度，对高温再热蒸汽管道，取用锅炉再热器出口蒸汽额定温
度加上锅炉正常运行时允许的温度偏差值，通常可取 5℃。对低温再热蒸汽管道，参见图

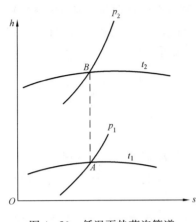

图 4 - 20　低温再热蒸汽管道
设计温度取用图示

4 - 20。在图 4-20 中，先根据汽轮机 VWO 或 VWO＋5％OP 工况下高压缸排汽参数 (p_1、t_1) 查出 A 点，从 A 点沿等熵过程线查得与设计压力 p_2 (等于 $1.15p_1$) 线相交点 B，其所对应的温度 t_2 即为管道设计温度。如制造厂有特殊要求 (如采用中压缸先启动方式) 时，该设计温度应取用可能出现的最高工作温度。

(3) 汽轮机抽汽管道的设计温度，对不调整抽汽管道，取用汽轮机最大出力工况下抽汽参数，等熵求取管道在设计压力下的相应温度；对调整抽汽管道，取用抽汽的最高工作温度。

2. 水管道的设计温度

(1) 高压给水管道的设计温度，取用高压加热器后高压给水的最高工作温度。

(2) 低压给水管道设计温度，对定压除氧系统，取用除氧器额定压力对应的饱和温度。对滑压除氧系统，取用汽轮机最大计算出力工况下 1.1 倍除氧器加热抽汽压力对应的饱和温度。

(三) 管道的公称压力和公称通径

1. 公称压力 PN

管道参数等级用公称压力表示，符号为 PN，压力等级应符合 GB/T 1048—2019《管道元件　公称压力的定义和选用》规定的系列。表 4 - 8 为其中 20 钢的公称压力。表中显示，压力等级分为 7 等级，每一压力等级又分为 9 个温度等级。其余材料的公称压力可查《管道规范》。

表 4 - 8　　　　　20 钢管子及附件 (阀门除外) 的公称压力、试验压力和允许工作压力

公称压力 PN	试验压力 p_T (bar)	设计温度 (℃)								
		常温	100	200	250	300	350	400	425	450
		最大允许工作压力 (bar)								
2.5	4	2.5	2.5	2.5	2.44	2.21	1.95	1.70	1.47	—
6	9	6.0	6.0	6.0	5.87	5.31	4.70	4.09	3.52	—
10	15	10.0	10.0	10.0	9.79	8.85	7.83	6.81	5.88	—
16	24	16.0	16.0	16.0	15.6	14.1	12.5	10.9	9.40	—
25	37.5	25.0	25.0	25.0	24.4	22.1	19.6	17.0	14.7	—
40	60	40.0	40.0	40.0	39.1	35.4	31.3	27.2	23.5	—
63	95	63.0	63.0	63.0	61.7	55.7	49.3	42.9	37.0	—

以表 4-8 中 20 钢为例，已知公称压力 PN 为 16，设计温度为 400℃，能否承受 12MPa 的压力。由表查出工作温度 400℃时所对应的工作压力 10.9MPa，所以不允许承受 12MPa 的压力，要想承受同一温度下 12MPa 压力，可选用公称压力为 25MPa 的等级。由此可见，管道允许的工作压力与温度有关，管道的最大工作压力需根据公称压力和介质温度同时查出，所以它实际上与公称压力一样是管道介质对应压力和温度的组合参数，并非单纯压力。管道参数等级也可用标注压力和温度的方法表示，如 $p_{45}20$ 是指设计温度 450℃，压力为 20MPa。

发电厂汽水管道可承受的最大工作压力与管道材料和介质温度（当然也与管壁厚度）有关。管材不同允许使用的温度也不同。表 4-9 为我国火电厂常用管材钢号及其推荐使用温度。进口机组的高温合金钢管推荐使用温度可在《应力规程》中查出。

表 4-9   火电厂常用国产钢材及其推荐使用温度

钢材类别	钢号	推荐使用温度范围	备注
碳素结构钢	Q235A	0~300℃	GB/T 3091
	Q235B	0~300℃	
	Q235C	0~300℃	
	Q235D	−20~300℃	
优质碳素结构钢	10	−20~425℃	GB/T 3087
	20	−20~425℃	
	20G	−20~425℃	GB 5310
锅炉和压力容器用钢板	Q245R	−20~425℃	GB 713
	Q345R	0~425℃	
低合金高强度结构钢	Q345A	0~350℃	GB/T 8163
	Q345B	0~350℃	
	Q345C	0~350℃	
	Q345D	−20~350℃	
	Q345E	−40~350℃	

注 数据来源：DL/T 5054—2016。

钢材的许用应力，应根据钢材的有关强度特性取下列三项中的最小值：

$$R_m^{20}/3, R_{eL}^t/1.5 \ \text{或} \ R_{p0.2}^t/1.5, \quad R_D^t/1.5$$

其中：R_m^{20} 为钢材在 20℃时的抗拉强度最小值，MPa；R_{eL}^t 为钢材在设计温度下的屈服强度最小值，MPa；$R^t_{p0.2}$ 为钢材在设计温度下残余变形为 0.2% 时的屈服强度最小值，MPa；R^t_D 为钢材在设计温度下 $10^5 h$ 的持久强度平均值，MPa。

常用国产钢材的许用应力数据见表 4 - 10。

表 4 - 10　　　　常用国产钢材（无缝钢管）的许用应力数据（摘自 GB 5310—2008）

号牌或级别	室温拉伸强度（MPa）		在下列温度（℃）下的许用应力（MPa）										推荐使用范围
	R^{20}_m	R^t_{eL} 或 $R^t_{p0.2}$	20	200	250	300	350	400	450	500	550	580	
20G	410	245	137	135	125	113	100	87	55				≤425℃
15MoG	450	270	150	150	137	120	113	107	103	62			≤470℃
12CrMoG	410	205	137	121	117	113	110	106	100	75			≤510℃
15CrMoG	440	295	147	135	146	143	135	128	123	96			≤510℃
12Cr2MoG	450	280	150	124	124	124	124	123	116	81	48		≤565℃
12Cr1MoVG	470	255	157	157	156	151	143	135	128	118	65	46	≤555℃
15Ni1MnMoNbCu	620	440	207	207	207	207	207						≤350℃

公称压力 PN 与在 t 温度下工作的管道允许工作压力 $[p]$ 可按式（4 - 17）换算，即

$$[p] = PN \frac{[\sigma]^t}{[\sigma]^s} \quad MPa \qquad (4 - 17)$$

式中　　$[p]$——允许的工作压力，MPa；

　　　　$[\sigma]^t$——钢材在设计温度下的许用应力，MPa；

　　　　$[\sigma]^s$——公称压力对应的基准应力，是指钢材在指定的某一温度下的许用应力，MPa。

2. 公称通径 DN

在允许的介质流速或压损条件下，管道的通流能力由内径来决定。为此，在国家标准中规定了管道及附件的内径等级，这就是公称通径，用符号 DN 表示。这是管道及附件的名义内径，不是实际内径，因为同一材料相同外径的管子，因其公称压力的不同，管壁厚度也不同，实际内径尺寸随之不同。

我国管道及附件公称通径在 1～4000mm 之间划分为 54 个等级，见表 4 - 11。

表 4 - 11　　　　　　　　　我国管道的公称通径 DN　　　　　　　　　（mm）

公称通径 DN	1	1.5	2	2.5	3	4	5
公称通径 DN	6	7	8	10	15	20	25

续表

公称通径 DN	32	40	50	65	80	100	125
公称通径 DN	150	175	200	225	250	300	350
公称通径 DN	400	450	500	600	700	800	900
公称通径 DN	1000	1100	1200	1300	1400	1500	1600
公称通径 DN	1800	2000	2200	2400	2600	2800	3000
公称通径 DN	3200	3400	3600	3800	4000		

用于高参数管道的公称通径、壁厚 s 和外径 D_0 的钢管规范，见表 4-12。表中数据显示公称通径并不是管道的实际内径。同样是 12Cr1MoV 的材料，公称通径相同（例如 DN100），随公称压力的提高，管壁厚度加大，实际内径却减小。

表 4-12　　　　　　　　　　高压蒸汽管道的钢管规范（摘录）

$p_{54}10$ 无缝钢管			$p_{54}14$ 无缝钢管					
材料 12Cr1MoV			材料 12Cr1MoV			材料 10Cr1Mo910		
DN	$D_0 \times s$	每米管重	DN	$D_0 \times s$	每米管重	DN	$D_0 \times s$	每米管重
mm		kg/m	mm		kg/m	mm		kg/m
20	28×2.5	1.57	20	28×3.0	1.85	100	133×17.5	49.9
50	76×6.0	10.4	50	76×8.0	13.42	150	193.7×28	114
100	133×10	30.33	100	133×14	41.09	175	219.1×30	140
150	194×14	62.15	150	194×20	90.26	200	244.5×36	185
225	273×20	124.79	225	273×28	169.18	225	273×40	229
250	325×25	185.10	250	325×32	231.23	250	323.9×45	309
300	377×28	241.20	300	377×36	302.77	275	355.6×50	377
350	426×30	292.90	350	426×40	380.77	325	406.4×55	477

二、管径和壁厚的计算

1. 管道内径计算

进行管道内径计算前，需首先确定运行中最大可能出现的介质流量，这在前面原则性热力系统计算中已经计算出结果，接着应合理选取介质的流速。若介质流速大，管子内径可小些，管道钢材耗量和投资都可减少，但管内介质流动阻力加大，运行费用增加，元件密封面磨损加剧，引起管道振动，甚至造成水泵汽蚀。如果减小管内流速，则会造成相反的结果。所以管内介质的合理流速需通过综合的技术经济比较和大量试验论证。目前用得最普遍的是《管道规范》中推荐的管道介质流速，见表 4 - 13。

表 4 - 13 推荐的管道介质流速 （m/s）

介质类别	管 道 名 称	推荐流速	介质类别	管 道 名 称	推荐流速
主蒸汽	主蒸汽管道	40～60	凝结水	凝结水泵出口侧管道	2.0～3.5
中间再热蒸汽	高温再热蒸汽管道	50～65		凝结水泵入口侧管道	0.5～1.0
	低温再热蒸汽管道	30～45	加热器疏水	加热器疏水管道： 疏水泵出口侧	1.5～3.0
其他蒸汽	抽汽或辅助蒸汽管道： 过热蒸汽 饱和蒸汽 湿蒸汽	35～60 30～50 20～35		疏水泵入口侧 调节阀出口侧 调节阀入口侧	0.5～1.0 20～100 1～2
	去减压减温器蒸汽管道	60～90	其他水	生水、化学水、工业水及其他管道： 离心泵出口管道及其他压力管道	2～3
给水	高压给水管道	2～6		离心泵入口管道及其他压力管道	0.5～1.5
	低压给水管道	0.5～2.0		自流、溢流等无压排水管道	<1

在推荐的介质流速范围内选择具体流速时，应注意管径大小、参数高低的影响，对直径小，介质参数低的管道，宜采用较低值。

具体计算管道内径时，对单相流体的管道，选择推荐的介质流速，根据连续方程式 $A = \pi D_i^2 / 4 = Gv/w = Q/w$，其内径 D_i 按下列公式计算：

$$D_i = \sqrt{\frac{4}{\pi} \times \frac{1000^3}{3600} \times \frac{Gv}{w}} = 594.7\sqrt{\frac{Gv}{w}} \qquad (4 - 18)$$

或

$$D_i = \sqrt{\frac{4}{\pi} \times \frac{1000^2}{3600} \times \frac{Q}{w}} = 18.81\sqrt{\frac{Q}{w}} \qquad (4 - 19)$$

式中 D_i——管子内径，mm；

G——介质质量流量，t/h；

v——介质比体积，m^3/kg；

w——介质流速，m/s；

Q——介质容积流量，m^3/h。

对于汽水两相流体（如高压加热器疏水、锅炉排污等）的管道，应按《管道规范》中两相流体管道的计算方法，求取管径或核算管道的通流能力。

2. 管子壁厚的计算

管子壁厚的计算应按直管和弯管分别计算。直管壁厚由三部分组成：直管的最小壁厚 s_m、直管的计算壁厚 s_c 和取用壁厚。

(1) 直管壁厚计算。

1) 直管最小壁厚 s_m。对于 $D_0/D_i \leqslant 1.7$ 承受内压力的汽水管道，直管的最小壁厚 s_m 应按下列规定计算：

按直管外径确定时

$$s_m = \frac{pD_0}{2[\sigma]^t\eta + 2Yp} + \alpha \tag{4-20}$$

按直管内径确定时

$$s_m = \frac{pD_i + 2[\sigma]^t\eta\alpha + 2Yp\alpha}{2[\sigma]^t\eta - 2p[1-Y]} \tag{4-21}$$

式中 s_m——直管的最小壁厚，mm；

D_0——管子外径，取用公称外径，mm；

D_i——管子内径，取用最大内径，mm；

$[\sigma]^t$——钢材在设计温度下的许用应力，MPa；

p——设计压力，MPa；

Y——温度对计算管子壁厚公式的修正系数；

η——许用应力的修正系数；

α——考虑腐蚀、磨损和机械强度要求的附加厚度，mm。

上式中 Y、η、α 的选取在《管道规范》中有详细规定。

2）直管的计算壁厚 s_c。

$$s_c = s_m + c$$
$$c = As_m \tag{4-22}$$

式中 s_c——直管的计算壁厚，mm；

c——直管壁厚负偏差的附加值，mm；

A——直管壁厚负偏差系数，按《管道规范》中选取。

3）直管的取用壁厚，以公称壁厚表示。对于以外径×壁厚标示的管子，应根据直管的计算壁厚，按管子产品规格中公称壁厚系列选取；对于以最小内径×最小壁厚标示的管子，应根据直管的计算壁厚，遵照制造厂产品技术条件中有关规定，按管子壁厚系列选取。任何情况下，管子的取用壁厚均不得小于管子的计算壁厚。

（2）弯管壁厚取用。弯管（成品）由直管弯制而成，为补偿弯制过程中弯管外侧受拉的减薄量，根据弯曲半径大小，取大于 1 的补偿系数，如弯曲半径分别为管子外径的 3、4、5 和 6 倍时，弯管弯制前直管的最小壁厚相应为 $1.25s_m$、$1.14s_m$、$1.08s_m$ 和 $1.06s_m$，而且弯管后任何一点的实测最小壁厚不得小于弯管相应点的计算壁厚，且外侧壁厚不得小于相连直管允许的最小壁厚 s_m。

当采用以最小内径×最小壁厚标示的直管弯制弯管时，宜采用加大直管壁厚的管子。当采用以外径×壁厚标示的直管弯制弯管时，宜采用挑选正偏差壁厚的管子进行弯制。弯管的弯曲半径宜为外径的 4～5 倍，弯制后的椭圆度不得大于 5%。

根据选定的管材、公称压力、计算内径和直（弯）管取用壁厚，从管道产品目录中选用合适的管子，其实际壁厚应大于直（弯）管取用壁厚，再根据实际内径验算其流速，应符合表 4-13 的要求，如超过其上限，应重新选取。

三、管道附件、阀门

管道附件是指安装在管道及设备上的连接、闭路和调节装置的总称，其中包括管件和阀件两大部分。管道附件的直径、压力和几何尺寸都已标准化，采用公称直径和公称压力表示。

管子和附件的连接除需拆卸的以外，应采用焊接方法。螺纹连接的方式可采用在设计压力不大于 1.6MPa、设计温度不大于 200℃的低压流体输送用钢管上。

阀门是管道上最重要的附件之一，阀门的种类较多，其选择、使用是否合理，将直接影响运行的安全性和经济性。

1. 阀门类型

按阀门在管道中所起的作用可分为三大类。

(1) 起关断作用，如闸阀、截止阀、旋塞阀和球阀等。

(2) 起调节作用，如调节阀、节流阀、减压阀和蝶阀等。

(3) 起保护作用，如止回阀、安全阀和快速关断阀等。

2. 阀门的选择

(1) 阀门的材料有铸铁（灰铸铁、可锻铸铁、球墨铸铁）、合金（铜、铅、铝合金）、合金钢、碳钢及硅铁等，应根据介质的参数选择适合的材料。

(2) 应根据系统的参数、通径、泄漏等级、启闭时间选择阀门，满足汽水系统关断、调节、保证安全运行的要求和布置设计的需要。阀门的类型、操作方式应根据其结构、制造特点和安装、运行、检修的要求来选择。当有特殊要求时，可提高等级选用。例如与高压除氧器和给水箱直接相连管道的阀门及给水泵进口阀门，均应选用钢制阀门。

3. 阀门的使用

(1) 关断阀门。闸阀和截止阀都只作关断用。运行时处于全开状态，停止运行时，处于全关状态。为保持闸阀和截止阀密封面的严密性，不允许作调节流量和压力用。

闸阀的特点是流动阻力小，开启、关闭力小，介质可两个方向流动，但结构复杂、阀体较高，密封面易擦伤，制造维护要求高。双闸板闸阀宜装于水平管道上，阀杆垂直向上。单闸板闸阀可装于任意位置的管道上。在蒸汽管道和大直径给水管道中，由于阻力要求较小，多选用闸阀。图 4 - 21（a）为高压管道用的闸阀。

截止阀的特点是结构简单，密封性较好，制造维修较方便，但流动阻力较大，开启、关闭力也较大，启闭时间较长。当要求严密性较高时，宜选用截止阀。它可装于任意位置的管道上。图 4 - 21（b）为高压管道用的截止阀。

大直径管道上的阀门，由于开启扭矩大，使阀门开启困难，为此需在阀门旁并列装设一个尺寸小的旁通阀，阀门开启前先开启旁通阀，以减小大阀门两侧的压力差，便于阀门开启。

旋塞阀是关闭件或柱塞形的旋转阀，通过旋转 90°使阀塞上的通道口与阀体上的通道口相通或分开，实现开启或关闭。

球阀可作调节或关断用。当要求迅速关断或开启时，可选用球阀。其密封面小，不易磨损，可装于任意位置的管道上，带传动机构的球阀应使阀杆垂直向上。

(2) 调节阀门。调节阀门应根据介质、管系布置、使用目的、调节方式和调节范围及调节阀门的流量特性来选用，并应满足在任何工况下对流量、压降及噪声的要求。调节阀门不宜作关断阀使用。

调节阀用于调节介质流量。其流量调节是借助于圆筒形阀瓣与阀座相对位置改变瓣上窗

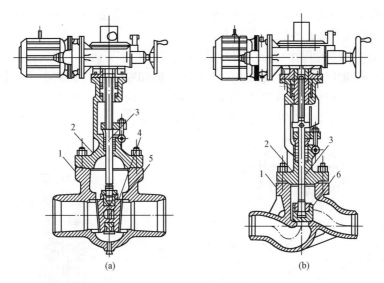

图 4-21　高压管道用关断阀

(a) 闸阀；(b) 截止阀

1—阀体；2—阀盖；3—阀杆；4—闸板；5—万向顶；6—阀瓣

口流通面积来实现的。

节流阀的结构与截止阀类似，但其阀瓣多为圆锥流线型，用来调节介质流量和压力。

减压阀可自动将介质压力减到所需数值。它靠膜片、弹簧等敏感元件来改变阀瓣位置，从而改变阀瓣与阀座的缝隙实现减压。

蝶阀宜用于全开、全关，也可作调节用。

当调节幅度小且不需要经常调节时，在设计压力不大于1.6MPa的水管道和设计压力不大于1.0MPa的蒸汽管道可用截止阀或闸阀兼作关断和调节用。

调节阀门在运行中要经常开关，为防止不严密，在调节阀门之前要串联关断阀，开启时，要先全开关断阀再开调节阀门；关闭时，要先关调节阀门再关关断阀。

图 4-22 所示为高压管道用调节阀门。

(3) 保护阀门。止回阀是用作保证介质单向流动，防止管内介质倒流的一种阀门，当

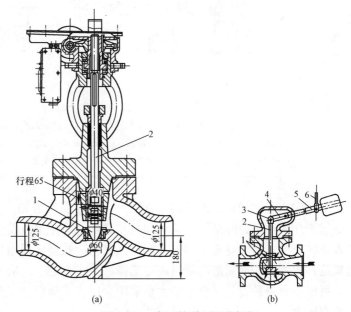

图 4-22　高压管道用调节阀门

(a) 单座式；(b) 双座式

1—阀瓣；2—阀杆；3—球形接头；4—内部杠杆；

5—外部杠杆；6—控制杠杆

介质倒流时,阀瓣能自动关闭,截断介质流量,避免发生事故。电厂中止回阀主要装在水泵出口、进除氧器的水管和汽轮机抽汽管道上。

止回阀按阀瓣动作的规律可分为升降式 (垂直瓣和水平瓣) 和旋启式 (单瓣和多瓣)。升降式垂直瓣止回阀应装在垂直管道上;水平瓣止回阀应装在水平管道上;旋启式止回阀宜安装于水平管道上且应注意介质流动方向与阀体箭头方向一致,不能装反。止回阀应装在水泵的垂直吸入管端。图 4-23 所示为三种常见的止回阀。

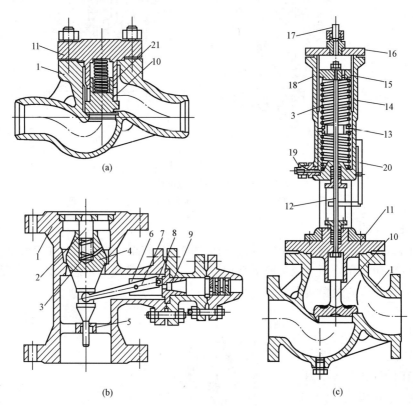

图 4-23　止回阀

(a) 给水泵出口水平装的止回阀;(b) 空排式止回阀;(c) 球形液压止回阀

1—阀体;2—定位轴;3—压缩弹簧;4—阀蝶;5—轴套;6—小轴;7—摇杆;8—滑块;
9—空排盘;10—阀瓣;11—阀盖;12—阀杆;13—支承环;14—套筒;15—操纵活塞;
16—压盖;17—工作水入水;18—操纵座壳体;19—泄水口;20—操纵标杆;21—衬套

安全阀用于锅炉、压力容器及管道上,当介质压力超过规定值时,安全阀能自动开启,排除过剩介质,压力降至规定值后能自动关闭,防止事故发生,保证设备、管道、厂房和生产人员的安全。装于管道上的安全阀,其规格和数量应根据排放介质的流量和参数,按《管道规范》中的方法或制造厂资料进行选择。在水管道上,应采用微启式安全阀;在蒸汽管道上,可根据介质种类、排放量的大小采用全启式或微启式安全阀。布置安全阀时,必须使阀杆垂直向上。

快速关断阀是用于瞬间关断或接通管内介质的阀门。通常在汽轮机的进汽管道和抽汽管道上需设置快速关断阀,以保证机组安全运行,防止汽轮机超速。

第六节　主 蒸 汽 系 统

主蒸汽系统包括从锅炉过热器出口联箱至汽轮机进口主汽阀的主蒸汽管道、阀门、疏水装置及通往用新蒸汽设备的蒸汽支管所组成的系统。对于装有中间再热式机组的发电厂，还包括从汽轮机高压缸排汽至锅炉再热器进口联箱的再热冷段管道、阀门及从再热器出口联箱至汽轮机中压缸进口阀门的再热热段管道、阀门。

发电厂主蒸汽系统具有输送工质流量大、参数高、管道长且要求金属材料质量高的特点，它对发电厂运行的安全、可靠、经济性影响很大，所以对主蒸汽系统的基本要求是系统力求简单，安全、可靠性好，运行调度灵活，投资少，运行费用低，便于维修、安装和扩建。

选择主蒸汽系统时，应根据发电厂的类型、机组的类型和参数，经过综合技术经济比较后确定。

一、主蒸汽系统的类型与选择

火电厂常用的主蒸汽系统有以下几种类型。

1. 单母管制系统（又称集中母管制系统）

如图 4-24（a）所示，该系统的特点是发电厂所有锅炉的蒸汽先引至一根蒸汽母管集中后，再由该母管引至汽轮机和各用汽处。

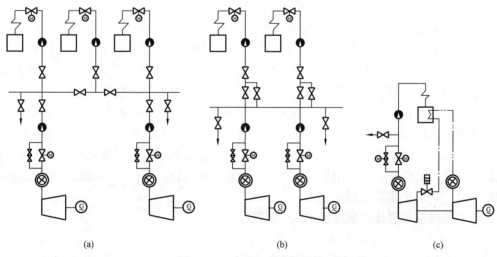

(a)　　　　　　　　　　　　　(b)　　　　　　　　　　　　　(c)

图 4-24　火电厂主蒸汽系统

(a) 单母管制系统；(b) 切换母管制系统；(c) 单元制系统

单母管上用两个串联的分段阀，将母管分成两个以上区段，它起着减小事故范围的作用，同时也便于分段阀和母管本身检修而不影响其他部分正常运行，提高了系统运行的可靠性。正常运行时，分段阀处于开启状态，单母管处于运行状态。显然，该分段阀应采用闸阀。

该系统的优点是系统比较简单，布置方便；缺点是运行调度不够灵活，缺乏机动性。当任一锅炉或与母管相连的任一阀门发生事故或单母管分段检修时，与该母管相连的设备都要停止运行。因此，这种系统通常用于全厂锅炉和汽轮机的运行参数相同、台数不匹配，而热负荷又必须确保可靠供应的热电厂以及单机容量为 6MW 以下的电厂。

2. 切换母管制系统

如图 4-24 (b) 所示，该系统的特点为每台锅炉与其相对应的汽轮机组成一个单元，正常时机炉单元运行，各单元之间装有母管，每一单元与母管相连处装有三个切换阀门。它们的作用是当某单元锅炉发生事故或检修时，可通过这三个切换阀门由母管引来邻炉蒸汽，使该单元的汽轮机继续运行，也不影响从母管引出的其他用汽设备。

为了便于母管检修或电厂扩建不致影响原有机组的正常运行，机炉台数较多时，也可考虑用两个串联的关断阀将母管分段。母管管径一般是按通过一台锅炉的蒸发量来确定的，通常处于热备用状态；若分配锅炉负荷时，则应投入运行。

该系统的优点是可充分利用锅炉的富余容量，切换运行，既有较高的运行灵活性，又有足够的运行可靠性，同时还可实现较优的经济运行。该系统的不足之处在于系统较复杂，阀门多，发生事故的可能性较大；管道长，金属耗量大，投资高。所以，该系统适宜装有高压供热式机组的发电厂和小型发电机组。

3. 单元制系统

如图 4-24 (c) 所示，该系统的特点是每台锅炉与相对应的汽轮机组成一个独立单元，各单元间无母管横向联系，单元内各用汽设备的新蒸汽支管均引自机炉之间的主蒸汽管道。GB 50660 中明确说明了 125MW 及以上火力发电机组应采用单元制主蒸汽系统。

单元制系统的优点是系统简单、管道短、阀门少（引进型 300、600MW 有的取消了主汽阀前的电动隔离阀），故能节省大量高级耐热合金钢；事故仅限于本单元内，全厂安全可靠性较高；控制系统按单元设计制造，运行操作少，易于实现集中控制；工质压力损失少，散热小，热经济性较高；维护工作量少，费用低；无母管，便于布置，主厂房土建费用少。其缺点是单元之间不能切换。单元内任一与主汽管相连的主要设备或附件发生事故，都将导致整个单元系统停止运行，缺乏灵活调度和负荷经济分配的条件；负荷变动时对锅炉燃烧的调整要求高；机炉必须同时检修，相互制约。因此，对参数高、要求大口径高级耐热合金钢管的机组，且主蒸汽管道系统投资占有较大比例时，应首先考虑采用单元制系统。如装有高压凝汽式机组的发电厂，可采用单元制系统；对装有中间再热凝汽式机组或中间再热供热式机组的发电厂，应采用单元制系统。

二、主蒸汽系统设计时应注意的几个问题

1. 高、中压主汽阀和高压缸排汽止回阀

高参数大容量机组，尤其是再热机组的蒸汽流量很大（如 600MW 机组约 1800t/h、1000MW 机组约 3000t/h）。汽轮机自动主汽阀（高压主汽阀）一般配置两个，也有配置四个高压主汽阀的（如北仑电厂 2 号 600MW 机组、邹县电厂 1000MW 机组），高压调速汽阀一般都配置四个，再热后的中压自动主汽阀与相应的调速汽阀合并为中压联合汽阀，一般也配置两个或四个。它们均靠汽轮机调速系统的高压油控制其自动关闭；新蒸汽管道上配置一个电动隔离阀作严密隔绝蒸汽（当汽轮机自动主汽阀具有可靠的严密性时，也有机组取消此阀）用。为防止机组甩负荷时再热管道内的蒸汽倒流入汽轮机，通常在高压缸排汽管上设置止回阀。当汽轮机甩负荷时，高、中压自动主汽阀在高压油的作用下瞬间关闭（0.1～0.3s），高压缸排汽止回阀以及各回热抽汽管道上的止回阀也在气动或液动机构的作用下迅

速关闭，从而保护汽轮机不超速。

2. 温度偏差及其对策

随着机组容量的增大，炉膛宽度也加大，烟气流量、温度分布不均造成两侧汽温偏差增大，这样就要求管道系统应有混温措施。国际电工协会规定，最大允许持久性汽温偏差为15℃，瞬时性为42℃。由于汽轮机的主蒸汽、再热蒸汽均为双侧进汽，因此再热机组的主蒸汽、再热蒸汽系统以单管、双管及混合管系统居多，少数也有四管及其混合管系统的。

单管系统是蒸汽通过一根管道输送至设备的进口处，因此，蒸汽流量大时要求管道内径也大。如某 600MW 机组主蒸汽采用单管系统，其管道规范为 $\phi 659 \times 109.3$mm，而再热冷段蒸汽采用单管系统，其管道变为 $\phi 1117.6 \times 27.8$mm。双管系统是蒸汽通过两根并列的管道输送，每根管道通过的蒸汽流量仅为原来的 1/2。如 600MW 机组采用双管系统时，主蒸汽管道为两根 $\phi 615.57 \times 92.57$mm，而再热冷段蒸汽管为两根 $\phi 762 \times 15.8$mm。

采用单管系统混温有利于满足汽轮机两侧进口蒸汽温差的要求，且有利于减少压降，减少汽缸的温差应力、轴封摩擦等，这样就需要主蒸汽和热再热蒸汽管系采用 Y 形三通或 45°斜接三通。图 4-25 (c) 所示为意大利进口 320MW 机组主蒸汽系统采用 2-1-2 布置方式，即锅炉过热器出口两侧各引出一根主蒸汽管，经锻钢 Y 形三通汇合为一根管道，在高压主汽阀前由单管分为双管与两侧主汽阀连接。通常单管长度应为直径的 10～120 倍以上，才能达到充分混合、减少温度偏差的目的。图 4-25 (c) 中单管长度为直径的 20 倍，图 4-25 (d) 中单管长度为直径的 13 倍。大机组中很少有采用纯粹单管系统的。

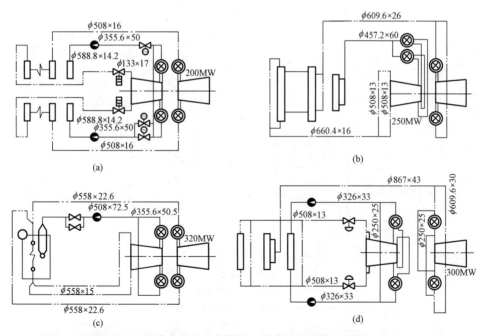

图 4-25 再热式机组的主蒸汽、再热蒸汽系统（单位：mm）
(a) 双管系统；(b) 单管-双管系统；(c) 主蒸汽双管-单管-双管、再热蒸汽双管系统；
(d) 主蒸汽双管、再热蒸汽双管-单管-双管系统

采用双管系统可避免采用大直径的主蒸汽管和再热蒸汽管，尤其是某些需要进口的大口径耐热合金钢管，价格昂贵，采用双管可较大幅度降低管道的总投资。双管系统在布置时能

适应高、中压缸双侧进汽的需要，在管道的支吊及应力分析中也比单管系统易于处理。但双管系统中温度偏差较大，有的主蒸汽温度偏差达 30～50℃，再热汽温偏差更大，将使汽缸等高温部件受热不匀导致变形。为此，往往在高、中压缸自动主汽阀前设置中间联络管，以减少双管间的压差和温差，如国产 200MW 机组及法国进口 300MW 机组〔图 4 - 25 (a) 及 (d)〕的中间联络管分别为 $\phi133\times17mm$ 和 $\phi250\times25mm$。

大多数情况采用混合管系统，图 4 - 25 (b) 所示为日本进口 250MW 机组的蒸汽系统，采用 1—2 的布置方式，即主蒸汽和热再热蒸汽为单管，进入高、中压主汽阀前由单管分叉为双管。高、中压主汽阀后均设有 4 根导汽管，分别导入高、中压缸；冷再热蒸汽管为 2—1—2 布置方式。图 4 - 25 (c)、(d) 也是混合管系统。

图 4 - 26 为北仑电厂 2 号机组 600MW 汽轮机的主蒸汽、再热蒸汽、旁路系统示意。其主蒸汽采用 1—4 布置方式，即锅炉过热器出口联箱通过一根 $\phi659.1\times107.3mm$ 的主蒸汽管道将蒸汽引入汽轮机房，之后分成四根 $\phi392.2\times65.9mm$ 的主蒸汽管分别与汽轮机的四个主汽阀相连接。

该机组的再热冷段采用 2—1—2 的布置方式，即高压缸通过两根 $\phi812.8\times21.4mm$ 的排汽管，在排汽止回阀后合并成一根 $\phi1117.6\times27.8mm$ 的冷再热蒸汽管，到达锅炉之后又分成两根 $\phi812.8\times21.4mm$ 的冷再热蒸汽管进入锅炉再热器入口联箱。从锅炉再热器出口联箱来的蒸汽，先经两根 $\phi812\times42.5mm$ 的热再热蒸汽管道，后合并成一根 $\phi1016\times52.37mm$ 的热再热蒸汽管道，进入汽轮机房后，又分成四根 $\phi609.6\times33.02mm$ 的蒸汽管道，分别与汽轮机中压缸的四个主汽阀相连接。

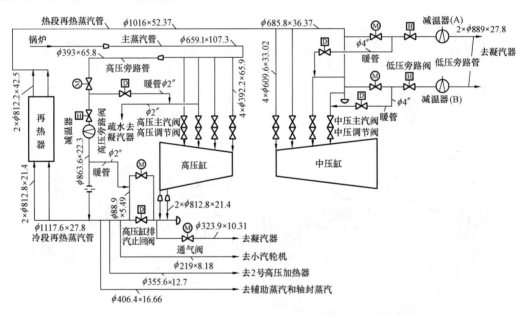

图 4 - 26 北仑电厂 2 号机组 600MW 汽轮机的主蒸汽、再热蒸汽、旁路系统示意（单位：mm）
M—电动阀；H—液动阀；D—气动阀

图 4 - 27 所示为国产 N1000-25.0/600/600 超超临界压力机组采用的主蒸汽和再热蒸汽管道系统，由于汽轮机有四个主汽阀，所以主蒸汽管道采用 2—4 布置方式，从锅炉过热器出口联箱两侧各有一根主蒸汽管道引至汽轮机主汽阀前，再各分成两根管道与主汽阀

连接，主蒸汽管道上有弹簧式安全阀和电磁式安全阀；再热热段蒸汽管道采用 2—2 布置方式，从锅炉再热器出口联箱两侧各引出一根再热热段管道与两个中压联合汽阀连接，主蒸汽管道和再热热段管道均设置了中间联络管，用以减少主蒸汽和再热热段蒸汽的温度及压力的偏差。

再热冷段管道采用 2—1—2 布置方式，高压缸排汽经两根排汽管排出后，汇集到一根管道引至锅炉再热器前，再分成两根管道进入再热器联箱。该系统高压缸排汽管道上不设止回阀，因该机组采用一级大旁路系统（详见本章第七节），无此必要。

3. 主蒸汽、再热蒸汽压损及管径优化

主蒸汽、再热蒸汽压损增大，将会降低机组的热经济性，多耗燃料。蒸汽压损与管径和管道附件有直接关系。GB 50660 规定，主蒸汽、再热蒸汽等管道的管径及管路根数，应经优化计算确定。管径优化计算包括管子壁厚计算、压降计算和费用计算三部分。总费用等于材料投资和运行费用之和。以总费用最小的管径为最经济管径。实际管径还要考虑系统的允许压力降、管系应力状况和管子供货等情况的影响。对于再热蒸汽管道，除要考虑以上

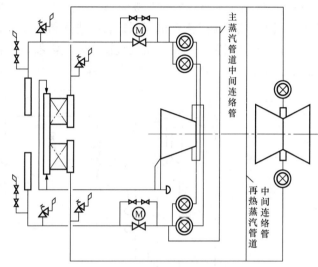

图 4-27　国产 N1000-25.0/600/600 超超临界压力机组主蒸汽、再热蒸汽系统

因素外，还要注意冷、热再热蒸汽管道之间的压降分配比例。热再热蒸汽管为合金钢管，冷再热蒸汽管通常为碳钢管，因此热再热蒸汽管的压降大于冷再热蒸汽管的压降较为合理。

对于亚临界参数汽包炉和直流炉，EBASCO MNE-9 规定从锅炉至汽轮机主蒸汽管道的允许压降为汽轮机进汽设计压力的 4%～5%；EBASCO 对平圩电厂 600MW 机组的计算表明，主蒸汽管道的单位阻力损失费用为 5866 美元/（b/in²），而再热蒸汽管道的单位阻力损失费用为 234 096 美元/（b/in²），两者相差近 40 倍，可见再热系统的压降对机组的热经济性影响很大。再热系统的总压降一般不应超过高压缸排汽压力的 9%～10%，其中锅炉再热器的压降和再热系统管道的压降各占 50%，而冷再热管道压降约占再热管道总压降的 30% 较经济。具体选择时，还与冷再热管道采用的材料有关。如石洞口二厂的冷再热管道采用低合金钢时，其压降占再热管道总压降的 38%，而热再热管道占 62%；若冷再热管道采用碳钢时，其压降占总压降的 35%，热再热管道则占 65%。

除了管道及管路根数外，降低压损的措施还包括尽可能地减小管道中的局部阻力损失，如汽轮机自动主蒸汽阀的严密性能够保证时，可取消主蒸汽管上的电动隔离阀［见图 4-25（b）、(c)、(d) 和图 4-26］；主蒸汽流量的测量由孔板改为喷嘴，甚至不设置流量测量节流元件，汽轮机进汽流量由汽轮机高压缸调速级后的蒸汽压力折算得到［见图 4-25 (b)］。计算机组热经济指标时，须以给水流量或凝结水流量来校核主蒸汽流量。此外，在冷再热管道上取消止回阀也可减少压损，如图 4-25 (b)、(c) 和图 4-27 所示。

第七节　中间再热机组的旁路系统

一、旁路系统的类型及作用

1. 旁路系统的类型

中间再热机组的旁路系统是指高参数蒸汽在某些特定情况下，绕过汽轮机，经过与汽轮机并列的减温减压装置后，进入参数较低的蒸汽管道或设备的连接系统，以完成特定的任务。图 4-28 所示为再热机组三级旁路系统。旁路系统通常分为三种类型：高压旁路又称一级旁路，即新蒸汽绕过汽轮机高压缸直接进入再热冷段管道；低压旁路又称二级旁路，即再热后的蒸汽绕过汽轮机中、低压缸直接进入凝汽器；当新蒸汽绕过整个汽轮机而直接排入凝汽器时称为整机旁路或三级旁路、大旁路。

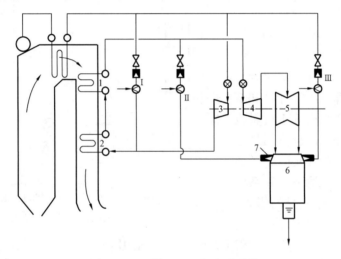

图 4-28　再热机组三级旁路系统

Ⅰ—高压旁路；　Ⅱ—低压旁路；　Ⅲ—整机旁路；

1—高温再热器；2—低温再热器；3—高压缸；4—中压缸；

5—低压缸；6—凝汽器；7—扩容式减温减压器

2. 旁路系统的作用

（1）协调启动参数和流量，缩短启动时间，延长汽轮机寿命。汽轮机启动过程是蒸汽向汽缸和转子传递热量的复杂热交换过程。为确保启动过程的安全可靠，要严密监视各处温度和严格控制温升率，使动静部分胀差和振动在允许范围内。汽轮机启动方式不同，要求也不同。《电力工业技术管理法规（试行）》中规定，如汽轮机制造厂无规定时，以高压缸第一级金属温度为依据，200℃以下时为冷态启动，200～370℃时为温态启动，370℃以上为热态启动。冲转时的主蒸汽温度最少要有50℃的过热度。温态、热态启动时应保证高、中压调速汽阀后蒸汽温度高于汽轮机最热部分温度50℃。双层缸的内外缸温差不大于30～40℃，双层缸的上下缸温差不超过35℃。

再热机组的主蒸汽系统均采用单元制，在滑参数启动时，一般先以低参数蒸汽冲转汽轮机，随着升速、带负荷、增负荷等不同阶段的需要，不断地提高锅炉出口蒸汽压力、温度和流量，使之与汽轮机的金属温度状况相匹配，实现安全可靠地启动。如果只靠调整锅炉的燃烧或汽压是难以满足这些要求的，热态启动则更难处理。

采用旁路系统后，通过改变新蒸汽流量，协调机组滑参数启动和停机不同阶段的蒸汽参数匹配，既满足再热机组滑参数启停要求，又缩短了启动时间。

有些机组要求采用中压缸启动方式，旁路系统则满足了这些机组的启动方式。

汽轮机每启动一次或升降负荷一次所消耗寿命的百分数为寿命损耗率。不同状态的启动方式所耗寿命的百分数不同，如冷态启动和热态启动两者的寿命损耗率相差 10 倍左右。金属温度变化幅度和金属温度变化率小，寿命损耗率也就小，通过旁路系统的调节作用，可满足启停时对汽温的要求，严格控制汽轮机的金属温升率，减少寿命损耗，延长汽轮机寿命。

（2）保护再热器。再热机组大多采用烟气再热方式，即再热器布置在锅炉内，正常运行时，汽轮机高压缸排汽进入再热器后，提高了蒸汽温度，同时也冷却了再热器。但在锅炉点火不久汽轮机冲转前，锅炉提供的蒸汽温度、过热度都比较低时，或运行中汽轮机跳闸、甩负荷、电网事故和停机不停炉时，汽轮机自动主汽阀全关闭，高压缸没有排汽，再热器将处于无蒸汽冷却的干烧状态，一般的耐热合金钢材料难以确保再热器的安全。通过高压旁路新蒸汽就可经减温减压装置后进入再热器，冷却保护了再热器。

（3）回收工质，降低噪声。燃煤锅炉不投油稳定燃烧负荷约为 30％锅炉额定蒸发量或更高，而汽轮机的空载汽耗量仅为其额定汽耗量的 5％～7％，单元式再热机组在启动或事故甩负荷时，锅炉的蒸发量总是大于汽轮机所需的量，存在大量剩余蒸汽。如果将多余的蒸汽排入大气，不仅造成工质和热量损失，而且产生巨大的噪声，恶化周围的环境。设置了旁路系统，就可将多余的蒸汽回收到凝汽器中，同时也避免了噪声。

如果由于电网短时间故障，旁路系统可快速投入，维持锅炉在最低稳燃下运行，或汽轮机带空负荷、带厂用电运行，或停机不停炉，一旦事故消除，机组可迅速重新并网投入运行，恢复正常状态，大大缩短了重新启动时间，使机组能较好地适应调峰运行的需要。

（4）防止锅炉超压。旁路系统的设计通常有两种准则：兼带安全功能和不兼带安全功能。兼带安全功能的旁路系统是指高压旁路的容量为 100％BMCR，并兼带锅炉过热器出口的弹簧式安全阀和动力释放阀（PCV）的功能，即我国称为三用阀。因低压旁路的容量受凝汽器限制仅可为 65％左右，所以在再热器出口还必须装有附加释放功能的和有监控器的安全阀。如法国设计的元宝山电厂、比利时设计的姚孟电厂和 CE－SULZER 设计的石洞口二厂，都采用了 SULZER 的兼带安全功能的旁路系统。当机组出现故障需紧急停炉时，旁路系统快速打开将剩余蒸汽排出，防止锅炉超压。锅炉安全阀也因旁路系统的设置减少起跳次数，有助于保证安全阀的严密性和延长其寿命。

二、旁路系统的类型

常见的旁路系统，都是由上述三种旁路类型中的一种或由几种组合而成，国内采用的旁路系统主要有四种。

1. 三级旁路系统

如图 4-28 所示，三级旁路系统包括高压旁路、低压旁路和整机旁路。当汽轮机负荷低于锅炉最低稳定燃烧所对应的负荷时，多余的蒸汽通过整机大旁路排至凝汽器。该系统的优点是能适应各种工况的调节，满足汽轮机启动过程不同阶段对蒸汽参数和流量的要求，同时又能有效地保护再热器。其不足之处是系统复杂、设备多、金属耗量大、投资高、布置困难、运行操作不便。该系统在初期国产 200MW 机组上应用过，现很少采用。

2. 两级旁路串联系统

图 4-29（a）所示为高、低压旁路串联系统。通过两级旁路串联系统的协调，能满足启动时的各项要求。高压旁路可对再热器进行保护。该系统应用最广，我国已运行的大部分中间再热机组都采用该系统，如图 4-26 所示的北仑电厂 2 号机组的旁路系统。采用三用阀（即具有启动调节阀、锅炉安全阀和减温减压旁路阀三种功能于一体）的两级旁路串联系统也属于该型系统［见图 4-29（d）］。德国 SIEMENS 两级旁路装置，其实质也是高、低压两级串联旁路系统。

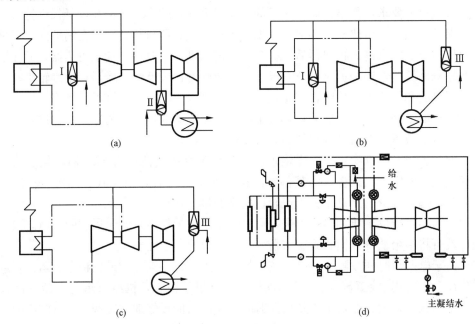

图 4-29　常见的旁路系统类型
(a) 两级旁路串联系统；(b) 两级旁路并联系统；
(c) 单级整机大旁路系统；(d) 装有三用阀的两级串联系统

3. 两级旁路并联系统

图 4-29（b）所示由高压旁路和整机旁路组成的两级旁路并联系统。高压旁路起着保护再热器的作用，同时也起到机组启动时暖管的作用，以及机组热态启动时用于迅速提高再热汽温使之接近中压缸温度，由于没有低压旁路，此时热再热管段上的向空排汽阀要打开。整机旁路则将启停、甩负荷及事故等工况下多余的蒸汽排入凝汽器，锅炉超压时可减少安全阀的动作甚至不动作。该系统只在早期国产机组上采用，现很少采用。

4. 整机旁路系统

图 4-29（c）为只保留从新蒸汽至凝汽器的一级大旁路，其特点是系统简单；金属耗量、管道及附件少，投资省；操作简便。它同样可以加热过热蒸汽管并调节过热蒸汽温度。其明显的缺点是不能保护再热器，为此再热器必须采用较好的、能耐干烧的材料或者布置在锅炉内的低温区并配以烟温调节保护手段。在机组滑参数启动时，也难以调节再热蒸汽温度，该系统不适于调峰机组。邹县电厂带基本负荷的 1000MW 超超临界压力机组采用了该系统。

以上几种常见的旁路系统，虽然类型不同，但有一点是相同的，即都要通过减温减压来实现。所以旁路系统主要由减压阀、减温水调节阀和凝汽器颈部减温减压装置组成。高压旁路、整机旁路的减温水都取自给水泵出口的高压水；而低压旁路的减温水则来自凝结水泵出口的主凝结水。由于低压旁路和整机旁路后蒸汽的压力、温度还较高，不宜直接排入凝汽器，所以在凝汽器颈部还设有一两个扩容式减温减压装置，将蒸汽进一步降低到0.016 5 MPa、60℃左右才排入凝汽器。

三、两级旁路串联系统设计及运行

我国300、600MW级的汽轮机组，大多采用高低压串联的旁路系统。现以北仑电厂2号600MW机组为例介绍其系统组成及其运行（见图4-26）。旁路系统由旁路阀、旁路管道、暖管设施及其相应的控制装置和必要的隔音设施组成。旁路系统的通流能力并非越大越好，应根据机组可能的运行情况予以选定。该系统高压旁路容量选择为50%额定负荷蒸汽流量，低压旁路容量为40%额定负荷蒸汽流量。旁路系统的动作响应时间则应越快越好，要求在1～2s完成旁路开通动作，在2～3s内完成关闭动作。国内电厂机组两级旁路串联系统使用的系统、性能和参数见表4-14。

表4-14　　　　　　　　　　　　　　两级旁路串联系统的性能和参数

系统类型	容量（%）	压力（前/后）（MPa）	温度（前/后）（℃）	减温水			执行机构		备注
				流量（t/h）	压力（MPa）	温度（℃）	类型	动作时间（开/关）（s）	
ALSTOM高、低压旁路串联600MW机组	高压 50	17.8/6.29	537/300	207.1	21	200	液动	2/5	
	低压 40	1.5/0.8	537/134				液动	2/5	
SULZER三用阀300MW机组	高压 100	18.1/4.38	545/330	180			液动	2.5/10	
	低压 100	3.38/1.4	540/75	380			液动	5	
	解列带厂用电 35	1.0/0.5	520/75	170			液动	5	
SIEMENS200MW机组	高压 30	13.73/2.49	540/328	30	17.36	160	电动	常速 34.81/32.92快速 4.58（开）	
	低压 30	2.29/0.49	540/160	70.7	1.47	50	电动	常速 39.94/32.45快速 4.56（开）	

1. 旁路系统的容量

旁路系统的容量是指在额定参数下通过旁路的最大蒸汽流量 D_{by}，与锅炉最大连续蒸发量 $D_{b,max}$ 的比值，即

$$\alpha_{by} = \frac{D_{by}}{D_{b,max}} \times 100\% \qquad (4-23)$$

减温水的喷水量通常由喷水系数乘以旁路流量来求出，即 $G_{by}^{w} = \alpha \times D_{by}$，$\alpha$ 为喷水系数，高压旁路可取 $\alpha=0.1\sim0.2$，低压旁路可取 $\alpha=0.4\sim0.7$。由表4-14可知，旁路系统的容量差别较大，这是因为设计旁路系统时还须考虑机组的运行工况，是承担基本负荷机组还是调峰机组，前者由于启动次数少，且多为冷态或温态启动，冲转蒸汽参数较低，锅炉蒸发量较小，所以旁路系统容量不需太大；后者启动较频繁，热态启动居多，冲转参数高，锅炉蒸发

量要求较大，旁路容量随之加大。此外，还要考虑机组甩负荷后，停机不停炉或带厂用电的工况。对锅炉而言，其最低稳燃负荷及保护再热器所需的最低蒸汽流量也是考虑的因素。

GB 50660 规定：汽轮机旁路系统的设置及其功能、形式和容量应根据汽轮机、锅炉的特性和电网对机组对运行方式的要求，并结合机炉启动参数匹配后确定。如设备条件具备，且经工程设计任务明确，机组需具备两班制运行、甩负荷带厂用电或停机不停炉的功能时，旁路容量可加大到锅炉最大连续蒸发量的 40%～50%。在特殊情况下，经论证比较，旁路系统的容量可按照实际需要加大。

2. 旁路系统的控制要求

在下列情况下，高压旁路阀必须立即自动完成开通动作：①汽轮机组跳闸；②汽轮机组甩负荷；③锅炉过热器出口蒸汽压力超限；④锅炉过热器升压率超限；⑤锅炉 MFT（主燃料跳闸）动作。

下列任一情况发生时，高压旁路阀应优先于开启信号快速自动关闭：①高压旁路阀后的蒸汽温度超限；②按下事故关闭按钮；③高压旁路阀的控制、执行机构失电。

在下列情况下，低压旁路阀应立即自动完成开通动作：①汽轮机跳闸；②汽轮机甩负荷；③再热热段蒸汽压力超限。

发生下列任一情况时，低压旁路阀应立即关闭：①旁路阀后蒸汽压力超限；②低压旁路系统减温水压力太低；③凝汽器压力太高；④减温器出口的蒸汽温度太高；⑤按下事故关闭按钮。

高、低压旁路阀动作时，其相应的减温水隔离阀、控制调节阀随之动作。

3. 旁路系统的执行机构

由表 4-14 可知，执行机构有液动和电动两种，除此外还有气动和电液联合操纵等类型。

SULZER 三用阀旁路系统采用的是液动执行机构，其特点是力矩大，动作时间快（1～5s)，还配有一挡慢速，调节器的可靠性高。但其控制系统复杂，需液动设备，投资大，运行费用高，维护工作量大。SIEMENS 旁路系统采用的是电动执行机构。其特点是力矩小，动作时间慢（40s)，配有双速电机，也有快速挡。其工作可靠，处理信号方便，可灵活组合各调节系统，设备投资少、维修较简单。

4. 旁路系统的运行

旁路系统的运行方式与汽轮机的运行方式密切相关。如北仑电厂 2 号 600MW 机组，可以采用高压缸启动，也可以采用中压缸启动。制造厂建议优先采用中压缸启动。近年来，在我国安装的超超临界压力 1000MW 机组采用的旁路系统大多为两级旁路串联系统和一级大旁路系统两种，旁路系统的选择与汽轮机的启动方式有关，通常汽轮机采用中压缸启动或高、中压缸联合启动方式时，旁路系统选择两级旁路串联系统；汽轮机采用高压缸启动方式时，旁路系统选择一级大旁路系统。如邹县电厂 N1000-25.0/600/600 机组的启动方式为带一级大旁路的高压缸启动方式。

高压旁路的运行方式可分为全自动、半自动和手动三种。全自动方式又对应着汽轮机的程控启动和跟随两种方式；半自动则对应着汽轮机的定压运行方式。程控启动方式只用于机组的冷态启动工况，此时，高压旁路阀的开度与主蒸汽压力之间的关系如图 4-30 所示。

当锅炉点火时，按下操作盘上的启动按钮，这时高压旁路系统的控制即进入程控启动方

式。高压旁路阀一进入程控启动方式，
就应有一最小开度 y_{min}，以使锅炉有少
量蒸汽流量，防止再热器干烧。该最
小开度应保持至主蒸汽压力上升至最
小设定值 p_{min} 为止。维持 p_{min}，高压旁
路阀的开度随锅炉燃烧量的增加而开
大，直至预先设定值 y_m。随着锅炉燃
烧的加强，主蒸汽压力上升至汽轮机

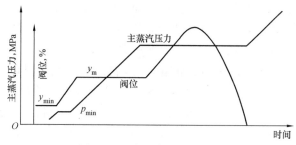

图 4 - 30　高压旁路启动曲线

冲转参数 8.72MPa（冷态冲转为 4.6MPa，并网后逐渐升高至 8.72MPa），程控方式完成，
此时旁路切换为自控方式，机组转为定压运行方式。随着汽轮机高压调节阀开度的增大，高
压旁路阀逐渐关小直至全关，高压旁路系统自动转为跟随方式，处于热备用状态。

低压旁路系统的运行方式也有全自动、半自动和手动三种。在全自动方式时，再热热段
蒸汽压力的设定值分为启动和正常运行两个阶段，由低压旁路控制系统自动给出。启动又有
冷态和热态两种情况，分别给定压力设定值。

机组冷态启动时，先设定再热热段蒸汽压力为 1.6MPa，在接到倒缸执行信号要求后，
其压力逐渐降至 0.8MPa，在汽轮机倒缸结束后，根据高压缸调节级后压力计算得出的再热
热段蒸汽理论压力设定值，再补加一个偏差 Δp（0.3MPa），将其与 0.8MPa 相比较，取二
者的大值，作为正常运行情况下低压旁路系统跟随运行方式的设定值，以确保机组正常运行
时，低压旁路阀处于关闭状态。当再热热段蒸汽压力上升太快时，低压旁路阀开启，参与调
节；当再热热段蒸汽压力比设定值大 0.5MPa 时，低压旁路快开，以防再热热段蒸汽压力
超限。

机组热态启动时，再热热段蒸汽压力始终维持在 1.6MPa 的设定值。在倒缸结束后，除
计算设定值与 1.6MPa 比较后取大者外，其余均与冷态启动时相同。

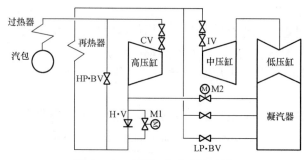

图 4 - 31　中压缸启动旁路系统

M1—暖缸阀；M2—高压缸抽真空阀；CV—高压调节汽阀；
IV—中压调节汽阀；HP·BV—高压旁路阀；LP·BV—低
压旁路阀；H·V—高压缸排汽止回阀

ALSTOM 公司在利用高、低压
旁路系统直接从中压缸启动再热汽轮
机方面，研究开发并已积累了有成熟
经验的启动方法，其启动旁路系统如
图 4 - 31 及图 4 - 26 所示。大型汽轮机
的热惯性远远大于锅炉，一方面是因
为锅炉的热交换传热面很大，另一方
面锅炉重新启动前还必须放水排污。
以 600MW 机组为例，汽轮机完全冷
却大约需 7d 时间，而锅炉则只需 50h
左右即可，而此时汽轮机缸温仍可达
350℃左右，处于热态，若接着启动必

须供给温度较高的蒸汽。采用高低压旁路系统后既可满足汽轮机对汽温的要求，又保护了再
热器，同时使锅炉的燃烧调整变得相当灵活。

图 4 - 31 中的高压缸抽真空阀是用于对高压缸抽真空的，在汽轮机负荷较低、高压缸进
汽阀未开之前，高压缸因鼓风会发热，设置抽真空阀后，就避免了高压缸因发热损坏。另

外，由于高压缸未进汽，增加了中、低压缸的进汽量，有利于中压缸的加热和低压缸末级叶片的冷却，同时也有利于提高再热蒸汽压力。因为再热蒸汽压力过低将无法保证锅炉的蒸发量，从而无法达到所需要的汽温参数。

图 4-31 中的暖缸阀也就是高压缸排汽止回阀的旁路阀。它可用于冷态启动时加热高压缸，即对高压缸起预热作用。在启动初期，当锅炉出口蒸汽达到一定温度时，就可以打开暖缸阀，使蒸汽进入高压缸，高压缸内的压力将和再热器的压力同时上升，高压缸金属温度也将上升到再热汽压力所对应的饱和温度。如北仑电厂 2 号机启动冲转参数为再热汽压力 1.6MPa，高压缸温度上升到 190℃后，暖缸阀自动关闭，并同时打开高压缸抽真空阀，使高压缸处于真空状态。当机组汽温、汽压具备冲转条件时，高压缸的预热正好结束，冷态启动时锅炉的升温升压所需的时间就足以使高压缸得到充分的预热，所以高压缸的预热过程不会干扰或延长启动过程。

四、不设旁路系统的措施

由上述可以看出，旁路系统的设置是用于机组启动过程和汽轮机甩负荷时的应急设施。当机组正常运行时，旁路系统一直处于备用状态。旁路的设置，使投资增加，安装、运行、维修费用及工作量都增加，机组事故率也增加了，有的电厂认为设置旁路（特别是对带基本负荷的机组）得不偿失，所以并不是所有大容量机组都必须装设旁路系统。据报道，欧洲国家的机组较多地采用旁路系统，而美国、加拿大、意大利和日本则较少采用。美国设计的电厂一般只要求锅炉制造厂提供 5% 的锅炉启动旁路系统，满足机组快速启动的要求，而当汽轮机跳闸时，只要求锅炉自动停炉，不要求中间再热机组采用汽轮机旁路系统。如 20 世纪 70 年代安装在唐山电厂的日立机组，大港电厂的意大利机组，80 年代沙角 B 厂的东芝和石川岛机组，90 年代沙角 C 厂 3×660MW 机组都没有设置汽轮机旁路系统。有关资料表明，沙角 C 厂省去旁路系统及其控制装置，可节约 250 万美元。

若不设置旁路，必须解决好机组启动和甩负荷过程带来的问题。以沙角 C 厂 660MW 机组为例，它主要采取了以下的措施：

（1）锅炉不设置启动旁路，而是从机组启动直至并网前，采用低温段过热器引出蒸汽进行暖管暖机、升速，可以满足机组冷态、温态、热态和极热态启动的要求。

（2）汽轮机只采用高压缸启动方式，不考虑中压缸启动方式，因此设置旁路的意义不大。

（3）在机组启动时，锅炉有控制炉膛出口烟温的装置，保证启动期间炉膛出口烟温低于 538℃，以保护再热器，但是蒸汽升温升压的速率要减慢，增加了启动时间，热态启动时增加 10~15min。

（4）在机组甩负荷时，有防止超速、超温和超压的措施：

1）汽轮机控制系统设有超速保护和高、中压缸在甩负荷时进汽阀的快关作用，迅速减小流入汽缸的蒸汽量，降低超速的可能性。

2）锅炉启动时有控制炉膛出口烟温的功能，汽轮机跳闸时具有快速控制烟温的功能，减小了再热器超温的机会。

3）在主蒸汽和再热蒸汽管道上设置安全阀，当系统失控超压时，安全阀动作，避免系统超压，但会增加工质损失。

4）主蒸汽系统设计时，不考虑故障停机不停炉措施。单元制系统当停机时间较短时，锅炉热态启动的时间并不长；当停机时间较长时，不停炉已无必要，所以可以不设旁路系统。

五、直流锅炉的启动旁路系统

直流锅炉没有汽包，单元制直流锅炉在进行滑参数启动时，要求有一定的启动流量和启动压力。适当的启动流量对受热面的冷却、水动力的稳定性、防止汽水分层都是必要的，流量过大也会造成工质和热量损失增加，一般启动流量为额定容量的 30% 左右。锅炉启动时保持一定的压力对改善水动力特性，防止脉动、停滞，减少启动时汽水膨胀量都是有利的，启动压力一般为 7～8MPa；而汽轮机在启动时主要是暖机和冲转，其要求的蒸汽压力和流量均小于锅炉的启动压力和启动流量。为了解决直流锅炉单元机组这种启动时锅炉与汽轮机要求不一致的矛盾，也为了使进入汽轮机的蒸汽具有相应压力下 50℃ 以上的过热度，同时也为了回收利用工质和热量，减少损失，保护过热器、再热器，直流锅炉都安装了带有分离器的启动系统。它与汽轮机的旁路系统一起形成了一个完整的启动旁路系统。

国产 300MW 机组和美国、日本的一些 UP 型锅炉均采用分离器放在第一、二级过热器之间的启动旁路系统。这种系统可以避免旁路系统向正常运行切换时的过热蒸汽温度下跌，防止汽轮机因此产生热应力。启动分离器是一个圆筒形压力容器，有立式和卧式两种，其内部装有汽水分离装置，与汽包类似，按分离器在正常运行时参与系统工作，还是解列于系统之外，又可分为内置式分离器启动系统和外置式分离器启动系统。图 4 - 32 所示为超临界压力直流锅炉启动系统与汽轮机旁路系统组成的单元机组启动旁路系统。

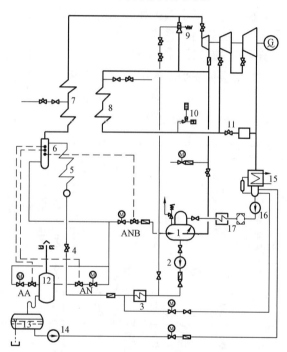

直流锅炉启动系统由除氧器、给水泵、高压加热器、内置式启动分离器、大气式扩容器、疏水箱、疏水泵、凝汽器等组成。

汽轮机旁路系统由两级串联旁路组成，即 100% MCR 容量的高压旁路和 65% MCR 容量的低压旁路，并以 100% MCR 容量的再热器安全阀与之配合。

图 4 - 32　600MW 超临界压力机组启动旁路系统

1—除氧器水箱；2—给水泵；3—高压加热器；4—给水调节阀；5—省煤器及水冷壁；6—启动分离器；7—过热器；8—再热器；9—高压旁路阀（100%）；10—再热器安全阀；11—低压旁路阀（65%）；12—大气式扩容器；13—疏水箱；14—疏水泵；15—凝汽器；16—凝结水泵；17—低压加热器

内置式启动分离器为立式，布置于锅炉前墙，位于炉膛水冷壁出口，总高度为 23.3m，内径 850mm，壁厚达 83mm。分离器出口与过热器进口间无隔离阀，分离器疏水通至大气式扩容器回收水箱，在机组启动初期疏水不合格时，将水放入地沟。疏水合格后，当负荷低于 37%MCR 时，分离器的作用就相当于汽包炉的汽包，但其分离出的水通过 AA、AN 和 ANB 三个阀门分别送入疏水扩容器和除氧器，进行工质和热量回收。当负荷高于 37%MCR

时，汽水分离器中全部是蒸汽，呈干态运行，此时内置式分离器相当于一个蒸汽联箱，必须承受锅炉全压，这是与外置式分离器的最大不同点。

该启动旁路系统是 SULZER 的典型设计，系统简单可靠、操作方便、汽温扰动少，有利于汽轮机安全运行。该系统能保证各种启动工况（冷态、温态、热态）所要求的汽轮机冲转参数。由于采用 100%MCR 的高压旁路和 65%MCR 的低压旁路，再加上 100%MCR 的再热器安全阀，故能满足各种事故处理，也能在低负荷下运行。但由于采用了大气式扩容器，频繁启停或长期低负荷运行时，将有较大热损失和凝结水损失，所以该系统适宜带基本负荷运行。

第八节 给 水 系 统

一、给水系统类型及选择

给水系统是从除氧器给水箱下降管入口到锅炉省煤器进口之间的管道、阀门和附件之总称。它包括低压给水系统和高压给水系统，以给水泵为界，给水泵进口之前为低压系统，给水泵出口之后为高压系统。

给水系统输送的工质流量大、压力高，对发电厂的安全、经济、灵活运行至关重要。给水系统事故会使锅炉给水中断，造成紧急停炉或降负荷运行，严重时会威胁锅炉的安全甚至长期不能运行。因此，对给水系统的要求是在发电厂任何运行方式和发生任何事故的情况下，都能保证不间断地向锅炉供水。

给水系统类型的选择与机组的类型、容量和主蒸汽系统的类型有关，主要有以下几种类型。

1. 单母管制系统

如图 4 - 33 所示，该系统设有三根单母管，即给水泵入口侧的低压吸水母管、给水泵出口侧的压力母管和锅炉给水母管。其中吸水母管和压力母管采用单母管分段，锅炉给水母管采用的是切换母管。

备用给水泵通常布置在吸水母管和压力母管的两个分段阀之间。按水流方向，给水泵出口顺序装有止回阀和截止阀。止回阀的作用是当给水泵处于热备用状态或停止运行时，防止压力母管的压力水倒流入给水泵，导致给水泵倒转而干扰了吸水母管和除氧器的运行。截止阀的作用是当给水泵故障检修时，用

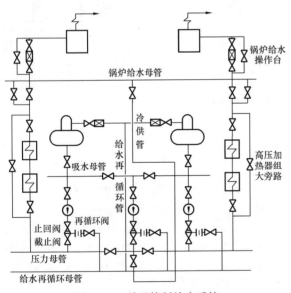

图 4 - 33 单母管制给水系统

于切断与压力母管的联系。为防止给水泵在低负荷运行时，因流量小未能将摩擦热带走而导致入口处发生汽蚀的危险，在给水泵出口止回阀处装设再循环管，保证通过给水泵有一最小不汽蚀流量，通常采用再循环母管与除氧器水箱相连（图 4 - 33 中未画出），将多余的水通过再循环管返回除氧器水箱。当高压加热器故障切除或锅炉启动上水时，可通过压力母管和锅炉给水母管之间的冷供管供应给水。图 4 - 33 中还表示了高压加热器的大旁路和最简单的

锅炉给水操作台。

单母管给水系统的特点是安全可靠性高，具有一定灵活性，但系统复杂、钢材耗量大、阀门较多、投资大。对高压供热式机组的发电厂应采用单母管制给水系统。

2. 切换母管制系统

图4-34所示为切换母管制给水系统，低压吸水母管采用单母管分段，压力母管和锅炉给水母管均采用切换母管。

当汽轮机、锅炉和给水泵的容量相匹配时，可采用单元运行，必要时可通过切换阀门交叉运行，其特点是有足够的可靠性和运行的灵活性。同时，因有母管和切换阀门，投资大，钢材、阀门耗量也相当大。

3. 单元制系统

图4-35所示为300MW机组单元制给水系统。由于300MW机组主蒸汽管道采用的是单元制系统，给水系统也必须采用单元制。这种系统的优缺点与单元制主蒸汽管道系统相同，系统简单，管路短、阀门少、投资省，便于机炉集中控制和管理维护。当采用无节流损失的变速调节时，其优越性更为突出。当然，运行灵活性差也是不可避免的缺点。GB 50660指出：125MW及以上机组水系统应采用单元制给水系统。

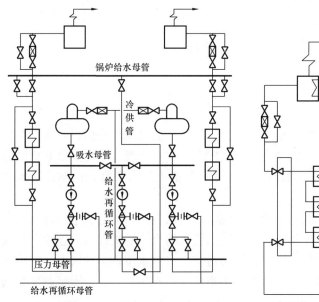

图4-34　切换母管制给水系统

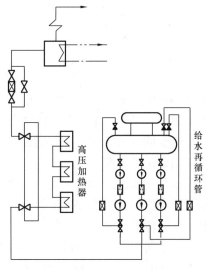

图4-35　单元制给水系统

二、给水流量调节及给水泵配置

（一）给水流量调节

图4-33～图4-35所示的给水系统中都标出简化了的锅炉给水操作台。它位于高压加热器出口至锅炉省煤器之前的给水管路上，通常由2～4根不同直径的并联支管组成，各支管上装有远方操作的给水调节阀与电动隔离阀，以便在低负荷或启动工况下调节流量，如图4-36所示。当采用变速给水泵时，给水调节阀两端的压差不大，给水操作台可简化为两路支管，既减少了支管路数又减少了阀门，同时简化了运行操作，尤其是启动工况优势更为突出。有些进口机组甚至取消了给水调节阀，如沙角C厂660MW机组的给水系统，采用3台

液力调速电动给水泵，取消了给水操作台，更加简化了给水系统；北仑电厂 2 号 600MW 汽轮机组的给水系统，配备 2 台 50% 的汽动给水泵及其前置泵，1 台液力调速的备用电动给水泵及其前置泵，这也是我国 600MW 汽轮机的给水泵组采用的基本配置。与定速给水泵配多管路给水操作台相比，变速给水泵的节能优势，尤其是低负荷时的节电，安全可靠，启动、滑压运行和调峰的适应性更是定速给水泵不可比的（详见第五章第五节相关内容），所以我国 125MW 以上的再热式机组均采用变速给水泵。一般在 300MW 以下再热机组多采用液力耦合器电动调速泵，300MW 以上机组采用小汽轮机的调速器控制进汽量来调节泵的转速。

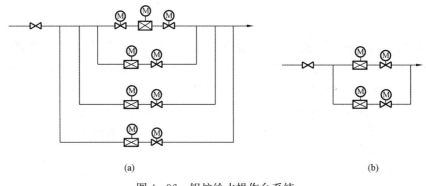

图 4-36　锅炉给水操作台系统
(a) 采用定速给水泵时；(b) 采用变速给水泵时

（二）给水泵的配置

1. 给水泵的选择

给水泵是向锅炉输送高温给水的设备，锅炉一旦断水会带来严重后果，所以对给水泵的可靠性要求很高。另外，给水泵的耗功占厂用电较大比例，正确选择给水泵对机组的安全经济运行具有重要的意义。GB 50660 指出：正常运行及备用给水泵宜选用调速给水泵，启动给水泵宜选用定速给水泵。

（1）给水泵总流量的确定。在每一给水系统中，给水泵出口的总流量（即最大给水消耗量，不包括备用给水泵）均应保证供给其所连接的系统的全部锅炉在最大连续蒸发量时所需的给水量。同时考虑给水泵的老化、锅炉连续排污量、汽包水位调节的需要、锅炉本体吹灰及汽水损失、不明泄漏量等因素，还应留有一定裕量。对汽包炉，其给水量就应为锅炉最大连续蒸发量的 110%；对直流炉，因没有连续排污，也无汽包水位调节等要求，所以其给水量取锅炉最大连续蒸发量的 105%。

对中间再热机组，给水泵入口的总流量还应加上供再热蒸汽调温用的从泵的中间级抽出的流量，以及漏出和注入给水泵轴封的流量差。前置给水泵出口的总流量应为给水泵入口的总流量与从前置泵和给水泵之间的抽出流量之和。

（2）给水泵的台数和容量选择。对采用母管制的给水系统，其最大一台给水泵停用时，其他给水泵应能满足整个系统的给水需要量。

对采用单元制的给水系统，给水泵的类型、台数和容量一般按下列方式配置：

1）125、200MW 机组配 2 台容量为最大给水量 100% 的电动调速给水泵，也可配 3 台容量各为最大给水量 50% 的电动调速给水泵。

2）300MW 机组配 2 台容量各为最大给水量50％或1台容量为最大给水量100％的汽动给水泵，作经常运行泵，并各配1台容量为最大给水量50％的电动调速给水泵作备用泵。

300MW 机组如需装设电动给水泵作为运行给水泵，应进行技术经济比较后确定。

3）600MW 机组配 2 台容量各为最大给水量50％的汽动给水泵及1台容量为最大给水量25％～35％的电动调速启动备用给水泵。

4）1000MW 机组配 2 台最大给水量为50％的汽动给水泵及1台容量为最大给水量20％～30％的电动调速启动备用泵。

（3）给水泵扬程的确定。给水泵的扬程应为下列各项之和：

1）从除氧器给水箱出口到省煤器进口介质流动总阻力（按锅炉最大连续蒸发量时的给水量计算）。汽包炉应加 20％裕量；直流炉加 10％裕量。

2）汽包炉：锅炉汽包正常水位与除氧器给水箱正常水位间的水柱静压差。直流炉：锅炉水冷壁水汽化始、终点标高的平均值与除氧器给水箱正常水位间的水柱静压差。

如制造厂提供的锅炉本体总阻力中已包括静压差，则扬程应为省煤器进口与除氧器给水箱正常水位间的水柱静压差。

3）锅炉最大连续蒸发量时，省煤器入口的给水压力。

4）除氧器额定工作压力（取负值）。在有前置给水泵时，前置泵和给水泵扬程之和应大于上列各项的总和。同时前置给水泵的扬程除应计及前置泵出口至给水泵入口间的介质流动总阻力和静压差以外，还应满足汽轮机甩负荷瞬态工况时为保证给水泵入口不汽化所需的压头要求。

（4）给水泵所需功率的计算

$$P = \frac{DH}{3600 \times 102\eta} \quad \text{kW} \qquad (4\text{-}24)$$

式中　P——给水泵轴功率，kW；

　　　D——给水泵流量，t/h；

　　　H——给水泵扬程，m；

　　　η——给水泵效率，一般为 70％～80％。

2. 给水泵的连接方式

（1）前置泵与主给水泵的连接。前置泵与主给水泵的连接方式主要有两种：当为电动调速泵时多采用前置泵与主给水泵同轴串联连接方式，即前置泵主给水泵共用一台电动机经液力耦合器来带动。通常是低速电动机直接与前置泵连接；通过液力耦合器传递转矩与改变转速使主给水泵改变流量与出口压力。国内 125MW 与 200MW 机组均采用这种连接方式，如图 4-37 所示。

当给水泵由小汽轮机驱动时，其前置泵多采用单独的电动机驱动，即不同轴的串联连接方式，300MW 以上机组多采用这种连接方式。如图 4-38 所示，图中该机组的 3 台高压加热器为双列布置。

配置汽动给水泵的机组，通常汽动给水泵为经常运行泵，电动调速泵为备用泵。

（2）汽动泵的蒸汽系统。为确保给水系统的安全，对配置汽动给水泵的机组，小汽轮机必须至少准备两路供汽的汽源，即高压汽源和低压汽源。有的机组，如石洞口二厂还配备了

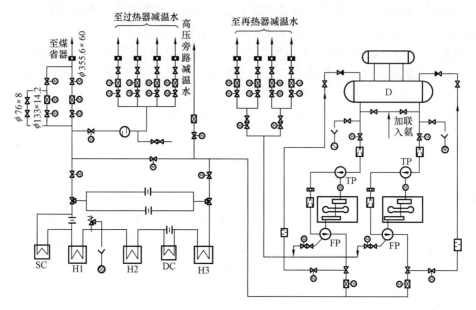

图 4 - 37   前置泵与主给水泵同轴串联连接方式（单位：mm）
TP—前置泵；FP—主给水泵；D—除氧器

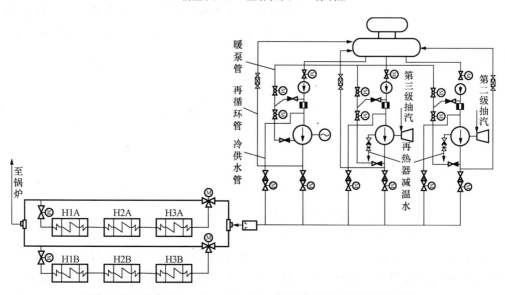

图 4 - 38   国产 N1000-25.0/600/600 超超临界压力机组给水系统

来自其他机组高压汽源的切换设施。对 600MW 机组，其高压汽源一般来自主汽轮机的高压
缸排汽（即再热冷段的蒸汽），低压汽源来自中压缸排汽（与除氧相同）。小汽轮机的排汽排
入主凝汽器。

图 4 - 39 所示为北仑电厂 2 号 600MW 机组汽动给水泵小汽轮机的蒸汽系统示意。图中
标示该小汽轮机汽源分别来自再热蒸汽冷段（即高压缸排汽）和主汽轮机的第四级（即中压
缸排汽）抽汽处。高压汽源经高压主汽阀、调节阀后进入汽缸下部的喷嘴室；低压蒸汽则经
低压主汽阀、调节阀后进入汽缸上部的第一级（低压）喷嘴。两台小汽轮机（A/B）的排汽

经各自的电动蝶阀之后排入凝汽器 A/B。正常运行时，采用主汽轮机第四级抽汽，当主汽轮机负荷降低至该级抽汽已不能满足给水泵所需的功率时，必须切换到高压汽源。由于该小汽轮机同时具有高压汽源蒸汽室和低压汽源蒸汽室，汽源的切换是在小汽轮机内部实现的，称为内切换方式，与此相对应的是外切换方式，即小汽轮机内只有一个低压汽源蒸汽室，当主机负荷降低需要切换汽源时，通过小汽轮机本体外的装置实现。两种切换方式各有优缺点，在我国引进的机组中都有实际应用。

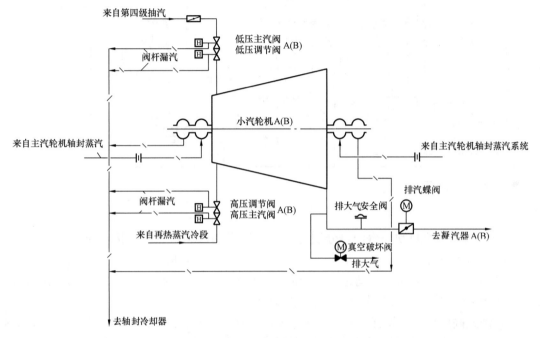

图 4-39 600MW 机组汽动给水泵小汽轮机蒸汽系统示意

小汽轮机排汽管道的支管上还设有电动真空破坏阀，该阀在机组正常运行时处于关闭状态。其下游管道上有密封水管，使该支管保持一定水位，确保真空破坏阀的严密性。密封水来自凝结水系统。排汽蝶阀的阀杆处也接有密封水管，同样确保小汽轮机排汽管道的严密性。

小汽轮机的轴封系统与主汽轮机的轴封系统相连通，启动时由主机轴封蒸汽向小汽轮机的第一段前、后轴封供汽，然后经第二段轴封排入轴封冷却器。正常运行时，小汽轮机第一段前轴封的蒸汽排入主机轴封蒸汽系统，经减温减压后返回小汽轮机第一段后轴封。

三、给水系统的全面性热力系统及其运行

1. 给水系统的全面性热力系统

图 4-40 所示为 300MW 机组给水系统的全面性热力系统。该系统采用 3 台给水泵及其前置泵并列运行，其中 2 台为半容量的汽动泵作经常运行，其前置泵为与之不同轴串联连接方式；1 台半容量电动给水泵与前置泵为同轴串联连接方式，前置泵为定速泵，给水泵为调速泵，处于备用状态。

机组启动时，除氧器利用备用汽源的蒸汽加热给水箱内的给水，同时运行启动循环泵 SP，进行除氧，当机组负荷达到 20% 额定负荷时，即自动开启第四级抽汽阀同时自动关闭备用汽源，除氧器自动投入滑压运行方式。

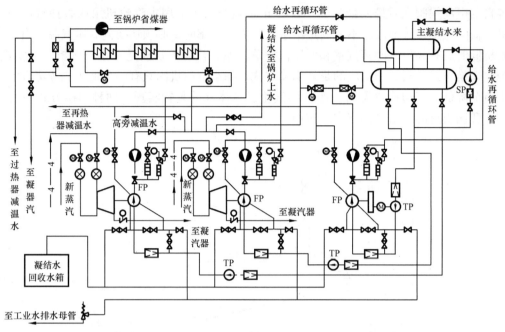

图 4 - 40　300MW 机组给水系统全面性热力系统

　　小汽轮机有两个自动主汽门，分别与主机第四级抽汽和新蒸汽连接，为自动内切换方式。当两台汽动泵运行时，给水量为 330t/h 左右时，第四级抽汽满足不了给水泵功率要求，自动内切换为新蒸汽，随着负荷进一步降低，第四级抽汽量逐渐减少，新蒸汽量相应加大，直到给水量约为 150t/h 时，完全由新蒸汽驱动小汽轮机。

　　3 台卧式高压加热器设有大旁路，即在进口设有一个电动三通阀，出口设有快速电动闸阀，任一高压加热器故障解列时，都同时切除 3 台高压加热器，给水旁路进入省煤器。

　　2. 给水系统的运行

　　给水系统安装或检修完毕，经试验合格后处于正常备用阶段。汽动给水泵组和电动给水泵组的运行方法大致相同。下面以 600MW 机组配备的两台汽动给水泵和一台电动调速给水泵为例，简介其运行特点和注意事项。

　　（1）启动前应投运冷却水系统，并确认在各冷却器中流动正常。检查前置泵机械密封冷却水回路的磁性分离器工作情况，应确保无堵塞。打开最小流量回路人工控制隔离阀，关闭给水泵出口管路的阀门。对泵组进行注水、排气，启动给水循环泵。检查各油系统油的充满程度。启动前投入暖泵系统，待泵体上下温差正常后，方可启动。

　　（2）初期启动，应注意泵体内水质，避免因水质不良造成泵体动、静部分卡涩。

　　（3）启动过程中，应注意监视给水泵出口压力、平衡盘压力、轴承温度以及密封水温度等运行参数是否正常，注意检查泵体振动及内部声音是否正常，注意最小流量控制阀是否正常，防止水泵过热而损坏。

　　（4）停运时，应注意检查给水泵出口止回阀是否关严，防止水泵出现倒转。对处于备用的给水泵应使其一直处于暖泵状态，便于紧急启动。

　　对于驱动给水泵的小汽轮机或电动机，在整个启动、运行和停机过程应严格按各自的技术参数和要求进行检查和监控。

第九节　回热全面性热力系统及运行

机组回热系统是火电厂热力系统中最主要的部分之一。第二章对回热系统的热经济性作了较多的分析，这里我们将对回热系统的可靠性、安全性和运行的灵活性给予必要的阐述。因为回热系统涉及加热器的抽汽、疏水、抽空气、主凝结水、给水除氧和主给水等诸多系统，如果没有足够的可靠性、安全性和灵活性，火电厂难以获得应有的效益。例如 300MW 亚临界压力一次中间再热机组的高压加热器事故切除后，将使标准煤耗率增加 14g/kWh，热耗增加 4.6%。还可能造成汽轮机进水、锅炉过热蒸汽超温、限制出力等。

机组的回热全面性热力系统（见图 4-41）是回热设备实际运行的系统，是在回热原则性热力系统基础上考虑了所有运行工况（包括非正常工况如启、停、事故及低负荷等）下工质的流程、设备间的切换、运行的可靠性、安全性、灵活性以及总体投资的经济性。

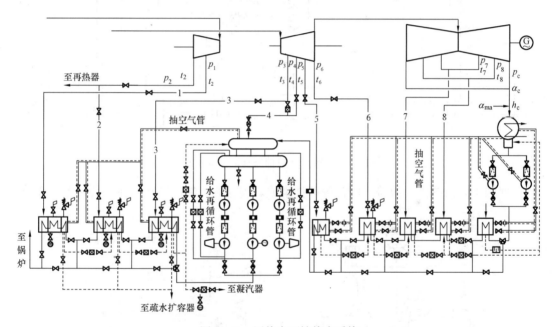

图 4-41　回热全面性热力系统

一、回热抽汽隔离阀与止回阀

在抽汽管道上设置抽汽隔离阀和止回阀的目的：防止汽轮机甩负荷或跳闸时，抽汽管道中积聚的蒸汽倒流入汽轮机本体，致使汽轮机发生意外的超速；防止当汽轮机低负荷运行时，或某加热器水位太高、或加热器水管泄漏破裂、或疏水管道不畅时，水倒灌到汽轮机本体，威胁汽轮机本体的安全；隔离故障加热器，保证汽轮机的运行。

通常除了回热抽汽压力最低的一、二级管道外，都设有电动隔离阀和气动控制止回阀。它们均应尽量靠近汽轮机回热抽汽口布置，以减少抽汽管道上可能储存的蒸汽能量。如图 4-42 所示，在抽汽隔离阀和止回阀上下游，设置了接到疏水联箱的疏水管路，其疏水阀为气动控制。此外，在抽汽隔离阀与止回阀之间，还有一根疏水、排汽管路，在停机或需要对阀门进行检修时，打开手动疏水隔离阀，即可将该管段内的积水排尽。许多机组压力最低的二级回热加热器通常布置在凝汽器喉部，该机组的二级低压加热器位于高压凝汽器和低压凝汽器喉部，所以第 7、8 级抽汽管路直接从抽汽口接至加热器进口，不设任何阀门。每根抽汽管上都应装有吸收管道热膨胀量的膨胀节。

　　回热抽汽止回阀通常采用由仪器仪表用压缩空气控制的翻板式止回阀，如图 4 - 43 所

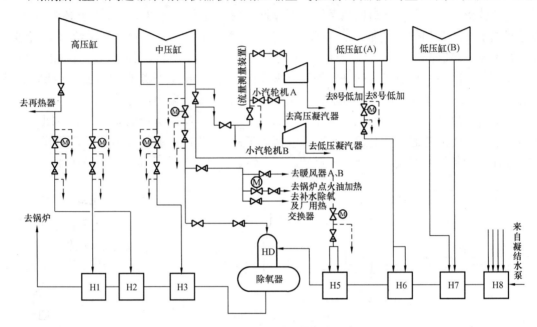

图 4 - 42　某厂回热抽汽管道系统示意

示。止回阀主要由阀体、阀盖、阀盘等部件组成。阀盘的一端吊挂在阀体的转轴上，介质依

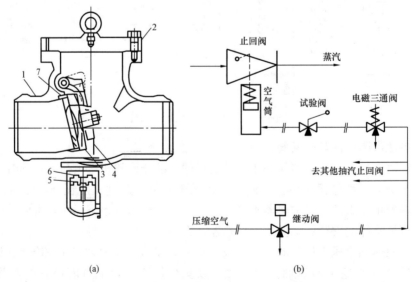

(a)　　　　　　　　　　(b)

图 4 - 43　回热抽汽止回阀结构及控制原理示意

（a）抽汽翻板式止回阀结构；（b）强关装置控制原理

1—阀体；2—阀盖；3—阀盘；4—阀盘臂；5—气缸活塞；6—弹簧；7—密封圈

靠阀盘两边的压力差将阀盘绕转轴顶开，正向流过，反之则自动关闭。该止回阀强制关闭装置控制原理如图4-43（b）所示。操作机构由电磁三通阀、试验阀及空气筒组成。正常运行时，压缩空气可通过继动阀直达空气筒下部，将活塞杆顶上，带动强关机构与止回阀转轴啮合片脱开，此时止回阀作为一只自由摆动的翻板阀工作。当汽轮机的危急保安系统动作导致继动阀动作，或加热器出现高-高水位电磁阀动作时，压缩空气来源被切断，空气筒里的活塞杆在弹簧力作用下向下移，带动强关机构将止回阀转轴压制在使阀盘关闭的位置，达到强迫切断汽流通道的目的。试验阀可用于检查止回阀的强关装置动作是否可靠。

二、表面式加热器的疏水装置

表面式加热器的疏水必须及时排走，以维护汽侧压力和换热面积一定，同时又不允许蒸汽流入下一级加热器而降低热经济性，需要依靠疏水装置保持适当的水位。

发电厂中常用的疏水装置有三种。

1. U形水封

利用U形管中水柱高度来平衡相邻加热器间的压差，实现自动排水并维持一定的汽侧水位。U形水封一般只在压力较低的最后一、二级低压加热器或轴封加热器中使用，由于加热器往往布置在凝汽器喉部，适宜安装水封疏水装置。U形管也可做成多级水封。这种疏水装置的优点是无转动机械部分，结构简单，维护方便，运行可靠；缺点是设备占地面积大，需要挖深坑放置。

2. 浮子式疏水器

图4-44所示为外置浮子式疏水器及其连接系统。浮子式疏水器由浮子、滑阀及其相连接的一套转动连杆机械组成。当疏水水位升高时，浮子随之上升并通过连杆系统带动滑阀，使疏水阀开大；反之则关小疏水阀。外置浮子式疏水器通过汽、水平衡管和加热器汽侧相连接，以间接反映加热器中疏水水位的变化。该疏水器多用于中、小型机组的低压加热器中。

3. 疏水调节阀

大机组的高压加热器疏水装置多由图4-45所示的疏水调节阀及其控制系统来实现。摇杆绕心轴转动，通过杠杆使阀杆上下移动，从而实现疏水调节阀的启闭。摇杆的动作是由控制系统来操作的，如图4-45（b）所示。加热器水位的变化信号通过壳侧水位计接受并经差压变送器、比例积分单元、操作单元，最后由电动执行机构来操作摇杆。

三、轴封加热器

轴封加热器是表面式加热器，且多为卧式。其加热蒸汽为汽轮机各汽缸末端的轴封漏出的汽气混合物，显然它不属于回热抽汽，但是汽气混合物的热量却利用于回热系统中，图2-3中的SG1和SG2即轴封加热器。根据轴封漏汽量的大小和能位的高低，可设一或二级轴封加热器，并插入回热系统中适宜的位置。由于轴封加热器利用了汽气混合物的热量，提高了系统热经济性，此外轴封加热器既保障了汽轮机轴封系统的正常运行又防止了汽轮机车间的蒸汽污染，所以现代火电厂中都设置轴封加热器。轴封加热器的疏水装置通常为多级水封，与凝汽器热井相连，如图4-5～图4-14中SG、SG1、SG2所示。由于加热蒸汽流量与主凝结水流量过于悬殊，往往在主凝结水管道设置节流孔板，分流一部分水流经轴封加热器使蒸汽凝结成疏水。

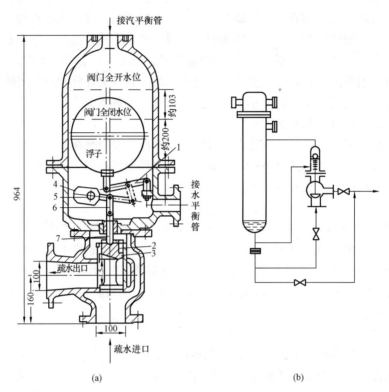

图 4-44　外置浮子式疏水器及其连接系统（单位：mm）

（a）外置浮子式疏水器；（b）外置浮子式疏水器连接系统

1—杠杆；2—两半对开环；3—滑阀；4—心轴连杆；5—心轴；6—连杆；7—滑阀杆

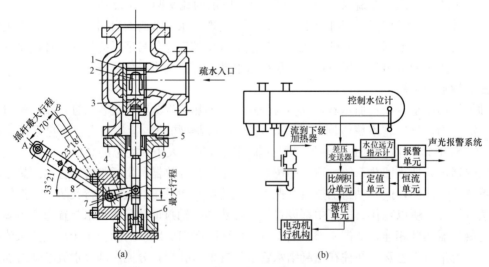

图 4-45　疏水调节阀及其控制系统（单位：mm）

（a）疏水调节阀；（b）控制系统

1—滑阀套；2—滑阀；3—钢球；4—杠杆；5—上轴套；6—下轴套；7—心轴；8—摇杆；9—阀杆

四、表面式加热器的水侧旁路及保护装置

表面式加热器管束内的水压比筒体内的汽压高得多，在运行中若管束破裂、泄漏，压力水会沿着抽汽管道倒流入汽轮机，造成严重事故。为了避免汽轮机进水、加热器筒体超压和锅炉给水中断，在设计回热加热系统时，必须考虑设置水侧旁路系统，尤其是要求严格的高压加热器组，不仅应有适宜的旁路，而且更应有自动保护装置。

加热器水侧旁路通常包括单个加热器的小旁路和两个加热器以上的大旁路两种。单个加热器的小旁路运行灵活，事故波及面小，对热经济性的影响也小，但系统复杂、连接管路及管制件多，投资大；大旁路则刚好相反，系统简单，但事故波及面大，对热经济的影响大，随着高压加热器制造质量的提高，大旁路也应用较多。如沙角 C 厂 660MW 机组的三台高压加热器中，压力最高的加热器设置小旁路，压力次之的两台加热器设置大旁路，如图 4 - 46所示。额定工况运行时的给水温度为271.1℃，除氧器出水温度为 185.5℃。若大旁路内的加热器发生故障，由于压力最高的加热器设计有一定富余量，此时给水温度为253.2℃，下降相对要小些；若压力最高的加热器发生故障，给水温度仍可达 254.6℃，下降也不太多。这种一大一小旁路的设置是较合理的。

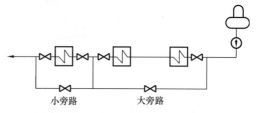

图 4 - 46　高压加热器的旁路示意

低压加热器组也有另外的考虑，仍以 660MW 机组中四台低压加热器为例。将压力最低的两台加热器和压力次之的另两台加热器分别设置了大旁路，必要时（如除氧器上水时）通过切换阀门可将主凝结水直接输入除氧器，如图 4 - 47 所示。

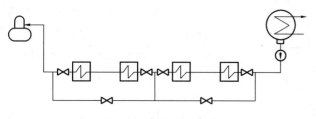

图 4 - 47　低压加热器的旁路示意

锅炉给水不允许中断，所以现代大型火电机组的高压加热器均配有水侧自动旁路保护装置，主要有水压液动控制和电动控制两种。

图 4 - 48 所示为国产高压加热器水压液动自动旁路装置示意。该旁路采用三台加热器的大旁路。该装置在水侧进口和出口装有靠液压操纵活塞而动作的入口联成阀和出口止回阀，入口联成阀是外置活塞机构，控制水来自凝结水（0.78～0.98MPa）；电磁阀为快速启闭阀。若高压加热器出现故障，水位上升至发出信号使电磁阀动作，联成阀上部活塞在水压作用下自动关闭入口联成阀，隔断了给水进入加热器的通路，同时出口止回阀因下部失去水压而落下关闭，给水由旁通管至加热器出口，完成旁路，整个动作时间为 2s。此时给水温度为除氧器出口水温度。

该装置在水侧进、出口管路上还装有电动闸阀和旁路电动闸阀，其目的是将整个高压加热器组解列，以便对其进行检修。另外为保护高压加热器的安全，水侧、汽侧均装有安全阀，筒体还设有排气系统（启动和正常运行时排气），该系统能排除蒸汽停滞区内的不凝结气体，改善传热环境，减少加热器的腐蚀。

图 4 - 49 所示为高压加热器水侧旁路采用电动控制保护示意。该装置中，给水入口阀、出口阀及旁通阀均为电动的，它们同时受三台高压加热器的三个继电器控制。每台高压加热器都装有一个带电接点的水位信号器，它可发出两个信号：一是在正常范围内调节，保持加

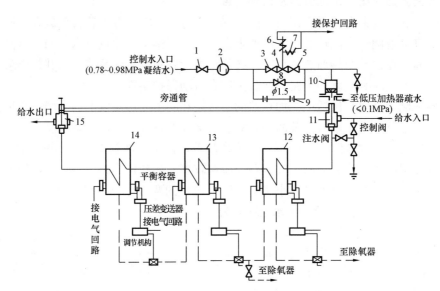

图 4-48 国产高压加热器水压液动自动旁路装置示意

1、3、5—截止阀；2—过滤阀；4—快速启闭阀；6—开阀电磁铁；7—闭阀电
磁铁；8—启闭阀旁通阀；9—节流孔板；10—活塞缸；11—高压加热器入口
联成阀；12～14—3、2、1 号高压加热器；15—高压加热器出口止回阀

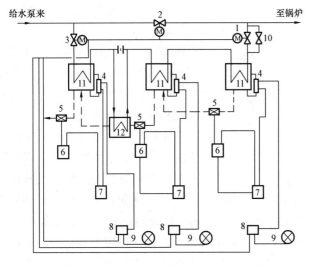

图 4-49 高压加热器电动旁路装置示意

1—给水出口阀；2—旁通阀；3—给水入口阀；4—水位信号器；
5—回转调节器；6—执行机构；7—调节器；8—继电器；9—信号
灯；10—启动注水阀；11—高压加热器；12—疏水冷却器

热器水位；二是在加热器发生水管破裂或泄漏等故障时，水位升至极限位置，继电器动作发出电信号，加热器的进出口阀门关闭，旁通阀打开，给水由旁通管道直供锅炉，同时信号灯发出闪光信号，表示电动旁通装置已动作。显然该旁路属于大旁路，系统较简单，操作方便，投资也小，如有的 600MW 机组的高压加热器水侧旁路即是如此。也有大机组的高压加热器组水侧旁路采用小旁路的，如阳逻电厂一期 300MW 机组的三台高压加热器都有自己的旁路，该系统运行灵活，事故影响面小。针对具体的机组究竟采用大旁路、小旁路或大小兼顾要通过技术经济比较来确定。

五、回热系统中的抽空气管路

各加热器汽侧与加热蒸汽管道相连，运行中蒸汽不断凝结成疏水，而蒸汽中含有部分不凝结性气体则会在筒体中停留，影响加热器中的传热系数值，为此，在加热器汽侧设置了抽空气管道以排除不凝结性气体。通常低压加热器抽空气系统与凝汽器的真空维持系统相连接，为减少抽空气过程中携带蒸汽造成的热损失和降低抽气器负担，在抽气管路上设置节流孔板，用于阻止蒸汽大量流入下一级或凝汽器（见图 4-31）。

高压加热器汽侧也有抽空气管路与除氧器相连接，也有将空气直接排入大气的，如图 4-41 所示。

凝结水泵与疏水泵入口处也应设置抽空气管路，分别引至凝汽器和相应加热器的抽空气管路，不断抽出漏入泵内的空气以维持泵的正常运行。

六、回热系统中的水泵

回热系统中给水泵向锅炉提供合格给水，凝结水泵向除氧器提供凝结水，运行中都不允许中断供水，为此给水泵和凝结水泵必须设置备用泵，按设计规程要求至少 1 台备用泵，图 4-31 所示给水泵 2 台运行 1 台备用，凝结水泵 1 台运行 1 台备用。

凝结水泵的设置还与凝结水精处理方式有关，当全部凝结水需要进行处理时，目前有两种方式：①低压凝结水除盐设备，如图 4-5 所示，即除盐设备 DE 为低压设备，其后应设置凝结水升压泵，与主凝结水泵串联，其台数和容量应与主凝结水泵相同。在设备条件具备时，宜采用与凝结水泵同轴的凝结水升压泵。②中压凝结水除盐设备（见图 4-8），无需凝结水升压泵而直接串联在中压凝结水泵出口。此方式设备少、阀门少、管道短、系统简化、操作方便，在引进型机组及部分进口机组中采用较多。图 4-50 所示为 1000MW 超超临界压力机组的主凝结水系统，该机组采用中压凝结水除盐设备，无凝结水升压泵。

疏水泵可不设备用，只设启动和备用管路。

给水泵、凝结水泵和疏水泵的进、出水管、空气管、疏水管上都应设置关断阀门，以便事故时及时对设备进行隔离检修。同时，它们的出水管上还应设有止回阀，以防止事故时或运行泵对备用泵造成水倒流时使泵反转。

为防止给水泵在小流量情况下不能将热量带走而引起泵水汽化的危险，在给水泵出水管与除氧器水箱之间连接一个管道，称为给水再循环管（见图 4-40）。一般该管道中装设两个关断阀和一个调节阀，由给水泵最小流量控制装置自动控制，当给水小到某一值时，再循环管接通，部分给水进行再循环；当给水逐渐增加到某另一值时，再循环管切断，全部给水经过高压加热器后进入锅炉。

凝结水泵出口管与凝汽器之间一般也设置再循环管来达到同样的目的，如图 4-50 所示。在轴封加热器后、8 号低压加热器之前，设置了 1 根通往低压凝汽器的最小流量再循环管及其装置，该装置由 1 只调节阀、2 只关断阀和 1 只旁路阀组成。

七、回热系统中的备用管路

由于除氧器必须高位布置，在低负荷时还必须切换到较高压力的抽汽管，为防止在低负荷时高压加热器的疏水不能自流入除氧器，须设置一备用管路与相应阀门连接到相邻的低压加热器或凝汽器（见图 4-41），以保证低负荷时高压加热器的正常疏水，也有的机组将高压加热器疏水备用管路直接连接到疏水扩容器后进入凝汽器，如 300MW 优化引进型机组。

在启动和低负荷时疏水泵不投入运行，采用备用管路逐级自流方式运行，因此疏水泵不需设再循环管。

八、加热器的运行监督和保护

加热器作为电厂的重要辅机，它们的正常运行与否，对电厂的安全、经济性影响很大。

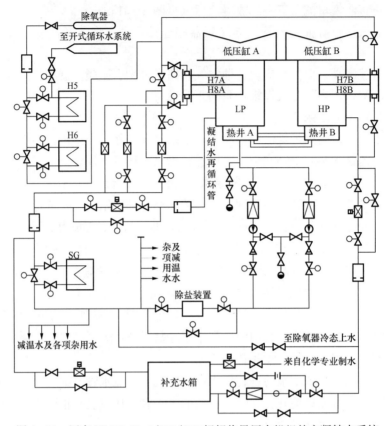

图 4-50　国产 N1000-25.0/600/600 超超临界压力机组的主凝结水系统

机组实际运行的安全性和经济性，不仅与设计、制造和安装有关，而且与电厂中严格、科学的管理分不开。下面就加热器运行中几个重要方面予以介绍。

1. 加热器启动

（1）打开加热器汽侧和水侧所有排气阀。

（2）慢慢打开进水阀的手动旁路阀，开始向加热器水侧注水。注水速度取决于进水的温度和合理的升温率（一般不大于 $2℃/min$，最大不超过 $3℃/min$，否则会影响加热器使用寿命），使加热器温度达到要求的水温，空气或氮气从水室的启动排气口逸出。

（3）当水侧气体排尽后，即可关闭水室的启动排气口。

（4）打开进水阀，关闭进水阀的手动旁路阀。

（5）当加热器温度与进水的温度一致并稳定后，若加热器后面的给水管路中无压力也无流量，则可打开给水出口处的旁路阀直至压力平衡，然后打开给水出口阀，并关闭给水出口旁路阀；若加热器后面的给水管路中有给水压力而无流量，则只需打开给水出口阀；如加热器后面的给水管路中有给水压力和流量（如利用加热器旁路运行时），则在慢慢关闭加热器给水旁路阀的同时，慢慢地打开给水出口阀。

（6）对采用逐级疏水的加热器，应打开进口疏水阀。当加热器在低负荷条件下投运时，逐级疏水的加热器之间的压差可能不足以克服加热器的阻力损失和标高差，此时应打开专设管道将疏水直接流入凝汽器，待达到足够压差后，再进行正常管路的逐级疏水。

（7）打开蒸汽进口阀，并注意按建议的升温率升温，直到正常的运行温度。当蒸汽进入后，筒内空气或氮气将从排气口逸出，当排气口出现蒸汽时，即可关闭排气口阀门。

2. 加热器停运

(1) 关闭加热器筒体运行排气阀。

(2) 按建议的降温率（与升温率同）降低温度，慢慢关闭蒸汽进口阀。

(3) 慢慢关闭疏水进口阀。

(4) 关闭疏水出口阀。

(5) 慢慢关闭给水进口阀。

(6) 关闭给水出口阀。

(7) 从筒体内排出冷凝水。

3. 加热器端差监视

加热器出口端差是运行监督的一个重要指标，运行中端差增大可能与下列原因有关：

(1) 换热面结垢致使热阻增大，导致传热恶化。

(2) 由于空气漏入筒体压力低于大气压的加热器或因排气不畅，在加热器中集聚了不凝结的气体，严重影响传热。

(3) 疏水装置工作不正常或管束漏水，造成加热器水位过高，淹没了部分换热面，减少了传热面积，被加热水未达到设计温度。

(4) 加热器旁路阀漏水。运行中应检查加热器出口水温与相邻高一级加热器进口水温是否相同，若后者水温低则说明旁路漏水。

(5) 回热抽汽管道的阀门没有全开，蒸汽产生严重节流损失。

4. 疏水水位监控

加热器疏水水位过高或过低，不仅影响机组的经济性，而且还会威胁机组的安全运行。

加热器水位太低，会使疏水冷却段的吸入口露出水面，而蒸汽进入该段，破坏该段的虹吸作用，造成加热器入口端差（下端差）变化，蒸汽热量损失且会冲击冷却段的 U 形管，造成振动、汽蚀等现象。汽水混合物流入下一级加热器，排挤回热抽汽，使经济性进一步降低。

判断是否有蒸汽进入疏水冷却段，可以比较疏水出口温度与给水进口温度之差，正常运行时 $\vartheta = 5.6 \sim 11.1℃$。如 ϑ 大于 $11.1℃$，则可能漏入了蒸汽。

加热器水位太高，将使部分管束浸没在水中，减小了换热面积，导致加热器性能下降（出口端差变大）。加热器在过高水位下运行是非常危险的，一旦操作失误或处理不及时，就可能造成汽轮机本体或系统的损坏（如水倒灌进汽轮机、蒸汽管道发生水击等）。

造成加热器水位过高的原因有疏水调节阀失灵、相邻加热器之间疏水压差太小、汽轮机超负荷运行和加热器管束损坏等。在加热器停运时，可通过水压试验或用压缩空气来确定管束是否泄漏。在运行中，则可从检测流量、观察疏水调节阀的工作来判断管束是否泄漏，如果压力信号或阀杆行程指示器表示阀杆是在逐渐开大，或者比该负荷条件下正常值大，则说明多出的疏水量是由于管子的泄漏造成的。

实际运行中，正常判断水位和合理调整水位是很重要的。虽然每台加热器都设有水位计、水位调整器和水位铭牌等装置，但仍要注意防止假水位的迷惑，以免造成不必要的损失。因为水位的信号显示和控制是通过壳体上下两个接口分别引出的，在卧式加热器中蒸汽流过上接口处的速度与接近液面处的速度是不同的。由于水位计通常设在靠近疏水冷却段的进口处，而相应的蒸汽处在加热器的前端，流速较高，故该处静压较低，测得的水位偏高。

也即虽然水位计的指示已达加热器水位标牌刻度线，但其实际水位仍偏低，严重时会造成水封失水，所以应在现场进行水位调整。

5. 加热器的保护

运行中为避免加热器管束结垢和腐蚀，必须保证主凝结水的纯度。通常对于300MW等级以上的大功率机组，在正常运行条件下，凝结水应经过精除盐处理再进入加热器。进入和贯穿高压加热器的给水水质也应在除氧器中进行除氧和调整给水的pH值，因为给水系统产生的腐蚀最严重的是溶解氧腐蚀和游离二氧化碳腐蚀，它们都属于电化学腐蚀。凝结水和给水的品质根据机组大小、参数高低有所不同，应严格按照有关标准执行。

停机期间，也应加强对加热器的保护，如汽侧充氮，须在排尽疏水和完全干燥后充入干的氮气。水侧注入联胺，使加热器内联胺浓度达到200mg/L等。

九、除氧器的全面性热力系统及运行

除氧器作为热力系统中一个特殊的加热器——混合式加热器，除了与表面式加热器的共同点外还有其特殊的要求。

1. 低负荷汽源的切换与备用汽源的设置

无论是定压运行还是滑压运行除氧器都需要在低负荷时进行切换，只是切换时所带负荷的高低有别，前者在70%左右，后者为20%左右。一般都在上一级较高压力抽汽管上装设自动切换阀至本级管道，当压力降低至设定值时，接通上一级关闭本级自动完成。

锅炉启动、清洗或点火上水时，需供给合格除氧水，为此在汽轮机未启动前应设置备用汽源向除氧器供汽。对母管制电厂可由相邻机组的抽汽作为备用汽源；对单元制机组则应该设置辅助蒸汽联箱，其汽源一般来自运行汽轮机高压缸排汽或专设启动锅炉。

2. 除氧器的压力调节和保护

在抽汽管道（定压运行）或切换管道（滑压运行）上应装置自动压力调节阀，以满足稳定的除氧效果。

除氧器与表面式加热器一样，都是压力容器，应设置可靠的安全阀（4只左右），同时设置高、低压报警信号。

当除氧器工作压力降至不能维持额定压力时，应自动开启高一级抽汽电动隔离阀；当除氧器压力升高至额定压力的1.2倍时，应自动关闭压力调节阀前的电动隔离阀；当压力升高至1.25～1.3倍额定工作压力时，安全阀应动作；当压力升高至1.5倍额定工作压力（此时在切换上一级汽源管道中工作），应自动关闭高一级抽汽切换蒸汽电动隔离阀。

3. 除氧器的水位调节和保护

为保持除氧器给水箱的水位，通常在主凝结水管道上设置流量调节阀站，包括在低负荷时使用的30%和正常运行时使用的70%两路调节阀，调节冲量来自主凝结水流量、主给水流量和给水箱水位组成的三冲量水位调节。

给水箱水位设置高、低水位报警装置及保护。给水箱水位监控方式与表面式加热器基本相同。除氧水箱的正常水位通常是在水箱中心线处，允许上下偏离50mm左右。当水位超限时，溢水阀自动打开，多余的水通过溢水管流入凝汽器；当水位达到高水位时，发出报警信号并关闭抽汽阀门。在低水位时，发出报警信号；在极低水位时，发出报警信号并关闭给水泵。

4. 排汽调整及利用

从除氧器离析出来的气体应通过排汽阀引出，排汽阀开度过大过小都不好，开度过大，工质、热量损失增大，还可能带来除氧器的振动；开度过小，除氧水质不合格，所以合理的开度应通过热化学试验确定。

排汽直接排入大气既浪费工质又损失热量，一般采用混合式余汽冷却器或将排汽引入凝汽器回收工质，此时在排汽口上装设两只并联电磁阀，启动初期，开启通大气的电磁阀，对空排汽；当除氧器压力升高到一定值后，关闭通大气电磁阀，开启通凝汽器电磁阀，利用凝汽器真空将气体吸走，回收工质。

5. 除氧器的启动

除氧器启动时，先将除氧水箱加至正常水位，然后打开除氧器启动循环泵，打开排汽阀，投入备用汽源，维持除氧器压力为 0.147MPa，进行定压除氧，直至给水温度达到饱和水温度后才向锅炉供水，如图 4-51 所示。随负荷而切换为回热抽汽作为汽源后，开始滑压运行，直至满负荷。该启动循环加热系统为全自动，负荷低于定值时，系统自动投入运行；负荷高于设定值时，系统自动退出运行。也有的机组利用前置给水泵出口连接再循环管以及水箱内再沸腾管，进行循环加热到所需温度。对于有全厂疏放水系统的电厂，也可将给水箱的水放到疏水箱，再经疏水泵打回除氧器，投入再沸腾管进行循环加热，同时还可向锅炉上水。

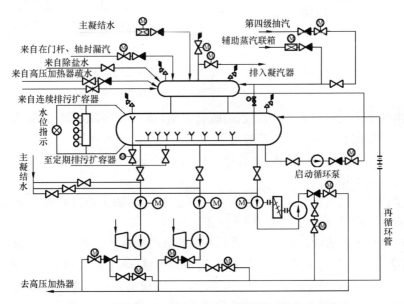

图 4-51　单元机组液压远动除氧器的全面性热力系统

第十节　发电厂疏放水系统

用来疏泄和收集全厂各类汽水管道疏水的管路及设备，称为发电厂的疏水系统。为回收锅炉汽包和各类容器（如除氧水箱）的溢水，以及检修设备时排放的合格水质的管路及设备，称为发电厂的放水系统。

疏放水系统不但影响发电厂的热经济性，也关系设备的安全和可靠运行。将蒸汽管道中的凝结水及时排掉是非常重要的,若疏水不畅(如管径偏小),管道中聚集了凝结水,会引起管道水击或振动,轻者会损坏支吊架,重者造成管道破裂、设备损坏的安全事故。水若进入汽轮机,还会损坏叶片,引起机组振动、推力瓦烧损、大轴弯曲、汽缸变形等恶性事故。因此,对疏放水系统的设计、安装、检修和运行都应足够重视。

发电厂的疏水系统由锅炉和汽轮机本体的疏水和蒸汽管道疏水两部分组成。因机组启动暖机时各疏水点压力不同,应分别引入压力不同的疏水母管中,再接至设置在凝汽器附近的1~2个疏水扩容器,疏水扩容器的汽、水侧分别与凝汽器汽、水侧相连。

蒸汽管道疏水按管道投入运行时间和运行工况可分为自由疏水、启动疏水和经常疏水三种方式,如图4-52所示。

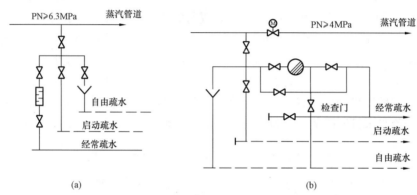

图4-52　蒸汽管道的疏水类型
(a) PN≥6.3MPa; (b) PN≥4MPa

(1) 自由疏水(又称放水)。机组启动暖管之前,将管道内停用时的凝结水放出,这时管内没有蒸汽,是在大气压下经漏斗排出。

(2) 启动疏水(也称暂时疏水)。管道在启动过程排出暖管时的凝结水,此时管内有一定的蒸汽压力,疏水量大。

(3) 经常疏水。在蒸汽管道正常工作压力下进行,为防止蒸汽外漏,疏水经疏水器排出,同时设有一旁路供疏水器故障时疏水能正常进行。

为防止汽轮机进水事故,对于像冷再热蒸汽管道引起事故概率较大的管道,通常在其水平段靠近汽轮机的最低点装疏水罐和疏水管,以便大量疏水及时排出。疏水罐系统如4-53所示。每一个疏水罐至少有两个水位指示,高水位时,自动全开疏水阀并向主控制室发出阀门已开启的报警信号;若水位继续升高到超高水位,则报警并指示超高水位,主控制室能远方操作疏水阀强制开启。

典型的发电厂疏放水系统如图4-54所示。它主要由疏水器、疏水扩容器、疏水箱、疏水泵、低位水箱、低位水泵及其连接管道、阀门和附件组成。

疏水器起疏水阻汽作用。疏水扩容器是汇集发电厂各处来的压力和温度不同的疏水、溢水、放水,在此降压扩容,分离出来的蒸汽通常引入除氧器的汽平衡管,回收热量,扩容后的水以及压力低的疏放水均送往疏水箱。疏水箱用于收集全厂热力设备和管道的疏水、溢水和放水。一般全厂设两个疏水箱,并配两台疏水泵。通常疏水箱及疏水泵布置在主厂房固定端底层。疏水泵将疏水箱中的水定期或不定期地送到除氧器中,当锅炉不设启动专用水箱

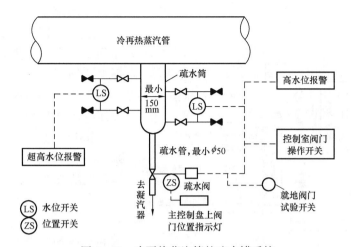

图 4-53　冷再热蒸汽管的疏水罐系统

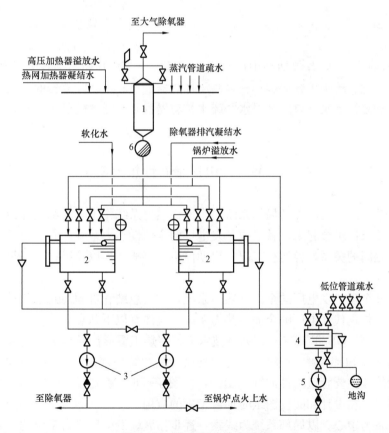

图 4-54　发电厂疏放水系统

1—疏水扩容器；2—疏水箱；3—疏水泵；4—低位水箱；5—低位水泵；6—疏水器

时，也可通过疏水泵向汽包上水。低于大气压力的疏水或低处设备、管道的疏、溢放水，疏往低位水箱，然后由低位水泵将水送至疏水箱中。低位水箱和低位水泵通常布置在 0m 以下特挖的坑内。

对中间再热机组或主蒸汽采用单元制系统的高压凝汽式发电厂，通常采用滑参数启动，

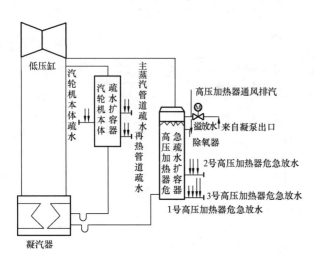

图 4-55　汽轮机本体疏水系统

机组启动疏水绝大部分经汽轮机本体疏水扩容器予以回收，所以疏水量很少。实践证明，疏水箱中的水质差，仍不能回收，所以对中间再热机组或主蒸汽采用单元制系统的高压凝汽式发电厂，可不设全厂性疏水箱和疏水泵，而以汽轮机本体疏水系统和锅炉排污扩容器来替代全厂的疏放水系统。

图 4-55 所示为汽轮机本体疏水系统，它包括汽轮机本体疏水扩容器和高压加热器危急疏水扩容器各一台，均为立式，位于凝汽器旁。其中汽轮机本体疏水扩容器收集主蒸汽管、再热蒸汽管、抽汽管的疏水和汽轮机本体疏水。后者包括高中压缸主汽门疏水、高中压缸外缸疏水、轴封系统疏水等。高压加热器危急疏水扩容器收集三台高压加热器危急疏水、除氧器的溢放水、小汽轮机的大部分疏水和凝结水泵出口的减温水。疏水扩容器汽侧通往汽轮机排汽管，水侧连至凝汽器热井。

第十一节　发电厂全面性热力系统

前面各章节已经把发电厂各局部系统的全面性热力系统作了较详细的介绍，若将它们按一定规律和配置条件组合起来，就形成了发电厂的全面性热力系统，它在全厂范围内展示各局部系统相互之间的关系，各运行工况、启动停机、事故切换以及维护检修等各种操作方式的可行性。

本节列出几个现代发电厂的全面性热力系统，作为总结和巩固前几章所学的知识，进一步加深理解和分析现代发电厂的全面性热力系统，应注意以下几点。

（1）熟悉图例。GB/T 4270—1999《技术文件用热工图形符号与文字代号》以及电力规划设计院颁布标准 SDGJ 54—1984《电力勘测设计制图统一规定（热控部分）》都规定了有关热力系统管线和主要管道附件的统一图例，如图 4-56（见文末插页）所示。应熟悉这些常用的图形符号，在设计和阅读图纸时加以正确的应用。

（2）以设备为中心，以局部系统为线索，逐步拓展。发电厂热力系统的主要设备包括锅炉、汽轮机、凝汽器、除氧器、各级回热加热器、各种水泵等，结合设备明细表，了解主要设备的特点和规范。再根据各局部系统，如回热系统、主蒸汽系统和旁路系统、给水系统等，找出各系统的连接方式及其特点、各系统间的相互关系及结合点，逐步扩大至全厂范围。

（3）区别不同的管线、阀门及其作用。辅助设备有经常运行的和备用的，管线和阀门也有正常工况运行和事故旁路，不同工况下切换甚至于只有启动、停机时才启用的，这些都需要通过前面章节所学各局部系统的内容，进行分析，最后综合成全厂的全面性热力系统的运行工况分析。

图4-57（见文末插页）所示为国产N300-16.67/537/537型机组的发电厂全面性热力系统。300MW凝汽式再热汽轮机为高中压合缸，两低压缸合缸双排汽，配HG-1025/18.2-WH10型亚临界压力自然循环汽包锅炉。单元制主蒸汽管道采用1—2布置方式，冷再热和热再热蒸汽管道均采用1—2布置方式。旁路系统采用两级旁路串联系统。单元制给水系统装有两台汽动泵和一台电动调速泵，均设有前置泵。小汽轮机的汽源为低压汽源来自第四级抽汽，高压汽源来自高压缸排汽，高低压汽源自动内切换，小汽轮机排汽至主机凝汽器。回热系统有八级不调整抽汽，分别供三台高压加热器、除氧器和四台低压加热器，7、8号低压加热器布置在凝汽器喉部。三台高压加热器设有一水侧大旁路，其疏水逐级自流至除氧器，且均带有内置式蒸汽冷却器和疏水冷却器。四台低压热器疏水逐级自流至凝汽器。除氧器为滑压运行。锅炉设有一级连续排污利用系统。真空抽气系统采用两台水环式真空泵，凝结水泵也为两台，均为一台运行一台备用。凝结水经除盐装置后进入低压加热器。循环水系统设有两台胶球清洗泵。

图4-58（见文末插页）所示为国产N600-16.67/537/537-1型机组的发电厂全面性热力系统。汽轮机为四缸、单轴、四排汽一次中间再热凝汽式机组。凝汽器为双壳、双背压、单流程。单元制主蒸汽管道、冷再热和热再热蒸汽管道均采用2—1—2布置方式。高、低压两级串联旁路系统。回热系统仍为二高四低—除氧，且均为卧式布置。

汽轮机A、B两个低压缸排汽分别进入凝汽器A、B两个壳体中。循环水先进入A壳体，然后进入B壳体，因此A壳体汽侧压力比B壳体汽测压力低，形成双压凝汽器。两凝汽器热井中凝结水借助高度差可由低压流向高压，然后由凝结水泵送至除盐装置，再经凝结水升压泵送至轴封冷却器、低压加热器最后到除氧器。

图4-59（见文末插页）所示为2×50MW高压双抽汽供热式机组的发电厂全面性热力系统。

思　考　题

1. 什么是发电厂原则性热力系统？它的特点和作用是什么？它由哪些局部系统组成？

2. 什么是发电厂全面性热力系统？它与原则性热力系统在画法上的根本区别是什么？发电厂全面性热力系统的主要作用是什么？

3. 汽轮机、锅炉机组选择的原则是什么？

4. 发电厂补充水通常采用什么方法除盐？亚临界压力汽包锅炉和超临界压力直流锅炉为何还要对凝结水进行精处理？精处理装置有哪两种系统？在热力系统图上如何表示出来？

5. 补充水进入回热系统的地点不同对发电厂热经济性的影响如何？试用回热抽汽做功比 X_r 进行定性分析。

6. 单级锅炉连续排污扩容器理论上最佳压力是如何确定的？

7. 发电厂原则性热力系统计算与汽轮机组原则性热力系统计算有哪些相同和不同的地方？

8. 管道的公称压力与管内介质工作压力之间的关系是什么？为什么？

9. 管道的公称直径与管道实际内径有什么关系？为什么？

10. 发电厂常用的阀门主要有哪几类？在选择阀门时应注意什么？

11. 大型中间再热机组的主蒸汽管道采用什么系统？为什么？

12. 设计发电厂主蒸汽系统时应考虑哪几个主要问题？分别采用什么措施解决？

13. 中间再热机组旁路系统有哪几种类型？旁路系统的主要作用是什么？选择旁路系统的类型及容量时，主要考虑哪些因素？

14. 不设旁路系统的进口大型机组，采取什么措施来确保再热器的安全和机组运行的可靠性、经济性？

15. 给水系统中给水泵进出口设置了什么样的阀门、附件和管道？各起什么作用？

16. 采用小汽轮机驱动给水泵时，小汽轮机的汽源应如何设置以确保给水系统的安全？

17. 设计回热全面性热力系统时，对回热抽汽管道应考虑哪些措施确保各种工况下机组的安全？为什么？

18. 回热加热器的水侧旁路通常有哪几种类型？各有何优缺点？

19. 回热加热器及凝结水泵入口处为什么要设置抽空气管路？给水泵入口处为什么不需要设置抽空气管路？

20. 发电厂疏放水系统由哪些设备组成？其作用是什么？对中间再热机组或主蒸汽采用单元制系统的高压凝汽式发电厂，为什么可以不设全厂的疏水箱和疏水泵？

第五章 电厂中的泵与风机

第一节 概 述

一、泵与风机的功能及在火电厂中的应用

泵与风机都是将原动机所做的机械功转变为流经其内的流体的压力能和动能的一种动力设备，均属输送流体的通用机械。输送液体的机械称为泵，输送气体的机械称为风机，通称为流体机械。目前常用的原动机主要是电动机、内燃机和汽轮机。输送水介质的泵称为水泵；输送油介质的泵称为油泵；造成及维持容器中真空度的泵称为真空泵；风机也可称为"气泵"，其工作原理和结构形状与泵十分相似，所以可放在一起介绍。它们在国民经济各部门都得到广泛的应用。

在火力发电厂中，泵与风机担负着连续输送工质的重要功能，见图 5-1。火电厂中使用的各种泵与风机数量大、种类多，所消耗的电能（假定全为电动机驱动）占厂用电的 70%～80%，即占所生产电能的 5%～10%。所以，泵与风机的经济安全运行直接影响到电厂生产的经济性与安全性。

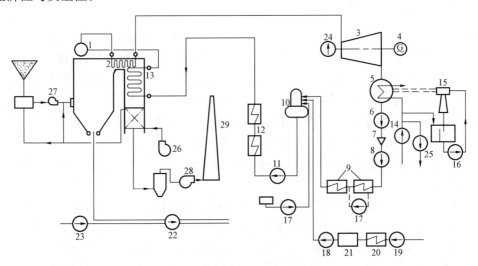

图 5-1 电厂中泵与风机应用示意

1—锅炉汽包；2—过热器；3—汽轮机；4—发电机；5—凝汽器；6—凝结水泵；7—除盐装置；8—升压泵；9—低压加热器；10—除氧器；11—给水泵；12—高压加热器；13—省煤器；14—循环水泵；15—射水抽气器；16—射水泵；17—疏水泵；18—补给水泵；19—生水泵；20—生水预热器；21—化学水处理设备；22—灰渣泵；23—冲灰水泵；24—油泵；25—工业水泵；26—送风机；27—排粉风机；28—引风机；29—烟囱

二、泵与风机的分类

泵与风机的种类繁多，按工作原理，泵一般分为以下几种：

（1）叶片泵（离心泵、轴流泵、混流泵即斜流泵等）；

（2）容积泵（活塞泵、隔膜泵、齿轮泵、螺杆泵、滑片泵等）；

(3) 其他类型泵 (真空泵、喷射泵等)。

风机分为以下几种:

(1) 叶片式风机 (离心式风机、轴流式风机等);

(2) 容积式风机 (往复式风机、叶氏风机、罗茨风机、螺杆风机等)。

泵与风机也有按流经其内的流体所获的压能的高低分为高压、中压或低压,因篇幅所限此处从略。

三、火电厂中常用的泵与风机

(一) 离心式泵与风机

离心式泵与风机的典型结构示意如图 5 - 2 与图 5 - 3 所示。

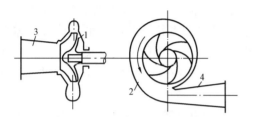

图 5 - 2　单级单吸卧式离心
泵结构示意
1—叶轮;2—压水室;
3—吸入室;4—扩散管

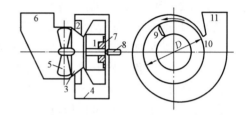

图 5 - 3　单级单吸离心风机结构示意
1—叶轮;2—稳压器;3—集流器;4—机壳;
5—导流器;6—进气箱;7—轮毂;8—主轴;
9—叶片;10—蜗舌;11—扩散管

流体轴向流入泵 (风机) 的旋转叶轮,流体受叶片的作用而做圆周运动,在离心力的作用下流体径向挤入压力室 (机壳),其压力能和动能有所增加。获得能量的流体经扩散管排出。叶轮中心由于离心力的作用和流体的径向流动而形成低压或真空,待输送的流体被抽吸入内予以补充。离心式叶轮按其吸入方式分为单吸式和双吸式两种,前者流体从叶轮前侧进入;后者流体从叶轮两侧进入。离心泵还有按主轴上叶轮数目的单个或多个分为单级泵和多级泵。离心泵主轴方向水平放置时称为卧式泵,主轴方向垂直放置时称为立式泵。

火电厂的给水泵、凝结水泵及排粉风机等均采用离心式,给水泵、凝结水泵常为多级泵。

1. 给水泵结构

如第四章所述,600~1000MW 亚临界、超临界及超超临界压力汽轮机组通常都配置了两台 50% 容量的汽动给水泵及其前置泵和一台 25%~35% 容量的电动给水泵及其前置泵。运行时,给水泵及其前置泵同步投入。以两台汽动给水泵并列运行为主,能够满足机组最大负荷的锅炉给水量,电动泵处于备用状态,它主要用于启动工况和当两台汽动给水泵中有一台停运时,与另一台仍在运行的汽动给水泵并列运行,以满足相应负荷下给水流量的要求。

目前对亚临界至超超临界压力 600~1000MW 机组配置的给水泵除了因驱动方式不同而分为汽轮机驱动和电动机驱动外,其本体结构基本相同,均为圆筒形、双壳体、卧式多级、离心泵结构,而与之配套的前置泵则为单级、双吸、卧式离心泵。

图 5 - 4 所示为 1000MW 超超临界压力汽轮机组配套的单级、双吸卧式电动给水泵前置泵结构简图。它包括泵转子、轴承、泵体及轴封部件。泵转子由泵轴、双吸叶轮、垫圈、密封垫圈及推力盘 (图中未标出) 等组成。整个泵转子由位于泵体两侧的径向轴泵 (2、16) 支承,它们由轴承座及压盖固定在轴承体内,推力盘位于非驱动端侧,利用垫圈和推力瓦块

可调整推力盘轴向安装位置，以使双吸叶轮出口处于蜗壳形泵壳中心。滑动轴承和推力轴承均由强制循环润滑油进行润滑和冷却。泵体由蜗壳形泵壳及端盖组成，是主要的过水通道。泵体两侧有阻止压力水大量流出的轴封部件，它由密封垫圈、轴封及附件组成。

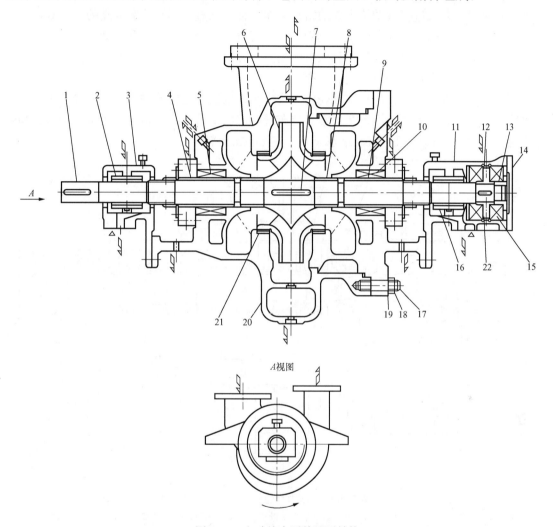

图 5-4　电动给水泵前置泵结构

1—泵轴；2、16—径向轴承；3、11、14—压盖；4—轴套垫圈；5、10—轴封；6—双吸叶轮；7—平键；
8—垫圈；9—密封垫圈；12—润滑油入口；13—密封件；15—密封；17—螺栓；18—螺母；
19—泵壳端盖；20—泵壳；21—叶轮密封圈；22—推力轴承

对国内亚临界、超临界和超超临界压力汽轮机组的给水泵前置泵不管其主机功率大小（600～1000MW）还是其驱动方式不同（电动与汽动），泵的形状基本相同，只是在流量、出水压力及外形尺寸上有差异。

图 5-5 所示为 1000MW 超超临界压力汽轮机组配置的汽动给水泵结构简图。该泵为圆筒形、双壳体、多级卧式离心泵，共有五级叶轮。

泵的外壳是用钢整体锻造的圆筒体，内套装有水平、离心、多级筒体式的泵芯包，泵芯包可整体从外壳内抽出，快速检修。相同型号的泵芯包内所有部件具有互换性。筒体内所有受高速水流冲击的区域都采取适当的措施以防止冲蚀，所有接合面也都有保护措施。

驱动汽轮机与泵是通过扰性管夹型联轴器连接的，驱动汽轮机与泵安装在一个共同的底座上，驱动联轴器封闭在一个连接保护套内。泵壳与泵轴的密封采用迷宫密封形式，即通过间隙控制泄漏的方式进行汽动给水泵的密封工作。轴承配置包括在非驱动端的复合双止推轴承（推力轴承）及两端的径向轴承，它们分别由润滑油系统进行润滑和冷却。

该泵五级叶轮均为单吸叶轮，且入口侧朝同一方向安装，其相当大的轴向推力由位于出水侧的平衡盘和推力轴承予以承受和平衡。

该泵进、出水管均向下焊接在外壳体上，进水管以法兰与给水进水管道相接；出水管与给水输出管采用焊接方式。汽动泵通常高位布置，进出水管向下连接有利于主厂房布置和管道连接。通常 1000MW 机组汽动给水泵布置在汽轮机运转平台（17m）上。

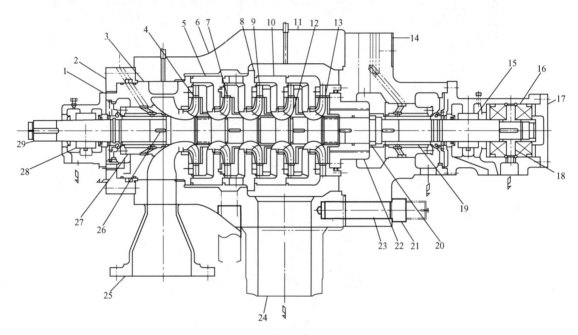

图 5 - 5　1000MW 超超临界压力汽轮机组配置的汽动给水泵结构简图

1—轴承座；2—进口端盖；3—内外筒结合面；4、12、13—叶轮；5、10—内筒体；6—外筒体；7—导叶；8—密封接口；
9—叶轮；11—外壳体；14—出口端盖；15、28—径向轴承；16—轴封；17—轴头压盖；18—推力盘；19—轴套；
20—密封环；21—外壳出口端盖螺母；22—平衡盘；23—螺栓；24—泵出口；25—泵进口；
26—平键；27—密封套；29—泵轴

2. 凝结水泵

图 5 - 6 所示为大型汽轮机组常用的 LDTN 型凝结水泵结构简图，图中所示为立式筒袋形双层壳体结构，有 5 级叶轮，首级叶轮为双吸式叶轮，次级叶轮与末级叶轮通用，为单吸形式。泵轴由上、中、下三部分组成，各轴之间均采用对开式套筒联轴器连接。上泵轴顶部与电动机轴之间采用带法兰的套筒式联轴器连接；泵转子轴向负荷由平衡鼓平衡掉 95%，其残余轴向力可由泵本身推力轴承承受；也有全部由电动机承受的；下泵轴处套有 5 级叶轮，整个泵轴共设有 9 个导向的径向轴承，分别位于首级叶轮两端、1 号泵壳上端部、2~5 号泵壳出水侧、导管出水端（中泵轴处）和上泵轴的上部。这些导向轴承全部是橡胶轴承。泵轴的轴颈处均装有轴套。

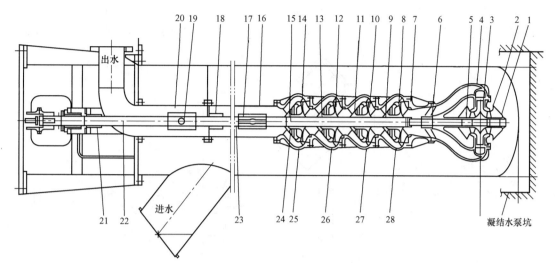

图 5 - 6　凝结水泵结构简图

1—1 号轴承；2—进水喇叭口；3—1 号叶轮；4—1 号泵壳；5—2 号轴承；6—3 号轴承；7—短管；8—2 号叶轮；
9—4 号轴承；10—3 号叶轮；11—5 号轴承；12—4 号叶轮；13—6 号轴承；14—5 号叶轮；15—下泵轴；
16—导管；17、19—联轴器；18—8 号轴承；20—出水导管；21—9 号轴承；22—上泵轴；
23—中泵轴；24—7 号轴承；25—5 号泵壳；26—4 号泵壳；27—3 号泵壳；28—2 号泵壳

　　LDTN 型泵由泵筒体、工作部分、出水部分、推力平衡装置部分和机械密封部分组成。

　　泵筒体是由钢板卷焊成的圆形筒体部分，其一侧焊有进水短管及法兰；泵筒体构成双层壳体泵的外层压力腔，正常工作时腔内处于负压状态。凝结水泵的筒体悬挂、固定在凝结水泵坑内。

　　工作部分由泵转子和在其外围形成导流空间的导流壳组成。泵转子由叶轮、泵轴、轴承、键、轴套等件组成。导流壳的作用是以最小的能量损失将流出叶轮的液体导向后均匀地进入下一级叶轮。5 级蜗形泵壳、短管、导管及出水导管之间采用法兰、止口连接方式，各法兰止口的结合面处都有 O 形密封圈，其材料为合成橡胶。叶轮端部与泵壳内壁之间的密封处都分别装有可更换的壳体和磨损环。

　　出水部分由接管、泵座等件组成，泵轴从该部分中心穿过，从泵工作部分流出的液体经该部分后水平进入泵外压力管道。泵座上设有密封装置、泄压孔、脱汽孔，泄压孔用于将轴封腔内压力减至最低，脱汽孔用于将泵筒体内的气体及时排至凝汽器。

　　轴封可采用填料密封或机械密封，密封水管由出水口接至密封函体。凝结水泵的进口密封采用集装式机械密封。该机械密封有两个密封端面，一个密封端面外接密封水，用于正常运行时的密封；另一个密封端面与凝结水泵的出口母管相连，专门用来保证泵在备用状态时泵内的真空度。两道密封可保证水泵机械密封的完整性、可靠性。密封水系统平衡（泄压）水由水泵本体回收。

　　3. 单级双吸引风机的结构

　　600MW 锅炉的引风机多数采用双吸离心式风机和进口导叶控制方式，也有的用进口调节挡板调节方式。由于考虑到低负荷时风机的效率，通常选用双速电机。为防止烟气中飞灰磨损叶片，而采用耐磨合金材料和较低的转速。

图 5-7 所示为单级双吸叶轮引风机结构简图，引风机的主要部件为转子、入口导叶（或进口调节挡板）、入口集流器、机壳、出口扩散管（扩压管）、油系统及冷却水管、电动机等。

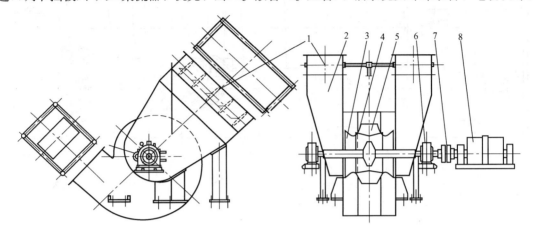

图 5-7　单级双吸叶轮引风机结构示意
1—调节挡板；2—进气室；3—集流器；4—机壳；5—叶轮；
6—轴承；7—联轴器；8—电动机

转子由叶轮、轴、轴承、联轴器等组成。叶轮是使气体获得能量的重要部件，它由叶片、前盘、后盘及轮毂四部分组成。叶片数量过多会增加气流的摩擦，太少又容易引起流动时的涡流，对风机效率都有影响。叶片一般采用直板形（或机翼型）叶片，前盘作成近似双曲线型，叶片的宽度从入口到出口是变化的，以防止气流在前盘分离形成涡流区。前盘与集流器的密封方法应使漏入的气流与主气流方向一致，这样干扰较少。轮毂用键固定在主轴上，转子轴承采用自调整套筒轴承，其中电动机侧轴承为固定端，另一侧为自由端，轴承润滑油为内置式油箱提供，配置的轴承加油器能自动调整油位。轴承内还可通以冷却水以确保油温在允许范围。

入口导叶（调节挡板）也称轴向导流器，它安装在集流器前，由若干辐射的扇形叶片组成。导流叶片由联动机构进行操作，使每个叶片同步转动改变角度。导叶全开，气流无旋绕地进入叶轮，而在调节时转动叶片使气流在进入叶轮前产生沿叶轮旋转方向相同的先期旋绕，造成风机全压的变化，从而改变风机的性能曲线。导叶的每一开度对应风机的一条性能曲线。入口导叶结构简单、运行可靠、尺寸紧凑，因此应用较广。

集流器固定于风机的入口侧，它的功能是汇集并引导气流均匀充满叶轮流道的入口截面。集流器采用"锥弧形"尺寸较小，前半部圆锥为加速段，后半部分是近似双曲线形的扩散管，两部分的过渡区造成收敛度较大的喉部。气流进入后逐渐加速，在喉部形成较高速度，造成较大动量，而后沿集流器双曲线面均匀扩散而与叶轮双曲线的前盘很好地吻合。在集流器上装有扩压环，其作用是填补叶轮与机壳之间的空间，以减少涡流区，对提高风机的效率和改善风机的性能曲线是有益的。

机壳的作用是集合由叶轮流出的气体，并在能量损失最少的条件下将气流的部分速度能转化为压力能，平顺地引向出口。目前用得最多的机壳轮廓是对数线，机壳常采用耐磨钢板焊接，为延长风机寿命或加厚钢板或加衬耐磨护板。

扩散管是将出口气流的动能转变为压力能，扩散角通常为 $6°\sim8°$，并偏向叶轮一侧，以利于气流所带走的速度能适应气体的螺旋线运动。

4. 单级单吸排粉风机的结构

图 5-8 所示为单级单吸排粉风机的结构简图。它主要用于锅炉中间储仓式制粉系统中，由机壳、叶轮、集流器和传动部分等组成。

机壳由上、下两部分组成，上部拆开后可吊出叶轮进行检修，机壳底侧备有放灰门，便于维护检查。蜗壳由普通钢板制成，内衬有耐磨钢板，磨损后可更换。

叶轮全部采用耐磨钢板焊接结构，叶片为板式弧形后向叶片，在叶片进口中部处焊有一圆盘，提高了叶轮的耐磨寿命和可靠性。

集流器为收敛式圆弧结构，固定在机壳侧板上，其出口插入叶轮内一定的深度。

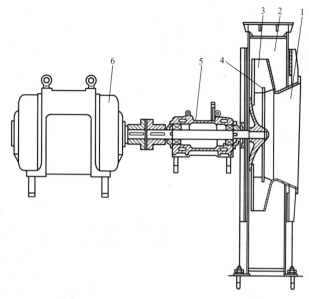

图 5-8　单级单吸排粉风机的结构简图
1—集流器；2—机壳；3—叶轮；4—圆环；
5—传动部分；6—电动机

传动部分为悬臂式，滚动轴承支撑运转，借弹性联轴器直接与电动机连接传动。轴承箱内有润滑油供轴承润滑，并设有冷却水管冷却润滑油。

（二）轴流式泵与风机

流体轴向流入泵与风机的旋转叶轮，流体受叶片的挤压推进作用做轴向运动，其压力能和动能有所增加。获得能量的流体通过导流叶片引至出口，叶轮中心形成低压或真空，流体被抽吸入内予以补充。轴流式泵与风机一般用于低压大流量场合。

轴流式泵与风机根据其动叶片可调与否又可分为可调式叶片和固定叶片两类。

1. 轴流式水泵

图 5-9 所示为轴流式泵的结构示意。该泵由吸入壳体（吸入喇叭管）、压出壳体（出口弯管）、叶轮、出口导叶、轴、轴承等所组成。若为叶轮叶片可调式，用改变叶片安装角的办法来调节流量，以保持泵具有较高效率。其调节机构是通过空心轴内的细轴来转动叶片的安装角度，为确保调节的可靠性和连续性，空心轴腔内充满润滑油，防止调节机构卡涩和锈蚀。由于泵的叶轮全部浸入水中，在启动时不需真空泵抽真空，抗汽蚀性能较好。驱动电机位于泵最上方，远离水面，不易受潮。

2. 轴流式风机

离心式风机具有结构简单，运行可靠，制造成本较低，效率较高，噪声小，抗腐蚀性能较好的特点，在以往锅炉风机中

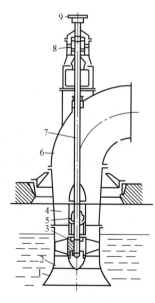

图 5-9　轴流式泵结构示意
1—吸入壳体（喇叭口）；2—入口
导叶；3—叶轮；4—出口导叶；
5、8—轴承；6—出口弯管；
7—轴；9—联轴器

普遍应用。但是随着锅炉单机容量的增大，离心式风机的容量受叶轮材料的制约，不可能随锅炉容量的大幅增加而相应增加。所以对 600MW 及以上的大容量锅炉，其送风机采用轴流式是目前发展的趋势，而引风机和一次风机则也有一定的意向，如某 1000MW 超超临界压力锅炉每炉配两台动叶可调轴流式送风机（FAF28-14-1）、两台静叶可调轴流式引风机（AN42.6）和两台动叶可调轴流式一次风机（PAF19-12.5-2）。

图 5-10 所示为动叶可调轴流式送风机（FAF28-14-1）的结构简图。该风机由转子和静子两大部分组成。转子主要包括主轴、叶轮、动叶调节机构、联轴器；静子包括进风箱、集流器、导叶、扩压器、动叶调节控制头和主轴承等部件。

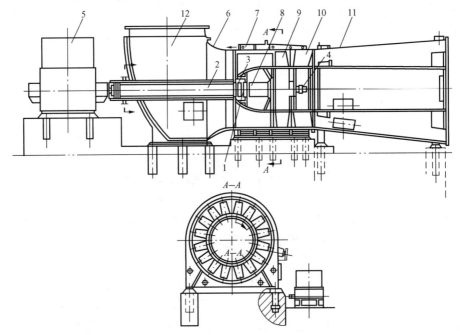

图 5-10 动叶可调轴流风机结构简图

1—主轴；2—中间轴；3—联轴器；4—动叶调节控制头；5—电动机；6—集流器；
7—外壳；8—主轴承；9—动叶片；10—导叶；11—扩压管；12—进气室

叶轮由动叶片、轮毂、叶柄、轴承及平衡重锤等组成。动叶片通常用铸铁、铸钢或硬铝合金制成机翼状，将若干相同翼形的叶片组装在轮毂上形成环形叶栅，这是气流获得能量的主要部件——叶轮。轮毂通常用铸钢或合金钢制成圆锥形、圆柱形或环形。其外缘安装叶片，内部空腔处可以安放动叶调节机构的调节杆和液压缸等部件。叶片在调节机构的驱动下，可在一定范围内绕自身轴线旋转，从而改变叶片安装角，进行流量调节以达到在变工况运行时仍有较高的效率。

动叶片外为钢板焊接的机壳，机壳上设有检视孔，可以检查并能拆、装动叶片。拆卸外壳的上半部可快速装卸叶轮。

集流器在动叶可调叶轮的前面，并与所对应的外壳共同构成轴流式风机的进口气流通道。集流器一般为半圆形或半椭圆形，也有与扩压器的内筒一起组成流线型的，其目的都是降低流动损失和噪声，将气流顺利送入叶轮。

导叶装在动叶可调叶轮的出口部位，它将动叶推挤出来的旋转气流导向为轴向运动，同时使气流部分动能转换为压力能。为了减少导叶入口处的气流撞击、旋涡损失，导叶做成沿叶片高度方向是扭曲形状。

扩压器是一个截面逐渐扩大的圆锥体，气流通过时速度不断下降，压力不断上升，从导叶流出的气流中部分动能被转化为压力能。扩压器外壳形状通常为圆筒形和锥形两种，内衬以流线型或圆台形或圆柱形芯筒。本机的扩压器采用外壳为圆锥形、芯筒为圆柱形的型式。

进气室是引导气流从径向流动转为轴向，最后经集流器疏导进入叶轮。轴流式送风机的进风口为长方形，面积约为叶轮入口面积的1倍，气流在进气室及集流器内获得加速，使叶轮进口处气流速度和压力分布趋于均匀。

装有叶轮的主轴、中间轴与电动机轴采用平衡联轴器连接，它能平衡运行时引起的轴挠度和轴向变形等所带来的误差。轴流式送风机转轴采用悬臂式支撑形式，这种支撑结构可省去动叶出口侧的轴承，有利于风机结构布置。为了改善轴承受力状况，动叶进汽侧采用了双轴承的结构，同时为了承受叶轮上的轴向推力，在靠联轴器端的轴承箱上布置了一个能够承受两个方向上轴向推力的止推轴承。本机采用的动叶调节机构为液压式调节机构。它们均由本机供油系统进行润滑、冷却和控制。

（三）混流泵

液体轴向进入混流泵叶轮，受到离心和轴向挤压两方面的混合作用，以斜流方向离开叶轮，通过导向叶片排出，其性能介于离心泵与轴流泵之间。依据液体离开叶轮的方向，也称混流泵为斜流泵。

大型火电厂也有采用混流泵作为循环水泵的。

图5-11所示为卧式混流循环水泵结构简图，通常用在大型电厂的闭式循环水系统中，其具有结构简单、占地少、空间尺寸不大、易于布置等特点。

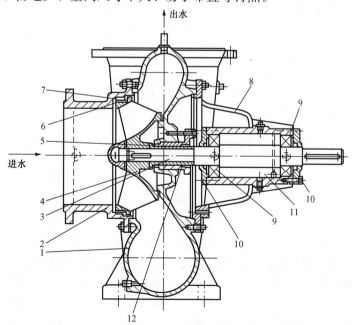

图5-11　卧式混流循环水泵结构简图

1—泵壳；2—进水短管；3—泵轴；4—叶轮；5—泵轴套筒；6—叶轮磨损环；7—壳体磨损环；
8—轴承座；9—轴承；10—轴承端盖；11—润滑油池；12—盘根压盖

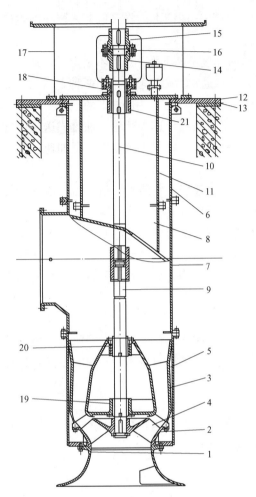

图 5 - 12　立式混流循环水泵的结构示意

1—吸入喇叭口；2—叶轮室；3—导叶体；4—叶轮；
5—外接管（下）；6—外接管（上）；7—吐出弯管；
8—导流片；9—下主轴；10—上主轴；11—导流片接
管；12—泵支撑板；13—安装垫板；14—泵联轴器；
15—电动机联轴器；16—调整螺母；17—电动机支
座；18—填料函体；19—导轴承（下）；
20—导轴承（中）；21—导轴承（上）

图 5 - 12 所示为某厂 1000MW 超超临界压力机组采用的立式混流循环水泵的结构，其外形与立式轴流泵有些相似。该型水泵为立式单级导叶式，水泵的叶轮、轴及导叶体为可抽式，叶片为固定式叶片。主轴由上、下两段组成，采用套筒联轴器连接，且由三只水润滑赛龙导向予以定位。叶轮在主轴上的轴向定位采用叶轮哈夫锁环轴承。所以在泵外筒体不拆卸的情况下混流泵的可抽出部分质量小、占地面积少、操作简单、维修方便。

叶轮为半开式，由整体铸造而成。吸入喇叭口为渐缩喇叭状，它可使流体流场速度均匀地进入叶轮，且损失少，其上还有防止液体预旋的肋板。导叶体由扭曲的导叶片与内、外层铸成一体，形成具有多个单独导水流道的压力室，以达到收集从叶轮中流出的液体，在损失最小情况下改变液体流动方向并将速度能转化为压力能的目的。在泵的吐出口处还装有导流片，使水流按规定方向流出。泵在启动和运行中产生的轴向推力和转子质量由电动机的推力轴承承受。

（四）其他形式的泵

1. 喷射泵

图 5 - 13 所示为喷射泵结构示意。

高压工作流体通过压力管进入喷嘴，在喷嘴中流体的压力能转变为动能，以高速射流离开喷嘴，在喷嘴出口周围形成真空，使被输送的流体通过吸入管，被吸进吸入室与工质混合，再进入扩散室扩压，然后经排出室排出。

中、小型火电厂的凝汽设备常用喷射泵作抽气器。工作介质常为高压蒸汽或高压水。

2. 水环式真空泵

图 5 - 14 所示为水环式真空泵装置结构示意。圆柱形泵缸内注入一定量的水，星形叶轮偏心地安装于泵缸内。叶轮旋转时，水受离心力作用被甩至泵缸内壁四周，在泵缸内形成封闭水环，并与偏心叶轮之间形成月牙状空间。被抽吸的气体经吸水管、吸气口进入右侧月牙状空间。随着叶轮的旋转，空间容积逐渐增大，形成真空，抽吸气体。气体受叶轮的作用而旋转，进入左侧月牙状空间，由于容积逐渐减小，气体受压缩而升压。最后气水混合物经排气口及排气管排出。目前大型汽轮发电机组的凝汽设备，一般配置水环式真空泵作为抽气设备。

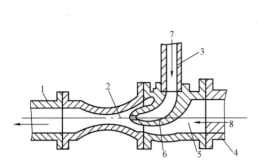

图 5 - 13　喷射泵结构示意

1—排出室；2—扩散室；3—压力管；4—吸入管；
5—吸入室；6—喷嘴；7—工质；8—被抽吸流体

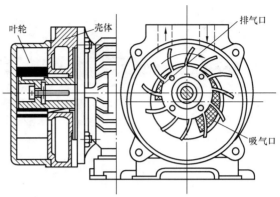

图 5 - 14　水环式真空泵装置结构示意

图 5 - 15 所示为水环式真空泵组的工作流程：从凝汽器抽吸来的汽气混合物经气体吸入口、气动蝶阀、管道进入真空泵。该泵由电动机通过联轴器驱动。从真空泵排出的气体经管道进入汽水分离器。分离后的气体通过气体排出口排向大气。分离出来的水与经过水位调节器的补充水一起进入冷却器。冷却后的工作水，一路经孔板喷入真空泵进口，使即将被吸入真空泵的汽气混合物中的部分汽凝结，以提高真空泵的抽吸能力；另一路直接进入泵体，以维持真空泵内的水环量并降低水环的温度。

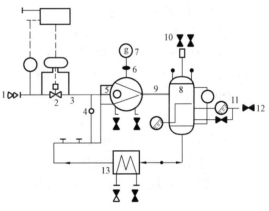

图 5 - 15　水环式真空泵组的工作流程

1—气体吸入口；2—气动蝶阀；3—管道；4—孔板；5—真空泵；6—联轴器；7—电动机；8—汽水分离器；9—管道；10—气体排出口；11—水位调节器；12—补充水入口；13—冷却器

3. 容积式泵

齿轮泵和螺杆泵均属容积泵，常用在火力发电厂的供油系统中作为油泵，以及在补水系统中作为加药泵。

图 5 - 16（a）为齿轮泵结构示意。主动齿轮固定在主动轴上，与另一轴上的从动齿轮啮合。齿轮与泵壳仅留很小间隙，以减小工作时液体的泄漏。齿轮旋转时，在吸入侧因两齿轮分开，使齿间容积变大，形成低压，液体便沿吸油管进入齿间与泵壳形成的空间，被推送到出口处，液体在出口处因两齿轮啮合被挤压至压油管排出。

图 5 - 16（b）为螺杆泵结构示意图。主动螺杆固定在主动轴上，与另一轴上的从动螺杆互相啮合。螺杆旋转时，液体被吸入螺杆与外壳形成的空间，并被轴向推进增压，流动至出口。

四、泵与风机的性能参数

泵与风机的整体性能是通过泵与风机的性能参数反映出来的。其主要的性能参数包括：流量 q_V、泵的扬程 H（风机的全压 p）、功率 P、效率 η、转速 n 及比转数（泵为 n_s，风机为 n_y）。水泵还有反映其抗汽蚀性能的参数汽蚀余量 NPSH（国内常用 Δh）。产品目录上标

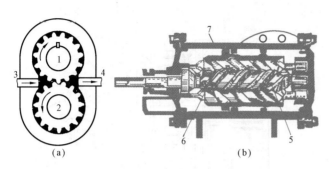

图 5-16　容积式泵结构示意

(a) 齿轮泵；(b) 螺杆泵

1—主动轮；2—从动轮；3—吸油管；4—压油管；
5—主动螺杆；6—从动螺杆；7—泵壳

明的参数为该机设计工况下的性能参数。

1. 流量

单位时间内泵与风机所输送的流体量称为流量。风机中常用体积流量 q_V（m^3/h 或 m^3/s）；水泵常用重量流量 $\rho g q_V$（N/h 或 N/s）；理论推导时用质量流量 q_m，其与体积流量的关系为

$$q_m = \rho q_V \quad kg/s(或 kg/h) \tag{5-1}$$

式中　ρ——流体的密度，kg/m^3。

2. 能头（扬程或全压）

泵的扬程 H 表示单位重量液体从泵的进口到泵的出口所增加的能量，即 1N（牛顿）液体通过泵所获得的能量，其单位为 m（液柱），当用 m（水柱）作单位时简称 m。

风机的全压 p 表示单位体积气体（$1m^3$）从风机的进口到风机的出口所获得的能量，又称为风压，其单位为 N/m^2 或 Pa。全压包括静压和动压两部分，动压是指气体离开风机时带走的速度动能头。

3. 功率

泵与风机的功率可分为有效功率、轴功率和原动机配套功率。

有效功率 P_e 表示单位时间内，泵（风机）输送的流体所获得的能量，它可以根据泵（风机）的流量和扬程（全压）计算得到，即

$$P_e = \rho g q_V \frac{H}{1000} \quad kW(泵) \tag{5-2}$$

或

$$P_e = q_V \frac{p}{1000} \quad kW(风机) \tag{5-2a}$$

轴功率是指泵或风机的主轴从原动机处所得到的功率，用 P 表示，因流体流动时存在各种损失，所以 $P > P_e$。泵与风机，习惯以轴功率作为其性能参数。

原动机配套功率 P_M 又称原动机功率，考虑到泵（风机）与原动机主轴的连接可能存在机械损失，原动机本身还存在内部损失如电机损失等，故原动机功率比轴功率更大。选择原动机功率时，还应考虑运行时可能出现过载，需加一个裕量，则原动机配套功率为

$$P_M = K_g \frac{P}{\eta_{tm} \eta_g} \tag{5-3}$$

式中　K_g——原动机容量富裕系数，$K_g > 1$，K_g 值根据其功率大小在 1.08～1.5 范围内；

　　　P——泵（风机）的轴功率；

　　　η_{tm}——泵（风机）与其原动机之间的传动效率；

　　　η_g——泵（风机）的原动机效率。

4. 效率

泵与风机的效率 η 是反映泵与风机能量转换完善程度与性能好坏的重要技术经济指标。

$$\eta = \frac{P_e}{P} \tag{5-4}$$

5. 转速

泵与风机主轴每分钟的旋转数称为转速，用符号 n 表示，其单位为 r/min。

6. 泵的汽蚀余量

泵在运行过程中，有时会因进口处液体的压力低于液体工作温度下的饱和压力而产生蒸汽，使泵的性能下降、产生振动以及叶轮被腐蚀，称为汽蚀现象。为避免汽蚀现象的产生，采用汽蚀余量 NPSH 表示泵抗汽蚀的能力。具体的概念可参阅本章第四节。

第二节　泵与风机的性能曲线

功率和效率是分别表示泵与风机能量转换的大小和完善程度的重要技术经济指标。本章第一节对功率已作介绍，此处不再重复。为了使泵与风机在运行中保持较高的效率，减少损失，有必要对泵与风机内部产生的各种能量损失及其效率进行分析，从而进一步得到泵与风机的性能曲线。

一、损失与效率

泵与风机的损失包括机械损失、容积损失和流动损失。输入泵与风机的轴功率减去此三项损失所消耗的功率即为泵与风机的有效功率。图 5-17 所示为轴功率、三项损失及有效功率之间的能量平衡。

1. 机械损失和机械效率

泵与风机的机械损失包括轴端密封和轴承的摩擦损失以及叶轮前后盖板外表面与流体之间的圆盘摩擦损失两部分。前项损失与轴端密封和轴承的结构类型以及输送的流体密度有关，占轴功率的 1%~5%。圆盘摩擦损失是因叶轮前后盖板外侧与外壳之间的间隙中，有从叶轮内泄漏出来的流体，受离心力的作用形成回流运动，所形成的摩擦和涡流损失，图 5-18 所示为圆盘摩擦损失试验示意。此项损失与叶轮旋转速度的三次方成正比、与叶轮外径的五次方成正比；也与叶轮前后盖板外侧与外壳内侧的间隙和粗糙度，以及流动状态有关，占轴功率的 2%~10%，是机械损失的主要部分。

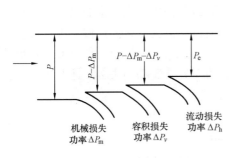

图 5-17　能量平衡图

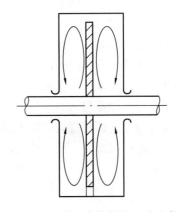

图 5-18　圆盘摩擦损失试验示意

总的机械损失功率用 ΔP_m 表示，通常用机械效率 η_m 衡量，即

$$\eta_\mathrm{m}=\frac{P-\Delta P_\mathrm{m}}{P}=\frac{P_\mathrm{h}}{P} \tag{5-5}$$

式中　P——轴功率，kW；

　　　P_h——流动功率，通过叶轮传给流体的功率，kW。

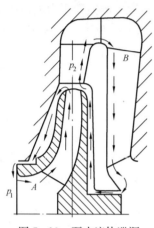

图 5-19　泵内流体泄漏

对于离心泵的 η_m 一般为 0.90～0.98，而离心风机的 η_m 一般为 0.92～0.98。

2. 容积损失和容积效率

当叶轮转动时，由于泵与风机的动、静部件存在间隙及间隙两侧存在压差，而使部分已由叶轮中获得能量的流体从高压侧通过间隙泄漏到低压侧，此项损失称为容积损失或泄漏损失。容积损失主要发生在叶轮进口处与外壳密封环之间的间隙，如图 5-19 中 A 线所示；叶轮后盖板轮毂处平衡轴向力装置与外壳之间的间隙和轴封处的间隙等，如图 5-19 中 B 线所示。其中前一项损失是主要的，它与密封环的类型、间隙尺寸及间隙两侧的压差大小有关。后一项与轴封及轴向力平衡装置的类型、间隙尺寸等因素有关。总泄漏量为两者之和，一般为理论流量 $q_{V\mathrm{T}}$ 的 4%～10%。对于多级泵来说，还有级间泄漏。需要说明的是，在泵或风机的流量变小时，其泄漏量的相对值要增大。所以，对于小流量高压头的泵或风机，更应尽量减少泄漏量，提高容积效率。

容积损失用容积效率 η_V 衡量，即

$$\eta_V=\frac{P-\Delta P_\mathrm{m}-\Delta P_V}{P-\Delta P_\mathrm{m}}=\frac{\rho g q_V H_\mathrm{T}}{\rho g q_{V\mathrm{T}} H_\mathrm{T}}=\frac{q_V}{q_V+q} \tag{5-6}$$

式中　ΔP_V——容积损失功率，kW；

　　　H_T——泵与风机的理论能头，m；

　　　$q_{V\mathrm{T}}$——泵与风机输送流体的理论流量，$\mathrm{m^3/s}$；

　　　q_V——泵与风机输送流体的实际流量，$\mathrm{m^3/s}$；

　　　q——总泄漏量，$\mathrm{m^3/s}$。

离心泵的容积效率一般为 0.90～0.95，离心风机还要略小些。

3. 流动损失和流动效率

由于流体为实际流体，在流过泵与风机的吸入室、叶轮、导叶、压出室等流道时，会产生如下损失：流体与流体间的内摩擦和流体与流道壁面间的外摩擦产生的沿程摩擦损失；因流道断面的变化、转弯和二次流等产生的局部涡流损失；工况变化流量偏离设计流量时，叶片进口流动角与叶片安装角不一致而引起的冲击损失。它们要消耗掉一部分能量，单位质量流体在泵或风机过流部分流动中损失的能量称为流动损失。流动损失 $\sum h$ 是上述三项损失中最主要、最大的一项损失。通常用流动效率 η_h 衡量，即

$$\eta_\mathrm{h}=\frac{P-\Delta P_\mathrm{m}-\Delta P_V-\Delta P_\mathrm{h}}{P-\Delta P_\mathrm{m}-\Delta P_V}$$

$$=\frac{P_\mathrm{e}}{P-\Delta P_\mathrm{m}-\Delta P_V}=\frac{\rho g q_V H}{\rho g q_V H_\mathrm{T}}$$

$$= \frac{H}{H + \sum h} \tag{5-7}$$

式中　ΔP_h——流动损失功率，kW；

　　　H——泵的实际扬程，$H = H_T - \sum h$，m；

　　　$\sum h$——流动损失之和，m。

4. 泵与风机的总效率

泵与风机的总效率 η 等于有效功率与轴功率之比，即

$$\eta = \frac{P_e}{P} = \frac{P_e}{P - \Delta P_m - \Delta P_V} \frac{P - \Delta P_m - \Delta P_V}{P - \Delta P_m} \frac{P - \Delta P_m}{P} = \eta_h \eta_V \eta_m \tag{5-8}$$

风机的总效率又称全压效率。因风机出口动能头占比例较大，所以还有静压效率 η_{st}，即

$$\eta_{st} = \frac{q_V p_{st}}{P} \tag{5-9}$$

式中　p_{st}——风机的静压，$p_{st} = p - \dfrac{\rho c_2^2}{2}$（其中 c_2 为风机出口风速，p 为风机全压）。

由上述分析可知，泵与风机的总效率就等于它们的机械效率、容积效率和流动效率三者之乘积。要提高泵与风机的总效率，必须在设计、制造、运行等方面减少机械损失、容积损失和流动损失。

二、泵与风机的性能曲线

反映泵与风机在一定尺寸、一定转速下的性能参数之间关系的曲线为泵与风机的性能曲线，即流量与扬程（或全压）关系曲线［$q_V - H$（或 $q_V - p$）曲线］、流量与功率关系曲线（$q_V - P$ 曲线）、流量与效率关系曲线（$q_V - \eta$ 曲线）及水泵的流量与汽蚀余量之间的关系曲线（$q_V - \Delta h$ 曲线，该性能曲线将在第四节中介绍）。这些性能曲线反映了泵与风机的总体性能，对泵与风机的选择、经济合理运行有十分重要的作用。不难看出：在一定转速下，每一个流量均对应着一定的扬程（全压）、轴功率及效率，这一组参数反映了泵与风机的某种工作状态，简称工况。泵与风机是按照需要的一组参数进行设计的，由这一组参数组成的工况称为设计工况，而对应于最佳效率点的工况称为最佳工况。从理论上讲，一般设计工况应位于最高效率点上，实际上由于叶轮内流体流动的复杂性，使得设计工况不一定和最佳工况重合。因此，在选择泵与风机时，往往把它的运行工况点（简称工作点）控制在性能曲线的高效区内，以期获得较好的经济性。所以，深入了解泵与风机的性能曲线对于泵与风机的安全和经济运行是相当重要的。由于流体在泵与风机内的流动非常复杂，泵与风机的性能曲线还不能完全用理论计算确定，所以在实际中是通过试验测定的。以下是火电厂常用的几种泵与风机的性能曲线。

1. 水泵的性能曲线

（1）离心式泵的性能曲线。图 5-20 所示为 1000MW 机组配置的电动给水泵前置泵的性能曲线，这是典型的离心泵的性能曲线，横坐标表示流量 q_V(t/h)；纵坐标分别表示扬程 H(m)、功率 P（kW）和效率 η（％）。该图清晰地表明扬程、功率和效率随流量的变化而变化的关系。该曲线是根据试验测定与计算得出的数据绘制而成，并且进行了圆滑化。通常是由制造厂家提供的。性能曲线图的上方还有表征临界汽蚀余量与流量的关系曲线 NPSH$_c - q_V$ 曲线。

需要明确的是，性能曲线应当是规定转速下的性能曲线。图中 NPSH3 表示做水泵试验时，以泵出口压力下降 3％作为泵发生汽蚀的指标，此时的汽蚀余量作为泵的必需汽蚀余量。

图 5 - 21 所示为 1000MW 机组配置的汽动给水泵的性能曲线，它与图 5 - 20 不同之处在有一虚线围成的区域，它表明在不同转速下汽动给水泵的扬程随流量变化的范围。

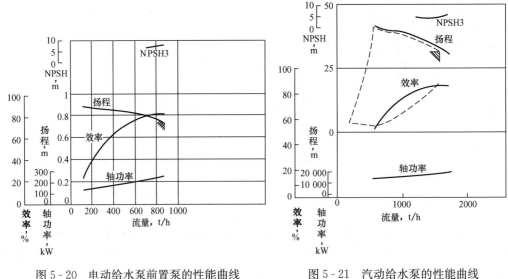

图 5 - 20　电动给水泵前置泵的性能曲线　　　　图 5 - 21　汽动给水泵的性能曲线

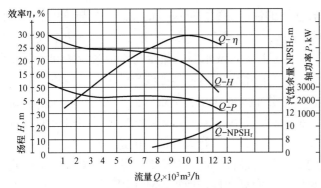

图 5 - 22　混流式循环水泵性能曲线

（2）混流式水泵的性能曲线。图 5 - 22 所示为 600MW 超临界压力机组配置的混流式循环水泵的性能曲线，该型泵为立式湿坑式固定叶片斜流泵（即带空间导叶的混流泵），通常作为大流量的循环水泵使用。火电厂中的循环水泵要求泵的效率高且高效区尽量宽，一般设计效率不低于 87％，以降低厂用电量，同时应使泵的流量 - 功率曲线在泵的使用区域内尽量平缓，在运行中不能因为工况偏移而出现超功率现象。由图 5 - 22 可看出，在高效区范围内，该泵的流量、扬程适应范围广，功率变化平缓，同时抗汽蚀性能佳，可减少泵房开挖深度。

图 5 - 23 所示为 600MW 机组配备的 2 台 50％额定容量的立式、可调叶片、筒形、定速混流水泵的性能曲线。单台循环水泵运行时，能提供 75％总的循环水量，并可通过调整叶轮叶片角度，在循环水温为 27.8℃以下时，确保汽轮机能够带 600MW 负荷。

2. 风机的性能曲线

由于风机的压力、功率等是随风机进口的介质状态而变化，因此查看风机性能曲线和性能参数时，一定要先弄清该性能曲线和性能参数是在什么进口介质状态下计算出来的。我国电站风机产品样本上的性能选择曲线和性能表是按不同进口状态下的空气计算得来的。

对送风机、一次风机和密封风机为标准状态，即大气压力 p_a＝101 325Pa（760mmHg），

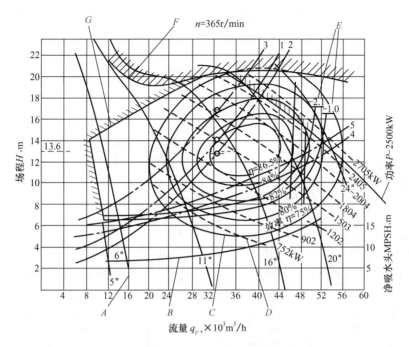

图 5 - 23　循环水泵的性能曲线

1—2 台循环水泵并列运行，循环水泵进口水位（滤网前，下同）为 EL＋0.9m（平均水位）；
2—2 台循环水泵并列运行，循环水泵进口水位为 EL＋2.1m；3—2 台循环水泵并列运行，
循环水泵进口水位为 EL－1.84m；4—单台循环水泵运行（75％总的循环水量），循环水泵
进口水位为 EL－0.8m；5—单台循环水泵运行，循环水泵进口水位为 EL－1.8m；
A—循环水泵叶片角度曲线；B—NPSH（净吸水头）曲线；C—循环水泵效率曲线；D—循环水泵轴功率
曲线（海水密度为 1.02t/m³）；E—循环水泵进口水位为该数值时，循环水泵连续运行的范围；
F—循环水泵短时间运行的范围；G—循环水泵连续运行的范围

温度 $t=20℃$，密度 $\rho=1.2kg/m^3$ 的空气；对引风机为：大气压力 $p_a=101\,325\,Pa$（760mmHg）、温度 $t=140℃$、密度 $\rho=0.85kg/m^3$ 的空气；对煤粉风机（排粉风机）为：大气压力 $p_a=101\,325Pa$（760mmHg）、温度 $t=70℃$、密度 $\rho=1.025kg/m^3$ 的空气。

（1）离心式风机的性能曲线。图 5 - 24、图 5 - 25 所示为双吸双速离心式引风机的性能曲线。现代大型锅炉的引风机大多采用双吸离心式和进口导叶控制方式或进口调节挡板调节方式。为适应低负荷时风机仍有较高效率，往往采用双速电机驱动。进口导叶或进口调节挡板的每一开度对应一条风机的性能曲线。该性能曲线为配 600MW 锅炉的 NOVENCO 双吸双速离心式引风机高速（590r/min）、低速（490r/min）时的性能曲线。图中右侧一束百分数曲线表示等效率曲线。

（2）轴流式风机的性能曲线。由于轴流式风机与轴（斜）流泵一样，也有动叶可调与动叶不可调之分，因此，它们的性能曲线差异很大。通常性能曲线都是指在固定转速下，对轴流式风机来说，还应在动叶片安装角度固定不变下，反映风机的压头 $H(p)$、轴功率 P、效率 η 与流量 q_v 之间的关系，尤其以 $q_v-H(p)$ 性能曲线最重要。

图 5 - 26 所示为轴流风机最常见的性能曲线。图中 $q_v-H(p)$ 性能曲线具有马鞍形，对应于最高效率的 $q_v-H(p)$ 曲线上工况点 d 是最佳工作点，对应的最佳工作流量为 q_{vd}。当

流量 q_{Va} 逐渐减小时，出口压头逐渐增加，直至流量减至 q_{Vc} 时，压头达到转折点 c 所对应的值，即在 c 点的右侧，$q_V > q_{Vc}$ 的区段内的 $q_V - H(p)$ 性能曲线是风机能安全稳定工作的区域。

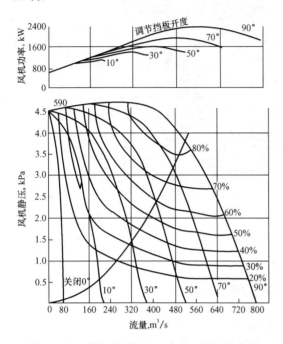

图 5-24　离心式引风机（高速）的性能曲线

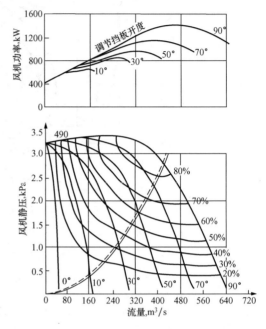

图 5-25　离心式引风机（低速）时的性能曲线

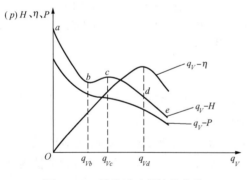

图 5-26　轴流式叶轮性能曲线

若流量再继续减小（$q_V < q_{Vc}$），则压头开始下降，直至流量减少到 q_{Vb}，压头也减小到第二个转折点 b 相应的值。此后，流量再继续减小，则压头迅速增加，直到流量 $q_V = 0$ 时，压头达到最大值。

因为风机在 $q_V > q_{Vc}$ 区域工作时能自动与管网工作状态保持平衡。如管网受到干扰，阻力突然升高，则管网中通过的风量将会减少，此时风机的流量也将减少，而风机压头升高，其变化与管网是一致的，使之与增加了的管道阻力相适应，达到新的运行点。干扰消失后，管网恢复到原来状态，风机又回到原来工作点稳定运行，所以此区间称为风机的稳定运行区域。但如风机运行在峰值点 c 的左侧，则风机的运行状态不能自动与管网工作状态保持平衡，当管网受到干扰阻力增加时，通过管网的流量减少时，由于此时风机随着流量的减少产生的压头也减小，结果使管网压力与风机的压头相差更大，风机流量将继续减小，甚至在此压差作用下管网内的气体向风机倒流，继而随着管网压力因倒流而降到低于风机压头时，风机又向管网输出风量，这样的循环一经出现便周而复始，风机在这样的运行状态当然是不稳定的，所以将风机压头性能峰值点 c 左侧的区域称为不稳定运行区域。这种一会儿由风机向管网输出风量，一会儿风量又由管网向风机倒流的现象称为"喘振"。所以电站风机绝对禁止在喘振状态下运行。

　　图 5-27、图 5-28 所示分别为 600MW 锅炉配置的动叶可调轴流式送风机和引风机的性能曲线。动叶调节范围均为 $-30°\sim+20°$，转速分别为 990r/min 和 740r/min。图中的 $Q(q_V)-H(p)$ 性能曲线只画出了风机在安全稳定工作的区段，因为改变轴流风机的动叶安装角后，性能曲线亦随之变化。两图均显示，若增大动叶安装角，$Q(q_V)-H(p)$ 曲线向右移动，流量与压头均随之增大，如安装角为正值时的一束曲线；安装角为 0° 时的性能曲线为设计工况值时的性能曲线；若减小动叶安装角，$Q(q_V)-H(p)$ 曲线向左移动，流量与压头均随之减少，如安装角为负值时的一束曲线。在动叶安装角改变时，$Q(q_V)-P$ 性能曲线的变化也具有 $Q(q_V)-H(p)$ 曲线变化相同的特点。$Q(q_V)-\eta$ 曲线在最高效率变动较少的情况下，安装角增大时，最高效率往右移动，反之向左移动。图 5-27 及图 5-28 中椭圆形环线为等效率曲线，图中最上面一条马鞍形的实线为动叶不同安装角度时 $Q(q_V)-H(p)$ 性能曲线的 c 点连线，如前所述，该连线的左上方为不稳定工作区，应尽量避免风机在该区域运行。

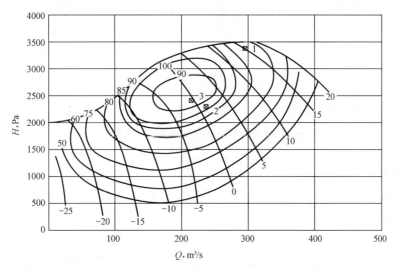

图 5-27　FAF28.0/12.5-1 型轴流送风机性能曲线

　　综上所述，对于火电厂常用的泵与风机，在运行过程中应特别注意要根据不同的特性曲线和工况进行操作。

　　（1）$q_V-H(p)$ 性能曲线。轴流式泵与风机的性能曲线在小流量区域出现驼峰形状，驼峰左边为不稳定工作区，可能产生喘振，应避免在此区域工作。

　　（2）q_V-P 性能曲线。轴流式泵与风机的 q_V-P 性能曲线与 $q_V-H(p)$ 性能曲线形状相似，轴功率在空转工况达到最大

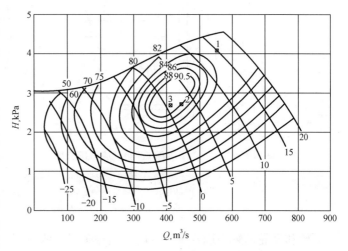

图 5-28　SAF37.5/19-1 型轴流引风机性能曲线

值，并随流量的增加而减小。因此，为避免原动机过载，启动时必须全开阀门，即 $q_V \neq 0$。对于动叶安装角可调的机组，可在较小安装角时启动，因为此时轴功率较小。

对于离心式泵与风机而言，一般 $q_V = 0$ 时轴功率较小，应该关闭阀门启动。

（3）$q_V - \eta$ 性能曲线。轴流式泵与风机的高效率区较窄。采用动叶可调的轴流式泵与风机，在很大的流量范围能够保持高效率（见图 5-23、图 5-28），大型的轴流式泵与风机基本采用可调动叶。

第三节　液 力 耦 合 器

锅炉蒸发量随电负荷的变化而经常变化，为此，要求给水泵必须及时、迅速地改变锅炉的给水量。现代大型机组从经济性和适应滑参数启动以及变压运行等方面考虑多采用变转速的调节方法。变转速的调节方法就是通过改变转速来变更泵的性能曲线，使工作点移动，从而达到调节水泵流量的目的。用小汽轮机驱动的给水泵或电动机驱动的带有液力耦合器的给水泵等就是这种形式。

一、液力耦合器的工作原理

液力耦合器是安装在电动机与泵或风机之间的一种传动部件，从电动机至液力耦合器和液力耦合器至水泵或风机之间是采用挠性联轴器连接并进行功率传递的，而液力耦合器与一般联轴器不同之处在于它是通过工作油来传递和转换能量的。

液力耦合器的基本配置如图 5-29 所示。它由主动轴、泵轮（B）、涡轮（T）、从动轮以及防止漏油的旋转内套等组成。泵轮与涡轮分别装在主动轴与从动轴上，它们之间无机械联系。旋转内套在其外缘法兰处用螺钉与泵轮相连接。主动轴与原（电）动机轴相连接，从动轴与水泵轴固定。

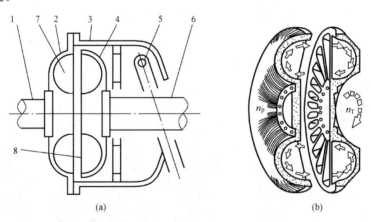

（a）　　　　　　　　　　　　　　　　（b）

图 5-29　液力耦合器的基本配置

（a）结构；（b）泵轮与涡轮的剖面

1—主动轴；2—泵轮；3—旋转内套；4—涡轮；5—勺管；

6—从动轮；7—流道；8—叶片

泵轮和涡轮的轴心线相重合，内腔相对布置，两轮侧板的内腔形状和几何尺寸相同，轮内装有许多径向辐射形平面叶片。两轮端面留有几毫米的轴向间隙，构成一个液流通道称为工作腔，工作腔的轴面投影称为循环圆，又称为流道。勺管可以调节泵轮与涡轮内的工作油量。

运转时，在液力耦合器中充满工作油，当主动轴带动泵轮回转时，泵轮流道中的工作油因离心力的作用，沿着径向流道由泵轮内侧（进口）流向外缘（出口），形成高压高速油流。在出口处以径向相对速度与泵轮出口圆周速度组成合速，冲入涡轮的进口径向流道，并沿着流道由工作油动量矩的改变去推动涡轮，使其跟随泵轮同方向旋转。油在涡轮流道中由外缘（进口）流向内侧（出口）的过程中减压减速，在出口处又以径向相对速度与涡轮出口圆周速度组成合速，冲入泵轮的进口径向流道，重新在泵轮中获取能量。如此周而复始，构成了工作油在泵轮和涡轮两者间的自然环流。在这种循环中，泵轮将输入的机械功转换为工作油的动能和升高压力的势能，而涡轮则将工作油的动能和势能转换为输出的机械功，从而实现了电动机到水泵间的动力传递。

根据力学中的平衡原理，液力耦合器在稳定运转时，作用在耦合器旋转轴方向上的外力矩之和应等于零。因而，如果略去不大的耦合器外侧的鼓风和不计轴承等阻力扭矩，则作用在泵轮轴上的扭矩 M_p 必然等于涡轮轴输出的扭矩 M_T，即

$$M_p = M_T \tag{5-10}$$

输入功率和输出功率的比值就是耦合器的效率，即

$$\eta = \frac{M_T \omega_T}{M_p \omega_p} = \frac{\omega_T}{\omega_p} = i \tag{5-11}$$

式中　　ω_T——涡轮的角速度，rad/s；

　　　　ω_p——泵轮的角速度，rad/s；

　　　　i——转速比。

泵轮转速 n_p 与涡轮转速 n_T 之差与泵轮转速的比值，称为转差率或滑差，用 S 表示，即

$$S = \frac{n_p - n_T}{n_p} = 1 - \frac{n_T}{n_p} = 1 - i \tag{5-12}$$

由式（5-12）可以看出，耦合器的滑差与效率的关系为

$$\eta = 1 - S \tag{5-13}$$

如前所述，耦合器在运转时，动力的传递是依靠泵轮和涡轮之间能量的交换进行的。当泵轮和涡轮以同样的转速旋转时，液力耦合器就如同刚性联轴器，它的传动效率为1，传动扭矩为0。这就意味着泵轮工作油的出口压力等于涡轮工作油的进口压力，工作油不存在压差。没有压差就没有环流，所以工作油的循环流动油量为0，即虽然有油，但并不流动。反之，如果涡轮不转（相当于给水泵停运状况），而泵轮在固定转速下有一定的转动扭矩，但没有将动力传递给涡轮，这时传动效率等于0，传动扭矩最大。由此可得，在泵轮转速 n_p 和工作油的密度 ρ 为某一定值时，泵的扭矩 M、耦合器效率 η 与转速比 i 的变化关系称为液力耦合器的外特性，其曲线如图 5-30 所示。

由图 5-30 可以看出，液力耦合器的效率 η 随着转速比 i 的增大呈直线关系，而扭矩 M 则呈下降趋势。到达 A 点之后，扭矩 M 迅速下降，当 $i=0.99$ 时，$M=0$。

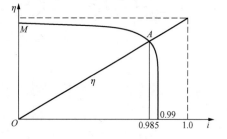

图 5-30　液力耦合器的外特性曲线

我们要求液力耦合器既要有高的效率，又要有足够大的扭矩 M，通常设计时取 $i=0.95\sim0.975$。

为了使耦合器在传递动力时具有较高的效率，通常取 $S=0.03$ 时所能传递的扭矩作为额定扭矩，也即耦合器在额定工况下运转时，传动的效率约为 0.97。如北仑发电厂 2 号机 600MW 机组采用的液力耦合器满负荷时的滑差为 3%；华能石洞口第二发电厂 600MW 机组采用的液力耦合器满负荷时的滑差为 3.3%。

耦合器的上述特性使其在启动、防止过载及调速方面具有极大的优越性。因为电动机只和耦合器的泵轮相连接，启动前如将耦合器流道中的液体排空，那么电动机启动时只带上耦合器泵轮部分惯量而轻载启动；之后，再对耦合器流道逐步充油，就能逐步可控地启动大惯量负荷。另外，在正常工作时耦合器有不大的滑差，当从动轴的阻力扭矩突然增大时，耦合器的滑差会自行增大，甚至使从动轴制动（$S=1.0$），此时电动机仍可继续运转而不致停车，因此耦合器可防护整个动力传动系统免受冲击，防护动力过载。图 5 - 30 是在流道中充满工作油的情况下得出的耦合器特性。如果在流道中只充以一部分油，则由于循环流量减小，在同一滑差下，耦合器所传扭矩自然较全充满时为小。在耦合器上装以调速机构后，就可以在运转中任意改变耦合器流道中工作油的充满程度，因此，在主动轴转速保持不变的情况下可以实现从动轴（负荷）的无级调速。

二、液力耦合器的结构和性能

目前 1000MW 机组一般采用 Voith 公司生产的液力耦合器，其典型结构如图 5 - 31 所示。

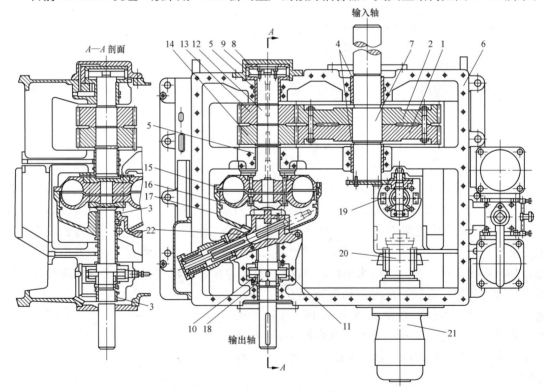

图 5 - 31 液力耦合器的典型结构

1、2、13、14—人字形齿轮；3～5—径向轴承；6—铸铁机壳；7—输入轴；8～11—推力轴承装置；
12—泵轮轴；15—泵轮；16—涡轮；17—旋转内套；18—涡轮轴；19—泵单元；
20、21—辅助润滑油泵、电动机；22—勺形管外腔

　　液力耦合器主要由输入轴、泵轮（主动）轴、涡轮（从动）轴以及相应的部件组成。它们一起装在同一水平接合面的铸铁机壳内，机壳的下部起到油箱的作用。输入轴通过挠性联轴器与电动机连接，通过一对人字形齿轮（1、2、13、14）将转速升高并转动泵轮轴，泵轮轴与涡轮轴的一端分别装有泵轮与涡轮，旋转内套用螺钉与泵轮外缘相连。它们形成两个腔：在泵轮与涡轮间的腔室中有工作油所形成的循环流动圆；在涡轮与旋转内套的腔中，由泵轮和涡轮的间隙流入的工作油，随旋转内套和涡轮旋转，在离心力的作用下形成油环。工作油在泵轮里获得能量，而在涡轮里释放能量，改变工作油量的多少，就可改变传递动力的大小，从而改变涡轮的转速，以适应负荷的需要。在涡轮侧靠近旋转内套处固定一勺形管外腔，内有插入旋转内套腔中可移动的勺形管（如图 5-31 中虚线所示）。改变勺形管的行程（即插入旋转内套腔中的深浅程度）可改变油环的泄放油量，从而实现工作油量的改变，达到调节涡轮转速的目的。

　　泵轮与涡轮都具有较多的径向叶片，叶片数一般为 20~40 片。为避免共振，涡轮的叶片数一般比泵轮少 1~4 片。泵单元是一组合部件，它包括装在同一根轴上的工作油泵和润滑油泵，它们通过输入轴自由端的一对齿轮及伞形齿轮来传动。装在输出轴一侧的还有启动用的辅助润滑油泵及其电动机。泵轮轴及涡轮轴上还分别装有承受轴向推力的轴承装置 8、9、10、11，径向轴承 3、4 及 5。

　　如上所说，勺管在调速型液力耦合器中具有非常重要的作用，通常是在主动轴转速一定的情况下，通过调节液力耦合器内油的充满程度实现从动轴的无级调速。常用的勺管调速机构如图 5-32 所示。

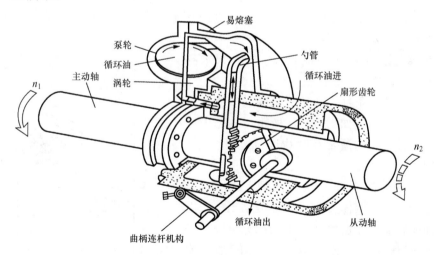

图 5-32　勺管调速机构

第四节　泵 的 汽 蚀

一、汽蚀现象及其危害

1. 汽蚀现象

　　当液体在流道内流至某处，其压力等于或小于液体温度对应的汽化压力时，该处会产生汽化，即有大量的蒸汽和溶解在液体中的气体逸出，形成许多蒸汽与气体混合的小气泡。气泡随液体流至高压区时，气泡在高压的作用下，迅速凝结而破裂。气泡破裂瞬间，高压液体高速占有原气泡所居空间，形成冲击力。气泡破裂瞬间未能及时凝结和溶解的蒸汽与气体，在冲击力的作用下又形成小气泡，再被高压液体压缩、凝结，如此重复。在此过程中，流道材料会因机械剥蚀和化学腐蚀而遭到破坏。这种气泡的产生、发展、凝结破裂及材料的破坏过程称为汽蚀现象。

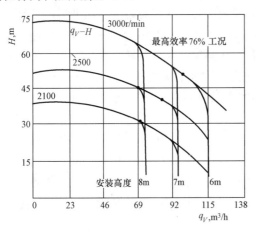

图 5-33 离心泵发生汽蚀时的性能曲线

2. 汽蚀的危害

（1）材料被破坏。冲击力形成的压力高达几百甚至上千兆帕，冲击频率可达每秒几万次，使流道壁面的材料因疲劳而遭破坏，通常称为剥蚀。从液体中逸出的氧气等活性气体，借气泡凝结时释放出的热量也会对金属起化学腐蚀作用。

（2）产生噪声和振动。冲击力产生噪声和振动，当冲击力的频率与设备的自然频率合拍时，将会产生共振，对机组产生危害。

（3）泵的性能下降。当汽化发展到一定程度时，气泡大量聚集，使流道截面积减小；严重时大量聚集的气泡会堵塞流道，减少流体从叶轮获得能量，导致扬程下降，此工况称为"断裂工况"，此时泵的性能迅速恶化，如图 5-33 所示。

表示泵的抗汽蚀性能的指标有吸上真空高度和汽蚀余量。后者概念清楚，国内外应用广泛，限于篇幅，此处仅介绍后者。

二、必需汽蚀余量 $NPSH_r$（Δh_r）——泵本身抗汽蚀性能指标

泵内产生汽蚀的条件：液体从泵的进口流至泵的出口，其压力的变化如图 5-34 所示。从图中可以看出，液体最低压力通常在叶片进口边稍后的 k 点。这是因为：

（1）液体从泵的进口 s—s 截面到 k—k 截面，存在沿程阻力损失和液体转弯等局部流动损失，以及流道截面积收缩使流速增加产生的压力下降。此项损失可近似视为与叶轮进口速度 v_0 的平方成正比。

（2）液体流入叶片进口边时，以相对速度绕流叶片的进口边，引起相对速度分布不均匀而产生的压力下降。此项损失可近似视为与叶轮进口相对速度 w_1 的平方成正比。

所以，若泵 k—k 截面的压力 p_k 等于液体汽化压力 p_v，则 k—k 截面处的液体将产生汽化，泵内将产生汽蚀。因此，泵不产生汽蚀的条件是液体在

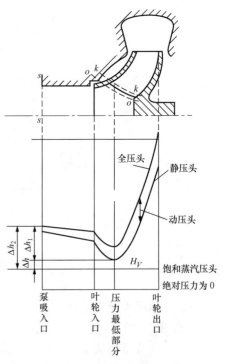

图 5-34 液体在泵内的压力变化

泵内进口处的能头必需比 $k—k$ 截面的能头至少高出 $\mathrm{NPSH_r}$（Δh_r）。$\mathrm{NPSH_r}$ 为单位重力作用下液体从泵的吸入口流到叶片压力最低处的压力降，称为泵的必需汽蚀余量，可用下式计算：

$$\mathrm{NPSH_r} = \lambda_1 \frac{v_0^2}{2g} + \lambda_2 \frac{w_1^2}{2g} \quad \mathrm{m} \tag{5-14}$$

式中　λ_1——因流动损失和绝对速度变化引起的压降系数；

　　　λ_2——液体绕流叶片进口边引起的压降系数。

式（5-14）又称为泵的汽蚀方程式。从式中可以看出，随流量的增加，液体速度 v_0、w_1 将增大，所以泵的必需汽蚀余量将增大。另从泵的汽蚀定律可以得到，泵的必需汽蚀余量与泵转速的平方成正比，即转速升高将使泵的必需汽蚀余量增大。

三、有效汽蚀余量 $\mathrm{NPSH_a}$（Δh_a）

有效汽蚀余量 $\mathrm{NPSH_a}$（Δh_a）是指泵的吸入口处，单位重力作用下液体所具有的超过汽化压力的富余能量，即泵在装置中工作时具有的避免发生汽蚀的能头，如图5-34所示。当泵安装在某管路系统，即在某泵装置（见图5-35）中工作时，泵进口能头的大小与装置的吸入管路有关，而与泵本身条件无关。

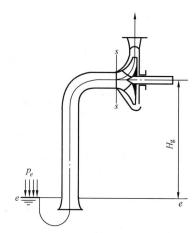

图5-35　卧式离心泵几何安装高度

由有效汽蚀余量定义得

$$\mathrm{NPSH_a} = \frac{p_s}{\rho g} + \frac{v_s^2}{2g} - \frac{p_v}{\rho g} \quad \mathrm{m} \tag{5-15}$$

如图5-35中离心泵吸入管路，以吸入容器液面 $e—e$ 为基准，可列出吸入管路的伯努利方程（假设吸水池很大，则 $v_e \approx 0$）：

$$\frac{p_s}{\rho g} + \frac{v_s^2}{2g} = \frac{p_e}{\rho g} - H_g - h_w \quad \mathrm{m} \tag{5-16}$$

将式（5-16）代入式（5-15）得

$$\mathrm{NPSH_a} = \frac{p_e}{\rho g} - \frac{p_v}{\rho g} - H_g - h_w \quad \mathrm{m} \tag{5-17}$$

上两式中　p_s、v_s——泵吸入口处液体压力和平均速度，Pa、m/s；

　　　　　p_e——吸水池液面压力，Pa；

　　　　　H_g——泵的几何安装高度，m；

　　　　　h_w——吸入管路中的流动损失，m；

　　　　　p_v、ρ——液体的汽化压力和密度，Pa、kg/m³。

由式（5-17）可知，有效汽蚀余量 $\mathrm{NPSH_a}$ 是指吸入容器液面的能头 $p_e/\rho g$，在克服了装置中吸水管路的流动损失 h_w，并将液体提高到 H_g 高度后，超过汽化能头的余量。

当吸水容器液面高于泵的轴中心线时，H_g 称为倒灌高度或灌注头。此时式（5-17）为

$$\mathrm{NPSH_a} = \frac{p_e}{\rho g} - \frac{p_v}{\rho g} + H_g - h_w \quad \mathrm{m} \tag{5-17a}$$

当吸入容器内的压力为汽化压力时（火电厂中的给水泵和凝结水泵通常处于此工作状

况），此时式（5 - 17）为

$$NPSH_a = H_g - h_w \quad m \qquad (5-17b)$$

由式（5 - 17）可以看出，改变等号右边任意一项，都会使 $NPSH_a$ 发生变化。随着流量的增加，吸入管路的流动速度加大，流动损失 h_w 增加，因此 $NPSH_a$ 将减小，见图 5 - 36。

四、不产生汽蚀的条件

从图 5 - 34 中可以看到，当 $NPSH_a$ 大于 $NPSH_r$ 时，泵的最低压力处 $k—k$ 截面的压力将大于汽化压力，泵内不会发生汽蚀；当 $NPSH_a$ 等于或小于 $NPSH_r$ 时，泵的最低压力处 $k—k$ 截面的压力将等于或小于汽化压力，泵内将发生汽蚀，所以，不产生汽蚀的条件为

$$NPSH_a > NPSH_r$$

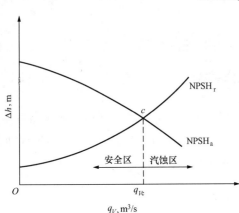

图 5 - 36　$NPSH_a$ 和 $NPSH_r$ 与流量的变化关系

当 $p_k = p_v$ 时（即临界状态点）

$$NPSH_a = NPSH_r = NPSH_c$$

式中　$NPSH_c$——临界汽蚀余量，其值由试验测定（见图 5 - 36）。

为保证不发生汽蚀，将 $NPSH_c$ 加一安全量得泵的允许汽蚀余量 $[NPSH_r]$，通常取

$$[NPSH_r] = (1.1 \sim 1.3) NPSH_c$$

图 5 - 20 和图 5 - 21 的右上方为 q_V-$NPSH$ 性能曲线。

五、允许几何安装高度 $[H_g]$

将允许汽蚀余量代入式（5 - 17），可得到泵的允许几何安装高度

$$[H_g] = \frac{p_e}{\rho g} - \frac{p_v}{\rho g} - [NPSH_r] - h_w \quad m \qquad (5-18)$$

对于火电厂中的给水泵和凝结水泵，其吸水容器液面上的压力等于汽化压力，由式（5 - 18）可知，它必须位于泵的上方，且倒灌高度应大于或等于允许几何安装高度之值，泵才不会发生汽蚀。

六、提高泵抗汽蚀性能

在泵的设计和制造中，应努力降低泵的必需汽蚀余量，方法包括：改进叶轮进口的几何尺寸；采用双吸叶轮；离心叶轮前加装诱导轮等。

在管路设计时，应合理确定泵的有效汽蚀余量，方法包括：合理确定泵的几何安装高度或倒灌高度；减少泵吸入管道上的阀门等附件；合理加大吸入管路的直径，尽量缩短吸入管路长度，减少吸入管道上的弯头，以减小吸入管路的流动损失；采用前置泵等提高泵吸入口的压力。

在运行中，吸入管路的阀门不能用于调节；泵的转速应小于规定的转速，因必需汽蚀余量与转速的平方成正比；通过泵的流量应小于临界流量，因有 $NPSH_a$ 随流量增加而下降，而必需汽蚀余量 $NPSH_r$ 随流量的增加而增大；通过泵的流量还应大于最小流量，这是因为

泵在对液体做功的同时所产生的损失转变为热能，需要一定量的流体将热量带走，当流量太小时，热量不能全部被带走，致使液体的温度上升，即汽化压力升高，有效汽蚀余量减小，可能发生汽蚀，故设置再循环水管；目前300MW汽轮发电机组的给水泵设置了最小流量控制装置。吸入容器内的水位、温度及压力的变化均会改变泵的有效汽蚀余量，必须予以监测与控制。

第五节　泵与风机的运行

一、泵与风机的运行工况点

实际上，泵（风机）是处于一定的管路（或称装置，风机称管网）中工作的，所以泵与风机的运行工况点不但与泵与风机的性能曲线有关，而且与所在的管路特性曲线有关，即由泵与风机的性能曲线与管路特性曲线的交点决定泵与风机在管路中的运行工况。下面以泵为例进行讨论。

1. 管路特性曲线

管路特性曲线是指将流体从吸入容器输送到压出容器，流体流量与管路中需要克服管路阻力所消耗的能头之间的关系曲线。以泵在图5-37所示的管路中工作为例，通过建立伯努利方程，可确定单位质量液体从吸入容器液面 $A-A$ 截面输送到泵进口 $1-1$ 截面和从泵的出口 $2-2$ 截面输送到压出容器 $B-B$ 液面所需要的能头，可得管路特性方程：

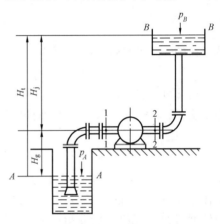

图 5-37　泵的管路（装置）

吸入管路

$$\frac{p_1}{\rho g}+\frac{v_1^2}{2g}=\frac{p_A}{\rho g}-H_g-h_{wg}$$

压出管路

$$\frac{p_2}{\rho g}+\frac{v_2^2}{2g}=\frac{p_B}{\rho g}+H_j+h_{wj}$$

以上两式相减得

$$H=\frac{p_2-p_1}{\rho g}+\frac{v_2^2-v_1^2}{2g}=\frac{p_B-p_A}{\rho g}+（H_g+H_j）+（h_{wg}+h_{wj}）$$

等号左边为泵在运行状态下提供给液体的能头

$$H=\frac{p_2-p_1}{\rho g}+\frac{v_2^2-v_1^2}{2g} \qquad (5-19)$$

等号右边为克服管路阻力所消耗的能头 H_c

$$H_c=\frac{p_B-p_A}{\rho g}+（H_g+H_j）+（h_{wg}+h_{wj}） \qquad (5-20)$$

$$H_c=\frac{p_B-p_A}{\rho g}+H_t+h_w \qquad (5-20a)$$

式中　$\dfrac{p_B-p_A}{\rho g}$——克服压出容器与吸入容器的压头差，m；

　　$H_t=H_g+H_j$——提高液体位置的势能，m；

　　$h_w=h_{wg}+h_{wj}$——克服吸入管路和压出管路的流动损失，$h_w=\varphi q_V^2$，m。

　　在现代高参数发电厂中，压力 p_A 和 p_B 随流量是改变的，如直流锅炉、滑压运行的除氧器等，在定压运行时，式（5-20a）中的 $\dfrac{p_B-p_A}{\rho g}$ 和 H_t 两项与流量无关，统称为静压头，用 H_{st} 表示。对一定的管路系统，流动损失系数 φ 为常数，则管路特性曲线方程为

$$H_c=H_{st}+\varphi q_V^2 \tag{5-21}$$

　　对风机而言，一般其进、出口压力比较接近，提高位差的势能很小，如电厂送风机、引风机，则

$$\frac{p_B-p_A}{\rho g}\approx0,\ \ H_{st}\approx0$$

故风机的管路的特性曲线方程为

$$p_c=\varphi' q_V^2 \quad\text{（其中 }\varphi'=\rho g\varphi\text{）} \tag{5-22}$$

　　由此可见，管路特性曲线为一条二次抛物线；对水泵来说，曲线顶点位于流量为零时的静压头 H_{st}，如图 5-38 所示；对风机来说，曲线顶点为原点。

　　2. 工作点

　　将泵的扬程性能曲线与管路特性曲线用同样的比例绘制在同一张图上，则两条曲线的交点，如图 5-39 中的 M 点即为泵的工作点，也称工况点。工作点的含义：当泵（风机）工作于某管路系统时，通过泵（风机）的流体流量与无泄漏管路系统中的流体流量相等；流体通过泵（风机）所获得的能头 $H(p)$ 与流体流过管路系统所需要的能头 $H_c(p_c)$ 相等。

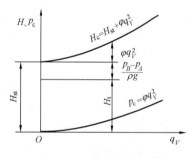

图 5-38　管路特性曲线

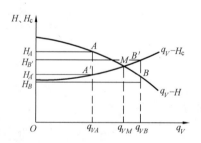

图 5-39　泵的工作点

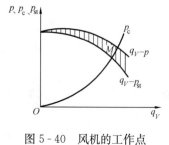

图 5-40　风机的工作点

　　对风机而言，通常以风机的静压性能曲线与管路性能曲线的交点确定风机的工作点，如图 5-40 所示。

　　如前所示，轴流式泵与风机的性能曲线会出现马鞍形，如图 5-26 所示。泵与风机在曲线下降段工作是稳定的，但在上升段工作是不稳定的。泵与风机应工作于稳定区。通常以最大总能头第一转折点为临界点 c，c 点左侧为不稳定工作区，c 点右侧为稳定工作区。

二、泵与风机的联合运行

当一台泵（风机）的流量或能头不能满足要求，常采用联合运行，即并联或串联运行。

1. 并联运行

泵（风机）的并联运行是指两台或两台以上的泵（风机），同时向一条压力管路输送流体的工作方式，如图5-41所示。当采用一台泵（风机）不能满足流量要求时，常采用这种联合运行方式。一般发电厂中的给水泵、循环水泵、凝结水泵、送风机、引风机都采用这种运行方式。

并联工作的特点是管路消耗的能量与每一台泵（风机）所提供的能量相等，系统的总流量为每台泵（风机）的流量之和。

图5-41为两台性能相同的离心泵并联运行曲

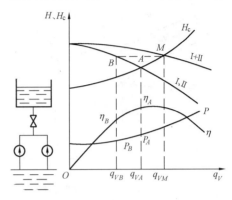

图5-41　相同性能的泵并联运行

线。Ⅰ、Ⅱ为单台泵的性能曲线；Ⅰ＋Ⅱ为两台泵并联运行的曲线，该曲线是将Ⅰ、Ⅱ泵性能曲线的流量在扬程相等的条件下叠加而得；H_c为管路特性曲线。A点（q_{VA}、H_A、P_A、η_A）为每台泵单独在该管路中运行时的工况点（性能参数），B点（q_{VB}、H_B、P_B、η_B）为并联运行时每台泵的工况点（性能参数）。Ⅰ＋Ⅱ与H_c两条曲线的交点M（q_{VM}、H_M）为两台泵并联运行时系统的工况点，则并联运行时各参数之间的关系为

$$H_M = H_I = H_{II} = H_B$$
$$q_{VM} = q_{VI} + q_{VII} = 2q_{VB}$$
$$P_M = P_I + P_{II} = 2P_B$$

泵单独运行与并联运行时参数间的关系为

$$H_M = H_B > H_A, \qquad 2q_{VA} > q_{VM} > q_{VA}$$

由此可知：泵（风机）在同一管路中工作时，其单独运行与并联运行的工作点是不相同的。在选择泵（风机）时，应根据泵的工作状况来选择泵的性能参数，即扬程、流量、效率和电动机的配套功率。

为达到增加流量的目的，管路特性曲线越平坦，并联后增加的流量就越大，而泵的性能曲线则陡一些为好。由于$2q_{VA} > q_{VM}$，则并联的台数越多，增加的流量就越少，所以并联运行的台数太多是不经济的。

图5-42所示为两台不同性能的泵Ⅰ、Ⅱ并联运行时的性能曲线，可见其并联效果不明显。当管路特性曲线H_c'很陡时，即管路阻力大于Ⅰ泵最高能头时，Ⅰ泵不仅不输送流体而且消耗能量，同时因操作复杂，故应用很少。

图5-43所示为两台压力特性具有马鞍形风机并联运行的性能曲线。具有峰值或马鞍形状压力特性的两台风机并联时，其合成的压力特性线也有峰值，且在峰值的左边呈封闭的∞形曲线。如果管网系统阻力线与合成的风机压力特性线在此区域内相交，则有两个或三个交点，即风机有两个或三个运行点。这样的运行情况显然是不稳定的，可能使其中一台风机的流量比另一台大，甚至造成一台风机过载。这种不平衡的流量分配工况还可能很快倒转过来，使得风机间歇性地加载和卸载（所谓"抢风"现象），有可能引起风机、风道和驱动电机损坏，因此风机不允许在此区域内运行。

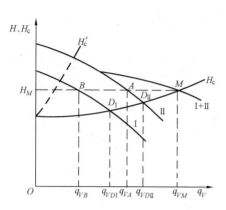

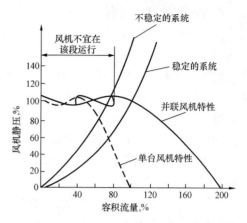

图 5 - 42　不同性能的泵并联运行　　　　图 5 - 43　两台压力特性具有马鞍形的风机并联运行

2. 串联运行

串联运行是指前一台泵（风机）的出口向另一台泵（风机）的进口输送流体的工作方式。当采用一台泵（风机）不能满足扬程（全压）的要求时，常采用这种运行方式。

串联运行的特点为：管路消耗的能量为每一台泵（风机）所提供的能量之和，系统的总流量与每台泵（风机）的流量相等。

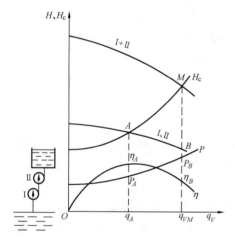

图 5 - 44　相同性能的泵串联运行

图 5 - 44 所示为两台相同性能的离心泵串联运行的曲线。图中 I、II 为单台泵的性能曲线；I ＋ II 为两台泵串联运行的曲线，该曲线是将 I、II 泵性能曲线的扬程在流量相等的条件下叠加而得的；H_c 为管路特性曲线。A 点（q_{VA}、H_A、P_A、η_A）为每台泵单独在该管路中运行时的工况点（性能参数），B 点（q_{VB}、H_B、P_B、η_B）为串联运行时每台泵的工况点（性能参数）。I ＋ II 与 H_c 两条曲线的交点 M（q_{VM}、H_M）为两台泵串联运行时系统的工况点，则串联运行时各参数之间的关系为

$$H_M = H_I + H_{II} = 2H_B$$

$$q_{VM} = q_{VI} = q_{VII} = q_{VB}$$

$$P_M = P_I + P_{II} = 2P_B$$

单泵运行与串联运行时参数间关系为

$$2H_A > H_M > H_A, \qquad q_{VM} = q_{VB} > q_{VA}$$

由此可知：泵（风机）在同一管路系统中工作时，其单独运行与串联运行的工作点是不相同的。在选择泵（风机）时，应根据其工作状况来选择泵（风机）的性能参数，即扬程（全压）、流量、效率和电动机的配套功率。

为达到增加能头的目的，管路特性曲线越陡，泵的性能曲线越平坦，串联后增加的能头就越大，否则效果不佳。因 $2H_A > H_M$，则串联的台数越多，增加的能头就越少，所以串联运行的台数太多是不经济的。

在串联工作时，必须校核 II 号泵的结构强度是否能承受升压。离心泵启动时，必须将所

有出口阀门都关闭，待Ⅰ号泵启动后，再开启该泵的出口阀门，然后启动Ⅱ号泵，再开启Ⅱ号泵的出口阀门。

风机因串联运行的可靠性和经济性不高，很少串联运行，其串联运行的特性与泵类似。

图 5-45 中Ⅲ为两台不同性能的泵Ⅰ、Ⅱ串联运行时的曲线，其中 H_c、H'_c、H''_c 为三条不同阻力的管路特性曲线。从图中可以看到：管路特性曲线为 H'_c 时，系统的工作点为 M_1，串联能头大于任何一台单泵运行时的能头，串联的目的可以达到；管路特性曲线为 H_c 时，系统的工作点为 M_2，串联能头与流量等于泵Ⅰ单独运行时的能头与流量，串联不能增加能头，反而增加泵Ⅱ的耗功；管路特性曲线为 H''_c 时，系统的工作点为 M_3，其能头与流量反而小于泵Ⅰ单独运行时的能头与流量，此时泵Ⅱ起到了节流阀的作用，增加了系统的阻力，减小了流量；若液体由泵Ⅱ输向泵Ⅰ，如同在泵Ⅰ的进口端设置一节流阀，还可能使泵Ⅰ出现汽蚀。因此只有工作在 M_2 点以左的区域，串联才有意义。

3. 相同性能的泵联合运行方式的选择

图 5-46 为两台性能相同的泵工作于三条不同阻力的管路 H'_c、H_c、H''_c 中的联合运行曲线。图中Ⅰ为两台泵单独运行时的曲线，Ⅱ为两台泵并联运行时的曲线，Ⅲ为两台泵串联运行时的曲线。

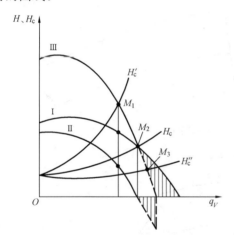
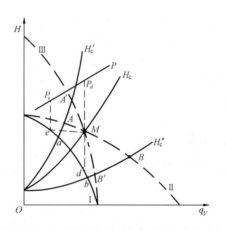

图 5-45　不同性能的泵串联运行　　　图 5-46　相同性能的泵联合运行方式的选择

从图中可以看出：管路特性曲线 H'_c 阻力较大，即管路特性曲线较陡，与并联曲线Ⅱ交于 A 点，与串联曲线Ⅲ交于 A' 点，与泵单独运行时的工作点 a 相比，串联增加的流量与能头更多，即串联运行较有利；管路特性曲线 H''_c 阻力较小，即管路特性曲线较平坦，与并联性能曲线Ⅱ交于 B 点，与串联性能曲线Ⅲ交于 B' 点，与泵单独运行时的工作点 b 相比，并联增加的流量与能头更多，即并联运行较有利。管路特性曲线 H_c 与并联或串联曲线的交点重合，此时并联与串联所增加的流量与能头相同。但每一台泵在两种联合运行方式中的工况点不相同，并联为 e 点，串联为 d 点。其所需的轴功率也不同，如图中 P_e 为并联运行时每一台泵所需要的轴功率，P_d 为串联运行时每一台泵所需要的轴功率，$P_e < P_d$，选择轴功率小者，即并联运行更为节能。

三、泵与风机的调节

由于外界负荷的变化，泵与风机采用人为的方法改变流量，即改变工况点以满足外界负

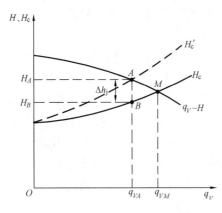

图 5-47　泵的出口节流调节运行曲线

荷要求，称为调节。由前面讨论可知，改变泵（风机）的性能曲线或改变管路特性曲线都可以改变工况点。

1. 节流调节——改变管路特性曲线

在管路中装设节流部件（阀门、挡板等），改变其开度，即改变管路阻力，进行流量控制的方法为节流调节。图 5-47 所示为出口节流调节运行曲线，这种调节方式简单，但增加了节流损失 Δh_j，因此不经济，仅用于中、小功率的泵（风机）上。

小型风机也采用入口节流调节，此时风机的性能曲线也会受到影响而改变，其工况点为管路特性曲线和风机性能曲线同时改变后的交点。

2. 变速调节——改变泵与风机性能曲线

改变泵（风机）的工作转速来改变泵（风机）的工况点是目前大型泵（风机）常采用的调节方式，称为变速调节。如图 5-48 所示，每一转速对应一条性能曲线，性能曲线与管路特性曲线的交点为工况点。图 5-47 中，不采用出口节流方式而采用变转速使性能曲线下移，则可减少节流带来的损失 Δh_j。

所以变速调节的优点是大大减少了附加的节流损失，提高了经济性，但设备投资高，因此常用于高参数大容量火电厂中的离心式泵与风机。

火电厂中的泵与风机常采用的变速调节的方法有小型汽轮机或燃气轮机直接带动给水泵变速运行，变速交流电动机直接带动变速调节；定速交流电动机通过液力联轴器（液力耦合器）间接控制泵与风机变速调节等。

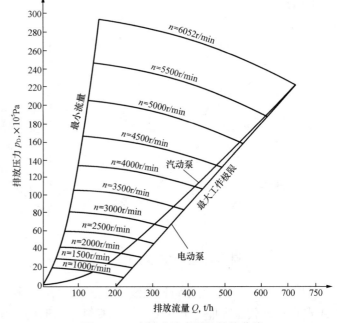

图 5-48　变转速给水泵的性能曲线

3. 可调动叶调节——改变轴流式（混流式）泵与风机性能曲线

大型轴流式、混流式泵与风机越来越多地采用可调动叶调节方式，即动叶安装角可随负荷的变化而改变，大大地提高了低负荷时的效率，增加了高效率工作区。图 5-23 为混流式泵改变叶片安装角测出相应的性能参数绘制的性能曲线图。图 5-27、图 5-28 为动叶可调轴流风机的性能曲线。

从图 5-48 中看出：叶片安装角加大时，性能曲线的流量和能头都增大，反之都减小；在较大的流量变化范围内运行具有较高的效率。启动时可以采用较小的安装角，使启动功率降低。

4. 风机入口导流器调节——改变离心风机性能曲线

离心式风机常采用的入口导流器有轴向导流器、简易导流器和径向导流器，如图5-49所示。

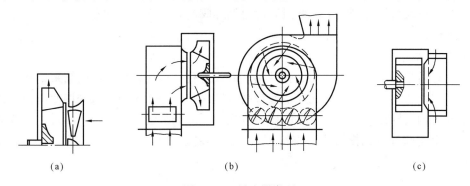

(a)　　　　　　　　(b)　　　　　　　　(c)

图5-49　导流器类型

（a）轴向导流器；（b）简易导流器；（c）径向导流器

图5-24、图5-25为离心风机采用入口导叶改变风机进口绝对速度的方向，从而改变了性能曲线。入口导叶也叫轴向导流器，安装在集流器前，由若干辐射的扇形叶片组成。导叶叶片由联动机构进行操作，使每个叶片同步改变其角度。导叶全开时，气流无旋转地进入叶轮，而在调节时，转动叶片使气流在进入叶轮前产生沿叶轮旋转方向相同的先期旋绕，造成风机全压的变化，从而改变风机的性能曲线。导叶的每一开度对应一条风机的性能曲线。入口导叶结构简单、运行可靠、尺寸紧凑，因此获得广泛应用。入口导流器调节比节流调节节能。为防止汽蚀水泵不采用入口导流器调节。

5. 汽蚀调节——改变水泵性能曲线

火电厂凝结水泵的功能是将凝汽器热井中的凝结水送到除氧器中，为了防止汽蚀将其置于凝汽器之下，并有一定的倒灌高度，如图5-50所示。

汽蚀调节的原理：将泵的出口调节阀门全开，假定设计工况点为图5-51中的 A 点，当汽轮机负荷减小时，汽轮机排汽量减少，热井的水位下降，即倒灌高度减小，凝结水泵发生汽蚀，$q_V - H$ 性能曲线骤然下降，工况点发生变化（见图5-51中 A_1），流量减小，当与凝汽器中的凝结水量达到新的平衡时，则稳定。若汽轮机负荷继续下降，则汽轮机排汽量继续减少，倒灌高度继续减小，汽蚀会更为严重，性能曲线与管路特性曲线的交点更向左移至 A_2 点、A_3 点……当汽轮机负荷提高时，汽轮机排汽量增加，热井的倒灌高度增大，性能曲线恢复，工作点回到 A 点。

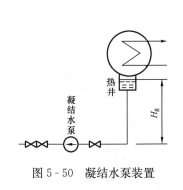

图5-50　凝结水泵装置

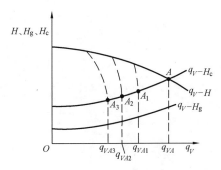

图5-51　汽蚀调节

水泵进行汽蚀调节时，应采用耐汽蚀的材料；管路的特性曲线和泵的性能曲线应比较平坦，并配合得当，使汽蚀的情况不至于太严重，保证运行具有一定的稳定性；为减轻汽蚀程度，可设置凝结水再循环管路，必要时开启再循环阀门，让部分凝结水返回凝汽器热井，以保证热井水位。

6. 调节方式的比较

国外曾对离心式和轴流式风机的各种调节方式进行试验比较。比较的结果如下：轴流式泵与风机采用可调动叶的调节方式经济性最高；其次是离心式泵与风机采用变速调节和离心风机采用入口轴向导流器加双速电机的调节方式；节流调节经济性最低。不过，可调动叶的调节方式和变速调节方式投资大，维修困难，操作复杂，常用于大型机组；节流调节投资低，维修方便，操作简单，常用于小型机组。

 思 考 题

1. 泵与风机的性能参数有哪些？

2. 泵与风机的性能曲线有哪些？它们有什么用途？

3. 液力耦合器的原理是什么？它主要由哪几部分组成？它是如何进行调节的？

4. 在使用泵时，如何根据泵的性能曲线合理确定泵的允许几何安装高度？如何从装置和运行方面防止泵产生汽蚀？

5. 离心泵与轴流泵在启动时有何区别？为什么？

6. 为什么说单凭最高效率值来衡量泵（风机）性能的好坏是不恰当的？

7. 泵（风机）在什么情况下需采用并联或串联运行？应怎样合理确定其工作点？

8. 离心式或轴流式泵（风机）常采用哪些调节方式？何种调节方式经济性最高？

第六章　火电厂输煤、供水及空气冷却系统

第一节　火电厂输煤系统

一、概述

目前，我国的电力生产以火力发电为主，而火力发电所用燃料绝大多数是煤。大型火力发电厂日耗煤量相当大，一座百万千瓦的火电厂，一昼夜的煤耗量会超过 1 万 t。如此多的煤要送到锅炉的原煤仓需要一套完善、高效的运输系统，才能保证锅炉正常用煤，从而保证发电厂安全、可靠、经济运行，所以燃料运输系统是火电厂最基本也是最重要的环节之一。

1. 发电厂输煤系统的任务

发电厂输煤系统包括来煤的接受、储存、输送、计量、破碎、除杂等一系列过程及其建筑物和各种卸煤、输煤、破碎等机械设备。其具体任务有以下几点：

（1）在规定的期间内，用卸煤设备将铁路车皮或船舶等运抵电厂的煤卸处，并检查其数量与质量；

（2）可靠地向锅炉房或制粉系统连续输煤；

（3）在损失最小的情况下储存一定数量的备用燃料。

在这几项任务中，最关键的是保证输送必须数量的煤供锅炉燃用，所以输煤系统的容量设计，应该以电厂全部锅炉每小时最大燃煤量作为计算原始依据。

发电厂输煤系统及其设备的组成和选型与很多因素有关。最重要的包括：电厂的类型与容量、燃煤特性、燃烧方式、厂外供煤运输方式与厂址特点。

2. 发电厂输煤系统的组成

目前大型火力发电厂广泛采用的典型输煤系统一般由卸煤系统、储煤系统、破碎及筛分系统、上煤系统、输煤控制系统以及输煤系统的辅助设备六部分组成。图 6-1 所示为某电厂输煤系统。

厂外运煤的方式有铁路火车运煤、公路汽车运煤、水路船舶运煤、长距离带式输送机运煤、管道运煤等。铁路运煤是火电厂当前主要的运输手段，其次是公路运输。

二、卸煤设备及受煤装置

卸煤设备是指将煤从车厢或船中卸下来的机械。对其要求是卸煤速度要快（除严寒地区外，卸煤时间一般不超过 4h）、彻底、干净且不损伤车厢。

受煤装置是指接受和转运煤的设备及构筑物的总称。对其要求是具备一定的容量，使之不影响一次或多次卸煤，并能将所接受的煤尽快地转运出去。

（一）铁路运煤的卸煤设备及受煤装置

卸煤设备一般有螺旋卸车机、翻车机、缝式煤槽、底开式车厢。

GB 50660—2011 中规定：当由铁路来煤时，卸煤装置的出力应根据对应机组的铁路日最大来煤量和来车条件确定。当采用普通敞篷车运输时，宜采用翻车机卸煤装置。当铁路日

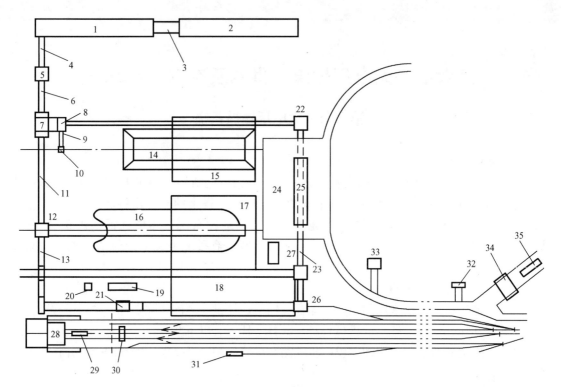

图 6-1　某电厂输煤系统示意

1、2—主厂房；3、5、7、8、12、22、26—转运站；4—栈桥；6、9、11、13、23—皮带通廊；10—碎煤机室；
14、16—煤场；15、18—干煤棚；17—干煤棚及高架栈桥；19—煤场水沉淀池；20—含煤废水处理站；
21—除尘室；24—汽车卸煤引桥及平台；25—汽车卸煤棚；27—堆煤机库；28—翻车机室及牵引
平台；29—翻车机控制室；30—火车煤取样装置；31—机车库；32—煤制样间；
33—汽车卸煤配电室；34—汽车煤取样装置；35—汽车衡

来煤量不大于 6000t 时，可采用螺旋卸车机与缝式煤槽组合的卸煤装置。

1. 翻车机

翻车机是将敞顶煤车翻转一定角度，使煤靠自重卸出的一种卸载专用机械。根据翻车机一次翻卸车皮节数不同，可分为单翻机、双翻机、三翻机和四翻机。根据翻卸形式的不同，可分为转子式翻车机、侧倾式翻车机、端倾式翻车机和复合式翻车机四种，电厂以转子式翻车机、侧倾式翻车机居多。

转子式翻车机是被翻卸的车辆中心基本与翻车机转子回转中心重合，车辆与转子同时转动 170°～180°，将煤卸到翻车机正下方的受煤斗中的一种机械。图 6-2 所示为转子式翻车机的基本结构示意。可以看到，它由转子本体、传动装置、夹车机构、托辊装置等部分组成。这种翻车机基本上是就地回转，设备自重小，功率消耗小，但地下工程量较大，目前600MW 机组多用这种翻车机。

侧倾式翻车机是被翻卸车辆中心远离翻车机回转中心，使车厢内的煤侧翻到车辆一侧的受料斗内的一种机械。图 6-3 所示为侧倾式翻车机的基本结构示意。它由回转盘、压车端梁、活动平台、压车机构、传动装置等组成。侧倾式翻车机需提升一定的高度，设备质量大，功率消耗也大，但地下工程量小，适用于地下水位较高的沿海及水网地区。

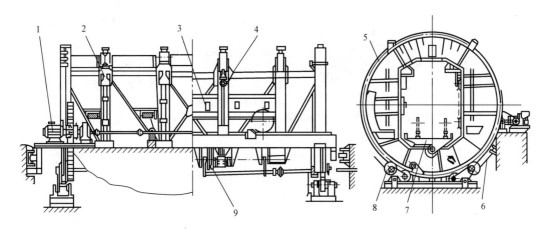

图 6-2　转子式翻车机的基本结构示意

1—传动装置；2—转子桥架；3—靠板与振动器；4—夹车机构；5—转子本体；
6—曲线板；7—定位及推车平台；8—托辊装置；9—小车导板及制动器

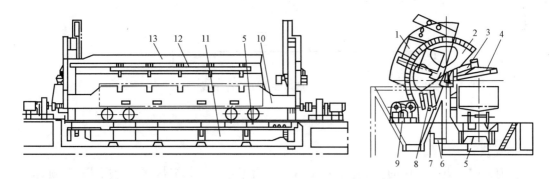

图 6-3　侧倾式翻车机的基本结构示意

1—平衡块；2—回转盘；3—压车端梁；4—压车小横梁；
5—活动平台；6—定位杆；7—插销；8—压车机构；9—传动装置；
10—托车梁；11—底梁；12—外通梁；13—压车主梁

2. 翻车机卸车线

由于电厂的地理位置和客观环境不同，翻车机卸车线的布置也不同，有的纵向布置在机房与煤场之间，有的横向布置在机房与煤场的端部。不论在哪里布置，翻车机卸车线的布置形式可分为两种：贯通式和折返式。

贯通式翻车机卸车线一般在翻车机出口后的场地较宽广、距离较远的环境使用，空车车辆可不经折返直接返回到空车铁路专用线上，如图 6-4 所示。其卸车线由翻车机、重车铁牛、空车铁牛等组成。后推式铁牛将整列重车推到翻车机前，重车通过人工摘钩并靠惯性从有坡度的轨道溜入翻车机内进行卸车；推车器将卸完的空车推出翻车机，空车铁牛将空车送到空车线上集结。

折返式翻车机卸车线一般在厂区平面布置受限制时采用。它与贯通式不同之处在于增加了迁车台。大多数发电厂采用折返式卸车线。图 6-5 所示为某 600MW 电厂折返式翻车机卸车线的示意。

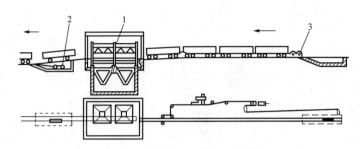

图 6-4　贯通式翻车机卸车线
1—翻车机；2—空车铁牛；3—重车铁牛

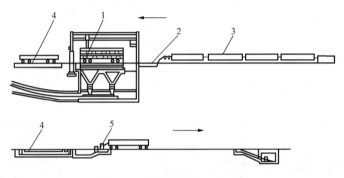

图 6-5　折返式翻车机卸车线
1—翻车机；2—重车铁牛；3—重车推车器；
4—迁车台；5—空车铁牛

3. 受煤斗

目前大中型电厂常用的受煤装置有三种：栈台或地槽、长缝煤槽、受煤斗。螺旋卸车机与栈台或地槽配用；也可与长缝煤槽配用；翻车机与受煤斗配用；自卸式底开车配长缝煤槽。由于目前大型电厂一般采用翻车机卸煤系统，所以这里只介绍受煤斗。

受煤斗为钢筋混凝土结构，煤斗壁的倾角一般为 $55°\sim60°$。内壁常加衬钢板。受煤斗的总容量通常为 120t 左右。煤斗上装有箅子，防止大块煤从煤斗下口进入给煤设备，将给煤设备卡住，如图 6-6 所示。

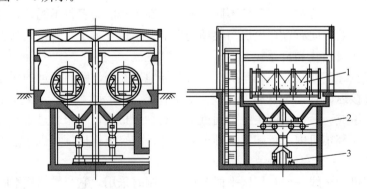

图 6-6　受煤斗示意
1—翻车机；2—带式给煤机；3—带式输送机

煤由单翻机或双翻机卸入受煤斗，经带式给煤机输送至带式输送机。带式输送机可以与翻车机轴线平行布置，也可以垂直布置。带式输送机的布置方式应根据电厂具体条件而定，一般情况下为节省占地，带式输送机垂直布置时，翻车机室应远离主厂房；而平行布置时，应尽可能靠近主厂房。

（二）水路运煤的卸煤设备及受煤装置

当发电厂靠近港湾和通航河道时，燃煤宜采用水路运输。水路运煤时，煤由煤船送至发电厂的煤码头，由卸煤机械卸至带式输送机，送往储煤场或锅炉的原煤仓。船舶卸煤设备主要有链斗式卸船机和门式抓斗绳索牵引式卸船机等，大型发电厂普遍采用链斗式卸船机。

链斗式卸船机由置于壁架前端的若干链斗向一个方向连续不断地回转，将煤从船舱中取出，然后倒入置于臂架上的带式输送机。这种设备效率高，能耗小，对环境的污染较小，但结构复杂，磨损严重。

门式抓斗绳索牵引式卸船机卸煤时，将煤提升一定高度，卸入指定的固定式或移动式煤斗中，并以相反的动作回复原位。煤斗的煤由带式输送机送往储煤场或直接送往锅炉。这种设备的工作效率不高，卸煤时煤尘飞扬，对环境污染大，但使用和维修方便，多用于中、小容量的发电厂。

这两种卸煤设备均不需设置专门的受煤装置。

（三）其他运煤方式

距煤矿较近且线路坡度小于8%的电厂，可用汽车运煤，一般采用自卸汽车，载质量大小不一。

距煤矿较近且线路坡度大于2%的电厂，可采用长距离带式输送机直接将煤由煤矿运至电厂主厂房。

管道运煤是煤通过水力在管道内流动输送的方式。管道输煤时，一般在煤矿先将煤破碎、筛分，使煤粒不大于1.3mm，与水混合制成煤浆，用泵升压，经管道送至电厂，煤浆在电厂脱水，再经煤的常规处理，最后供锅炉使用；也可将煤与水配合制成水煤浆液体燃料用管道送至电厂，经处理后直接送入锅炉燃烧。

三、储煤场及煤场机械

（一）储煤场

1. 煤场储煤量的确定

为保证发电厂的安全运行，防止因来煤中断而影响生产，各电厂均设有储煤场，用来储存一定数量的燃煤，作为备用。同时可调节厂外来煤量和锅炉燃料量的不均衡，有时还可利用煤场进行混煤和高水分煤的自然干燥工作。

GB 50660—2011中规定：运距大于100km的火力发电厂，储煤容量不应小于对应机组15d的耗煤量。运距大于50km、不大于100km的火力发电厂，当采用汽车运输时，储煤容量不应小于对应机组7d的耗煤量；当采用铁路运输时，储煤容量不应小于对应机组10d的耗煤量。运距不大于50km的火力发电厂，储煤容量不应小于对应机组5d的耗煤量。对于多雨地区的发电厂，应根据煤的物理特性、制粉系统和煤场设备类型等条件，确定是否设置干煤储存设施，当需设置时，其容量应不小于3d的耗煤量。

不同的电厂总体布局不同，储煤场的类型也不一样，有圆形、条形和扇形等。大多数电厂采用条形储煤场，也有少数电厂采用圆形或扇形。

2. 储煤场容量计算

煤场堆煤体积及储煤量计算（见图 6-7）如下：

(1) 堆煤顶宽：$a = (b-w)/2 - [h \times \tan(90° - 40°)] \times 2$；

(2) 单个堆煤截面积：$S = [a + (b-w)/2] \times h/2$；

(3) 单个堆煤体积：$V = S \times L$（L 为储煤场长度）；

(4) 储煤场容量：$Q = 2 \times V \times 0.75$。

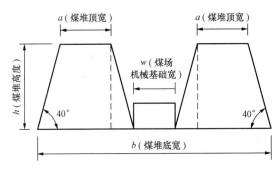

图 6-7 煤场堆煤体积及储煤量计算示意

根据储煤量的大小，可按下式大致确定需要的堆煤面积：

$$A = \frac{W}{kH_{max}\rho} \quad m^2$$

式中 W——煤场存煤量，t；

k——与煤堆形状有关的系数（见表 6-1）；

H_{max}——最大堆煤高度，m（根据不同的煤场机械，H_{max} 为 7~12m）；

ρ——煤的堆积密度，t/m^3。

表 6-1　　　　　　　　　　　与煤堆形状有关的系数 k

煤堆形状	梯形断面	三角形断面	扇形煤场	圆形煤场
k	0.75~0.80	0.45	0.65	0.60~0.70

（二）煤场机械

大型电厂煤场的储煤量多达几十万吨，煤场的工作必须机械化。不同的储煤场所采用的机械设备不同。

1. 斗轮堆取料机

斗轮堆取料机是火力发电厂储煤场用于连续堆煤、取煤的专用机械设备。它有连续运转的斗轮，工作效率高，而且取储能力大，操作简单，结构先进，投资少。

国内发电厂常用的斗轮堆取料机有悬臂式斗轮堆取料机、门式斗轮堆取料机和圆形斗轮堆取料机三种。前两种用于长条形储煤场，后一种用于圆形储煤场，下面仅介绍前两种。

（1）悬臂式斗轮堆取料机。悬臂式斗轮堆取料机的结构如图 6-8 所示。它由斗轮取料机构、臂架、变幅机构、回转机构、带式输送机、行走机构、门座和尾车等部分组成。

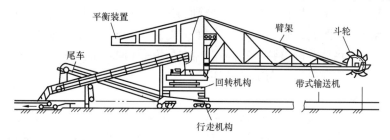

图 6-8　悬臂式斗轮堆取料机的结构

1）各部分组成。

斗轮取料机构：布置在悬臂前端，由斗轮、驱动装置、斗轮轴、轴承座、润滑油系统等组成。斗轮为无格式结构，上面有 9 个斗子。斗轮由驱动装置带动回转，从而从煤堆上挖取煤。

臂架（或悬臂）：包括悬臂架保安装置、前臂架、悬臂带式输送机、拉杆平衡系统等。悬臂保安装置可以是钢丝绳，也可以是液压装置。通过钢丝绳或液压调节可改变悬臂架的俯仰角，以适应不同高度堆取煤的需要。悬臂带式输送机安装在上部金属结构中前臂架与后臂架上，随同上部金属结构在堆取料的过程中进行俯仰变幅。为适应堆料和取料作业，带式输送机可双向运行。拉杆平衡系统可使悬臂架及其安装于此的各部件与配重平衡，减小变幅机构的驱动力。

变幅机构：由俯仰液压站、俯仰油缸及油缸上的双向平衡阀装置、悬臂架铰轴处的变幅角度信号发生器组成。通过液压缸的伸缩实现整机的俯仰角度的变化。

回转机构：安装在门座和转盘之间，由回转大轴承、润滑系统、回转驱动装置、回转信号发生器等组成。能使悬臂架在与轨道中心线呈不同夹角的位置上堆料与取料。再加上变幅机构与行走机构的配合，可实现在整个煤场有效范围内的堆料和取料。

门座：是主机的基础结构件，承受主机部分的自重和工作载荷。

行走机构：安装在门座支腿下部，可采用变频调节，实现整机变速行走。

尾车：是主机与煤场带式输送机之间的桥梁。它有活动式和固定式两种，图 6-8 中的尾车是固定式。固定式尾车只在堆料时起作用；活动式尾车的头部可升降，取料时低于悬臂带式输送机，堆料时则要高。

2）堆料作业方法。

悬臂式斗轮机的堆料作业方法可分三种：回转堆料、定点堆料和行走堆料。

回转堆料是指主机先固定在某一位置，即大车暂不行走，物料按臂架回转半径的轨迹推出，由低到高逐层进行。这种堆料法消耗功率大，不经济。

定点堆料是指斗轮机在堆料时臂架的仰角不变，待煤堆到一定高度时，开动行走机构移动一个位置，或者臂架转动一个角度，再进行堆料，如此循环。这种堆料法操作简单，运行经济。

行走堆料是指大车边行走、边变换悬臂的角度和高度进行堆料，大车走到煤场一端时，再退回行驶堆料，如此循环。这种堆料法机器振动大，很不经济。一般用于储煤场进行不同煤种分层堆放时。

3）取料作业方法。

　　悬臂式斗轮机的取料作业有很多方法，这里只介绍斜坡多层切削取料和水平全层取料两种。

　　斜坡多层切削取料是斗轮机不行走，悬臂回转沿料堆的自然堆积角斜坡从上到下地取一层料后，大车后退一段距离，臂架回转一定角度取第二层煤，直至料堆底部。

　　水平全层取料是将悬臂调整到一定高度，由轨道一侧向料堆方向回转一个角度后，行走机构进一个斗深，臂架向轨道方向旋转到煤堆边缘，斗轮机再向前进一个斗深，如此往复，从上至下一层层取料。

　　堆料时，斗轮静止，煤场带式输送机来煤通过进料带式输送机向悬臂带式输送机供煤，靠悬臂输送机抛出；取料时，斗轮机构从煤场取料送至悬臂带式输送机，通过悬臂带式输送机的反转把煤送至尾车，再送至煤场带式输送机。

　　（2）门式斗轮堆取料机。门式斗轮堆取料机也称门式滚轮机，其结构如图6-9所示。它主要由金属结构、斗轮及滚轮回转机构、小车运行机构、大车行走机构、活动梁起升机构、带式输送机和折返式尾车组成。

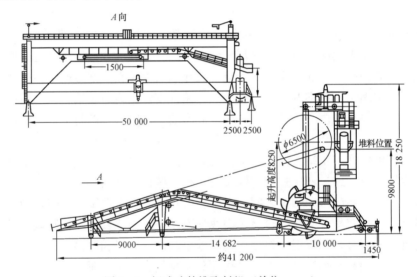

图6-9　门式斗轮堆取料机（单位：mm）

　　金属结构由活动梁、固定梁、刚性腿、柔性腿等组成。活动梁通过起升机构可以上下移动。活动梁上设有支承滚轮和滚轮小车运行机构。固定梁下部装有司机室和单梁起重机。活动梁内布置有取料输送机、堆取料输送机和移动输送机。尾车与活动梁一侧连接，随车一起移动，连接本机与煤场带式输送机。

　　堆料时，煤场带式输送机来煤经折返尾车送到堆取料输送机上，再导入移动输送机，经移动输送机和自身的移动把煤抛向煤场。取料时，大车每前进0.5m左右即停止不动，将活动梁降到一定高度，开动斗轮取料，当斗轮旋转到最高位置后，将煤倒入取料输送机或堆取料输送机，再经移动输送机和折返式尾车，由煤场带式输送机运走。

　　2. 推煤机

　　推煤机是储煤场主要辅助机械。它由发动机、液力变矩器、万向节、变速箱、转向制动器、传动系统、行走机构、液压系统、工作装置和电气系统等组成。

　　推煤机可以把煤堆成任何形状，还可在堆煤过程中，将煤逐层压实，并兼顾平整道路等其他辅助工作。运距在50～70m以内可作为应急的上煤机械。

四、煤的厂内运输设备

煤的厂内运输，就是将煤连续、均匀地从受煤装置或储煤场送至锅炉的原煤仓中，输送过程中，还要进行煤的筛分、大块煤的破碎和除去煤中磁性物质等工作。因此，厂内运输系统中的主设备是带式输送机，辅助设备有给煤设备、筛分设备、碎煤设备和电磁分离器等。

（一）带式输送机

带式输送机的作用是把煤从受煤装置或储煤场送至锅炉的原煤仓。它的种类很多，按驱动方式及输送带的支撑方式不同可分为普通带式输送机、管状带式输送机、气垫带式输送机、钢丝绳牵引带式输送机等。目前电厂应用的主要是普通带式输送机和管状带式输送机，下面分别进行介绍。

带式输送机可水平布置，也可倾斜布置。倾斜布置时，倾角宜采用16°，不能大于18°，否则煤会沿输送带表面滑动，影响输送量。

1. 普通带式输送机

普通带式输送机有固定式和移动式两种，电厂大多数采用固定式，其结构如图6-10所示。它由输送带、槽形托辊、滚筒、机架、驱动装置、重锤拉紧装置和制动装置等组成。

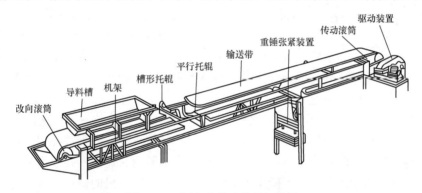

图6-10　固定式带式输送机简图

输送带是带式输送机的主要部件，它既是牵引构件，又是承载物件，起着传递动力、运动和支承物料的作用。常用的输送带有橡胶输送带、塑料输送带和钢绳输送带，其结构有槽形和管状两种。

托辊是用来承托输送带的运动而做回转运动的部件。

滚筒有传动滚筒、改向滚筒和拉紧滚筒等。传动滚筒的作用是通过筒面和带面之间的摩擦驱动输送带运动，同时改变输送带的运动方向。改向滚筒只改变输送带的运动方向而不传递动力。拉紧滚筒是拉紧装置的组成部分之一。

拉紧装置的作用是保证输送带有足够的张力，使滚筒与输送带之间产生所需要的摩擦力，并限制输送带在各支承托辊间的垂度，使带式输送机能正常运行。

驱动装置是带式输送机的动力来源，电动机通过联轴器、减速器带动滚筒转动，从而带动输送带运转。

制动装置主要用于倾斜布置或有倾斜段的带式输送机，它的作用是防止电动机断电时，带负荷的带式输送机自行反向运行，引起煤堆积外撒，甚至使输送带断裂或机械损坏。

图 6-11　管状带式输送机的外形结构

2. 管状带式输送机

管状带式输送机是把物料置于围成管状的输送带内进行密闭输送的输送机，它不仅避免了普通带式输送机输送物料时线路倾角小，水平弯曲半径大，易沿途撒料等缺点，而且还能使物料免受风吹、日晒和雨淋，保证了物料的质量。因而，在一些新建电厂得到应用。管状带式输送机种类繁多，按截面形状可分为圆管带式输送机、梨形吊挂管状带式输送机、扁管形带式输送机、三角管带式输送机、方管形带式输送机等，其中圆管带式输送机发展最快。图 6-11 所示为管状带式输送机的外形结构。

该机是由呈六边形布置的辊子强制胶带裹成边缘互相搭接成圆管状来输送物料的一种新型带式输送机。管状带式输送机的头部、尾部、受料点、卸料点、拉紧装置等位置在结构上与普通带式输送机基本相同。输送带在尾部过渡段受料后，逐渐将其卷成圆管状进行物料密闭输送，到头部过渡段再逐渐展开。卸料管状带式输送机一般由尾部过渡段、管状段和头部过渡段三部分组成，其基本结构如图 6-12 所示。从尾部滚筒到胶带形成圆筒状称为尾部过渡段，受料点一般在这段范围内。尾部过渡段内胶带由水平变为槽形，最后卷成圆筒状。在管状段内，胶带被托辊组强制裹成圆筒状，输送物料随胶带在圆筒内运行。头部过渡段胶带由圆筒状逐渐展开成为平面，至头部滚头后卸料。回程段与承载段相同。所以可以说，管状带式输送机的输送是展开受料、封闭圆筒状运行、再展开卸料的过程。管状带式输送机由驱动装置、头部滚筒、尾部滚筒、托辊组和机架等部分组成。

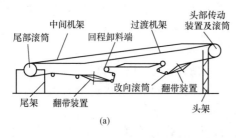

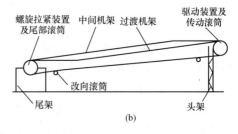

图 6-12　管状带式输送机结构示意

(a) 双向输送物料；(b) 单向输送物料

通用带式输送机的主要区别在于所采用的输送带、托辊组结构不同。

（二）给煤设备

给煤设备的作用是将煤连续、均匀地送入带式输送机。

1. 带式给煤机

带式给煤机将翻车机翻卸下的煤连续、均匀、定量地输送到带式输送机上。它由输送

带、传动滚筒、改向滚筒、托辊、导料
槽、支架、螺旋拉紧装置、头部漏斗等
组成，如图 6-13 所示。

2. 变频调速电机振动给煤机

变频调速电机振动给煤机，一般用
在电厂燃料运输系统事故煤斗下面，该
给煤机是利用自同步原理，用两台振动
电机产生的合力，推动给煤机体产生直
线振动，迫使给煤机的物料产生抛物线
运动，而达到输送目的，其结构如图
6-14 所示。

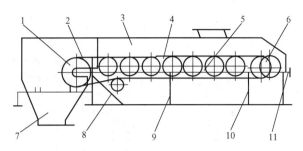

图 6-13　带式给煤机

1—传动滚筒；2—托辊；3—导料槽；4—输送带；5—支架；
6—改向滚筒；7—头部漏斗；8—头部支架；9—中部支架；
10—尾部支架；11—螺旋拉紧装置

（三）筛分、碎煤设备

进入锅炉制粉系统的原煤粒度要求在 30mm 以下。粒度过大，在保证磨煤机出口煤粉
细度不变的情况下，会使磨煤电耗增大，研磨部件的磨损加重。因此煤进入制粉系统之前，
先用煤筛对原煤进行筛分，符合要求的煤直接进入制粉系统，大块煤则进入碎煤设备破碎后
再送入制粉系统。

筛分设备和碎煤设备一般都布置在碎煤机室，如图 6-15 所示。

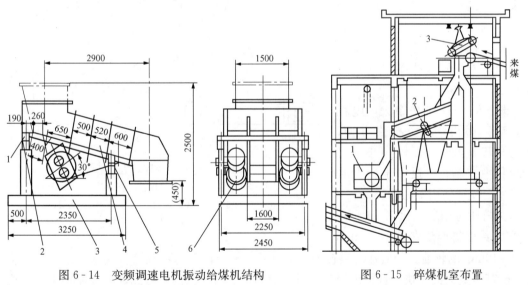

图 6-14　变频调速电机振动给煤机结构

1—后支座；2—隔振弹簧；3—支架；4—给料槽；
5—前支架；6—振动电动机

图 6-15　碎煤机室布置

1—碎煤机；2—单轴振动筛；
3—电磁除铁器

1. 筛分设备

筛分设备一般按筛面的运动形式不同可分为滚动筛和振动筛两种。目前大中型电厂多采
用滚动筛。

图 6-16 所示为某电厂的倾斜式滚动筛结构示意。它主要由前筛箱、中筛箱、后筛
箱、下筛箱、筛轴和煤挡板等组成。所有壳体均由钢板焊接而成，箱体内两侧固定有耐
磨衬板。

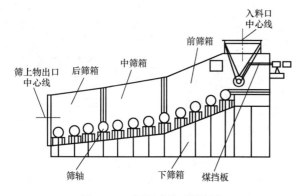

图 6-16　倾斜式滚动筛结构

煤从入料口进入筛箱后，在自重和筛片转动的双重作用下向下游移动，同时进行筛分。经过前筛箱、中筛箱和后筛箱后，粒度小于 25mm 的煤已被筛下，大于 25mm 的煤经出料口被送入下游的带式输送机。

2. 碎煤设备

常用的碎煤设备有锤击式碎煤机、反击式碎煤机、辊式碎煤机和环锤式碎煤机等。环锤式碎煤机是应用最广泛也较先进的碎煤设备。

图 6-17 所示为环锤式碎煤机的结构。它主要由转子、筛板支架、调节机构、安装装置等组成，其机体采用中等强度的钢板焊接而成，内侧装有耐磨衬板。

煤进入碎煤机后，首先受到高速旋转的环锤的冲击而破碎，同时从环锤上获得动能，高速冲向破碎板再次破碎，然后落到筛板上，受到环锤的挤压、研磨和煤之间的相互作用，进一步破碎后从筛孔排出。不能破碎的杂物如铁块、木块则被拨到除铁室定期排走。

环锤式碎煤机功率大，电耗小，环锤磨损均匀，检修方便，运行平稳，振动小，噪声小，可实现集中控制，但煤中水分大时易堵塞，环锤使用寿命不长。

国内外对循环流化床（CFB）锅炉均要求将原煤制成 0～8mm

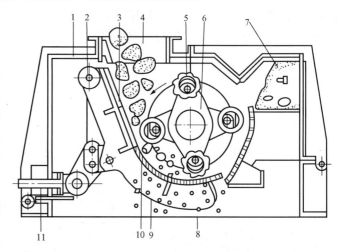

图 6-17　环锤式碎煤机的结构
1—壳体；2—安装装置；3—碎煤板；4—入料口；5—环锤；
6—转子；7—除铁室；8—排出口；9—筛板支架；
10—筛板；11—调节机构

或 0～10mm 的颗粒。一般常规煤粉炉的输煤系统破碎设备达不到这种要求，运行中尚含有 10mm 甚至更大的煤块，且粒度级配很难达到锅炉要求的比例。因此，一般循环流化床锅炉设两级破碎系统，分别为粗碎和细碎（见图 6-18）。循环流化床锅炉粗破碎机与普通电厂锅炉输煤系统没有多大的区别，一般是环锤式的。细碎机是二级破碎设备，经过细碎机破碎的原煤直接进入炉膛燃烧，因此细碎机的出口粒度和出力要求较为严格（细碎机的进口颗粒为 30～50mm，出口为 8～10mm）。国内电厂细碎机的选型一般为进口品牌，如德国 FAM 公司、美国宾夕法尼亚破碎机公司、美国破碎机公司和德国奥贝码。这几种破碎机的工作原理基本一致，均为可逆锤击式（见图 6-19），即锤头转子在顺、逆两个方向均可旋转，使锤头和击碎板在两个相反部位均可利用，在出料部位有调节机构，可根据煤质状况调节破碎板和锤头的间隙，保证出料粒度在要求范围内，并配有液压开启机构，便于对细碎机内部锤头和破碎板的检查和更换。上述几种进口品牌的细碎机各有其特点，只是在驱动机构连轴形式、锤壁大小和长度、锤头与锤壁的连接形式及锤头转速上有所区别。

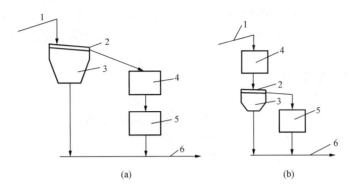

(a)　　　　　　　　　　(b)

图 6-18　两级破碎系统

（a）振动筛前置布置；（b）振动筛中间布置

1—输煤皮带；2—振动筛；3—煤斗；4—一级破碎机；

5—二级破碎机；6—输煤皮带

（四）其他辅助设备

火电厂厂内输煤辅助设备除给煤设备、筛分设备、碎煤设备外，还有电磁分离器、木屑分离器和计量设备等。

电磁分离器用来除去煤中的铁件等磁性物质。一般有悬吊式和滚筒式两种。悬吊式电磁分离器是利用悬吊在输送带上方的马蹄形电磁铁把输送带煤层上部的金属块除掉。滚筒式电磁分离器是在带式输送机的传动滚筒内加装一电磁设备，使滚筒产生磁性，把煤层底部的金属块除掉。

木屑分离器用来除去煤中的木

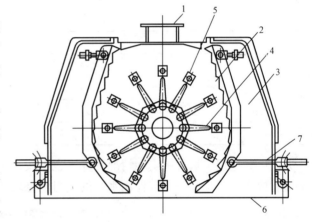

图 6-19　锤击式细碎机结构

1—入料口；2—破碎板；3—壳体；4—锤子；5—转子；

6—筛板；7—调节机构

块、碎布、稻草等杂物。由于大型电厂采用环锤式碎煤机较多，煤中的这些杂物可被拨至除铁室，故木屑分离器用得较少。

犁式卸料器在运煤系统中用于向原煤仓配煤，一般有固定式和可变槽角式两种。

计量设备应用在煤的进入电厂和进入锅炉原煤仓等处，用来计量进入电厂和原煤仓的煤量，包括动态电子轨道衡、电子皮带秤等。动态电子轨道衡可对行进中的铁路车辆进行高速、准确、自动称量；电子皮带秤可对散装物料在带式输送机输送过程中进行动态称量。

第二节　火电厂的供水及空气冷却系统

火电厂的冷却系统包括湿式冷却系统和空气冷却系统，对应的机组通常称为湿冷机组和空冷机组。在火电厂的生产过程中不仅需要燃用大量的燃料，而且需要大量的水。一台 600MW 的湿冷机组，每小时的用水量约为 9 万 t，一座 1200MW 的火电厂每小时的用水量约为 18 万 t。水既可作为能量转换过程中的工质，又可作为传热介质。作为传热介质主要用于冷凝汽轮机的排汽，同时还可为其他辅助冷却水系统、化学水处理系统、锅炉除灰系统等提供水源。

一、火电厂供水量的计算

火电厂的供水量主要取决于凝汽器所需的冷却水量，在凝汽器冷却水的最高计算温度条件下，冷却水量应能保证汽轮机的排汽压力不超过满负荷运行的最高允许值，一般由下式计算：

$$D_W = m D_c$$

式中　D_W——冷却水量，t/h 或 m³/h；

　　　m——冷却倍率；

　　　D_c——汽轮机的排汽量，t/h 或 m³/h。

由上式知，冷却倍率就是单位时间内冷却 1kg（或 1m³）的蒸汽所需要的冷却水量，它的大小反映了所需冷却水量的多少。冷却倍率与火电厂所在地区、季节及供水方式有关，具体数值见表 6 - 2。

表 6 - 2　　　　　　　　　　　　　冷却倍率 m 的一般数值

地　区	直流供水		循环供水	直流供水夏季平均水温（℃）
	夏季	冬季		
东北、华北、西北	50～60	30～40	60～70	18～20
中　部	60～70	40～50	65～75	20～25
南　部	65～75	50～55	70～80	25～30

火电厂其他用水量可按实际情况计算，也可按相对于冷却水量的多少进行估算，此时冷却水量看成 100%（或 1），其他用水量的相对值见表 6 - 3。

表 6 - 3　　　　　　　　　　　火电厂其他用水量的相对值　　　　　　　　　（%）

项　目	数　值	项　目	数　值
冷却汽轮发电机组油和空气的水量	3～7	补充热电厂厂内、外汽水损失的水量	1.5 以下
冷却辅助机械轴承的水量	0.6～1	生活及消防用水量	0.03～0.05
补充凝汽式发电厂厂内汽水损失的水量	0.06～0.12	补充冷却塔或喷水池损失的水量	4～6
水力除灰系统排灰渣用水量	2～5		

二、湿冷机组的供水系统

火电厂的供水系统由水源、取水设备、用水设备以及连接管道、阀门和附件等组成。

（一）火电厂水源和对供水系统的要求

1. 水源

要求水源必须可靠。在确定供水能力时，应充分掌握水源的水文资料、当地工农业和生活用水等情况，注意水力规划对水源变化的影响与资源的综合利用，还要有水源可靠性分析专门论证报告，可靠性标准由 GB 50660—2011《大中型火力发电厂设计规范》中规定。

2. 对供水系统的要求

发电厂的供水系统必须可靠，因为它会直接影响汽轮发电机组的正常运行。它必须满足如下要求：

(1) 保证不间断地供给足够的水量；

(2) 进入凝汽器的冷却水的最高温度一般不应超过制造厂的规定值；

(3) 最大限度地清除冷却水中的杂质，以避免堵塞冷却设备；

(4) 为减少供水系统投资、运行和维护费用，厂区尽可能靠近水源。

（二）供水系统的分类及选择

1. 供水系统的分类

发电厂的供水系统由水源和取、供水设备及其管路组成，可分为直流、循环两种供水系统。

2. 直流供水系统

直流供水系统的水源是江、河、湖泊等自然水源。取水设备从水源取出水，经凝汽器等冷却设备吸热后，又直接通过管道或沟渠排至水源，也称开式供水系统。这种系统投资小、运行经济性高，在有条件的情况下应优先选用。

发电厂中经常采用的直流供水系统有以下几种：

(1) 岸边水泵房直流供水系统。当水源水位较低或水位变化幅度较大时，采用岸边水泵房直流供水系统，如图 6-20 所示。

可以采用两条供水管道，组成双母管供水系统，也可以采用一条供水管道的单元供水系统。

水由岸边水泵房中的循环水泵升压后，经管道送至凝汽器及其他冷却设备吸热，热水通过虹吸井，由排水渠流回水源下游。该系统的特点是水泵房标高较低，水泵能自流取水，运行比较可靠，但供水管道长，流动阻力大。

(2) 具有中继水泵房的直流供水系统。当发电厂厂址的标高与水源水位相差很大或厂址距离水源较远时，可采用中继水泵房直流供水系统，如图 6-21 所示。该系统中有两个水泵房，一个在岸边，另一个在主厂房内或靠近主厂房。两个水泵房之间可采用自流明渠或供水管道连接。

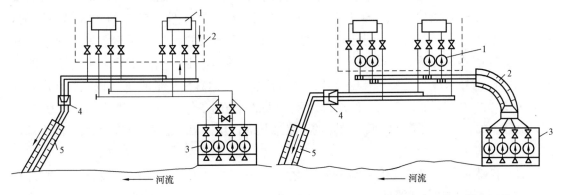

图 6-20　岸边水泵房直流供水系统　　　　　图 6-21　中继水泵房的直流供水系统
1—凝汽器；2—主厂房；3—水泵房；　　　　　1—中继水泵；2—进水渠；3—水泵房；
4—虹吸井；5—排水渠（沟）　　　　　　　4—虹吸井；5—排水渠（沟）

（3）循环水泵装在汽轮机房或厂区内中央水泵房中的直流供水系统。当厂区标高与水源水位相差很小及水源水位变化不大时，可采用厂区内泵房直流供水系统。当水源水位变化不大（1～3m），最低水位较高，水源到厂区引水渠沿线地形平坦时，可以用明渠将水直接引至汽轮机房的吸水井或厂区中央水泵房中，由布置在汽轮机房或中央水泵房内的循环水泵直接供水，如图 6 - 22 和图 6 - 23 所示。

三种直流供水系统中，岸边水泵房直流供水系统在发电厂中应用较普遍。

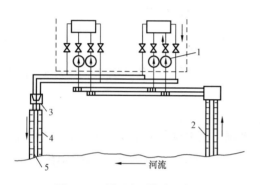

图 6 - 22　循环水泵装在汽轮机
房内的直流供水系统

1—循环水泵；2—进水渠；3—虹吸井；
4—排水渠（沟）；5—排水口

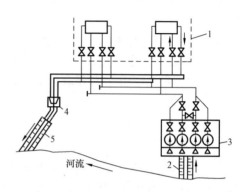

图 6 - 23　循环水泵装在中央水
泵房内的直流供水系统

1—主厂房；2—进水渠；3—中央水泵房；
4—虹吸井；5—排水渠（沟）

3. 循环供水系统

循环供水系统是指冷却水经凝汽器或其他设备吸热后进入冷却设备（冷却塔、冷却池或喷水池），将热量传给空气而本身温度降低后，再由循环水泵送回凝汽器重复使用的系统。

冷却塔是将循环冷却水在塔内从上而下喷溅成水滴或水膜状泻下，空气则由下而上或水平方向在塔内流动，和喷溅后的水滴或水膜进行充分的热、质交换，冷却后的水落在塔底池内，以备再循环使用。换热后的空气从塔顶排向大气。循环水的冷却实质是蒸发散热、接触传热和辐射传热三个过程的共同作用。在不同条件下散热的方式是不同的，春夏秋三季中，由于气温高，水与空气的温差小，循环水的冷却主要靠蒸发散热，尤其是夏季蒸发散热量可达总散热量的 80%～90%。在冬季，由于气温下降，水与空气的温度差加大，循环水冷却主要靠接触传热，这时传热量可达总传热量的 50% 以上。在严寒地区会更高，可达 70%。冷却设备的热力计算是以最不利的条件，即以炎热的夏季来考虑的，所以循环水的冷却主要靠水的低于沸点的蒸发散热起作用。辐射散热只有在大面积的冷却池内才起主导作用。

（1）自然通风冷却塔。自然通风冷却塔是火电厂中经常使用的冷却装置，一般为双曲线型，其结构如图6 - 24所示。它主要由通风筒、人字形支柱、淋水装置和储水池等组成。

通风筒由钢筋混凝土浇灌或预制件制成，形状为双曲线形，高度可达 100m 以上。筒内为吸收冷却水热量的热空气，密度比筒外空气的密度小，因此筒内空气向上流动，筒外空气便源源不断地补充进来，形成自然通风。

人字形支柱为钢筋混凝土制成，承担通风筒的动静载荷，冷空气由此进入风筒。

淋水装置布置在距地面8～10m的高度。冷却水在凝汽器或其他设备吸热后，沿压力管道送至配水系统中的配水槽。水沿配水槽由塔中心向四周流动，经配水槽上的孔呈线状向下流，落在特殊的淋水填料上。经淋水填料最后落入布置在地面之下的集水池。冷空气靠通风筒的吸力从其下部四周吸入，并向上流动，与下落的水滴成逆向流动，吸收水的热量后，从通风筒上部排出。

自然通风冷却塔循环供水系统如图6-25所示。

（2）烟塔合一冷却塔。烟塔合一技术是将火电厂烟囱和冷却塔合二为一，取消烟囱，利用冷却塔巨大的热湿空气对脱硫后的

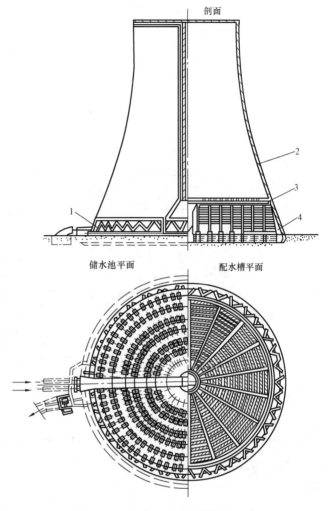

图6-24　自然通风冷却塔结构示意
1—人字形支柱；2—通风筒；
3—淋水装置；4—储水池

净烟气形成一个环状气幕，对脱硫后净烟气形成包裹和抬升，增加烟气的抬升高度，从而促进烟气中污染物的扩散，其剖面如图6-26所示。采用该技术后，不仅可以提高火力发电系统的能源利用效率，而且大大简化了火电厂的烟气系统，减少了设备投资和脱硫系统的运行维护费用。

烟塔合一工艺系统通常有外置式和内置式两种排放形式。

1）外置式。外置式排放形式把脱硫装置安装在冷却塔外，脱硫后的洁净烟气直接引入冷却塔内喷淋层的上

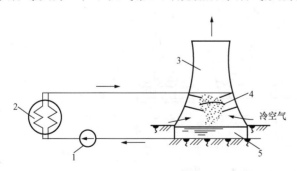

图6-25　自然通风冷却塔循环供水系统
1—循环水泵；2—凝汽器；3—冷却塔；
4—淋水装置；5—储水池

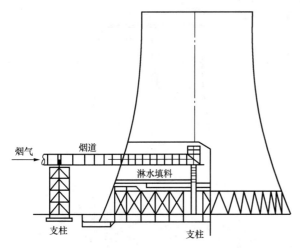

图 6-26　烟塔合一冷却塔剖面

部，如图 6-27 所示。通过安装在塔内的除雾器除雾后均匀排放，与冷却水不接触。国外早期系统当脱硫系统运行故障时，由于原烟气的温度和 SO_2 的含量相对较高，不适于通过冷却塔排放，需经干式烟囱排放。目前由于脱硫装置运行稳定，冷却塔外一般不设旁路烟囱。

2）内置式。近几年，国外的烟塔合一技术进一步发展，开始趋向将脱硫装置布置在冷却塔里面，使布置更加紧凑，节省用地，其脱硫后的烟气直接从冷却塔顶部排放（见图 6-28）。由于省去了烟囱、烟气热交换器，减少了用地，可大大降低初投资，并节约运行和维护费用。

三、空冷机组的空气冷却系统（干式冷却系统）

目前我国的火力发电正朝着大容量高参数机组发展，这些机组在燃用大量煤炭

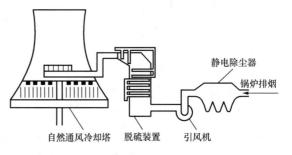

图 6-27　外置式烟塔合一冷却塔示意

的同时，也耗用大量水资源。在我国，富煤地区往往缺水。为解决在"富煤缺水"地区或干旱地区建设火力发电厂的需要，发电厂汽轮机凝汽系统可采用空气冷却系统，简称发电厂空冷系统。

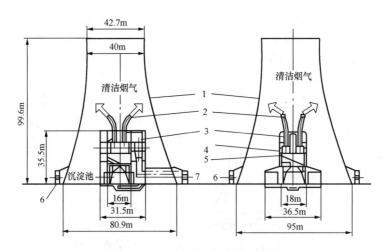

图 6-28　冷却塔内布置脱硫系统

1—冷却塔烟囱；2—清洁烟气排放口；3—湿法脱硫系统；4—旋转洗涤器；

5—综合氧化器；6—对流冷却系统；7—烟气进口

（一）类型

发电厂的空冷系统有两种：间接空冷系统和直接空冷系统。间接空冷系统又可分为混合式凝汽器间接空冷系统和表面式凝汽器间接空冷系统。

1. 间接空冷系统

（1）混合式凝汽器间接空冷系统。混合式凝汽器间接空冷系统又称海勒式间接空冷系统，其发电厂示意如图 6-29 所示。

该系统主要由喷射式凝汽器和装有福哥型散热器的空冷塔等构成。由外表面经过防腐处理的圆形铝管、套以铝翅片的管束组成"∧"形排列的散热器，称为缺口冷却三角，在缺口处装上百叶窗就成为一个冷却三角。系统中的冷却水都是高纯度的中性水（pH＝6.8～7.2）。中性冷却水进入凝汽器直接与汽轮机排汽混合并将其冷凝。受热后的冷却水绝大部分由冷却水循环泵送至空冷塔散热器，经与空气对流换热冷却后通过调压水轮机将冷却水再送至喷射式凝汽器进入下一个循环。受热的循环冷却水的

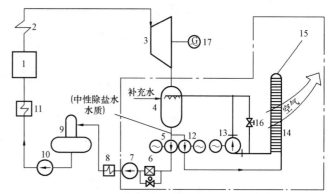

图 6-29 海勒式间接空冷系统的发电厂示意
1—锅炉；2—过热器；3—汽轮机；4—喷射式凝汽器；5—凝结水泵；
6—凝结水精处理装置；7—凝结水升压泵；8—低压加热器；
9—除氧器；10—给水泵；11—高压加热器；12—冷却
水循环泵；13—调压水轮机；14—全铝制散热器；
15—空冷塔；16—旁路节流阀；17—发电机

极少部分经凝结水精处理装置处理后送至汽轮机回热系统。

海勒式间接空冷系统的优点：①以微正压的低压水系统运行，凝汽器端差小，可使机组在较低背压下运行；②冷却系统消耗动力低，厂用电耗少，占地面积较小。缺点：①铝制空冷散热器耐冲洗、耐抗冻性能差；②空冷散热器在塔外布置，易受大风影响其带负荷能力；③设备系统复杂。

海勒式间接空冷系统一般适合气候温和、无大风、带基本负荷的发电厂。

（2）表面式凝汽器间接空冷系统。

1）哈蒙式间接空冷系统。哈蒙式间接空冷系统的发电厂示意如图6-30所示。

该系统由表面式凝汽器与空冷塔构成，与常规的湿式冷却系统基本相仿。不同之处在于用空冷塔代替湿冷塔，用不锈钢管凝汽器代替铜管凝汽器，用除盐水代替循环水，用闭式循环冷却水系统代替开式循环冷却水系统。

在哈蒙式间接空冷系统回路中，由于冷却水在温度变化时体积发生变化，故需设置膨胀水箱。膨胀水箱顶部和充氮系统连接，使膨胀水箱水面上充满一定压力的氮气，既可对冷却水容积膨胀起到补偿作用，又可避免冷却水和空气接触，保持冷却水品质不变。

在空冷塔底部设有储水箱，并设置两台输水泵，可向冷却塔中的空冷散热器充水。空冷散热器及管道满水后，系统即可启动投运。

系统中的散热器由椭圆形钢管外缠绕椭圆形翅片或套嵌矩形钢翅片的管束组成。椭圆形钢管及翅片外表面进行整体热镀锌处理。散热器装在自然通风冷却塔中，冷却水采用自然通

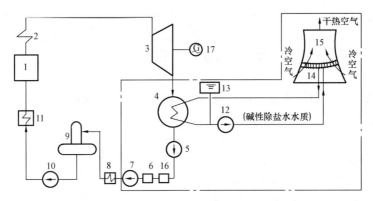

图 6-30　哈蒙式间接空冷系统的发电厂示意

1—锅炉；2—过热器；3—汽轮机；4—表面式凝汽器；5—凝结水泵；6—除铁器；

7—凝结水升压泵；8—低压加热器；9—除氧器；10—给水泵；11—高压加热器；

12—冷却循环水泵；13—膨胀水箱；14—全钢制换热器；15—空冷塔；

16—除铁器；17—发电机

风方式冷却。

哈蒙式间接空冷系统类似于湿冷系统，优点：①节约厂用电，设备少，冷却水系统与汽水系统分开，两者水质可按各自要求控制；②冷却水量可根据季节调整，在高寒地区，在冷却水系统中可充以防冻液防冻；③空冷散热器在塔内布置，基本上不受大风影响其带负荷的能力。缺点：①空冷塔占地大，基建投资多；②发电煤耗率比湿冷机组多约 105%；③系统中需要进行两次换热，且都属表面式换热，使全厂热效率有所降低。

哈蒙式间接空冷系统一般适用于核电站、热电站和调峰大电厂。

2）带表面式凝汽器散热器垂直布置的间接空冷系统（简称 SCAL 系统）。这种空冷系统更像哈蒙式间接空冷系统的无塔系统和海勒式间接空冷系统的空冷塔系统。SCAL 系统采用自然通风方式冷却，将散热器垂直安装在自然通风冷却塔中，其流程如图 6-31 所示。该系统既具有哈蒙式间接空冷系统冷却水系统和汽水系统分开，水质控制和处理容易的优点，又具有海勒系统空冷塔体型小，占地省，基建投资少的优点。

如前所述的烟塔合一技术在间接空冷系统应用更有优势，因为空冷塔采用烟塔合一，排出空气通流量大、湿度小。目前我国采用此系统的机组一般都把湿式电除尘器、脱硫装置布置在冷却塔内，即"四塔合一"，或两台机组共用一个冷却塔，即"七塔合一"。

2. 直接空冷系统

直接空冷系统又称空气冷却系统，是指汽轮机的排汽直接用空气来冷凝，空气与蒸汽间通过管壁进行热交换。所需冷却空气通常由轴流冷却风机通过机械通风方式供应，系统如图 6-32 所示。

直接空冷系统的特点是设备少，系统简单，防冻性能好，占地少，通过对风机转速调节或投切风机可灵活调节空气量，基建投资相对较低。不足之处是对环境风速及风向很敏感，风机群噪声较大，厂用电略高，启动时造成凝汽系统内真空建立的时间长，冬季运行背压高于间冷。

直接空冷系统适用于各种环境条件和各类燃煤电厂，要求煤价低廉，最好带基本电负荷的电厂，尤其适用于富煤缺水地区。

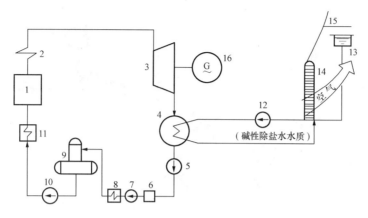

图 6 - 31　SCAL 系统

1—锅炉；2—过热器；3—汽轮机；4—表面式凝汽器；5—凝结水泵；6—凝结水精处理装置；
7—凝结水升压泵；8—低压加热器；9—除氧器；10—给水泵；11—高压加热器；12—冷却水循环泵；
13—膨胀水箱；14—铝管散热器；15—空冷塔；16—发电机

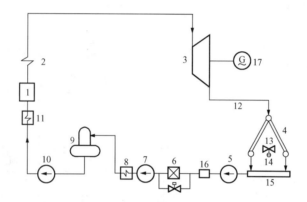

图 6 - 32　直接空冷系统

1—锅炉；2—过热器；3—汽轮机；4—空冷凝汽器；5—凝结水泵；6—凝结水精处理装置；
7—凝结水升压泵；8—低压加热器；9—除氧器；10—给水泵；11—高压加热器；12—汽轮机排汽管道；
13—轴流冷却风机；14—立式电动机；15—凝结水箱；16—除铁器；17—发电机

目前直接空冷技术已在我国的很多电厂得到应用，如国电内蒙古东胜热电有限公司、内蒙古托克托电厂、国电电力大同第二发电厂、山西柳林电力有限责任公司等 600MW 机组都采用直接空冷。

直接空冷系统的流程如图 6 - 33 所示。汽轮机排汽通过粗大的排汽管道送到各单元管束上部的蒸汽分配管，进入顺流管束以顺流方式自上而下流动，约有 80% 的蒸汽被冷凝成水，剩余的蒸汽和不凝结气体一起沿着凝结水收集管进入逆流管束直至完全凝结。由于凝结水比未凝结的饱和蒸汽密度大，凝结水经过凝结水收集管的下半部管道空间流出空冷凝汽器，并排入凝结水箱。经除氧后再通过凝结水泵送至回热系统。凝汽器和凝结水箱中的不凝结气体通过水环真空泵抽气系统抽出。轴流冷却风机将冷空气吹到翅片管束的管子与翅片表面，掠过的空气通过对流换热吸收管道内蒸汽的凝结热量。

由于空冷凝汽器是负压运行，所以蒸汽分配管与凝结水收集管和翅片管两端的连接全部采用焊接，且对焊接加工有很高的要求。

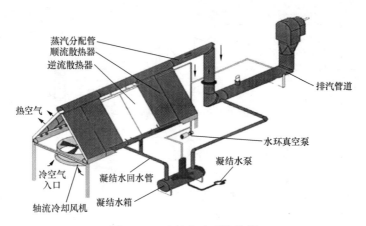

图 6-33 直接空冷系统流程

（二）直接空冷系统的组成

图 6-34 所示为某电厂 300MW 机组直接空冷系统。

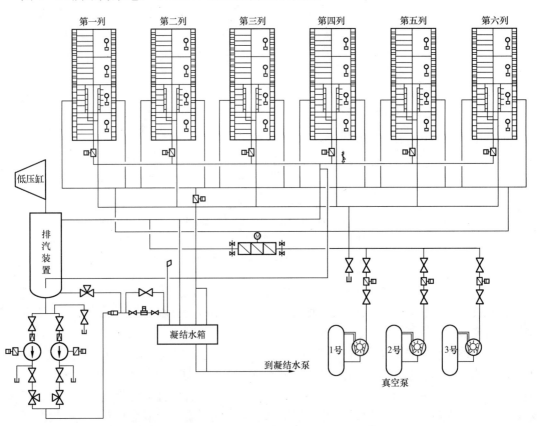

图 6-34 某电厂 300MW 机组直接空冷系统

由图 6-33 可知，直接空冷系统由自汽轮机的排汽装置出口至凝结水泵入口范围内的设备和管道组成。主要包括：汽轮机排汽管道、蒸汽分配管、顺流和逆流散热器（空冷凝汽器）、轴流冷却风机、凝结水箱、凝结水泵和抽真空系统等。

1. 排汽装置

国外直接空冷机组的汽轮机排汽管道一般与低压缸直接连接，排汽直接入空冷凝汽器，汽轮机本体疏水和空冷系统疏水、机组补水另设疏水管和疏水泵，系统比较复杂，占地面积大，投资也大。我国直接空冷机组设计时充分考虑了空冷机组与湿冷机组的特点，提出了汽轮机"排汽装置"的设计思想，即把湿冷机组凝汽器改造成为空冷机组的排汽装置。

图6-35所示为某电厂600MW直接空冷机组多功能排汽装置示意。该排汽装置被排汽导流板分成了A、B两个区，A区为汽轮机排汽通道，B区为凝结水加热除氧区，B区下部设深度除氧部件。化学补充水和来自空冷凝汽器的过冷凝结水从B区的上部向下喷淋，被来自A区逆流而上的汽轮机排汽加热，分离出来的氧气与剩余的蒸汽流向B区顶部，由真空泵抽走。

2. 空冷凝汽器

空冷凝汽器的整体布置为人字形斜顶式，如图6-36（b）所示。该凝汽器分主凝汽器和辅凝汽器两部分，如图6-36（a）所示。

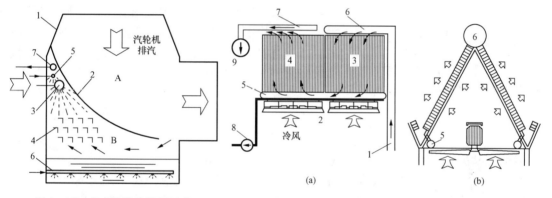

图6-35　多功能排汽装置示意
1—排汽装置；2—排汽导流板；
3—凝结水喷淋管；4—深度除
氧部件；5—补水喷淋管；
6—再沸腾管；7—抽气管

图6-36　空冷凝汽器的整体布置
1—汽轮机排汽管；2—冷却风机；3—空冷凝汽器主凝汽器；
4—空冷凝汽器辅凝汽器；5—后联箱；6—配汽管；
7—空气管；8—凝结水泵；9—真空泵

主凝汽器设计成汽水顺流式（冷凝后的凝结水的流动方向与蒸汽流动方向相同），它是空冷凝汽器的主体，可冷凝75%~80%的排汽。辅凝汽器则设计成汽水逆流式（冷凝后的凝结水的流动方向与蒸汽流动方向相反），可形成空冷凝汽器的抽气区，顺畅地将系统内的空气和不凝结气体排出。空冷凝汽器所用的元件和排汽管道采用两层焊接结构，焊接质量要求十分严格，以保证整个空冷系统的严密性。

空冷凝汽器由于用空气直接冷却汽轮机排汽，风向和风速对其效率影响很大，因此凝汽器一般安装在30~47m以上的高空。空冷凝汽器的支架有两种结构形式，一种是钢结构，另一种是钢筋混凝土结构。从目前的资料看，钢结构支架（见图6-37）应用的多一些。

电厂空冷凝汽器一般是在汽轮机房A列外且平行于A列布置。图6-38所示为某电厂空冷凝汽器的布置。

空冷凝汽器主要设备有散热器和轴流冷却风机。

图 6-37　空冷凝汽器的钢结构支架　　　　图 6-38　空冷凝汽器的布置

（1）散热器。根据散热器管束中汽水的流向不同，散热器有顺流式、逆流式、顺逆流联合式三种。

散热器的冷却元件为翅片管，它是空冷系统的核心，其造价约占空冷凝汽器主体的 60%。

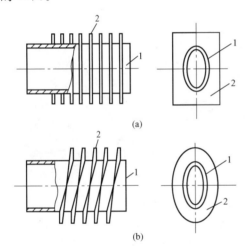

图 6-39　椭圆形钢管钢翅片管

(a) 套片管；(b) 绕片管

1—椭圆形钢管；2—钢翅片

根据冷却元件所用金属材料的不同，翅片管有铝管铝翅片管（也称福哥型）、钢管钢翅片管和钢管铝翅片管三类。直接空冷系统多用钢管钢翅片管。钢管钢翅片管按钢管的形状分为圆管式和椭圆管式，按翅片与钢管的结合方式分为套片式和绕片式，按翅片形状可分为椭圆形和矩形等。钢管钢翅片散热器一般用椭圆形翅片管，其结构如图 6-39 所示。

钢管钢翅片管的制造工艺是首先在光管外面缠绕或套装钢翅片，然后进行热浸镀锌。

绕片式与套片式钢管散热器的区别有二。第一，翅片形状不同。因为绕片管的翅片是用等宽钢带沿光管外壁呈螺旋形绕制的，光管与翅片之间是过盈配合，所以外形只能随光管外形而变化。套片管的翅片与光管之间是间隙配合，可在有限范围内增加传热面积，如做成矩形等形状，等距离地套在光管上，所以传热面积大。第二，传热系数和空气阻力特性不同。因为翅片的形状、结构、几何尺寸等都不相同。热浸镀锌不仅提高了耐蚀性，而且加强了光管与翅片之间的结合强度，提高了传热系数。

空冷凝汽器采用的管束形式主要有单排管、双排管、三排管三种。

（2）轴流冷却风机。轴流冷却风机的作用是为空冷凝汽器提供冷却汽轮机排汽所需的介质——空气。在大型空冷发电厂中，大量的风机布置在"A"字形片管束冷却单元下面，形成风机群。风机用电由厂用电提供。发电厂空冷系统所有风机耗电量占电厂机组发电的负荷比率为 1.44%～1.81%。某些电站风机耗电量占到机组发电负荷的 2% 甚至更多。可见，风机性能的优劣对空冷电站经济运行有着直接的影响。

由于空冷凝汽器需要大量冷却风，而压头却不是很大，所以空冷凝汽器的风机一般采用低压轴流冷却风机，其结构如图 6 - 40 所示。

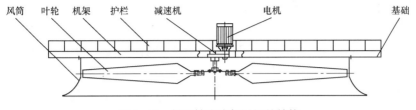

图 6 - 40　低压轴流冷却风机的结构

目前风机生产已标准化，其标准直径一般为 1.5～9.14m，每台风机的叶片数为 4～12 根，以 4～6 根为最多。叶片角调节范围为 45°，风机叶片角度有手调和自调两种。在大型电站空冷系统中，多采用大叶轮直径（9m 以上）、低转速、低噪声的风机作为空冷风机。此外，通过在风机工作台上增设消音壁和配备低电压变频器来适时调速，达到节能和降低噪声的目的，以求将整个空冷装置的噪声值控制在国家标准要求的 90dB 内。

3. 抽真空系统

抽真空系统是直接空冷系统的重要组成部分，它的作用是建立和维持汽轮机组的低背压和凝汽器的真空。在机组启动时将一些汽、水管路系统和设备中聚集的空气抽掉，以便加快启动速度。在正常运行时及时抽掉蒸汽、疏水以及泄漏入真空系统的空气和其他不凝结气体，以维持空冷凝汽器真空和减少对设备的腐蚀。汽轮机低压部分的轴封和低压加热器也依靠真空抽气系统的正常工作才能建立相应的真空。

抽真空系统由抽气管道、截止阀和抽真空设备组成。国外该系统多采用射汽抽气器。在汽轮机启动时用辅助抽气器，以达到在规定时段内（如 30min）适应汽轮机启动的要求。在汽轮机正常运行时，采用出力较小的主抽气器，以维持排汽系统的真空。国内直接空冷机组多采用水环式真空泵，每台机组设三台 100％容量的真空泵，机组启动时三台泵全部投入。机组正常运行时，则保持一到两台泵运行。水环式机械真空泵系统由水环式真空泵、低速电动机、气水分离器、工作水冷却器、气动蝶阀、高低水位调节器、泵组内部有关连接管道、阀门及电气控制设备等组成。

抽真空系统中设有真空破坏阀门，当需要破坏系统真空时，可开启真空破坏阀。

直接空冷机组抽真空系统如图 6 - 41 所示。

由凝汽器抽吸来的气体进入气体吸入口，经过常开式气动蝶阀，沿泵吸气管道进入水环真空泵，被压缩到微正压时排出，通过管道进入汽水分离器，分离后的气体经气体排出口排向大气。分离出来的水与补充水一起进入冷却器。冷却后的工作水，一路经孔板喷入真空泵吸气管，使即将进入真空泵的气体中可冷凝部分冷凝下来，以提高真空泵的抽吸能力；另一路水直接进入泵体，作为工作水的补充水，使水环保持稳定而不超温。冷却器冷却水一般可直接取自凝汽器冷却水进口，出水接入凝汽器冷却水。真空泵内的机械密封水由于摩擦和被空气中带有的蒸汽加热，温度升高，且随着被压缩气体一起排出，因此，真空泵的水环需要新的冷机械密封水连续补充，以保持稳定的水环厚度和温度，确保真空泵的抽吸能力。

汽水分离器的水位由流量调节阀进行调节。分离器水位低时，通过进口调节阀补水；分离器水位高时，通过排水调节阀，将多余的水排入无压放水管道。

汽水分离器的补充水来自凝结水泵出口，通过水位调节阀进入汽水分离器，经冷却后进入真空泵，以补充真空泵的水耗。机械密封水冷却器的冷却水直接取自开式循环冷却水系统，冷却器冷却水出口接入开式循环冷却水系统回水管。

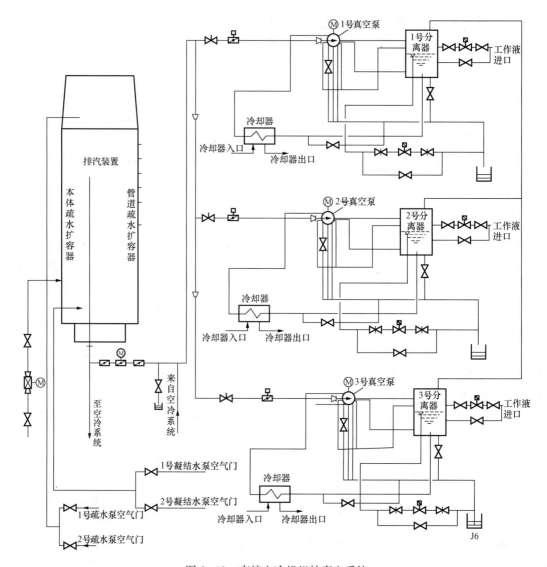

图 6-41 直接空冷机组抽真空系统

 思 考 题

1. 什么是燃料运输系统？它的任务是什么？主要设备有哪些？
2. 简述转子翻车机和侧倾式翻车机的原理与结构。
3. 翻车机卸车线有哪些？
4. 储煤场的作用是什么？运距大于 100km 的火力发电厂，储煤容量有何规定？
5. 简述悬臂式斗轮堆取料机的结构和工作原理。

6. 悬臂式斗轮堆取料机的堆料作业有哪几种？并加以说明。

7. 带式输送机的作用是什么？有哪几种？电厂常用的是哪种？

8. 电厂碎煤设备有哪些？简述环锤式碎煤机的结构和原理。

9. 发电厂的供水系统由哪些设备组成？供水方式有哪些？对供水系统的要求是什么？

10. 什么是直流供水系统？一般用于什么场合？

11. 简述自然通风冷却塔的结构和原理。

12. 空气冷却系统有哪几类？各有何特点？

13. 直接空冷系统由哪些部分组成？并叙述其流程。

第七章 火电厂的除尘、脱硫脱硝和除灰渣系统

第一节 电力环境保护概述

《中华人民共和国环境保护法》为保护和改善环境、防治污染和其他公害、保障人体健康、促进社会进步和建设事业上提供了法律保证。

火力发电厂是耗煤大户，且发电量占的比例较大，随着电力工业的发展，600MW 及以上的大型发电机组越来越多，消耗的燃煤量在激增。为此，进一步加强电力环境保护，确保电厂能够安全运行，同时又尽可能减少环境污染，是电力企业自身得以生存与健康发展的重大问题。

目前大型电厂燃煤锅炉以采用悬浮燃烧方式为主。在我国常用的动力煤中，主要由碳、氢、氧、氮和硫五种元素以及相当数量的灰分构成。故燃烧后产生的废弃物有二氧化碳、水汽、氮、氧、二氧化硫、三氧化硫、氮氧化物、炉渣和飞灰，其中通过除尘设备可将绝大部分飞灰收集起来，经过烟囱排到大气中的污染物主要有烟尘、二氧化硫、二氧化碳和氮氧化物。

如一台 600MW 燃煤机组，日燃煤量 6000t，煤中灰分含量 25%，炉渣与飞灰比为 1∶9，除尘器效率 99%；全硫含量 1%，其中可燃硫占 90%。故每天产生的灰渣总量为 $6000 \times 25\% = 1500$ （t），通过除尘器的飞灰量为 $1500 \times 90\% = 1350$ （t），从烟囱排往大气的烟尘量为 $1350 \times 1\% = 13.5$ （t），即每小时排放 562.5kg。而每天的总硫量为 $6000 \times 1\% = 60$ （t），可燃硫为 $60 \times 90\% = 54$ （t），故产生的二氧化硫为 108t，相当于每小时排放 4.5t。

此外，还有燃烧过程中产生大量的二氧化碳、氮氧化物同时排往大气，这是造成全球气候变暖，致使气候发生异常的主要原因之一，它们都对电厂周围环境造成污染，所以必须予以治理。

若 600MW 机组配用的锅炉排烟量为 $2 \times 10^6 \mathrm{m^3/h}$（标准状态下），则烟气中二氧化硫的浓度为 $2.25 \mathrm{g/m^3}$，比国家大气质量三级标准高出 9000 倍以上。二氧化硫不仅对锅炉尾部低温段设备造成腐蚀与堵灰，直接影响锅炉的安全运行，而且对电厂周边的环境也带来危害：排入大气中的二氧化硫直接给附近居民的身体健康带来危害，尤其是呼吸系统的疾病。另外，大气中的二氧化硫与飘尘结合而发生协同作用危害性更大，飘尘中有许多重金属及其氧化物微粒，能对二氧化硫起催化作用，加速其转化为三氧化硫，与湿汽相结合，形成硫酸雾，其毒性超过二氧化硫十多倍。硫酸雾对眼及呼吸道有强烈的刺激作用，同时它对电厂附近工矿企业、厂房设备、金属及农作物有着严重的腐蚀与伤害作用。二氧化硫转化为酸雨时是对周围的环境最为严重的威胁，对生态系统的破坏力很大。

锅炉燃烧过程中形成的氮氧化物主要是一氧化氮（NO），排入大气后，在阳光和碳氢化合物的作用下氧化成有毒的二氧化氮（NO_2）同时产生臭氧和硝酸过氧乙酰，形成刺激眼睛的棕色烟雾，即光化学烟雾，对人体健康及植物生长十分不利。

GB 50660—2011《大中型火力发电厂设计规范》对 125MW 以上火力发电机组的脱硫、脱硝及除尘等设备的配置提出了基本的规定，GB 13223—2011《火电厂大气污染物排放标准》（以下简称《排放标准》）对各种污染物的排放标准进行了严格限制，见表 7 - 1。

表 7 - 1　　　火力发电锅炉及燃气轮机组大气污染物排放浓度限值　　（mg/m³ 烟气黑度除外）

序号	燃料和热能转化设施类型	污染物项目	适用条件	限值	污染物排放监控位置
1	燃煤锅炉	烟尘	全部	30	烟囱或烟道
		二氧化硫	新建锅炉	100 200*	
			现有锅炉	200 400*	
		氮氧化物（以 NO₂ 计）	全部	100 200**	
		汞及其化合物	全部	0.03	
2	以油为燃料的锅炉或燃气轮机组	烟尘	全部	30	
		二氧化硫	新建锅炉及燃气轮机组	100	
			现有锅炉及燃气轮机组	200	
		氮氧化物（以 NO₂ 计）	新建锅炉	100	
			现有锅炉	200	
			燃气轮机组	120	
3	以气体为燃料的锅炉或燃气轮机组	烟尘	天然气锅炉及燃气轮机组	5	
			其他气体燃料锅炉及燃气轮机组	10	
		二氧化硫	天然气锅炉及燃气轮机组	35	
			其他气体燃料锅炉及燃气轮机组	100	
		氮氧化物（以 NO₂ 计）	天然气锅炉	100	
			其他气体燃料锅炉	200	
			天然气燃气轮机组	50	
			其他气体燃料燃气轮机组	120	
4	燃煤锅炉，以油、气体为燃料的锅炉或燃气轮机组	烟气黑度（林格曼黑度）/级	全部	1	烟囱排放口

*位于广西壮族自治区、重庆市、四川省和贵州省的火力发电锅炉执行该限值。

**采用 W 形火焰炉膛的火力发电锅炉，现有循环流化床火力发电锅炉，以及 2003 年 12 月 31 日前建成投产或通过建设项目环境影响报告书审批的火力发电锅炉执行该限值。

燃煤发电厂的锅炉应装设高效除尘器，使排放烟尘浓度及除尘效率符合《排放标准》的要求。在酸雨控制区和二氧化硫污染控制区内的发电厂，全厂二氧化硫的排放不应大于《排放标准》的允许排放浓度和允许排放量，并应符合排放总量控制的要求。

此外，燃煤中还含有 80 多种微量元素，其中对环境影响较大的微量元素主要有氟、砷、铝、镉、汞、铬等。它们或通过烟气排放或随冲灰水至灰场，不论何种方式都会对周围环境产生污染，都需采取相应的防治措施。限于篇幅此处不作介绍。

以下就大型火电厂的除尘、脱硫脱硝及除灰渣系统进行简介。

第二节　除 尘 设 备

如上所述，电厂锅炉都必须安装除尘器，中小型锅炉多采用离心式分离及洗涤集尘装置，如多管式除尘器、离心水膜式除尘器及文丘里水膜式除尘器等。大型电厂则多采用电除尘器和袋式除尘器。前者除尘效率可达 99%，后者可达到 99.9%。故安装高效除尘器是大型电厂防治污染的十分有效的措施。

一、除尘器性能评价

除尘器的性能一般用压力损失（阻力）与除尘效率来评价，同时，也综合考虑设备费用、运行费用、处理烟气量、占地面积、使用寿命等因素。

1. 除尘器的压力损失

烟气在通过除尘器时，气流与除尘器内壁的摩擦、折流、合流、扩散要消耗掉一部分压力能，通常以除尘器出、入口全压的测定差来表示。此值越小，动力消耗就越少，也即降低了运行费用。各类除尘器的阻力有低、中、高之分。低的如电除尘器，其压力损失 $\Delta p <$ 500Pa；高阻力除尘器的压力损失 Δp 可达 2000～20 000Pa。

2. 除尘器的效率

除尘器的效率是根据除尘器前后单位容积烟气中的含灰量求得的，其计算式为

$$\eta_{cc} = \frac{aQ_{in} - cQ_{out}}{aQ_{in}} \times 100\% \qquad (7-1)$$

式中　a——未净化烟气中的平均含灰量，g/m³（标准状态下）；

　　　c——净化后烟气中的平均含灰量，g/m³（标准状态下）；

　　　Q_{in}——进入除尘器的烟气量，m³/h（标准状态下）；

　　　Q_{out}——排出除尘器的烟气量，m³/h（标准状态下）。

不计漏风，令 $Q_{in} = Q_{out}$ 则

$$\eta_{cc} = 1 - \frac{c}{a} \qquad (7-2)$$

除尘效率是衡量除尘器在各种具体情况下工作效果的重要指标。除尘设备的性能在很大程度上取决于除尘装置的类型和粉尘的特性。粉尘的特性主要有粉尘的粒径及分散度、粉尘的密度与堆积密度、比重、成分、比电阻、粉尘的湿润性和附着性等。因此，对各种除尘器只有在相同的条件下才能用除尘效率 η_{cc} 来比较除尘效果。

我国火力发电厂采用的除尘器基本上可以分为干式除尘器、湿式除尘器、袋式除尘器和

电除尘器等主要形式。而大型火电厂采用最多的就是电除尘器和袋式除尘器，以下就这两种除尘器进行简介。

二、电气除尘器的除尘原理、结构与特点

电气除尘器又称为静电除尘器，它是利用电晕放电，使气体中的尘粒带上电荷，并通过静电场的作用使尘粒从气流中分离出来的除尘装置。根据集尘极形式的不同，电气除尘器又可分为板式和管式两种，如图 7-1 所示。

1. 电气除尘器的工作原理

图 7-2 所示为板式电气除尘器的原理，中部是两端固定的金属导线，作为放电极（电晕极），放电极接高压直流电源的负极。两边的平板为集尘极，接电源正极。在电场作用下，空气中的自由离子要向两极移动，且电压越高，电场强度就越大，离子运动的速度也就越快。由于离子的运动，极间形成了电流，开始时，空气中的自由离子少，电流较小。当电压升高到一定数值（几万伏或十几万伏）后，放电极附近的离子获得了较高的能量和速度，去撞击空气中的中性原子，使中性原子分解成正、负离子，这种现象称为空气电离。空气电离后，由于连锁反应，使极间运动的离子数大大增加，表现为极间的电流（称电晕电流）急剧增加，空气便成了导体，放电极周围的空气全部电离后，在放电极周围可以看见一圈淡蓝色的光环，这个光环称为电晕。放电极周围（电晕区）的负离子和电子在电场力的作用下向正极移动，途中和烟气中的飞灰尘粒互相撞击，并黏附在飞灰尘粒上。因此，带负电荷的飞灰尘粒在静电场力作用下移向正极，中和后灰粒沉积在集尘极上。在放电极上也会集中少量获得正电荷的灰粒，它会使放电极线肥大，影响除尘效果，所以需定期给予振打清除。

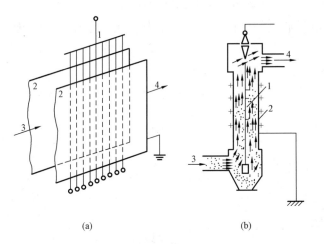

图 7-1　电气除尘器示意
（a）板式；（b）管式
1—放电极；2—集尘极；3—烟气入口；4—烟气出口

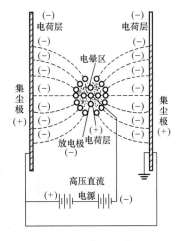

图 7-2　板式电气除尘器原理

当集尘极上的灰粒达到一定厚度后将由振打装置进行周期性的振打，使灰粒落到灰斗中。

由此可知，电气除尘器的集尘主要是利用电晕电场中尘粒荷电后移向异性电极而从气流中分离出来的原理。为此，必须在高压电场作用下，首先使气体电离，使尘粒荷电，然后荷电尘粒移向集尘电极。

2. 电除尘器的分类和结构

（1）电除尘器的分类。电除尘器主要可以分为以下几种类型：按集尘电极结构形式有管式电除尘器和板式电除尘器；按气流在电除尘器中的流动方向有立式电除尘器和卧式电除尘器；按清灰方式有干式电除尘器和湿式电除尘器；按电晕极和集尘极在电除尘器中的配置位置有单区电除尘器和双区电除尘器等。

电厂中使用较多的是卧式电除尘器。在卧式电除尘器内，含尘气体水平通过。在长度方向根据结构及供电要求，通常每隔一定长度（如 3m）划分成单独的电场。对 300MW 机组来说，常用的是 2～3 个电场；对 600MW 机组可增加至 4 个电场。图 7-3 所示为卧式电除尘器的外形。从整体上看，它由进口烟箱、出口烟箱、除尘电场及灰斗等部分组

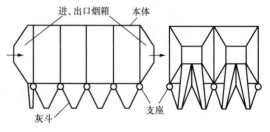

图 7-3　卧式电除尘器外形

成。图中所示为应用最多的双室 4 电场的结构。室指的是单独的气体通道；由独立的一组集尘极和电晕极并配以相应的一组整流器所组成的称为场。

（2）电除尘器的本体结构。电除尘器主要由两大部分组成，一部分是产生高压直流电的装置和低压控制装置；另一部分是电除尘器本体，它是对烟气进行净化的装置。

电除尘器本体结构部件主要有电晕极、集尘极及其振打装置，烟道及气体均匀分布装置，壳体，保温箱和排灰装置等。

图 7-4 所示为卧式电除尘器的本体结构。主要部件的基本结构简述如下：

1）电晕极。电晕极是使气体产生电晕放电的电极，主要包括电晕线、电晕框架、电晕框悬吊架、悬吊杆和支撑绝缘套等。

常见的电晕线有锯齿形、鱼骨形、星形线、芒刺形几类。

锯齿形、鱼骨形、芒刺形线的效果较好。星形仅次于芒刺形，但因制作容易而广泛采用。电晕线一般由 2～4mm 耐热合金钢（镍铬钢丝）制成。

电晕线极电压较高，故每个电晕框悬吊架的四角用石英套管与顶板绝缘。电晕线间距要适当，当集尘极板中心距在 250～300mm 时，电晕线间距（星形和圆形）为 160～200mm（采用芒刺形电晕线时，芒刺间距为 50～100mm）。

2）集尘极。要求荷电粉尘易

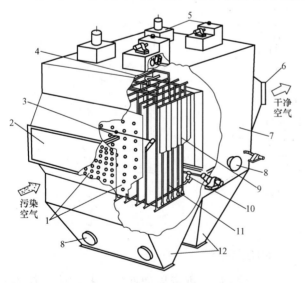

图 7-4　卧式电除尘器的本体结构

1—气流分布板；2—进气烟箱；3—气流分布板的清灰装置；4—电晕极的清灰装置；5—绝缘子室；6—出口烟箱；7—除尘器外壳；8—观察孔；9—集尘极；10—集尘极的清灰装置；11—电晕极；12—集灰斗

于沉积，粉尘易于振落、用料少，刚度好，易制作。板式集尘极用 1.2～2mm 普通碳素钢板制成，通常由几块长条极板安装在一个悬挂架上组合成一排。一个除尘器由多排集尘极组合而成。

3）振打装置。振打装置包括锤击振打装置、弹簧-凸轮振打装置、电磁振打装置、电磁脉冲振打装置。锤击振打装置如图 7-5 所示，它由振打锤、承振砧铁和振打杆组成。振打锤和锤击运动过程如图 7-6 所示。

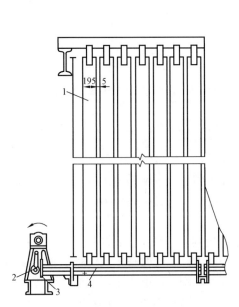

图 7-5　除尘极的锤击振打装置（单位：mm）
1—电晕极与集尘极；2—振打锤；
3—承振砧铁；4—振打杆

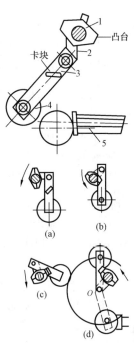

图 7-6　垂直于板面的振打锤及锤击运动过程
1—转轴；2—曲柄；3—连杆；
4—锤头；5—承振砧铁

图 7-6 中，振打锤由电动机经减速带动，每 1～3min 转一圈，锤头借助于柱销与连杆相接，连杆通过销轴和曲柄连接，曲柄紧固在转轴上。当轴转动时，曲柄随轴回转，将连杆向上提起，如图 7-6（a）所示；至一定高度时，连杆上的卡块卡在曲轴的凸台上，如图 7-6（b）所示；此后连杆和锤头被曲柄背起并随曲柄回转，如图 7-6（c）所示；直到连杆成垂直位置；锤头转到最高点后，当曲柄再继续转动时，锤头和连杆就绕 O 点向下转动，并打击在撞杆的砧铁上，如图 7-6（d）所示，完成一次振打。在转轴上，各个振打锤的安装要互相错开一个角度，使各个极板的振打按顺序进行。

4）气体均匀分布装置。卧式电除尘器的气体均匀分布装置如图7-7所示。其结构有钻有圆孔的多孔板，有一排排直立安装的槽形铁板，有百叶窗式的栅板等多种。其中多孔板结构应用最为广泛。

一般每台炉布置 2～4 组电除尘器，每组自有单独的烟气通道。

电除尘器的适应性强，可置于 300℃ 以上的烟气中，可处理的灰粒度为 0.05～20μm，除尘效率基本上不受负荷变化的影响，阻力小，为 100～150Pa，除尘效率高达 90%～99%。

但它的控制系统复杂，本体设备庞大，一次投资大，对安装、检修、运行及维护要求严格。电除尘器的除尘效率与灰粒的比电阻有很大关系，如图 7 - 8 所示。

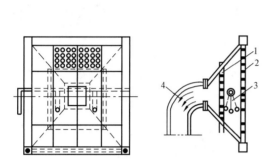

图 7 - 7　卧式电除尘器的气体均匀分布装置

1—第一层多孔板；2—第二层多孔板；

3—分布板振打装置（手动）；4—导流板

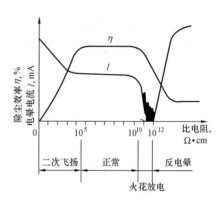

图 7 - 8　除尘效率与比电阻的关系

烟气中尘粒到达集尘极后，依靠静电力和黏性附着在集尘极上，形成一定厚度的粉尘层。粉尘在集尘极上的附着力与粉尘的比电阻有关，粉尘的比电阻小，说明粉尘的导电性好。当比电阻 $R_b \leqslant 10^4 \Omega \cdot cm$ 时，粉尘到达集尘极后，会很快放出电荷，失去极板引力，容易产生二次飞扬；当 $R_b \leqslant 10^5 \sim 10^{10} \Omega \cdot cm$ 时，由于电性中和以适当的速度进行，能获得较好的除尘效率；当 $R_b > 10^{11} \Omega \cdot cm$ 时，粉尘到达集尘极后会很久不能放出电荷，在集尘极表面积聚一层带负电荷的粉尘层，由于同性相斥，使随后来的尘粒驱进速度不断下降，此时在集尘极板上粉尘层两界面间的电位差逐渐升高而使绝缘破坏，导致频繁的火花放电现象，电除尘器效率下降。若灰粒的比电阻值较大时，为避免反电晕的产生，可在烟气进口处喷入水蒸气或水，使灰粒湿度增加，可降低比电阻值。

电除尘器具有金属耗量大、占地面积大、不易适应操作条件的变化、应用范围受粉尘比电阻的限制的缺点；其优点是效率高，处理烟气量大，寿命长，保护环境，能耗及维护费用低等。

三、袋式除尘器

（一）概况

袋式除尘器是一种利用有机纤维和无机纤维过滤布（又称过滤材料）将含尘气体中的固体粉尘因过滤（捕集）而分离出来的一种高效除尘设备。因过滤材料多做成袋形，所以又称为布袋除尘器。

袋式除尘器具有较高的除尘效率，当滤布选择和结构设计较理想时，对大于 $5 \mu m$ 的粉尘可除去 99％以上。如果设计和管理维护合理，除尘效率甚至可达 99.9％以上。出口烟气粉尘浓度可达 $50 mg/m^3$ 以下，有时可达 $10 mg/m^3$。与静电除尘器相比，没有复杂的附属设备及技术要求，造价不太高，在高效率的除尘设备中属于结构比较简单、运行费用相对较低的设备。尤其它对粉尘特性不敏感，不受粉尘比电阻的影响。这点对我国燃煤电厂尤为重要，因为锅炉一般很难始终保证在设计煤种下运行，造成现有电除尘器效率不高。袋式除尘器在国外大型火电厂应用较多，以澳大利亚为例，大多数火电厂都使用袋式除尘器，而且有很多电厂的除尘器由静电除尘器改为袋式除尘器，其理由除以上袋式除尘器所具有的特点外，还由于袋式除尘器大多采用脉冲清灰方式，效果理想，同时滤布大多采用耐温190℃的

Ryton 材料，寿命都超过 3 万 h。袋式除尘器的清灰方式可采用简单的 PLC 控制程序，按袋内的压差和时间自动控制。袋式除尘器的安装和换袋也相对方便，不需大型特殊专用工具。袋式除尘器采用脉冲清灰方式气布比高达 $0.018\sim0.022\text{m/s}$（气布比有时又称过滤速度 v，其定义为滤料单位过滤面积通过的气量，$v=Q/A$，Q 为通过袋式除尘器的气量，m^3/s；A 为袋式除尘器的过滤面积，m^2），因其体积小、造价低，总的费用与静电除尘器相差不大。但是采用袋式除尘器后也带来一些值得注意的问题：①设备阻力较静电除尘器增加，引风机风压加大，耗电量增加；②脉冲喷吹阀的性能和质量直接影响袋式除尘器运行的稳定性和可靠性，应选用新型有质量保证的脉冲阀；③滤料是袋式除尘器中的主要部件，其造价一般占设备费用的 $10\%\sim15\%$，滤料需定期更换，增加运行维护费用，劳动条件欠佳。

（二）袋式除尘器的工作原理

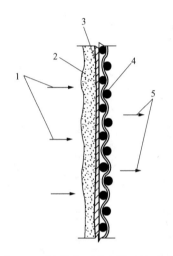

袋式除尘器的主要作用是含尘气体通过滤袋时，粉尘被阻留在滤袋的表面，干净气体则通过滤袋纤维间的缝隙排走。其工作机理是粉尘通过滤布时产生的筛分、惯性、黏附、扩散和静电等作用而被捕集。含尘气体通过滤布时，虽然是若干作用同时产生的结果，但实际上是以筛分作用为主的。

当含尘气体通过滤布时，直径大于滤布纤维间空隙的粉尘便被分离下来，称为筛分作用。新滤布第一次使用时，纤维间的空隙较大，含尘气体较易通过，筛分作用不明显，除尘效率较低。使用一段时间后，滤布表面建立了一定厚度的粉尘层，筛分作用才显著，该粉尘层称为初始层，如图 7 - 9 所示。

图 7 - 9　滤袋表面粉尘层过滤示意
1—含尘气流；2—粉尘层；3—初始层；
4—滤布；5—净化后的气流

由此可见，袋式除尘器主要是利用烟气中的粉尘本身来过滤粉尘，其过滤效率几乎不受烟气中粉尘大小的影响。关键是初始层要积好，并且在运行过程中，特别是清灰时，要保护好初始层，否则净化效率将受到很大影响。

（三）袋式除尘器分类

（1）按进风口位置可分为下进风和上进风两种。下进风即含尘气流由除尘器下部灰斗部分进入除尘器内，如图 7 - 10 （a）、（b）所示。上进风为含尘气体由除尘器上部进入除尘器内，如图 7 - 10 （c）、（d）所示。

（2）按含尘气体进气方式可分为内滤式和外滤式。内滤式即含尘气体由滤袋内向滤袋外流动，粉尘被分离沉积在滤袋的内侧表面，如图 7 - 10 （b）、（d）所示；外滤式即含尘气体由滤袋外向滤袋内流动，粉尘被分离在滤袋外，滤袋内必须有骨架（滤袋框），以防滤袋被吹瘪，如图 7 - 10 （a）、（c）所示。

（3）滤袋按照形式可分为圆袋（圆筒形）和扁袋（平板形）。一般采用圆袋时，往往将许多袋子分成若干组，便于分组清灰，如图 7 - 11 所示。

（4）按除尘器内的压力可分为负压式和正压式两种。负压式即风机布置在除尘器后面，使除尘器处于负压，含尘气体被吸入除尘器进行净化，清洁的气体经过风机排入大气，可以防止风机磨损。正压式则是含尘气体通过风机压入除尘器，除尘器在正压下工作，其管道布

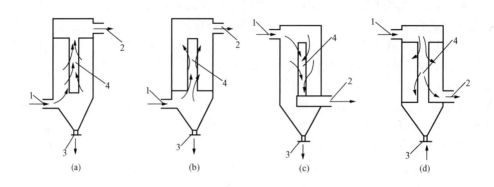

图 7-10　圆袋上进风、下进风、
内滤式和外滤式除尘器示意

（a）下进上排外滤式；（b）下进上排内滤式；（c）上进下排外滤式；（d）上进下排内滤式

1—进风口；2—排气口；3—排灰口；4—圆形滤袋

置紧凑，对外壳结构的强度要求不高，但风机易磨损。

（5）按清灰方式可分为机械振动、分室反吹、喷嘴反吹、振动反吹并用及脉冲喷吹五种。

下面以常用的气体反吹袋式除尘器为例加以说明。

（四）气体反吹袋式除尘器

1. 概述

气体反吹袋式除尘器是利用气体反吹滤袋清除附着在滤袋上的粉尘的高效除尘设备。按反吹气体压力分为低压（小于 5000Pa）和高压（0.5～0.6MPa）两种。低压反吹袋式除尘器

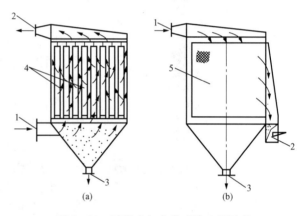

图 7-11　圆袋式与扁袋式除尘器示意

（a）圆袋式；（b）扁袋式

1—含尘气体入口；2—净化气出口；3—排尘口；
4—圆形滤袋；5—扁形滤袋

以回转反吹扁袋式除尘器为代表，高压反吹袋式除尘器则以脉冲喷吹袋式除尘器为代表，下面介绍后者。

2. 脉冲喷吹袋式除尘器的组成和工作原理

（1）脉冲喷吹袋式除尘器的组成。脉冲喷吹袋式除尘器本体由上、中、下三部分组成：上部包括净气箱、排气口、喷吹管、文丘里管、脉冲阀、控制阀及气包；中部即除尘箱，包括滤袋、滤袋框架及检修门；下部即灰斗及机架，其上有进气口及卸灰阀。此外，还有控制仪及 U 形压力计等附件，如图 7-12 所示。

（2）脉冲喷吹袋式除尘器的工作原理。含尘气体进入装有若干滤袋的中部箱体，经过滤袋气体被净化并经文丘里管进入上部箱体，由排气口排出。粉尘则被隔离在滤袋外表面，经过一定的过滤周期，进行脉冲喷吹清灰。每一排滤袋上部都有一根喷吹管，经脉冲阀与气包相接，喷吹管上的喷射孔与每条滤袋的上部敞开口相对应，敞开口安装有文丘里管。当滤袋

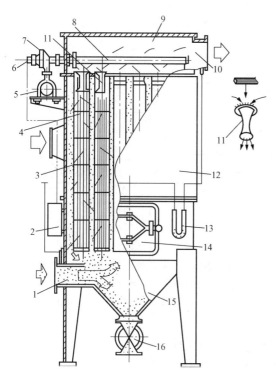

图 7 - 12　脉冲喷吹袋式除尘器的结构

1—进气口；2—控制仪；3—滤袋；4—滤袋框架；
5—气包；6—控制阀；7—脉冲阀；8—喷吹管；
9—净化箱；10—排气口；11—文丘里管；12—除尘箱；
13—U 形压力计；14—检修门；15—灰斗；16—卸灰阀

表面粉尘负荷增加，达到一定阻力时，由脉冲控制仪发出指令，按顺序触发各控制阀，开启脉冲阀，使气包内的压缩空气从喷吹管各喷孔中以接近声速的速度喷出一次空气流，通过引射器诱导比一次气流大 5～7 倍的二次气流一起喷入滤袋，造成滤袋瞬间急剧膨胀和收缩，引起冲击振动，同时产生瞬间反向气流，将附着在滤袋外表面上的粉尘吹扫下来，落入灰斗，并经卸灰阀排出，各排滤袋依次轮流得到清灰。清灰过程中每清灰一次，称为一个脉冲。脉冲宽度是喷吹一次所需的时间，为 0.1～0.2s。脉冲周期是全部滤袋完成一个清灰循环的时间，一般为 60s 左右。

（3）喷吹系统。

1）喷吹清灰系统。喷吹清灰系统的组成如图 7 - 13 所示，它包括脉冲控制仪、控制阀、脉冲阀、喷吹管及压缩空气包等。

脉冲阀的一端接空气包，另一端接喷吹管，背压室与控制阀相接。控制阀由脉冲控制仪控制，当脉冲控制仪无信号输出时，控制阀排气口被封住，脉冲阀处于关闭状态；当脉冲控制仪发出信号时，控制阀将脉冲阀打开，压缩空气由气包通过脉冲阀经喷吹管

小孔喷入文丘里管，进行清灰。

2）脉冲喷吹机构。按处理风量的不同，脉冲喷吹袋式除尘器装有几排至几十排滤袋，每排滤袋有一个执行喷吹清灰的脉冲喷吹机构，它由脉冲阀和排气阀两部分组成，如图 7 - 14 所示。脉冲阀的一端（A）接气包，另一端（B）接喷吹管，排气（控制）阀直接拧在脉冲阀的阀盖上。排气阀由程序控制仪控制，当程序控制仪无信号发来时，排气阀的活动挡板处于封闭排气孔的位置，此时，气流通过节流孔进入脉冲阀的背压室，波纹膜片两侧气压均为气源压力；当程序控制仪发来信号时，排气阀的活动挡板即抬起，使背压室与大气接通而迅速泄压，波纹膜片两侧的压力发生变化，靠近脉冲阀一侧的压力仍为压缩空气压力，而排气阀一端压力为大气压，于是，波纹膜片被压向右侧，喷吹口打开，

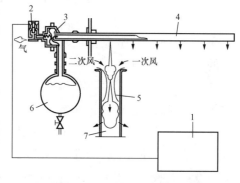

图 7 - 13　喷吹清灰系统的组成

1—脉冲控制仪；2—控制阀；3—脉冲阀；
4—喷吹管；5—文丘里管；
6—压缩空气包；7—滤袋

压缩空气进入脉冲阀进行喷吹清灰；信号消失后，活动挡板恢复到原来封闭排气孔的位置，背压室的压力又回升至气流压力，波纹膜片重新封闭脉冲阀，喷吹即行停止。

3）脉冲控制仪。脉冲控制仪是脉冲喷吹袋式除尘器的主要控制设备，它控制脉冲阀按程序的要求准确地进行喷吹。通过调整控制仪的脉冲周期和脉冲宽度来保证除尘器的正常运行，因此，其性能好坏直接影响清灰效果。目前常用的脉冲控制仪有电动、气动和机械控制仪等。与其配套使用的排气阀相应地有电磁阀、气动阀和机械阀等。脉冲控制仪有开环脉冲控制和闭环脉冲控制两种方式，前者是由人工给定脉冲周期，定时喷吹清灰；后者是为避免喷吹次数过多，减少压缩空气波纹膜片和滤袋等不必要的损耗而采用自动调节清灰的方式，以改善和提高脉冲喷吹袋式除尘器的技术经济性能。

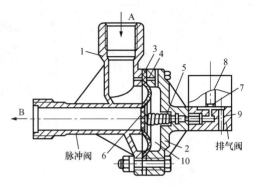

图 7-14　脉冲阀与排气阀的结构
1—阀体；2—阀盖；3—波纹膜片；4—节流孔；
5—复位弹簧；6—喷吹口；7—活动挡板；
8—活动芯；9—通气孔；10—背压室

第三节　烟气脱硫与脱硝系统

一、烟气脱硫

火电厂脱硫工艺选择脱硫技术可分为燃烧前脱硫、燃烧中脱硫、燃烧后脱硫三种。燃烧前脱硫主要指选煤（如物理法、微生物法脱硫）、煤气化和水煤浆技术；燃烧中脱硫指低污染燃烧、型煤加工和流化床方式燃烧技术以及目前推广的燃气-蒸汽联合循环发电技术；燃烧后脱硫即烟气脱硫（flue gas desulfurization，FGD）技术。燃烧前脱硫由于投资大，不适用于电厂；燃烧中脱硫在老厂改造中不容易实现；燃烧后脱硫（FGD）是目前唯一可以进行大规模商业运行的脱硫方式，大型电厂多采用这种方式脱硫，以下重点介绍烟气脱硫。

所谓烟气脱硫，就是把烟气中的 SO_2 及少量的 SO_3 转化为液体或固体化合物，使其从排出的烟气中分离出去。

从脱硫方法来看，主要有如下几种：①抛弃法和回收法；②干法和湿法。抛弃法即在脱硫过程中形成的固体产物被抛弃，必须连续不断地补充新鲜化学吸收剂。回收法是与 SO_2 反应的吸收剂可连续在一个闭路系统中再生使用。干法是利用固体吸收剂和催化剂在不降低烟气温度和不增加湿度的条件下除去烟气中的 SO_2。湿法是利用水或碱性吸收液或含触媒离子的溶液，吸收烟气中的 SO_2。

工业上应用最多、技术最为成熟的是湿法脱硫，它是目前世界上应用最广泛的脱硫方式，脱硫效率高。我国的重庆珞璜电厂、深圳沙角 A 电厂、上海石洞口电厂都是采用的湿法脱硫。其他工业化的工艺还有喷雾干燥法（SDA）、炉内喷钙尾部增湿活化法（LIFAC）、亚纳循环法（W-L 法）、电子束法（EBA）、氨法、海水脱硫等。

由于 SO_2 为酸性气体，几乎所有的洗涤过程都采用碱性物质的水溶液或浆液。在大部分抛弃法工艺中，从烟气中除去的硫以钙盐形式被抛弃，因此碱性物质耗量很大；在回收法工艺中，回收产物通常为元素硫或硫酸。绝大多数回收法脱硫之前，要求安装高效除尘装置，因为飞灰的存在影响回收过程的操作。

燃煤电厂烟气脱硫的主要困难在于 SO_2 的浓度低，烟气体积大，SO_2 的总量大。烟气中 SO_2 浓度一般低于 0.5%（按体积计），具体数值由燃料的含硫量决定。例如，在 15% 过量空气条件下，燃用含硫量 1%～4% 的煤，烟气中 SO_2 占 0.11%～0.35%。合理地选择烟气脱硫工艺必须考虑环境、经济、社会等多方面因素。

FGD 工艺方案很多，但最成熟、应用最广泛的首推湿式石灰石（石灰）-石膏法，下面简单介绍典型的湿式烟气脱硫方法的原理、工艺流程、应用及改进情况。

1. 脱硫原理

脱硫原理主要是使用碱性浆液如石灰石、石灰或碳酸钠等，喷入吸收塔中对烟气进行洗涤，从而除去烟气中的 SO_2，其反应式为

$$CaCO_3 + SO_2 + \frac{1}{2} H_2O \longrightarrow CaSO_3 \cdot \frac{1}{2} H_2O + CO_2 \tag{7-3}$$

$$CaO + SO_2 + \frac{1}{2} H_2O \longrightarrow CaSO_3 \cdot \frac{1}{2} H_2O \tag{7-4}$$

石灰石（石灰）-石膏湿法烟气脱硫的全部化学反应是在吸收塔与吸收槽两部分内完成的。

烟气进入顺流格栅式填料吸收塔，烟气中的 SO_2 被吸收而成为 H_2SO_3。随后 H_2SO_3 被离解为 H^+ 及 HSO_3 离子，一部分 HSO_3 被烟气中的 O_2 氧化成 H_2SO_4，再和循环液中的 $CaCO_3$ 进行中和反应，成为 $CaSO_4 \cdot 2H_2O$；另一部分 HSO_3 在吸收塔储槽中被空气氧化成 H_2SO_4，再和原料中的 $CaCO_3$ 中和，形成 $CaSO_4 \cdot 2H_2O$。

图 7-15 所示为石灰石-石膏湿法烟气脱硫工艺系统。SO_2 的吸收剂为 $CaCO_3$，浆液由制备系统进入吸收塔储槽底部。此部分新鲜吸收液与塔内未反应完的吸收液及部分石膏混合，经吸收塔再循环泵送入吸收塔上部，继续进行吸收反应。吸收反应生成的石膏晶液，经吸收塔储槽下部的排出泵送至石膏制备系统。

2. 工艺流程

工艺流程包括烟气系统、原料输送系统、石灰石浆液制备系统、烟气脱硫系统、石膏制备系统及其他辅助系统。

(1) 烟气系统。在烟气进出口及旁路烟道上分别设置挡板门，脱硫装置运行时，FGD 进、出口挡板门打开，烟气通过脱硫装置；当脱硫装置发生故障或检修时，FGD 进、出口挡板门关闭，烟气通过旁路挡板门进入烟囱，不会影响锅炉和汽轮发电机组的运行。

该系统还设置有烟气-烟气再热器（GGH），用 FGD 上游的热烟气来加热下游的净烟气。当烟气通过 FGD 进口挡板门后首先进入无泄漏型烟气-烟气再热器（MGGH）吸热侧，放热降温后进入吸收塔顶部脱硫，经脱硫后的净化烟气再经过 MGGH 放热侧被加热到 90℃ 后，通过脱硫风机经烟囱排入大气。

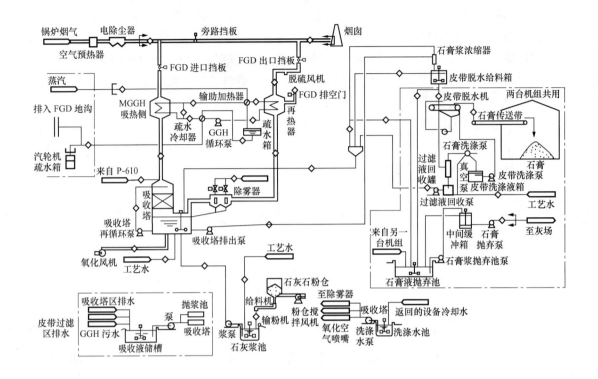

图 7-15 石灰石 - 石膏湿法烟气脱硫工艺系统

GGH—烟气-烟气再热器；MGGH—无泄漏型烟气 - 烟气再热器

（2）原料输送系统。该系统的核心设备是石灰石粉仓。每个粉仓有 3 个进料口，能同时进行 3 台粉车的卸粉作业。每个粉仓均设有料位指示器、真空阀、变频给料机、一个出料口、关断闸门和控制门，仓底设有防止堵塞及板结的捣粉装置，仓顶配有一套带抽风机的布袋除尘器。

（3）石灰石浆液制备系统。石灰石粉从粉仓下部出来，经给料机、输粉机进入石灰浆池，加入工艺水，控制浆液的质量浓度为 30%。石灰浆池为地下混凝土结构，内衬树脂防腐。制好的浆液通过两台浆泵输送至吸收塔。

（4）烟气脱硫系统。烟气脱硫和石膏的生成主要在吸收塔内完成。吸收塔由吸收塔浆池和吸收区组成，塔内布置若干层喷淋层，由再循环泵把吸收塔浆池中的浆液输送至喷淋层，浆液通过喷嘴成雾状喷出，SO_2 与喷淋浆液或逆流或顺流接触并与之反应。通过吸收区后的净烟气经位于吸收塔上部的两级除雾器排出。

吸收塔还设有氧化风机，提供氧化空气，以保证浆池内的浆液完全氧化。为了冷却并使氧化空气达到饱和状态，需要在氧化空气管道中加入工艺水，以防止热的氧化空气进入吸收塔时，在氧化空气管的出口使浆液中的水分蒸发。

（5）石膏制备系统。来自吸收塔浓度较稀的石膏浆，经排出泵送入水力旋流器浓缩后，进入皮带真空脱水机脱水成含水量小于 10% 的石膏粉状晶粒，其纯度可达 90% 以上，再经皮带运输机存入石膏仓库。仓库内配有铲斗车供石膏外运时使用。

为了确保皮带真空脱水机的正常工作，还设置了真空泵、皮带洗涤液箱、洗涤泵、过滤液及其回收泵等。

（6）其他辅助系统。除了以上各系统及其设施外，其余系统都可归在其他辅助系统中，包括工艺水系统、工业水系统、压缩空气系统、排放系统及废水处理系统等。

3. 应用及改进情况

石灰石－石膏湿法脱硫、石灰－石膏脱硫均有多种工艺方案，各具一定特色，其脱硫效率可达 96.9%。其主要优点是技术成熟，脱硫效率高，运行费用低；缺点是工艺流程复杂，初投资大，系统容易结垢。

我国 1000MW 超超临界压力机组很多采用 FGD 法脱硫，有的 1000MW 机组采用的脱硫工艺是在 FGD 法基础上增加了循环流化床（CFB）部分。烟气循环流化床法是德国 LLB 公司的技术，这种技术以循环流化床原理为基础，通过脱硫剂的多次循环来延长脱硫剂与 SO_2 的接触时间，并增加碰撞与摩擦，使脱硫剂不断暴露出新表面，以提高脱硫效率（可达 90% 以上）。这种方法运行较可靠，但投资不小，对脱硫剂加工和工业用水要求较高。该工艺属干式脱硫技术，其工艺流程主要包括吸收剂的制备系统、吸收塔、除尘器、吸收剂再循环系统及仪表控制系统等部分，其流程如图 7-16 所示。

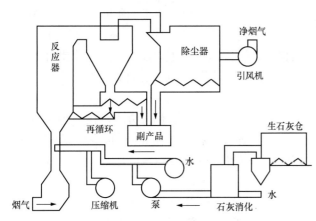

图 7-16　循环流化床烟气脱硫系统流程

CFB 烟气脱硫工艺一般采用干态的消石灰粉作为吸收剂，在特殊情况下也可采用其他对 SO_2 有吸收能力的干粉或浆液作吸收剂。

由锅炉排出的未经处理的烟气从流化床的底部进入，如果考虑综合利用的因素，不希望脱硫的副产品与飞灰混合在一起，则需要在吸收塔之前安装一个预除尘器。

流化床吸收塔的底部为一个文丘里装置，烟气经文丘里管后速度加快，并与细的吸收剂粉末互相混合。它们之间的相对滑移速度很快，加上吸收剂颗粒的密度很大，因此吸收剂颗粒之间、气体与颗粒之间的摩擦非常剧烈。吸收剂与烟气中的 SO_2 反应，生成亚硫酸钙。由于吸收剂的循环使用，吸收塔内有很高的飞灰和石灰颗粒浓度，这个浓度通常高达 500～2000mg/m³。经脱硫后带有大量固体颗粒的烟气由吸收塔的顶部排出进入吸收剂再循环除尘器中，该除尘器为一个机械式除尘器，也可以是电除尘器的预除尘器。烟气中的大部分颗粒被分离出来。被分离出的颗粒经过一个中间灰仓返回吸收塔循环使用，由于大部分的颗粒被循环使用多次，因此固体物料的滞留时间很长，可达 30min 以上。

中间灰仓的一部分根据吸收剂的供给量以及除尘效率，按比例排至固体再循环回路，并输送到灰仓待外运。

从再循环除尘器排出的烟气如不能满足排放标准的要求，则需再加装一个除尘器使烟气达标排放。以干粉的形式输入流化床吸收塔的吸收剂，同时还要喷入一定量的水以增大吸收剂的反应活性，提高脱硫效率。

二、烟气脱硝

燃烧过程中产生的氮氧化物主要是 NO 和 NO_2，统称为 NO_x。在大多数燃烧方式中，产生的 NO 占 90%～95%以上，其余为 NO_2。目前对 NO_x 的控制方法有两大类：生成前控制和生成后控制。生成前控制主要是通过改进燃烧方式减少 NO_x 的生成量（即低 NO_x 燃烧技术）。由于 NO_x 的形成受温度的影响极大，因而可以通过改进燃烧方式避开使 NO_x 大量生成的温度区间，从而实现 NO_x 的减排。如低氧燃烧或低过量空气系数（LEA）、烟气再循环（FGR）、降低空气预热器温度（RAP）、分段燃烧、上部燃尽风（OFA）、燃料分级等。

燃烧方式的改进通常是一种相对简便易行的减少 NO_x 排放的措施，但这种措施会带来燃烧效率的降低，以及不完全燃烧损失的增加，而且 NO_x 的脱除率也不高。一般情况下，低 NO_x 燃烧技术只能降低排放值的 50%～65%。因此随着环保要求的不断提高，自 20 世纪 80 年代起，燃烧的后处理（即生成后控制也称烟气脱硝）越来越成为必然。德国和日本是世界上最早实施烟气脱硝的两个国家，他们在烟气脱硝工程中应用最多的是选择性催化还原（selective catalytic reduction，SCR）法，欧洲、美国等发达国家也都以采用 SCR 法为主，以下简介该法的原理、工艺流程与系统。

选择性催化还原（SCR）法是利用氨（NH_3）对 NO_x 的还原功能，在一定条件下将 NO_x 还原为对大气没有多大影响的 N_2 和水。"选择性"在这里是指 NH_3 只选择对 NO_x 进行还原。氨和烟气混合物通过催化床进行反应，其反应式如下：

$$4NH_3 + 4NO + O_2 \longrightarrow 4N_2 + 6H_2O \tag{7-5}$$

$$8NH_3 + 6NO_2 \longrightarrow 7N_2 + 12H_2O \tag{7-6}$$

在没有催化剂的情况下，上述化学反应只在很窄的温度范围内（980℃左右）进行。通过使用适当的催化剂，上述反应可以在 200～450℃的温度范围内有效进行。在 NH_3/ NO 摩尔比为 1 的条件下，可以得到 80%～90%的脱硝率。

该方法最早于 1983 年在日本竹原电厂 3 号机组 700MW 全负荷应用成功，美国及欧洲许多国家在 20 世纪 90 年代也相继采用了 SCR 技术。

我国福建后石电厂 6×600MW 机组 2004 年建成并网发电，超临界压力直流锅炉岛设置两台除尘效率为 99.85%的双室五电场静电除尘器、安装烟气脱硝和烟气海水脱硫装置，其配套引进的选择性催化还原脱硝装置也同时投入运行。该厂脱硝系统采用炉内脱硝和烟气脱硝相结合的方法。炉内脱硝的方式采用 PM 型低燃烧器加分级燃烧脱硝法，脱硝效率可达 65% 以 上，排 放 浓 度 在 180mg/L左右。烟气脱硝方式采用日立公司的选择性触媒还原烟气脱硝系统，图 7-17 为该系统工艺流程。液氨从液氨槽车由卸料压缩机送入液氨储槽，再经过蒸发槽蒸发为氨气后通过氨缓冲槽和输送管道进入锅炉区，通过与空气均匀混合后由分布导阀进入 SCR 反应

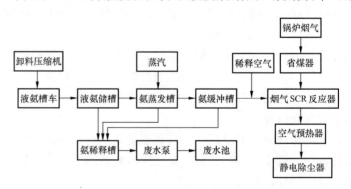

图 7-17　福建后石电厂 600MW 机组烟气脱硝系统工艺流程

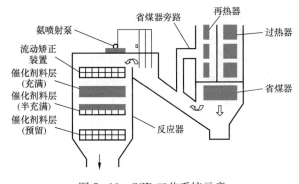

图 7-18　SCR 工艺系统示意

器内部反应，SCR 反应器位于空气预热器之前省煤器之后，氨气在 SCR 反应器的上方，通过一种特殊的喷雾装置和烟气均匀分布混合，混合后的烟气通过反应器内触媒层进行还原反应过程。脱硝后烟气经过空气预热器回收热量后进入静电除尘器。图 7-18 所示为 SCR 工艺系统示意。图中的 SCR 反应器中有三层催化剂（其中一层备用），经过最后一层催化剂后，使烟气中的 NO_x 控制在排放限值以内。省煤器旁路是用来调节温度的，即通过调节经过省煤器的与通过旁路的烟气比例来控制反应器中的烟气温度。氨喷射器应安装在 SCR 反应器的上游足够远处，以保证喷入的氨气与烟气充分混合。

第四节　除灰渣系统

火力发电厂的除灰是指将锅炉灰渣斗中排出的渣和由除尘器灰斗捕捉下来的灰经除灰设备排放至灰场或者运往厂外的全部过程。图 7-19 所示为火电厂除灰除渣系统的流程图。根据电厂所采用的设备不同，目前除灰方式有水力、气力和机械除灰三种方式。

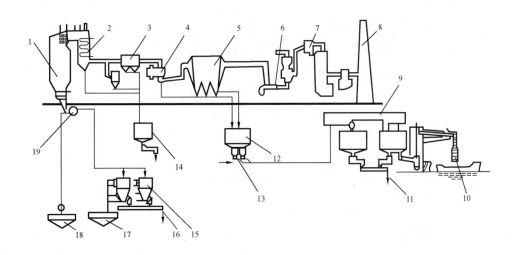

图 7-19　火电厂灰渣系统流程图

1—锅炉；2—省煤器（再热器）；3—脱硝装置；4—空气预热器；5—电除尘器；6—引风机；
7—脱硫装置；8—烟囱；9—分级系统；10—落灰管；11—出灰口；12—中间仓；13—仓泵；
14—筒仓；15—脱水仓；16—出渣口；17—沉淀池；18—储水池；19—灰渣泵

随着机组容量的增大，灰渣量越来越多，采用水力除灰渣系统作为大型电站的除灰渣设施，不但电厂需要消耗大量的补充水，而且会造成灰场排水超标，严重污染地下水。另外，灰场离电厂越来越远，以往常用的单级灰渣泵已逐渐不能满足要求。在高浓度、高扬程的必然趋势下，近年来先后采用了诸如沃曼泵、柱塞泵、油隔离泥浆泵、水隔离泵、煤水泵等能满足高浓度远距离输送的新设备，出现了多样化的厂外高浓度水力除灰渣系统。当电厂以气力除灰为主要输送灰的手段时，基本上不需要用水，既避免对环境和水质造成污染，也保证灰在输送的过程中不会发生化学变化，保持灰的原有特性，有利于灰渣综合利用。因此，欧美各国及日本等都以气力除灰系统作为主要输送灰的手段，我国的很多大电厂也采用气力除灰系统。随着气力除灰设备和技术不断完善，气力除灰系统被越来越多的电厂采用。

实际工程中，由于受到种种具体条件的限制，常常不是单一地采用水力或气力除灰的方式，而是采用组合式系统，通常称之为混合除灰渣系统。它可以随工程要求组成各种方式，如：气力除灰与机械除渣组合、气力除灰与水力除渣组合及水力除灰（高浓度）与水力或机械除渣（特别是液态渣）组合等。以下就我国常用的几种除灰渣系统进行介绍。

一、水力除灰渣系统

目前我国普遍采用灰渣泵水力除灰系统，如图 7-20 所示。锅炉的煤燃烧以后所产生的炉渣由锅炉冷灰斗下面的排渣槽经破碎机破碎后和由冲灰器排出的灰浆沿灰渣沟经激流喷嘴中的水冲到灰渣泵入口，通过灰渣泵增压后经灰渣管送至灰场或者至电厂外进行综合利用。

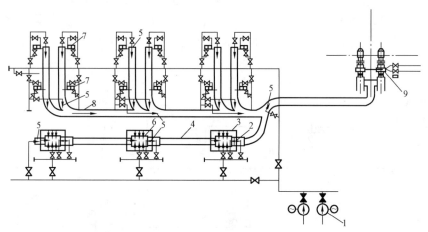

图 7-20　灰渣泵水力除灰系统

1—冲灰水泵；2—冲洗喷嘴；3—浇水装置；4、8—灰沟；
5—激流喷嘴；6—排渣槽；7—冲灰器；9—灰渣泵

二、气力除灰系统

气力除灰系统的主要方式有空气斜槽输送系统、负压气力除灰系统、正压气力除灰系统以及正负压联合输送系统。以下只介绍应用较广的负压和正压气力除灰系统。

1. 负压气力除灰系统

图 7-21 所示为负压气力输送系统及灰库系统。负压气力除灰系统是利用负压风机产生系统负压将飞灰抽至灰库。最佳负压为 6.1×10^4 Pa（6200mmH$_2$O），风量约 53m^3/min。其主要设备有负压风机、物料输送阀、旋风除尘器、平衡阀、布袋除尘器、锁气阀、隔离滑阀等。

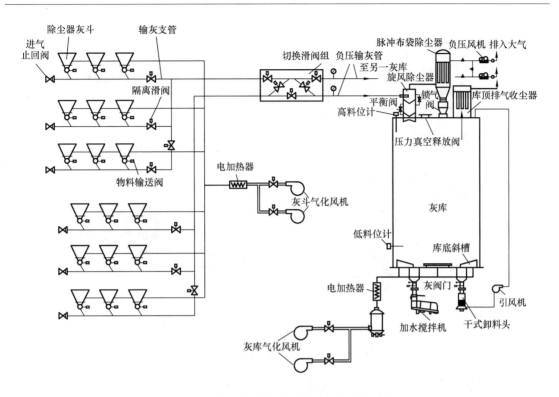

图 7 - 21　负压气力输送系统及灰库系统示意

系统中，每个灰斗下设有物料输送阀，物料输送阀上有补气阀和灰量调节装置。它使飞灰均匀顺利地投入输送管道。正常情况下，管道系统真空产生后，物料输送阀按设定的程序依次打开，直到灰斗内的灰输空为止。物料输送阀在真空度降到设定值时自动关闭，下一个物料输送阀开启，如此循环连续输送。该系统每个分电场布置一系列输送支管，用自动控制隔离滑阀将各支管分开，使其独立运行。支管端部的进气止回阀提供补充的输送空气；输送支管间用隔离滑阀来切换；切换滑阀组由五个隔离滑阀组成，起输灰管间的切换作用。气灰混合物沿输灰管进入灰库顶部的分离装置，将灰从空气中分离出来后排入灰库。旋风除尘器作为一级分离装置，布袋除尘器为二级分离装置。旋风除尘器中间有隔离仓、平衡阀，平衡阀平衡上下仓的压力，连续运行；布袋除尘器下装有锁气阀，以保证连续运行。灰库部分自成灰库系统。

负压输送系统一般基建费用较低，且灰斗下面的净空最小。由于其泄漏只发生在系统内部，所以运行比较清洁。本系统的输送距离一般小于200m；一般最大输送能力为40t/h。

2. 正压气力除灰系统

正压气力除灰系统以正压仓泵气力除灰系统为代表。图 7 - 22 所示为正压仓泵气力输送系统及灰库系统。正压仓泵气力除灰系统是利用压缩空气使仓泵内的灰和空气混合，并吹入输送管，直接排入灰库。其压缩空气由压气机供给。

图 7 - 23 所示为仓泵的空气管道系统。灰斗中的灰经锥形阀和插板定期排入仓泵，当仓泵中的灰达到一定高度后，首先开启空气阀门，压缩空气经压灰空气管进入仓泵上部，同时经吹灰空气管引入仓泵下部进行排灰。当仓泵中的灰被除净后，再由压缩空气继续吹扫管

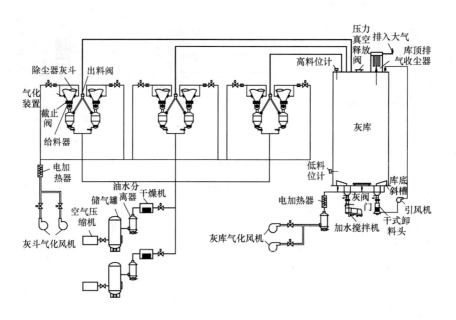

图 7-22　正压仓泵气力输送系统及灰库系统示意

路，以免引起管路结垢，然后关闭空气阀门。

正压仓泵除灰系统密封性能较好，输送距离最大可达 1500m，但此时系统出力降低较大。最经济安全的输送距离为 500～1000m。

3. 灰库系统

图 7-24 所示为灰库系统示意。灰库系统由灰库、库顶排气收尘器、真空压力释放阀、库底斜槽系统、卸料系统等组成。

库底斜槽布置在灰库底部，经过加热的气化空气接入库底斜槽使灰气化，以保证灰能够自由地流进卸料系统。

卸料系统有以下几种方式（供用户选用）：

（1）干式卸料：利用干式卸料头将灰引到装灰车。此设备设有防护罩和排气风机以控制灰尘。

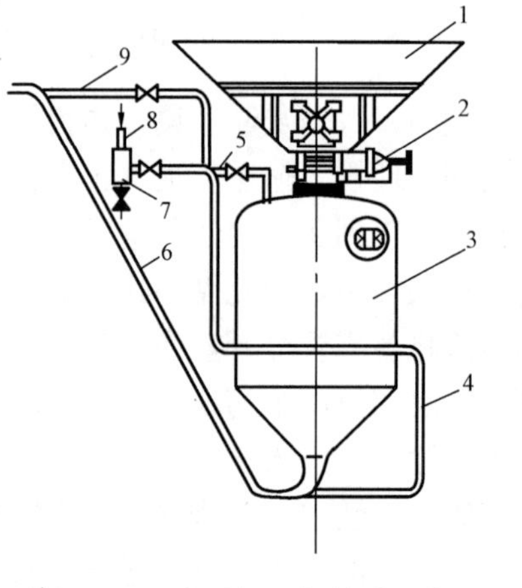

图 7-23　仓泵的空气管道系统

1—灰斗；2—锥形阀；3—仓泵；4—冲灰压缩空气管；
5—压灰空气管；6—输灰管；7—滤水管；
8—压缩空气总管；9—冲洗压缩空气管

（2）湿式卸料：灰经旋转给料器进入加水搅拌机，灰水混合成湿灰后直接装入运输车，或采用立式搅拌机，灰水混合成湿灰后用输送带直接装船。

（3）浆式卸料：灰经旋转给料器进入水力抽气器与水混合或进入高浓度搅拌机制浆后落入灰浆池，再由灰渣泵或其他设备输送至灰场。

（4）正压输送：用仓泵远距离输送以便综合利用，或送至远处灰场。

三、高浓度气力除灰技术

目前人们共同关心的重要课题是如何提高灰气混合比、提高出力、降低能耗，减少空气

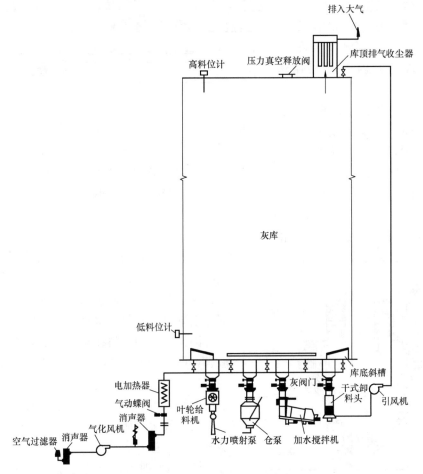

图 7 - 24　灰库系统示意

消耗量和管道的磨损量。而输送管道中灰气混合物的速度是一个重要因素，流速高导致能耗高、磨损快，而流速低易造成管内堵塞。针对这个难题，研究人员开发出高浓度气力除灰技术（主要针对正压系统），如紊流双套管系统、脉冲栓流系统、DEPAC 仓泵系统、芬兰纽普兰的 L 形泵和 T 形泵、英国的克莱德 AV 泵和 PD 泵等。以下仅以紊流双套管气力除灰技术和助推式高浓度气力除灰技术为例加以说明。

1. 紊流双套管气力除灰技术

采用紊流双套管的除灰系统基于密相输送原理进行除灰，其工作流程与常规正压除灰系统基本相同，即通过仓泵把压缩空气的能量传递给被输送物料，克服沿程各种阻力，将物料送往储料库。不同点在于输送管道的结构特殊，输送管道中输送空气能保持连续紊流，是靠采用第二条管道来实现的，即大管道中套了一根小管道，且小管道布置在大管道的上部，在小管道的下部每隔一定距离开有一扇形缺口，并在缺口处装有圆形孔板。正常输送时大管主要走灰，小管主要走气，压缩空气在不断进入和流出内套小管上特别设计的开口及孔板的过程中形成剧烈的紊流效应，不断扰动物料。在水平输送管中，由于重力影响，飞灰易堆积在下部，并逐渐向上发展，造成管道堵塞时，输送压力增高迫使输送气流进入小管，小管中的下一个开孔使压缩空气以较高的速度流出，从而对该处堵塞的飞灰产生扰动和疏通作用，并使之向前移动，以这种受控方式产生扰动，从而实现高灰气比，故低速长距离输送物料不会堵管。图 7-25 所示为紊流管内的密相输送原理。

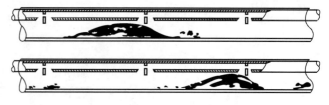

图 7-25　紊流管内的密相输送原理

　　该项技术是由德国汉堡莫勒公司（MOLLER）研制成功的。浙江嘉兴电厂 2×300MW 机组首次应用，其后在河北三河电厂（2×350MW）、山西河津电厂（2×350MW）、华能江苏太仓电厂（2×300MW）的干灰气力除灰系统中相继采用。上海外高桥第三发电厂超超临界压力 2×1000MW 机组也采用了这项技术，每台锅炉配 1 套除灰系统，每套出灰系统出力不小于 80t/h，输送水平距离约 1400m。

　　2. 助推式高浓度气力除灰技术
　　助推式高浓度气力除灰系统是在输灰管道上按一定间隔分布安装若干只助推器，输送用气的一部分进入仓泵，起到将物料推进管道的作用；另一部分空气通过助推器直接进入管道，这部分空气可使物料获得克服管道阻力所必需的能量。因被输送的物料在管道中呈集团流态或栓状流态，而非完全悬浮状态，物料运动速度低，克服管道阻力的能量主要是压能，从而可大大降低系统的耗气量，并可减小管道的磨损。即使物料在管道中发生停滞，无论输送距离有多远，助推器都能使之重新启动。

　　图 7-26 所示为美国空气动力公司 FD-CHEKI 型助推器结构原理。该助推器具有止回功能，即只允许高压空气进入输送管，而被输送物料不会流回空气母管。助推器的沿程布置实际上是对物料进行分段输送，从而使输送系统运动更

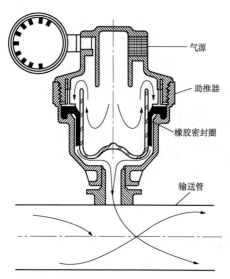

图 7-26　FD-CHEKI 型助推器结构原理

加稳定、可靠。图 7-27 所示为满管型助推式输送除灰系统。

　　四、实例

　　【实例 1】　图 7-28 所示为某 600MW 机组电厂的水力除渣系统流程图。600MW 机组配置 2008t/h 的锅炉，2 台锅炉全年燃煤量约 300 万 t，排灰量约 85 万 t，排渣量约 8 万 t。该厂将省煤器灰、磨煤机石子煤等纳入除渣系统，故其渣量达到 22.72t/h，它们集中汇入 60m³ 的中间转运仓，再以 1∶5 的

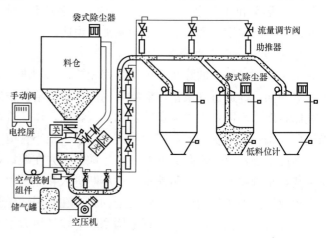

图 7-27　满管型助推式输送除灰系统

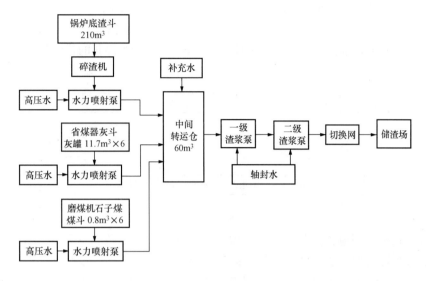

图 7-28　某电厂水力输渣系统流程图

渣水比经两级渣浆泵升压后排至储渣场。

　　该电厂由从电除尘器下灰斗到厂内灰库为气力收灰系统，由厂内灰库到储灰场采用了水力输灰系统，其系统流程如图 7-29 所示。该厂的正压干收灰系统主要由 80 只气锁阀、5 台气化风机、3 台输送风机及 1 座 805.5m³ 的灰库组成。

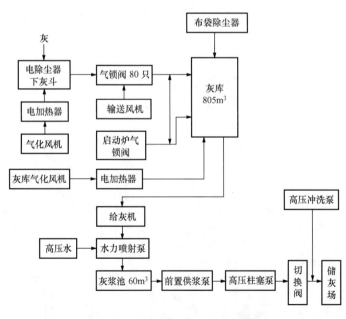

气化风机送入热风将电除尘器下灰斗的灰吹起，经过气锁阀由输送风机的风带至灰库，输送风经灰库顶部布袋除尘器过滤后排入大气，布袋除尘器外壁的粉尘被引入的短脉冲压缩空气吹扫，避免布袋内压力过高。

　　干灰库底部装有 2 台旋转式给灰机，采用水力喷射泵进行加水搅拌，再送入 60m³ 的灰浆池，搅拌成 1:1.5 的灰浆，然后由供浆泵将灰浆打入柱塞泵，高浓度的灰浆经管道切换阀被送到厂外 12 km 远的储灰场。

图 7-29　某电厂的灰系统流程图

【实例 2】　山东邹县电厂
2×1000MW 超超临界压力机组的除渣系统采用了刮板捞渣机、刮板输送机和渣仓的机械除渣系统，其工艺流程如图 7-30 所示。锅炉排出的渣经冷却水冷却粒化后由刮板捞渣机连续捞出，大块渣经碎渣机破碎后，由刮板输送机送至渣仓暂存，渣仓内的渣由自卸汽车转运到储渣场或综合利用场所。渣冷却水由刮板捞渣机溢流口排至溢流水池，再由溢流水泵输送至高效浓缩机，经澄清后进入除灰用水池，再循环供除渣系统使用。每炉设 1 座高效浓缩机，全钢结构，直径为 10m，有效容积为 230m³。每炉设 2 座锥底渣仓，全钢结构，直径为 8m，总有效容积为 480m³，能储存 1 台炉 MCR 工况下设计煤种约 47 h 的排渣量。

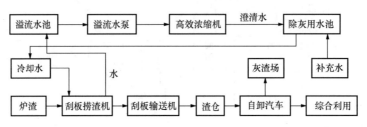

图 7 - 30　除渣系统工艺流程图

厂内除灰系统自烟道各落灰口、除尘器各灰斗等至厂内灰库，采用正压密相气力输送、灰库储存、汽车转运的系统。图 7-31 所示为正压仓泵除灰系统。每 1 炉设 2 套正压浓相气力输送系统。系统设置 5 根输灰管道，粗细分排，3 根粗灰管，2 根细灰管，通过库顶的切换阀可以将干灰输送至原灰库或粗、细灰库。受灰点至灰库最远水平距离 800m，升高约 36m，设计出力 136t/h。两台炉 8 台空气压缩机，6 台运行，2 台备用。均选用 $Q=47.5m^3/min$（标准状况下），$p=0.75MPa$ 的螺杆式空气压缩机。灰库为 6 座混凝土结构灰库，2 座原灰库，2 座粗灰库，2 座细灰库。灰库直径为 18m，高 36m，有效容积约 5600m³。每 1 组灰库设 1 套出力为 40t/h 的闭式循环分选系统，用于干灰综合利用。干灰散装机将干灰直接装入罐车运出进行综合利用；湿式卸料器将干灰加水混合成含水 25% 左右的湿灰，直接装入自卸汽车运至储灰场堆放，其流程如图 7-32 所示。

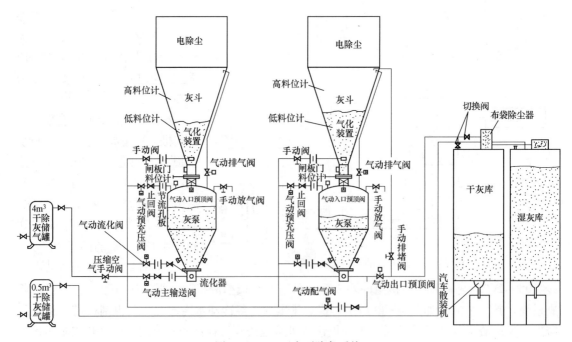

图 7 - 31　正压仓泵除灰系统

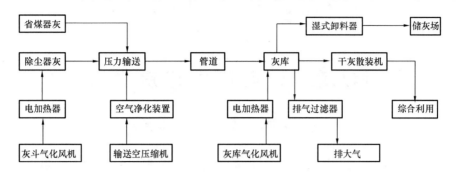

图 7-32　除灰系统工艺流程图

厂外输灰系统即干灰二级输送系统，自厂内 2 座细灰库的二级输灰接口至厂外远端灰库，约水平距离 1000m，升高约 43m，采用正压浓相气力输送、灰库储存、火车转运的系统。系统设 6 台输灰空压机，系统出力约 65t/h。厂外远端灰库直径为 15m，高为 27m，有效容积约 2500m³，满足连续装 1 列火车的需要。

思 考 题

1. 环境保护对发电厂除尘的要求、标准是什么？

2. 试述电除尘器和袋式除尘器的特点及工作原理。

3. 火电厂脱硫有哪几种方法？烟气脱硫的原理是什么？常用的烟气脱硫方式有哪些？

4. 火电厂脱硝有哪几种方法？烟气脱硝的原理是什么？常用的烟气脱硝方式有哪些？

5. 火力发电厂水力除灰渣系统中有哪些主要设备？它们的作用是什么？

6. 火力发电厂气力除灰系统的主要方式有哪些？

7. 火力发电厂中的灰渣有哪些主要用途？

第八章　火电厂主厂房布置

第一节　概　　述

火电厂主厂房是指安装发电厂中主要设备和辅助设备的厂房。主厂房一般由锅炉房、汽轮机房、除氧间、煤仓间、除尘器和烟囱等生产车间或部分组成。各个生产车间内布置发电用的主要设备及其辅助设备。

主厂房是电厂生产活动的中心，厂房内部机组的排列、公用系统和检修场地的布置，生产活动场所和内、外交通的安排等，都会影响电厂的整体布置。因此，主厂房的位置应放在地质良好的地段，避免地基基础不均匀沉降对设备及管道运行带来不良后果。主厂房的位置应在厂区适中位置。

一、主厂房布置的内容

主厂房布置的主要内容包括：锅炉房、汽轮机房、除氧间、煤仓间等生产车间的组合方法；生产车间中各种主要设备及其辅助设备的布置；主厂房和其他有关建（构）筑物的连接方式等。主厂房占地面积大，投资费用高，其布置的好坏将影响电厂建设投资的多少、建设时间的长短，以及建成后设备运行的经济性、安全性、可靠性和设备检修的方便性，甚至影响到电厂今后的发展。所以主厂房的布置是电厂设计中最重要和最复杂的工作之一，必须经过周密考虑，提出合理的方案。

二、主厂房布置的基本要求

（1）电厂建设前应首先根据系统规划和厂址的条件，确定电厂的规划容量，再进行电厂的总体规划和考虑扩建条件。对扩建的主厂房，应注意与前期工程协调一致。如必须注意防止输煤设备、循环水管和除灰设备等的布置妨碍电厂的扩建。

（2）发电厂主厂房布置应适应电力生产工艺流程的要求，并做到：设备布局和空间利用合理，管线连接短、整齐，厂房内部设施布置紧凑、恰当。厂房布置应经济合理，并尽量降低建筑费用和运行费用。

主厂房的可比建筑容积不应超过同类机组主厂房参考设计的数据。如 200、300、600MW 机组的可比建筑容积（包括锅炉炉前运转层以下部分、煤仓间、除氧间、汽轮机房和炉侧的集中控制楼等）分别为 0.7、0.58m³/kW 和 0.39m³/kW。随着机组容量的增大，其可比建筑容积数会减少。此外，厂房内设施的布置还应确保巡回检查的通道畅通，连接各设备之间的管道、烟风道和电线在满足补偿的条件下尽量缩短；生产联系密切的设备尽量布置在一起，为发电厂的安全运行检修维护创造良好的条件。

（3）发电厂主厂房布置应为运行检修及施工安装人员创造良好的工作、卫生环境，厂房内的空气质量、通风、采光、照明和噪声等应符合国家现行有关规定，对厂房内设备应采取相应的防护措施，符合抗震、防火、防爆、防潮、防尘、防腐、防冻以及防沉降等有关要求。规划好设备的安装、检修场地，提高起重设备的利用率。

（4）主厂房及其内部的设施、表盘、管道和平台扶梯等的色调应协调。平台扶梯及栏杆的规格宜全厂或分区统一。对主厂房内设备的布置要注意整体性、一致性和艺术性，对主厂房的立面与平面进行适当的艺术处理，力求达到整齐、美观、协调。

（5）在满足工艺要求及便于检修的前提下，可采用两种及以上规格的柱距。对装配式钢筋混凝土结构的主厂房柱距、跨度和层高，宜考虑模数的要求。当采用现浇方式施工时，柱距可以灵活。

当汽轮机房（或除氧间）与锅炉房（或煤仓间）采用相同柱距时，汽轮机房（或除氧间）与锅炉房（或煤仓间）之间不应脱开布置（即设单排柱）。当技术经济比较合理，汽轮机房（或除氧间）与锅炉房（或煤仓间）采用不同柱距时，它们之间可脱开布置（即设双排柱）。

（6）厂区地形对主厂房的布置影响较大，厂区地形不平或高度差较大时，为减少土石方工程量，往往中小型机组的主厂房可以考虑是否要阶梯布置，大容量机组主厂房不宜阶梯布置。

（7）设备特点对主厂房布置也有重要影响，如锅炉本体的形式（露天、紧身罩封闭或屋内式）、磨煤机的形式（钢球磨或直吹式）、高压加热器形式（立式或卧式）、汽动给水泵小汽轮机排汽是否进入主凝汽器等都影响主厂房的布置。

（8）施工条件对主厂房的影响，主要是指施工时的大件运输与吊装、施工机具、施工程序与进度都对主厂房的布置提出一定的要求。如工期要求有两台及以上机组同时施工时，就需在汽轮机房提供两台同规格的行车，它既可提供安装最重的发电机静子的条件又可平行连续地提供其他设备安装施工的条件。

上述要求在某种布置中不可能全部满足，在实际工作中应根据具体情况，通过技术经济比较，尽量满足最重要的要求，力求获得最佳的主厂房布置。

第二节　主厂房的布置方案及特点

主厂房根据各车间的配置、汽轮发电机组轴线的方向及机头的朝向、锅炉的前后方位、设备的露天与否等可布置成多种方案。在选择方案时，应考虑主设备的特点和容量、热力系统、燃烧系统、输煤方式、气象条件、厂区面积和状况、施工和扩建的条件等因素。

根据煤仓的位置情况，主厂房布置常采用以下几种方案：外煤仓布置方案、内煤仓布置方案、合并煤仓布置方案及侧煤仓布置方案。对于燃用天然气及重油的电厂，没有煤仓间，但有燃料储存和处理设施，本书不予讨论。

主厂房设计中，为了便于标明设备的位置，在主厂房内建立三个坐标方向（见图 8-1）。

（1）主厂房纵轴方向：从汽轮机房向锅炉房方向排列立柱，以 A、B、C、D、E…字母进行编号，前后两排立柱间的距离称为跨距。

（2）主厂房横轴方向：以主厂房固定端向扩建端方向排列立柱，以①、②、③、④…数目字编号，前后两排立柱间的距离称为柱距。

（3）厂房空间高度方向：主厂房空间及各平台高度称为标高。一般以汽轮机房的底层地面为零米层，用 $\underline{0.00}$ 表示。如，汽轮机间桥式起重机（即行车）的标高为 $\underline{27.00}$，即表示行车高度为 27m。

在主厂房的平面图中，面向汽轮机房的左边为固定端，右边为扩建端。图 8-2 为国外某 300MW 机组主厂房平面布置，图中标明了固定端和扩建端。

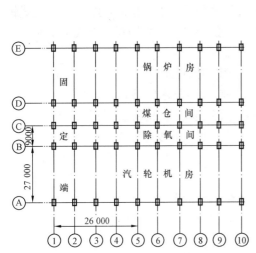

图 8-1　主厂房布置中的跨距、柱距
（单位：mm）

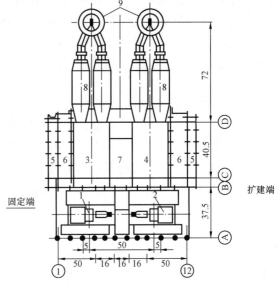

8-2　国外某 300MW 机组主厂房平面布置（单位：mm）
1—1 号汽轮发电机组；2—2 号汽轮发电机组；3—1 号锅炉；
4—2 号锅炉；5—煤仓间；6—中速磨煤机；7—控制室；
8—电除尘器；9—烟囱

一、外煤仓布置方案

采用这种布置方案时，汽轮机房、除氧间、锅炉房和煤仓间是顺序平行排列的，煤仓间在锅炉房的外侧。根据主要设备的布置状况，大型电厂主厂房外煤仓布置常分为锅炉炉前朝向煤仓间和锅炉炉前朝向除氧间两种方案。

图 8-3 为锅炉炉前朝向除氧间布置方案的立面图。太原第一热电厂、河南姚孟电厂 300MW 机组均采用这种布置方案。

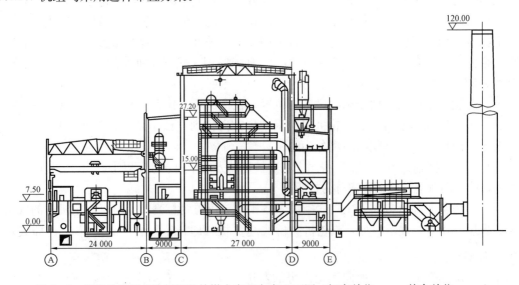

图 8-3　锅炉炉前朝向除氧间的外煤仓布置方案立面图（标高单位：m，其余单位：mm）

外煤仓布置方案的主要优点：煤仓间与除氧间分置于锅炉房两侧，生产过程符合工艺流程顺序，汽水管道较短，煤粉管道和蒸汽管道互不干扰；煤仓间采光和通风条件较好；煤仓间在锅炉房外侧，煤粉系统一旦发生事故容易处置。其缺点：烟风管道长，锅炉房跨度固定，如要扩建不同容量与类型的锅炉会受到限制；辅助机械布置不够集中。

二、内煤仓布置方案

采用这种方案时，除氧间和煤仓间并列在汽轮机房和锅炉房之间，中间车间为双框架结构，如图 8-4 所示。

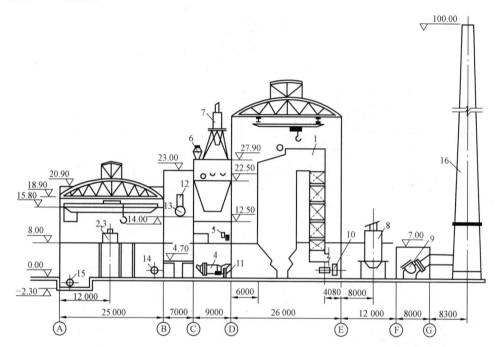

图 8-4　内煤仓主厂房布置方案立面图（标高单位：m，其余单位：mm）

1—锅炉；2、3—汽轮机和发电机；4—钢球磨煤机；5—圆盘给煤机；6—粗粉分离器；7—细粉分离器；8—除尘器；9—引风机；10—送风机；11—排粉机；12—除氧器；13—给水箱；14—给水泵；15—循环水泵；16—烟囱

内煤仓布置方案的优点：制粉系统设备的布置比较紧凑，安装方便；锅炉尾部烟道较短；烟道与煤粉制备在布置上互不干扰；烟道灰沟引出方便；锅炉房采光较好；便于扩建不同容量和类型的机组。内煤仓布置的缺点：机炉连接的汽水管道长，主蒸汽管和煤粉管有干扰；煤仓间采光较差等。

在我国，由国外设计的电厂一般采用内煤仓布置类型，如上海石洞口一厂 4 台 300MW 机组、宝钢电厂 2 台 350MW 机组、平圩电厂 600MW 机组均属这种布置类型。近年国内超超临界参数 1000MW 机组也有采用这种布置类型的。

三、合并煤仓布置方案

这种布置方案即内煤仓与除氧间合并为单框架结构，如图 8-5 所示。这种布置方案的优缺点与内煤仓布置方案的优缺点基本相同。与双框架内煤仓布置方案相比，其优点：汽水管道较短，可节约合金材料，一般情况下占地面积较小，土建费用较低；其缺点：中间车间设备布置较拥挤，特别是采用钢球磨煤机中间储仓式制粉系统布置时比较复杂。

国内 200、300MW 机组的主厂房采用这种布置方案比较多，如山东黄台电厂五期

300MW 机组的主厂房、徐州电厂三期 200MW 机组均属此种布置方案。国外 1200MW 机组主厂房也采用这种布置方案。

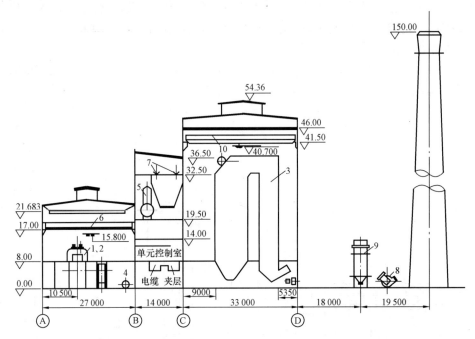

图 8-5　合并煤仓间布置方案立面图（标高单位：m，其余单位：mm）

1、2—汽轮机和发电机；3—锅炉；4—给水泵；5—除氧器；6—汽机间行车；

7—皮带输煤机；8—引风机；9—除尘器；10—锅炉间行车

四、侧煤仓布置方案

随着现代超超临界参数容量机组发电厂的大量出现，为减少主厂房占地，节约投资，近几年侧煤仓布置方案也越来越多，这种布置方案是将煤仓间布置在两台锅炉中间，如图 8-6 所示。它有效地压缩了汽轮机房与锅炉房之间的距离，又充分利用了两台锅炉之间的空间，减少了四大管道（特别是进口管材）的长度，华能海门电厂 1000MW 机组主厂房就采用了这种布置方案。两台机组共节约投资 2000 万元。

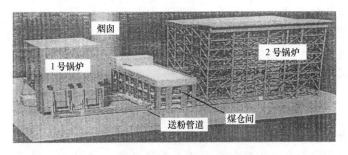

图 8-6　侧煤仓布置方案示意

以上所介绍的四种布置方案各有特点，在采用上很难做出统一规定。GB 50660—2011 中规定：主厂房的布置可采用汽轮机房、煤仓间或除氧煤仓间、锅炉房三列式布置，汽轮机房、除氧间、煤仓间、锅炉房四列式布置，侧煤仓布置等多种布置形式。同时又规定：主厂房区域布置应根据厂区地形、设备特点和施工条件等因素合理安排，并根据总体规划要求留有扩建条件。如上海石洞口二厂 600MW 超临界压力机组，汽轮机房采用 36m 大跨度结构，屋顶标高为 35.5m，取消了除氧器层，除氧器采用露天布置方式固定于汽轮机房屋顶上。汽轮机运转层标高 17.6m。这样的布置使汽轮机房整体显得宽敞、明亮。运转层大平台上还布置每单元两台汽动给水泵和高压加热器，且还留有大块检修场地。

在富煤少水地区建设电厂时，要根据厂区的地形地貌、当地的气候条件来综合考虑。空冷岛占地面积大，布置方位不同，冷却效果有差异，因地制宜尤其重要，它不仅影响建设的投资，而且关系到今后运行的效益。图 8-7 所示为国电霍州电厂超临界压力 600MW 空冷机组主厂房布置示意。空冷岛平台平行于汽轮机房 A 列，两台机组以烟囱为中心尾对尾对称布置，每台机组一个汽轮机房，汽轮发动机组横向布置，机头朝向锅炉。集控楼为分散布置，采用一机一控布置方式。

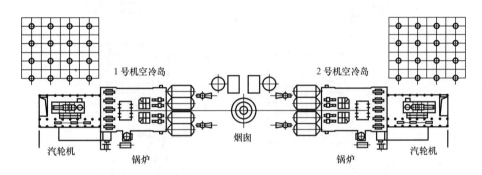

图 8-7　国电霍州电厂超临界压力 600MW 空冷机组主厂房布置示意

在进行技术经济比较时，通常包括下列项目：

（1）主厂房占地面积、体积和造价；厂区占地面积和购地费用；主厂房钢材及混凝土的消耗量。

（2）烟风、煤粉管道造价的差值和钢材消耗量的差值；汽水管道造价的差值和钢材消耗量的差值。

（3）输煤装置造价的差值；动力电缆控制电缆造价的差值及材料消耗量的差值；采暖通风设备造价的差值；灰沟造价的差值；施工费用的差值和运行费用的差值。

第三节　主厂房内主要设备的布置

一、汽轮机房的布置

（一）汽轮机的布置类型

汽轮机在汽轮机房中有两种布置类型：纵向布置类型和横向布置类型。纵向布置时，汽轮机间的跨距一般为 18～27m；横向布置时，一般为 21～45m。其跨距取决于机组的容量（尺寸）。GB 50660—2011 规定：对于 200MW 级及以上机组，汽轮发电机宜采用纵向顺列布置。如条件合适，通过技术经济比较也可采用横向布置。如神头二电厂 500MW 机组、来宾电厂 300MW 机组等均采用横向布置。200MW 及以下机组宜根据工程具体条件，通过论证比较确定布置方案。

直接空冷机组的空冷散热器（或称空冷凝汽器）由于散热面积大，组数多，一般布置在汽轮机房 A 列柱外侧地面的平台上，沿主厂房纵向排列，占用沿主厂房的长度较长，故机组也应采用纵向顺序排列布置，以适应散热器的布置要求，同时也便于汽轮机排汽大管道的引出。

1. 汽轮发电机组纵向布置类型

汽轮机纵向布置又可分为纵向顺序布置和纵向相对布置两种方案，如图 8-8 所示。

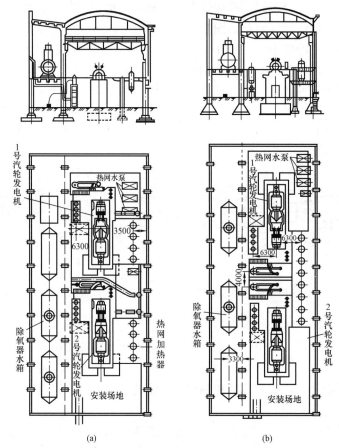

图 8-8　汽轮机纵向布置的主厂房（单位：mm）

（a）机组纵向顺序布置；（b）机组纵向相对布置

汽轮发电机组纵向布置类型的特点如下：

（1）汽轮机房和桥式起重机的跨距小，主厂房的长度长，厂房造价稍低。

（2）同类型辅助设备，如回热加热器、给水泵等可在汽轮机的内侧直线布置，便于安装、运行及检修。

（3）当机组供热时，热网和热网水泵等可以靠近 A 排柱子内侧布置，供热管道的引出和引入方便，供热部分的运行、维护也较集中。

（4）机组顺序布置时，机头朝向一致，有利于设计的标准化，便于操作。

（5）铁路引线可利用机组旁的空间深入主厂房，能直接利用桥式起重机起吊沉重部件，便于设备的安装。检修中起吊部件时，不需要跨越其他机组，故不影响其他机组的正常运行。

2. 汽轮发电机组横向布置类型

汽轮发电机组横向布置类型见图 8-9，其特点如下：

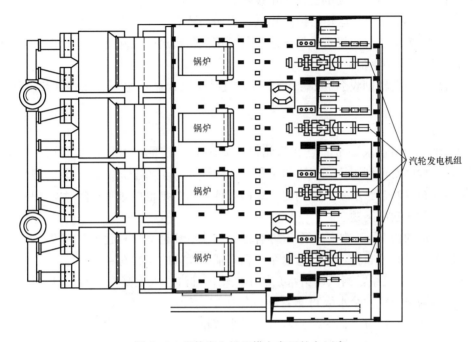

图 8-9　汽轮发电机组横向布置的主厂房

（1）汽轮机房的跨距和桥式起重机跨距大。

（2）汽轮机和锅炉一一对应，布置整齐，利于扩建。

（3）控制室布置在除氧间，处于主设备的中心，维护监视方便，控制电缆、操作电缆以及汽水管道较短。

（4）电机的出线比较方便。

其他特点与纵向布置类型正好相反。

GB 50660—2011 规定：300MW 级及以上机组的汽轮机房运转层宜采用大平台布置，300MW 级以下机组宜采用岛式布置。采用大平台布置时，应满足汽轮机房的通风、排热、排湿及起吊重物的要求。

岛式布置是指机组具有独立的支承构架，周围设有运行平台，边缘围有栏杆。每台机组的运行平台设有步道与相邻的机组及厂房的运行层连接，用扶梯与底层相通。这种布置类型的特点如下：①运行层的土建结构简单，降低了土建造价；②底层的设备可用桥式起重机起吊，扩大了桥式起重机的利用范围；③底层的自然采光和通风条件比较好；④汽轮机房空间利用率不高，汽轮机检修不方便，且随机组容量的增加，此缺点越加明显，故目前大机组不用岛式布置。

随着汽轮机单机容量的增大，机组的运转层标高也随着提高，如 300MW 机组的运转层标高已达 12m，600MW 机组的运转层达 13.7m，1000MW 机组运转层为 17m。若仍采用岛式布置，则主厂房空间利用率低的缺点越来越明显；若采用大平台布置，可利用中间层作为厂用配电装置室，则建造大平台所增加的土建造价，可从节省厂房总体积中得到补偿，且运转层上有足够的检修面积，使检修更方便。当然，利用中间层布置厂用配电装置时，以采用干式变压器和无油式断路器为好。对采用大平台布置后，汽轮机房底层不能利用桥式起重机的辅助设备，要另外增加必要的检修起吊设备。

对 125MW 机组，因其运转层标高较低，采用岛式布置空间利用率低的缺点已不明显，且可发扬岛式布置节省土建投资、零米层设备可用汽轮机房桥式起重机起吊的优点。

（二）汽轮机房主要辅助设备的布置

汽轮机房的主要辅助设备包括：给水泵、凝结水泵、循环水泵、回热加热器和供热设备等。

1. 给水泵的布置

小型机组电动给水泵通常布置在汽轮机房底层 B 列柱侧，可使汽水管道和电缆最短，运行条件好，检修时可利用桥式起重机起吊。当汽轮机纵向布置时，给水泵一般纵向布置；当汽轮机横向布置时，给水泵可横向也可纵向布置。给水泵也可布置在除氧间底层，此时同样要考虑检修时的起吊问题。

在条件合适的情况下，如给水泵上方有足够的管道穿越空间和起吊空间等，给水泵也可采用零米以上的半高位布置，这对给水泵油箱等辅助设施的布置有利。

300MW 及以上机组，当汽动给水泵的小汽轮机排汽进入主凝汽器时，以采用向下引出接入主凝汽器为佳，汽动给水泵可布置在汽轮机房运转层。若布置在汽轮机房靠 B 列柱侧底层或除氧间底层时，应考虑安装检修时起吊小汽轮机等的相应措施。

给水泵应尽量靠近除氧及高压加热器，给水泵的基础与主厂房的基础不要相碰。

2. 凝结水泵的布置

凝结水泵应靠近凝汽器，进水管应尽量直。通常布置在机组基础中间的空挡处或凝汽器附近专设的地坑内。凝汽器胶球清洗装置应布置在凝汽器旁。凝结水除盐装置的进、出水管均为价格较贵的衬胶钢管。为节省投资及运行费用，要求凝结水除盐装置布置在主厂房内的适当位置。

3. 循环水泵的布置

大型汽轮发电机组纵向布置时，循环水泵不宜设在汽轮机房内。

在布置循环水泵时，应使管道最短，压损最小，管道埋设及架空高度应适宜合理，也须考虑阀门操作检修的方便。

当采用带混合式凝汽器的间接空冷系统时，循环水泵和水轮机应布置在汽轮机房内或靠近汽轮机房处。因为循环水为在凝汽器工作压力下的饱和水，易于汽化，要求循环水泵进口接管尽可能短。而水轮机至凝汽器的管道内为负压，为缩短管道、减少阻力和空气漏入的机会，也要求水轮机尽可能靠近凝汽器布置。

4. 回热加热器的布置

回热加热器的布置应根据抽汽压力的高低依次排列，使抽汽管道最短。回热加热器一般由特设的金属或钢筋混凝土支架支撑。立式加热器一般布置在机组旁边，靠近除氧间一侧；卧式加热器一般布置在除氧间的运行层及以上的 1~2 层中，也可布置在汽轮机间运转层靠 A 或靠 B 列柱侧。

5. 供热设备的布置

热电站的热网加热器宜布置在主厂房靠 A 列柱侧，且纵向布置。因热网加热器的加热蒸汽来自汽轮机，其疏水又要回到汽轮机回热系统，只要不因布置热网加热器而加大主厂房面积，一般就应布置在主厂房内。但大型卧式热网加热器占地较大，在非严寒地区宜采用露天布置。热网加热器的凝结水泵和热网循环水泵应布置在热网加热器附近，同时避免与发电机母线桥相碰，不影响汽轮机间底层自然采光。

6. 汽轮机本体辅助设备的布置

汽轮机本体的辅助设备包括：抽气器、油箱、油泵、油冷却器、发电机空气或氢气冷却器等。一般由设备制造部门和电力设计部门合作制订布置方案。大容量汽轮机的主油箱、油泵及冷油器等设备宜布置在汽轮机房零米层机头靠 A 列柱侧处，并应远离高温管道。汽轮机油箱和油系统应考虑防火措施。

二、除氧间布置

除氧间一般分三层，上层布置除氧器、给水箱及工业水箱；中层布置管道，下层布置厂用配电装置。这种布置方式的优点是厂用配电装置靠近耗电量大的辅助设备，可减少动力电缆、控制电缆的长度，节约运行费用和投资费用。

除氧器的安装高度取决于给水泵所需的安全运行的进水压头。当除氧器滑压运行时，除氧器给水箱的安装高度应能保证汽轮机甩负荷瞬态工况下，主给水泵进口或前置给水泵的进口不发生汽蚀。

300MW 及以上机组的卧式加热器、汽动给水泵的前置泵以及启动和备用的电动给水泵等，如条件合适（包括检修措施），宜布置在除氧间。此时，除氧间一般分为 4～5 层，底层布置汽动给水泵的前置泵、启动和备用的电动给水泵及除氧器循环泵等；运行层及以上 1～2 层布置高、低压卧式加热器；最上层布置除氧器和给水箱。这种布置类型的优点是布置紧凑合理，符合工艺流程，并能充分利用除氧间的各层空间。

除氧间的跨距主要取决于除氧层的布置、管道层的布置及其他有关布置所需的最小宽度。除氧层的高度还应该考虑到吊车的最小起吊高度。除氧层平台的四周应留有走道宽度，并设有栏杆。

对于不在两炉之间设置集中控制楼的发电厂，单元控制室一般都布置在除氧间运转层。为了确保运行时的人身与设备安全，除了对除氧设备及系统采取必要的措施外，单元控制室顶板必须采用整体现浇，并且除氧器层的楼面应有可靠的防水措施。

三、煤仓间的布置

煤仓间的主要作用是储存原煤、磨制煤粉并向锅炉供应燃料。煤仓间一般分为三层。

第一层即底层地面，布置磨煤机和排粉风机。

第二层楼板的标高，由磨煤机、送粉管道及其检修起吊装置等设备所需的空间决定。为运行方便，一般和锅炉运转层标高一致。楼板上布置给煤机、煤秤、给粉机等设备，其上部悬设原煤仓和煤粉仓。

对于直吹式制粉系统，除备用磨煤机所对应的原煤仓外，其余原煤仓的总有效储煤量应按设计煤种满足锅炉最大连续蒸发量时 8h 以上的耗煤量来设计。

对于中间储仓式制粉系统，煤粉仓的有效储煤粉量应能满足锅炉最大连续蒸发量时 2h 以上的耗粉量。原煤仓和煤粉仓总的有效储煤量应能满足锅炉最大连续蒸发量时 8h 以上的耗煤量。

为实现输煤系统两班制运行，经技术经济比较，认为合理时，对直吹式制粉系统的原煤仓或中间储仓式制粉系统的原煤仓和煤粉仓总的有效储煤量，可按锅炉最大连续蒸发量时10h以上的耗煤量考虑。

对原煤仓和煤粉仓总的要求是内壁光滑、耐磨，其几何形状和结构应使物料能够顺畅自流。在严寒地区均应有防冻保温措施，煤仓还应考虑煤位、粉位、煤量测量装置。在易堵部位设防堵装置。煤粉仓还应有防止受热 、受潮和防爆的设施。

第三层布置皮带输煤机，将原煤分配到各原煤仓。输煤皮带两侧应有运行通道，还应考虑必要的通风除尘设备的位置。

煤仓间的顶上露天布置有粗粉分离器和细粉分离器。细粉分离器的位置应正对煤粉仓，使煤粉能直接落入煤粉仓内。

四、锅炉房的布置

（一）锅炉房布置的类型

锅炉房布置包括露天布置、半露天布置及紧身罩封闭或屋内式布置等类型。

（1）对非严寒地区，锅炉宜采用露天或半露天布置；南方雨水较多的地区，可采用半露天布置；在严寒或风沙大的地区，塔式锅炉宜采用紧身罩封闭，因塔式锅炉炉型瘦长，采用紧身罩封闭比屋内式布置经济得多（如元宝山电厂）。非塔式锅炉应根据设备特点及工程具体情况采用紧身罩或屋内式布置；在气候条件适宜地区，对密封良好的锅炉也可采用炉顶不设小室和防雨罩的布置方式。如石洞口电厂采用的直流锅炉，炉顶用了不加盖的布置方式。此时要求炉顶应有良好的密封性能。对汽包炉，则要求汽包、安全阀、排汽阀、水位计等附属设备应有良好的防雨、防冻、防腐措施，以保证安全运行和减少散热损失。

（2）大容量露天锅炉一般不设运转层大平台，宜采用岛式布置。平台设置与否与采用的磨煤机形式、布置有关。对中速磨或钢球磨，一般都布置在炉前（或炉后）煤仓间内，锅炉运转层可不设大平台，采用岛式布置。但对风扇磨煤机围绕炉膛布置的褐煤锅炉，其给煤机层宜设大平台，如元宝山电厂600MW机组，因8台风扇磨煤机围绕塔式锅炉炉膛布置，为布置给煤机，在标高20m处设置大平台，以便于给煤机的运行检修。当锅炉本体的下部或布置于锅炉房底层的附属设备不适宜采用岛式布置或有其他要求时，则在锅炉运转层设置大平台，运转层以下的锅炉房四周进行封闭。

（3）露天或半露天锅炉，常在炉前运转层布置给水操作台、减温水操作台及燃油操作台等。为改善运行条件，可采用低封闭方式。

炉前空间对降低工程造价影响很大，除影响厂房体积外，还影响主蒸汽、再热蒸汽、给水四大管道和一次风道、热风道等主要管道及电缆的长度，因此，在满足设备及管道布置、安装、运行和检修要求的条件下，应尽量压缩。有条件时甚至可采用将炉前柱与煤仓间柱合并的布置方式。如北仑发电厂和华能石洞口第二电厂从国外引进的600MW超临界参数机组，炉前距离为零。

（二）锅炉位置的确定

锅炉房所有的锅炉排成一排，面向同一方向，可使辅助设备和管道布置整齐，操作方便，并有利于扩建。

1. 锅炉中心线位置的确定

当采用中间储仓式制粉系统时，若一台锅炉配两台钢球磨煤机，一般一台锅炉占三个柱距，锅炉中心线与中间柱距的中心线重合。在煤仓间，煤粉仓占用通过锅炉中心线的那个柱距，原煤仓分列两旁两个柱距，如图8-10所示。当一台锅炉占四个柱距时，锅炉中心线一般正对中间的柱子。在煤仓间，中间两个柱距布置煤粉仓，两旁的柱距分置原煤仓，如图8-11所示。

以上两种布置类型均可使送粉管道在锅炉中心线两侧对称布置。注意送粉管道不能水平布置，要有一定的斜度，以免煤粉沉积。

若一台锅炉配备一台磨煤机，有时一台锅炉只占两个柱距，则锅炉中心线也可有上述两种布置方法。

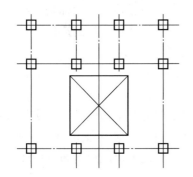

图8-10　锅炉中心线与柱距中心线重合

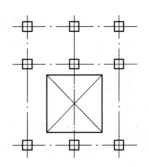

图8-11　锅炉中心线与柱子中心线重合

2. 锅炉中心线间距离的确定

一般根据锅炉制造厂所提供的锅炉本体布置资料中规定的锅炉本体应占用的最大宽度，再适当地考虑运行、检修、施工所需要的空间和通道，确定锅炉中心线间的距离。两台锅炉中心线之间的距离一般选为柱距的倍数。

两台锅炉之间应考虑以下几方面的问题。

(1) 两台锅炉之间空气预热器、省煤器、过热器、减温器和吹灰器等在检修抽出时所要求的空间。

(2) 锅炉检修时，其本体侧面步道外留有适当的空间，用于设置脚手架，并能保证相邻的锅炉正常运行而不受影响。

(3) 煤粉炉运转层以上的锅炉两侧一般布置热风道、送粉管和燃烧器（侧墙布置时）等，要求在两炉的管道之间留出起吊设备和部件的空间。

(4) 锅炉房底层的锅炉两侧一般布置送风管道及管道的支柱，应留有便于安装和检修的空间以及布置基础的位置。

(5) 位于地震区的电厂，锅炉本体应附加抗震的构架。不经过制造厂同意，不能随意修改抗震构架；抗震构架上不允许支吊任何物件。要特别注意底层通道、基础和沟管的处理，以免造成拥挤和碰撞现象。

（三）锅炉房跨距及运行层高度的选择

1. 锅炉房跨距的选择

锅炉房跨距的大小与厂房类型、锅炉容量和类型、辅助设备及其布置有关。在确定跨距时，既要根据本期工程的具体情况，又要考虑电厂的扩建需要。

锅炉型号选定以后，锅炉本体的深度尺寸已由锅炉制造厂确定了，所以选择锅炉房的跨距就是确定锅炉前后支柱距离主厂房柱子中心线的尺寸。主要应考虑以下几个问题：

(1) 锅炉前后地面下的基础及沟道；

(2) 锅炉前后底层的设备布置、运行通道及施工检修的要求；

(3) 锅炉前后运行层的设备布置、运行通道及施工检修的要求；

(4) 土建结构的经济性和合理性。

跨距的确定与土建方面的关系很密切，所以热机设计人员应与土建设计人员共同研究确定。

2. 锅炉房运行层高度的选择

锅炉房仅有一层楼板，即运行层，其标高力求能与煤仓间运转平台的标高一致，以利于设备的布置、运行、检修、维护和相互联系；同时希望尽量降低主厂房的造价。

目前我国大型电厂运行层的标高为 10~17.6m。

(四) 锅炉辅助设备的布置

1. 送风机的布置

送风机一般布置在锅炉房的底层地面上，靠近锅炉尾部的一角，以免主厂房楼板承受动载荷而增加土建费用。送风机的吸风管最好靠近主厂房的柱子，便于支承并减少所占空间。当一台锅炉配置两台送风机并配有两组空气预热器时，送风机出口风道的布置应能保证在一台风机运行时能均匀地向两组空气预热器送风。

2. 除尘器、引风机、脱硫脱硝装置和烟囱的布置

除尘器、引风机、脱硫脱硝装置和烟囱的基础彼此独立，避免相碰。在气候条件许可的情况下，除尘器设备、一次风机和引风机可以露天布置。干式除尘设备灰斗应有防结露措施。除尘器和主厂房外墙的距离应尽量缩短，以减少占地面积。除尘器的位置一般与锅炉中心线对称，便于与烟道连接。

引风机应尽量靠近除尘器，引风机轴中心线多与锅炉中心线垂直。

脱硫吸收塔宜布置在锅炉尾部烟道及烟囱附近，吸收剂制备和脱硫附产品加工场地宜在炉后集中布置，也可布置在其他适当的地点。脱硫吸收塔宜露天布置，但应有必要的防护措施，并预留碳收集装置的位置。

一般 2~4 台锅炉共一个烟囱。为防止露天锅炉锅炉房对烟气产生下洗，烟囱高度应高于厂内最高建筑物高度的 2 倍。烟囱与引风机及烟道的布置对称，可使烟道内的阻力均衡并使布置美观。

五、集中控制室和集中控制楼

(1) 对纵向布置的大容量汽轮发电机组集中控制楼应两台机组合用一个，布置在两台锅炉之间。如条件合适，集中控制楼应深入除氧煤仓间内。经论证认为合理时，也可多台机组合用一个集中控制楼。单元控制室可布置在独立的集中控制楼内，也可布置在除氧间或煤仓间的运转层或其他合适的位置。

(2) 单元控制室及电子设备间应有良好的空调、照明、隔热、防尘、防火、防水、防振和防噪声的措施。单元控制室及电子设备间下面可设电缆夹层，它与主厂房相邻部分应封闭。单元控制室顶板必须采用整体现浇，并且除氧器层的楼面应有可靠的防水措施。

（3）单元控制室、电子计算机室、继电器室及其电缆夹层内，应设消防报警和信号设施。严禁汽水管道和油管穿越。

六、厂房布置主要尺寸参考表

表 8-1 为 600MW 机组主厂房参考设计三种方案的主要尺寸。

表 8-1　　　　　　　　　**600MW 机组主厂房参考设计方案主要尺寸**

方案名称	A	B	C
主机产地	上海	哈尔滨	上海
制粉系统	中速直吹	中速直吹	中速直吹
主厂房布置格局	内煤仓双框架	内煤仓双框架	内煤仓双框架
柱距（m）	10	10	10
汽轮机布置	纵向	纵向	纵向
汽轮机房跨度（m）	30.6	30.6	30.6
除氧间跨度（m）	10.5	10.5	10.5
除氧层标高（m）	26	26	26
煤仓层跨度（m）	11	12	11
煤仓层标高（m）	44.6	44.6	44.6
锅炉布置	露天	紧身封闭	露天
锅炉房跨度（m）	50.01	58.5	53.21
其中炉前（m）	6.8	6.5	6.0
控制室位置	两炉间	两炉间	两炉间
运转层标高（m）	13.7	13.7	13.7
主厂房长度（m）	171.5	171.5	191.5

随着大容量机组 600、1000MW 超临界、超超临界压力机组在电网中的比例越来越大，吸取了国外一些先进的设计技术，主厂房的布置风格也发生了一些变化，主要特点如下：

（1）采用汽轮机房、除氧间、煤仓间、锅炉房四列布置为主要形式。

（2）汽轮机房采用纵向、大平台布置，运转层上仅为安装与检修时吊装大件、汽轮机翻缸开一安装孔；给水泵连同小汽轮机放在运转层 B 列侧；厂用电放在机尾大平台下；由于加热器布置在除氧间，汽轮机房跨距可以适当减小。

（3）锅炉采用岛式布置，不搞完整的大运转平台。

（4）采用机、炉、电集中控制，控制室可放在除氧、煤仓间，也可放在两炉之间，不再考虑运转人员能看到主机组。

总之，电厂主厂房布置是一项复杂而重要的设计工作，设计人员不仅要有坚实的理论知识，而且要有丰富的实践经验，才能全面满足电厂运行安全、可靠、经济、合理与方便等的要求。

思 考 题

1. 何谓主厂房？它由哪几个主要部分组成？
2. 主厂房布置包括哪些内容？
3. 主厂房布置的基本要求是什么？
4. 目前主厂房布置有哪几种类型？各有何特点？
5. 汽轮机房设备布置有哪几种类型？各有何特点？其主要的依据是什么？
6. 汽轮机房主要辅助设备有哪些？在布置时应注意哪些问题？
7. 通常除氧间布置有哪些设备？如何考虑它们的位置？
8. 煤仓间有哪些主要设备？如何布置？为什么？
9. 锅炉房布置有哪几种类型？大型锅炉的布置有什么特点？
10. 确定锅炉之间距离时主要考虑哪些方面？
11. 锅炉的主要辅助设备有哪些？在布置时应注意哪些问题？

参 考 文 献

[1] 郑体宽. 热力发电厂. 2 版. 北京：中国电力出版社，2008.

[2] 武学素. 热电联产. 西安：西安交通大学出版社，1988.

[3] 杨玉恒. 发电厂热电联合生产及供热. 北京：水利电力出版社，1989.

[4] SALISBURY J K. Steam turbine and their cycles. Brevard：Robert E Krieger Publishing Co.，1974.

[5] GILL A B. Power plant performance. London：Butterworths，1984.

[6] LI KAM W，PRIDDY A P. Power plant system design. New York.：John Wiley & Sons，1985.

[7] 王加璇. 热力发电厂系统设计与运行. 北京：中国电力出版社，1997.

[8] 高鹗，刘鉴民. 热力发电厂. 上海：上海交通大学出版社，1995.

[9] 吴季兰. 300MW 火力发电机组丛书：第二分册. 汽轮机设备及系统. 北京：中国电力出版社，2006.

[10] 张磊，李广华. 超超临界火电机组丛书：锅炉设备及运行. 北京：中国电力出版社，2006.

[11] 何川，郭立君. 泵与风机. 5 版. 北京：中国电力出版社，2016.

[12] 程明一，阎洪环，石奇光. 热力发电厂. 北京：中国电力出版社，1998.

[13] 华东六省一市电机工程（电力）学会. 600MW 火力发电机组培训教材：汽轮机设备及其系统. 北京：中国电力出版社，2000.

[14] 钟史明. 火电厂设计基础. 北京：中国电力出版社，1998.

[15] 贺平. 供热工程. 北京：中国建筑工业出版社，1993. ·

[16] MARECKI J. Combined heat & power generating systems. London：Peter Peregrinus Ltd.，1988.

[17] 索柯洛夫. 热化与热力网. 安英华，译. 北京：机械工业出版社，1988.

[18] 胡沛成. 火电厂辅机设备. 北京：水利电力出版社，1993.

[19] 维特科夫. 燃用化石燃料的蒸汽发电厂. 钱钟彭，译. 北京：水利电力出版社，1992.

[20] 中国动力工程学会. 火力发电设备技术手册：第四卷. 北京：机械工业出版社，1998.

[21] 吴达人. 泵与风机. 西安：西安交通大学出版社，1986.

[22] 林万超. 火电厂热系统节能理论. 西安：西安交通大学出版社，1994.

[23] 钟史明. 燃气－蒸汽联合循环发电. 北京：中国电力出版社，1995.

[24] 沈炳正，黄希程. 燃气轮机装置. 北京：机械工业出版社，1991.

[25] 武学素，高南烈. 热力发电厂习题集. 北京：水利电力出版社，1992.

[26] 张磊，马明礼. 超超临界火电机组丛书：汽轮机设备与运行. 北京：中国电力出版社，2007.

[27] 沙毅，闻建龙. 泵与风机. 中国科学技术大学出版社，2005.

[28] 华东六省一市电机工程（电力）学会. 600MW 火力发电机组培训教材：环境保护. 北京：中国电力出版社，2000.

[29] 刘家钰. 电站风机改造与可靠性分析. 北京：中国电力出版社，2002.

[30] 杨旭中，梁玉兰. 火电厂综合设计技术. 2 版. 北京：中国电力出版社，2007.

[31] 华东六省一市电机工程（电力）学会. 600MW 火力发电机组培训教材：锅炉设备及其系统. 北京：中国电力出版社，2000.

[32] 胡念苏. 国产 600MW 超临界火力发电机组技术丛书：汽轮机设备及其系统. 北京：中国电力出版社，2008.

［33］国家电力公司火电建设部. 600MW 级火电工程建设启示录. 北京：中国电力出版社，1999.

［34］郭星渠. 核能：20 世纪后的主要能源. 北京：原子能出版社，1987.

［35］刘洪涛. 人类生存发展与核科学. 北京：北京大学出版社，2001.

［36］阎昌琪. 核反应堆工程. 哈尔滨：哈尔滨工程大学出版社，2004.